计算机基础与实训教材系列

Word+Excel+PowerPoint 2010
实用教程

牛曼丽　王　闻　编　著

清华大学出版社
北　京

内容简介

本书以初学者从入门到精通为思路展开讲解，对 Office 2010 中的常用软件 Word、Excel、PowerPoint 进行了系统的讲解，以合理的结构和经典的实例对最基本和最实用的功能进行了详细介绍。全书共分为 14 章，分别是 Word 2010 基础操作，文档的格式化，制作图文混排的文档，表格的应用，Word 2010 的高级功能，Excel 2010 基础操作，公式和函数的运用，数据的处理，用图表分析数据，PowerPoint 2010 基础操作，幻灯片的美化，为幻灯片添加动画，幻灯片的放映与发布等内容。最后，本书还通过多个综合实例讲述了 Office 的各种应用。

本书内容翔实、结构清晰、语言简练，具有很强的实用性和可操作性，既可作为大中专院校的教材，也可作为用户的自学参考书。

本书对应的电子教案、实例源文件和习题答案可以到 http://www.tupwk.com.cn/edu 网站下载。

图书在版编目(CIP)数据

Word+Excel+PowerPoint 2010 实用教程/牛曼丽，王闻 编著. —北京：清华大学出版社，2013.10
（2021.2重印）

（计算机基础与实训教材系列）

ISBN 978-7-302-33771-3

Ⅰ. ①W… Ⅱ. ①牛… ②王… Ⅲ. ①文字处理系统—教材 ②表处理软件—教材 ③图形软件—教材
Ⅳ. ① TP391

中国版本图书馆 CIP 数据核字(2013)第 211358 号

责任编辑：胡辰浩　袁建华
装帧设计：牛艳敏
责任校对：成凤进
责任印制：沈　露

出版发行：清华大学出版社

　　　　　网　　　址：http://www.tup.com.cn，http://www.wqbook.com
　　　　　地　　　址：北京清华大学学研大厦 A 座　　邮　　编：100084
　　　　　社 总 机：010-62770175　　邮　　购：010-62786544
　　　　　投稿与读者服务：010-62776969，c-service@tup.tsinghua.edu.cn
　　　　　质 量 反 馈：010-62772015，zhiliang@tup.tsinghua.edu.cn
　　　　　课 件 下 载：http://www.tupwk.com.cn/edu，010-62796045

印 装 者：三河市铭诚印务有限公司

经　　销：全国新华书店

开　　本：190mm×260mm　　印　张：25.5　　字　数：669 千字

版　　次：2013 年 10 月第 1 版　　印　次：2021 年 2 月第 4 次印刷

定　　价：68.00 元

产品编号：051866-03

计算机已经广泛应用于现代社会的各个领域，熟练使用计算机已经成为人们必备的技能之一。因此，如何快速地掌握计算机知识和使用技术，并应用于现实生活和实际工作中，已成为新世纪人才迫切需要解决的问题。

为适应这种需求，各类高等院校、高职高专、中职中专、培训学校都开设了计算机专业的课程，同时也将非计算机专业学生的计算机知识和技能教育纳入教学计划，并陆续出台了相应的教学大纲。基于以上因素，清华大学出版社组织一线教学精英编写了这套"计算机基础与实训教材系列"丛书，以满足大中专院校、职业院校及各类社会培训学校的教学需要。

一、丛书书目

本套教材涵盖了计算机各个应用领域，包括计算机硬件知识、操作系统、数据库、编程语言、文字录入和排版、办公软件、计算机网络、图形图像、三维动画、网页制作以及多媒体制作等。众多的图书品种可以满足各类院校相关课程设置的需要。

⊙ 已出版的图书书目

《计算机基础实用教程(第二版)》	《中文版 Photoshop CS4 图像处理实用教程》
《电脑入门实用教程(第二版)》	《中文版 Flash CS4 动画制作实用教程》
《电脑办公自动化实用教程（第二版）》	《中文版 Dreamweaver CS4 网页制作实用教程》
《计算机组装与维护实用教程（第二版）》	《中文版 Illustrator CS4 平面设计实用教程》
《计算机基础实用教程（Windows 7+Office 2010 版)》	《中文版 InDesign CS4 实用教程》
《Windows 7 实用教程》	《中文版 CorelDRAW X4 平面设计实用教程》
《中文版 Word 2003 文档处理实用教程》	《中文版 3ds Max 2012 三维动画创作实用教程》
《中文版 PowerPoint 2003 幻灯片制作实用教程》	《中文版 Office 2007 实用教程》
《中文版 Excel 2003 电子表格实用教程》	《中文版 Word 2007 文档处理实用教程》
《中文版 Access 2003 数据库应用实用教程》	《中文版 Excel 2007 电子表格实用教程》
《中文版 Project 2003 实用教程》	《Excel 财务会计实战应用（第二版）》
《中文版 Office 2003 实用教程》	《中文版 PowerPoint 2007 幻灯片制作实用教程》
《Access 2010 数据库应用基础教程》	《中文版 Access 2007 数据库应用实例教程》
《多媒体技术及应用》	《中文版 Project 2007 实用教程》
《中文版 Premiere Pro CS4 多媒体制作实用教程》	《Office 2010 基础与实战》
《中文版 Premiere Pro CS5 多媒体制作实用教程 》	《Director 11 多媒体开发实用教程》

《ASP.NET 3.5 动态网站开发实用教程》	《中文版 AutoCAD 2010 实用教程》
《ASP.NET 4.0 动态网站开发实用教程》	《中文版 AutoCAD 2012 实用教程》
《ASP.NET 4.0(C#)实用教程》	《AutoCAD 建筑制图实用教程（2010 版）》
《Java 程序设计实用教程》	《AutoCAD 机械制图实用教程（2012 版）》
《JSP 动态网站开发实用教程》	《Mastercam X4 实用教程》
《C#程序设计实用教程》	《Mastercam X5 实用教程》
《Visual C# 2010 程序设计实用教程》	《中文版 Photoshop CS5 图像处理实用教程》
《Access 2010 数据库应用基础教程》	《中文版 Dreamweaver CS5 网页制作实用教程》
《SQL Server 2008 数据库应用实用教程》	《中文版 Flash CS5 动画制作实用教程》
《网络组建与管理实用教程》	《中文版 Illustrator CS5 平面设计实用教程》
《计算机网络技术实用教程》	《中文版 InDesign CS5 实用教程》
《局域网组建与管理实训教程》	《中文版 CorelDRAW X5 平面设计实用教程》
《电脑入门实用教程(Windows 7+Office 2010)》	《中文版 AutoCAD 2013 实用教程》
《Word+Excel+PowerPoint 2010 实用教程》	

二、丛书特色

1. 选题新颖，策划周全——为计算机教学量身打造

本套丛书注重理论知识与实践操作的紧密结合，同时突出上机操作环节。丛书作者均为各大院校的教学专家和业界精英，他们熟悉教学内容的编排，深谙学生的需求和接受能力，并将这种教学理念充分融入本套教材的编写中。

本套丛书全面贯彻"理论→实例→上机→习题"4 阶段教学模式，在内容选择、结构安排上更加符合读者的认知习惯，从而达到老师易教、学生易学的目的。

2. 教学结构科学合理，循序渐进——完全掌握"教学"与"自学"两种模式

本套丛书完全以大中专院校、职业院校及各类社会培训学校的教学需要为出发点，紧密结合学科的教学特点，由浅入深地安排章节内容，循序渐进地完成各种复杂知识的讲解，使学生能够一学就会、即学即用。

对教师而言，本套丛书根据实际教学情况安排好课时，提前组织好课前备课内容，使课堂教学过程更加条理化，同时方便学生学习，让学生在学习完后有例可学、有题可练；对自学者而言，可以按照本书的章节安排逐步学习。

3. 内容丰富、学习目标明确——全面提升"知识"与"能力"

本套丛书内容丰富，信息量大，章节结构完全按照教学大纲的要求来安排，并细化了每一章内容，符合教学需要和计算机用户的学习习惯。在每章的开始，列出了学习目标和本章重点，便于教师和学生提纲挈领地掌握本章知识点，每章的最后还附带有上机练习和习题两部分内容，教师可以参照上机练习，实时指导学生进行上机操作，使学生及时巩固所学的知识。自学者也可以按照上机练习内容进行自我训练，快速掌握相关知识。

4. 实例精彩实用，讲解细致透彻——全方位解决实际遇到的问题

本套丛书精心安排了大量实例讲解，每个实例解决一个问题或是介绍一项技巧，以便读者在最短的时间内掌握计算机应用的操作方法，从而能够顺利解决实践工作中的问题。

范例讲解语言通俗易懂，通过添加大量的"提示"和"知识点"的方式突出重要知识点，以便加深读者对关键技术和理论知识的印象，使读者轻松领悟每一个范例的精髓所在，提高读者的思考能力和分析能力，同时也加强了读者的综合应用能力。

5. 版式简洁大方，排版紧凑，标注清晰明确——打造一个轻松阅读的环境

本套丛书的版式简洁、大方，合理安排图与文字的占用空间，对于标题、正文、提示和知识点等都设计了醒目的字体符号，读者阅读起来会感到轻松愉快。

三、读者定位

本丛书为所有从事计算机教学的老师和自学人员而编写，是一套适合于大中专院校、职业院校及各类社会培训学校的优秀教材，也可作为计算机初、中级用户和计算机爱好者学习计算机知识的自学参考书。

四、周到体贴的售后服务

为了方便教学，本套丛书提供精心制作的 PowerPoint 教学课件(即电子教案)、素材、源文件、习题答案等相关内容，可在网站上免费下载，也可发送电子邮件至 wkservice@vip.163.com 索取。

此外，如果读者在使用本系列图书的过程中遇到疑惑或困难，可以在丛书支持网站(http://www.tupwk.com.cn/edu)的互动论坛上留言，本丛书的作者或技术编辑会及时提供相应的技术支持。咨询电话：010-62796045。

前言

在当今社会，快速地学习有用的知识与掌握技能已经是每个人必须具备的基本能力。Office 是微软公司推出的办公套装软件，本书主要介绍其中的 3 个常用组件 Word、Excel 和 PowerPoint。本书从读者的角度出发，在帮助读者掌握基础知识的同时，又注重实际应用能力的培养。

本书全面介绍了 Office 2010 的功能、用法和技巧，内容包括文字处理、电子表格、幻灯片制作和演示等。本书为用户快速地入门 Word、Excel 和 PowerPoint 提供了一个强有力的跳板，无论从基础知识安排还是实际应用能力的训练，本书都充分地考虑了用户的需求，希望用户边学习边练习，最终达到理论知识与应用能力的同步提高。

本书共 14 章，各章的主要内容如下。

第 1 章至第 5 章：介绍了 Word 2010 的文档编辑操作，让用户全面掌握 Word 2010 的常用功能，包括文本格式的编辑、自选图形与 SmartArt 图形的制作、在文档中使用表格、美化文档页面、审阅与调整文档视图以及 Word 2010 的高效办公技巧等内容。

第 6 章至第 9 章：介绍了使用 Excel 2010 制作表格的常用方法，包括 Excel 的基础操作、公式与函数的应用、数据的分析与整理、透视分析数据、图表的使用等内容。

第 10 章至第 13 章：介绍了使用 PowerPoint 2010 制作幻灯片的常用方法，包括 PowerPoint 2010 的基础操作、幻灯片的美化、为幻灯片添加动画以及幻灯片的放映与发布等内容。

第 14 章：以 3 个综合实例来巩固所学知识，让用户学会在日常工作中灵活运用 3 个组件。

本书内容翔实、结构清晰、语言简练，具有很强的实用性和可操作性，既可作为大中专院校的教材，也可作为用户的自学参考书。

本书是集体智慧的结晶，除封面署名的作者外，参与本书编写工作的还有潘玉东、吕雪婷、程伟、齐冬杰、靳培胜、黄有红、赵英学、周艳丽、张海深和侯振涛等人。我们真切希望读者在阅读本书之后，不仅能开阔视野，而且可以增长实践操作技能，并且从中学习和总结操作的经验和规律，达到灵活运用的水平。鉴于编者水平有限，书中纰漏和考虑不周之处在所难免，热诚欢迎读者予以批评、指正。我们的邮箱是 huchenhao@263.net，电话是 010-62796045。

编　者

2013 年 6 月

章 名	重点掌握内容	教学课时
第 1 章 Word 2010 基础操作	1. Word 2010 工作窗口简介 2. Word 2010 基础操作 3. 文档的视图方式 4. 文本的操作 5. 插入符号和日期 6. 设置项目符号和编号 7. 制作"会议通知"文档 8. 将文字粘贴为图片	3 学时
第 2 章 文档的格式化	1. 文本格式的设置 2. 段落格式的设置 3. 格式刷的应用 4. 设置边框和底纹 5. 使用样式快速格式化文档 6. 制作"招生简章"文档 7. 制作"活动简报"文档	3 学时
第 3 章 制作图文混排的文档	1. 插入电脑中的图片 2. 制作艺术字 3. 文本框的应用 4. 插入自选图形 5. 插入 SmartArt 图形 6. 制作禁烟牌 7. 制作公司组织结构图	3 学时
第 4 章 表格的应用	1. 插入表格 2. 表格的编辑 3. 美化表格 4. 表格的计算与排序 5. 文本与表格的相互转化 6. 制作日历表格 7. 制作员工档案表	3 学时

(续表)

章　名	重点掌握内容	教学课时
第 5 章　Word 2010 的高级功能	1. 美化文档页面 2. 插入页眉和页脚 3. 加密和保护文档 4. 页面和打印设置 5. 创建目录 6. 文档的审阅 7. 制作图书封面 8. 制作企业内部报刊	3 学时
第 6 章　Excel 2010 基础操作	1. 工作表的操作 2. 输入数据 3. 填充数据 4. 单元格的操作 5. 设置单元格数据格式 6. 美化单元格和工作表 7. 查看 Excel 工作表 8. 制作员工通讯录 9. 制作问卷调查表	3 学时
第 7 章　公式和函数的运用	1. 输入公式 2. 填充公式 3. 相对引用 4. 求和函数 5. 平均值函数 6. 计算房贷月供金额 7. 制作差旅费报销单	3 学时
第 8 章　数据的处理	1. 简单排序 2. 自定义排序 3. 自动筛选 4. 简单分类汇总 5. 设置日期格式 6. 数据有效性 7. 分析食堂一周经营记录表 8. 制作公司日常费用表	3 学时

(续表)

章　　名	重 点 掌 握 内 容	教 学 课 时
第9章　用图表分析数据	1. 图表的基本操作 2. 使用趋势线与误差线分析图表 3. 迷你图的使用 4. 数据透视表的使用 5. 数据透视图的使用 6. 制作损益表 7. 使用数据透视表和透视图分析员工工资	3学时
第10章　PowerPoint 2010基础操作	1. PowerPoint 2010界面介绍 2. 幻灯片的基本操作 3. 幻灯片的视图方式 4. 输入和编辑文本 5. 制作公司会议简报 6. 制作教学课件	3学时
第11章　幻灯片的美化	1. 设置幻灯片背景和主题 2. 设置幻灯片母版 3. 为幻灯片插入图形图像 4. 插入声音和影片 5. 插入表格和图表 6. 制作公司产品宣传册 7. 制作楼盘推广计划	3学时
第12章　为幻灯片添加动画	1. 设置预定义动画 2. 设置自定义动画 3. 对象动画效果高级设置 4. 设置幻灯片的切换效果 5. 制作卷轴动画效果 6. 制作工作报告	3学时
第13章　幻灯片的放映与发布	1. 设置放映类型 2. 排练计时 3. 放映幻灯片 4. 打包演示文稿 5. 广播幻灯片 6. 制作商业企划书 7. 制作灯笼摇雪花飘动画效果	3学时
第14章　综合实例	1. 制作产品使用说明书 2. 制作销售记录与分析表 3. 制作数码产品展示演示文稿	3学时

计算机基础与实训教材系列

CONTENTS

计算机基础与实训教材系列

第1章

Word 2010 基础操作

学习目标

Word 2010 主要用于文字的处理、简单表格与图形的制作，是一款非常实用的软件。本章将详细介绍 Word 2010 的基础功能及其操作，包括新建文档、插入符号和日期、项目符号和编号功能等。

本章重点

- ⊙ Word 2010 工作窗口简介
- ⊙ Word 2010 基础操作
- ⊙ 文档的视图方式
- ⊙ 文本的操作
- ⊙ 插入符号和日期
- ⊙ 设置项目符号和编号

1.1 Word 2010 工作窗口简介

Word 2010 的工作界面由"文件"按钮、快速访问工具栏、标题栏、"窗口操作"按钮、"帮助"按钮、标签、功能区、编辑区、滚动条、状态栏、"视图"按钮和显示比例组成，具体分布如图 1-1 所示。

- ⊙ "文件"按钮：单击该按钮，在打开的菜单中可以选择对文档执行新建、保存和打印等操作。
- ⊙ 快速访问工具栏：该工具栏中集成了多个常用的按钮，默认状态下包括"保存"、"撤销"和"恢复"按钮，用户也可以根据需要进行添加或更改。

快速访问工具栏　标签　标题栏　"帮助"按钮

"文件"按钮　"窗口操作"按钮

功能区

编辑区　滚动条

状态栏　"视图"按钮　显示比例

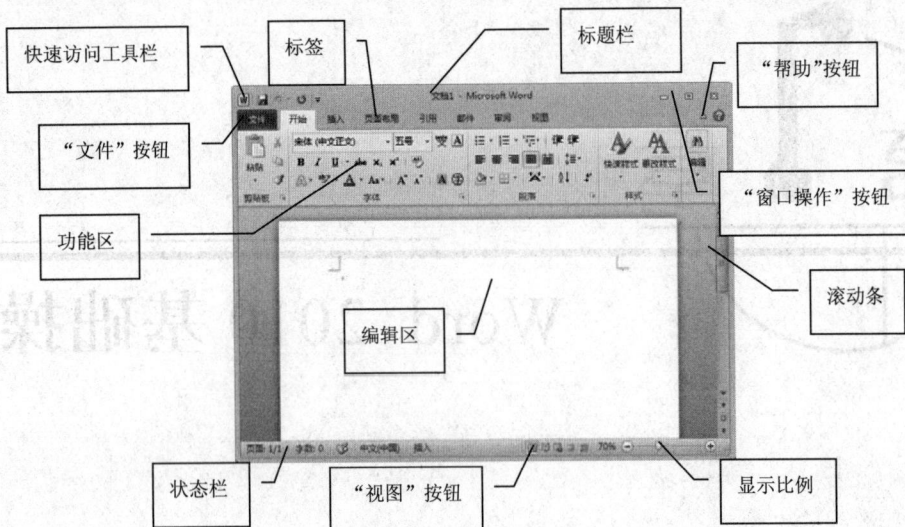

图 1-1　Word 2010 工作窗口

- 标题栏：用于显示文档的标题和类型。
- "窗口操作"按钮：用于设置窗口的最大化、最小化或关闭操作。
- "帮助"按钮：单击此按钮可打开相应的 Word 帮助文件。
- 标签：单击相应的标签，可以切换至相应的选项卡，不同的选项卡中提供了多种不同的操作来设置选项。
- 功能区：在每个标签对应的选项卡下，功能区中收集了相应的命令，如"开始"选项卡的功能区中收集了对字体、段落等内容设置的命令。
- 编辑区：用户可以在此对文档进行编辑操作，制作需要的文档内容。

1.2　Word 2010 基础操作

认识了 Word 2010 的工作窗口后，接下来就学习 Word 2010 的基本操作。下面将按照编写文档的顺序，依次介绍 Word 2010 新建文档、保存文档和 Word 2010 的退出等知识。

1.2.1　新建文档

新建文档的方法有很多种，包括创建空白文档、根据模板创建新的文档、根据现有文档创建新文档等。本小节将介绍如何新建空白文档和根据模板创建文档。

1. 新建空白文档

新建空白文档的方法很简单，在启动 Word 2010 应用程序时，系统将自动新建一个空白文档。也可以使用"文件"菜单中的"新建"命令来实现。

【**练习1-1**】新建空白文档。

(1) 启动 Word 2010 应用程序，单击"文件"按钮，在打开的菜单中选择"新建"命令，然后单击"可用模板"列表中的"空白文档"选项，再单击界面右侧的"创建"按钮，如图1-2所示。

(2) 此时创建了如图1-3所示的空白文档，用户可以根据需要进行编辑。

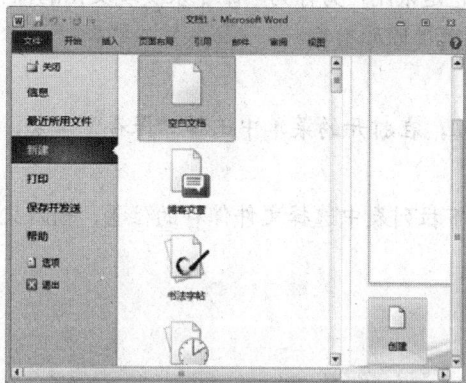

图1-2　新建文档窗口

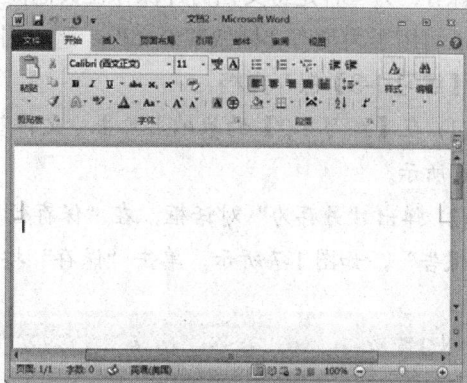

图1-3　创建后的文档

2. 新建模板文档

新建模板文档就是根据现有模板创建新的文档，其操作方法与创建空白文档相同，只是选择的可用模板不同。

【**练习1-2**】新建模板文档。

(1) 在 Word 2010 应用程序窗口中，单击"文件"按钮，在打开的菜单中选择"新建"命令，然后单击"可用模板"列表中的"原创报告"选项，接着单击右侧的"创建"按钮，如图1-4所示。

(2) 此时，根据所选模板样式创建了如图 1-5 所示的文档，模板文档为用户提供了多项已设置完成后的文档效果，用户只需要对其中的内容进行修改即可，这样大大简化了工作，从而也提高了工作效率。

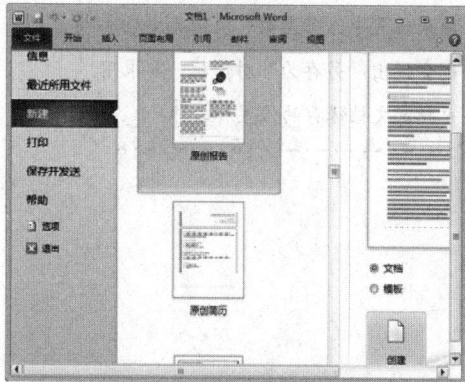

图1-4　根据模板创建文档

图1-5　创建后的文档

1.2.2 保存文档

创建好文档后，用户应及时将其保存，否则会因为断电或是误操作，造成文件、数据丢失。保存文档有两种方式：一种是将文档保存在原来的位置中，也就是使用"保存"命令来实现文档的保存；另一种是将文档另外保存在其他位置，它是采用"另存为"命令来实现文档的保存。此方法可用于为现有文档做备份文件，避免因修改丢失原始数据。

【练习 1-3】保存文档。

(1) 在【练习 1-2】的基础上单击"文件"按钮，在打开的菜单中选择"保存"命令，如图 1-6 所示。

(2) 弹出"另存为"对话框，在"保存位置"下拉列表中选择文件保存的位置，输入文件名"报告"，如图 1-7 所示，单击"保存"按钮。

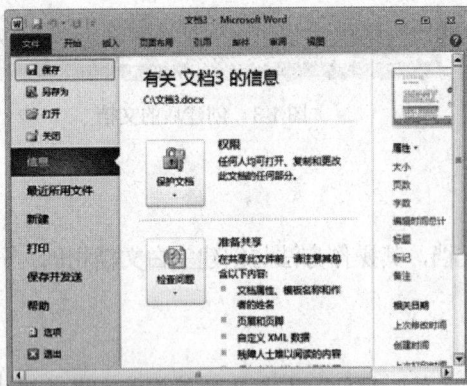

图 1-6　保存文档

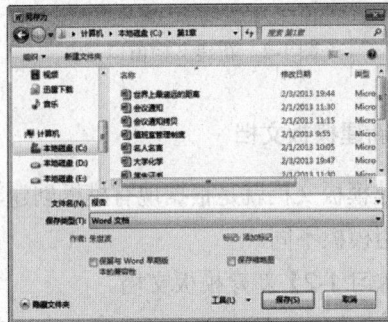

图 1-7　选择保存位置

(3) 此时，当前文档窗口的标题栏名称则更改为相应的名称，如图 1-8 所示。

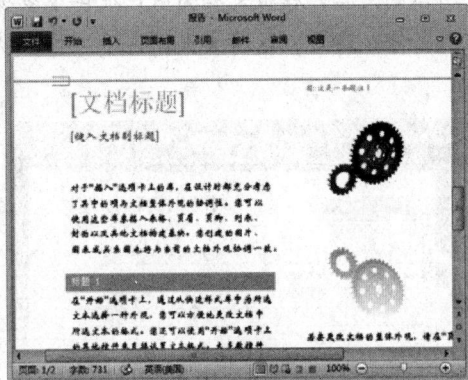

图 1-8　文档另存后的效果

提示

使用"保存"命令将文档保存在原来位置中，若是第一次保存文档，则会弹出"另存为"对话框，要求用户指定文档保存的位置和名称。

①.2.3　打开文档

当用户需要编辑的文档已经存在时，则可以直接打开文档进行编辑。打开文档的方法有多种，如双击现有的 Word 文档或是通过"打开"命令来打开文档。

【练习1-4】打开文档。

(1) 启动 Word 2010 应用程序，单击"文件"按钮，在打开的菜单中选择"打开"命令，如图 1-9 所示。

(2) 弹出"打开"对话框，在"查找范围"下拉列表中选择要打开文件的位置，选择需要打开的文档"新年贺词"，如图 1-10 所示，单击"打开"按钮。

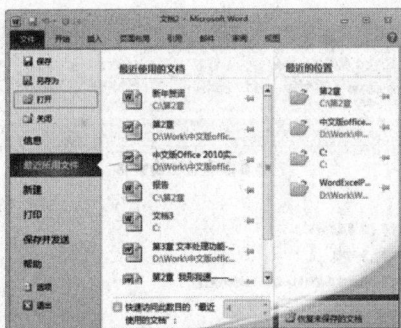

图 1-9　打开文档

图 1-10　选择要打开的文档名

(3) 此时，在 Word 2010 窗口中就打开了"新年贺词"文档，如图 1-11 所示。

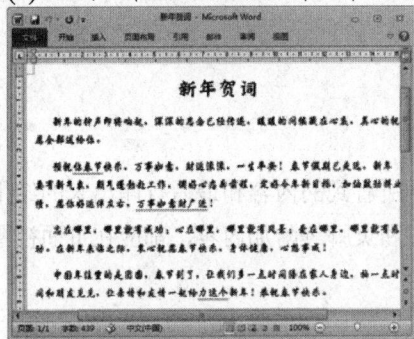

图 1-11　文档打开后的效果

提示

如果要保存现有文档(即已保存过的文档)，则可以单击快速访问工具栏中的"保存"按钮，将不会弹出"另存为"对话框，也可以直接按下 Ctrl+S 组合键进行保存。

①.3　文档的视图方式

所谓视图，就是文档的显示方式。Word 2010 提供了多种视图方式，包括页面视图、阅读版式视图、Web 版式视图、大纲视图和草稿视图等。用户可根据自己的需要设置不同的视图方式，以方便查看文档。

1.3.1 设置视图方式

设置视图方式有以下两种方法：一是单击视图快捷方式图标；二是在"视图"选项卡下进行设置。

方法一：单击视图快捷方式图标

在状态栏右侧单击视图快捷方式图标，即可选择相应的视图模式，如图 1-12 所示。

方法二：在"视图"选项卡下设置

单击"视图"选项卡，在"文档视图"组中单击需要的视图模式按钮，如图 1-13 所示。

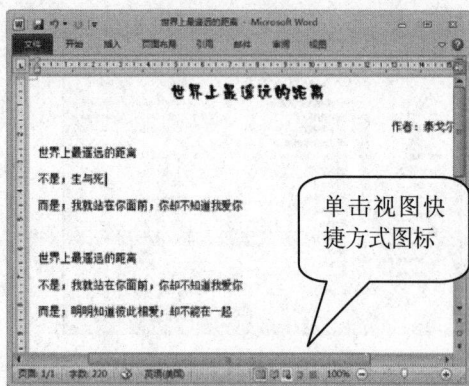

图 1-12　单击视图图标

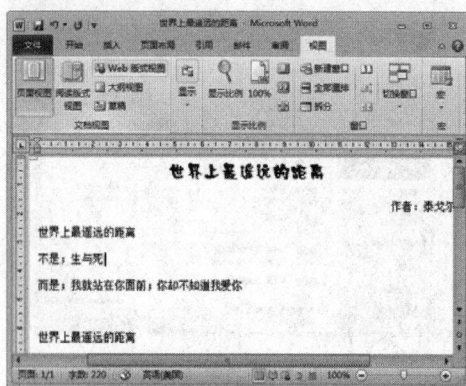

图 1-13　选择视图方式

1.3.2 页面视图

页面视图是使文档就像在稿纸上一样，在此方式下所看到的内容和最后打印出来的结果几乎完全一样。要对文档对象进行各种操作，要添加页眉和页脚等附加内容，都应在页面视图方式下进行。如图 1-14 所示为文档的页面视图效果。

1.3.3 阅读版式视图

在该视图模式下，可在屏幕上分为左右两页显示文档内容，使文档阅读起来更加清晰和直观。进入"阅读版式"后，单击右上角的"关闭"按钮，即可返回之前的视图。如图 1-15 所示为阅读版式视图的显示效果。

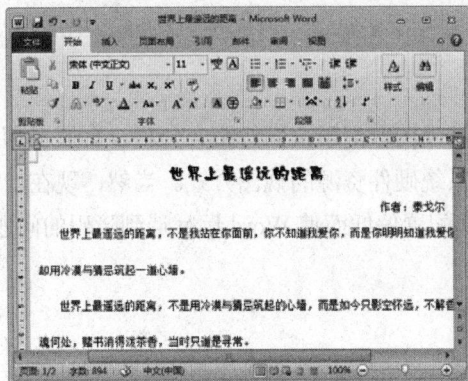

图 1-14　页面视图

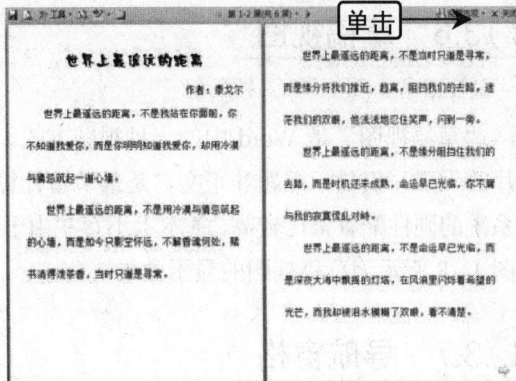

图 1-15　阅读版式视图

1.3.4　Web 版式视图

Web 版式视图是以网页的形式来显示文档中的内容，文档内容不再是一个页面，而是一个整体的 Web 页面。Web 版式具有专门的 Web 页编辑功能，在 Web 版式下得到的效果就像是在浏览器中显示的一样。如果使用 Word 编辑网页，就要在 Web 版式视图下进行，因为只有在该视图下才能完整显示编辑网页的效果。如图 1-16 所示为 Web 版式视图的显示效果。

1.3.5　大纲视图

大纲视图方式比较适合较多层次的文档。在大纲视图中，用户不仅能查看文档的结构，还可以通过拖动标题来移动、复制和重新组织文本，如图 1-17 所示为大纲视图的显示效果。

此时，大纲视图还可通过折叠文档来查看主要标题，或者展开文档以查看所有标题和正文。首先将光标放在需要折叠的级别前，然后在"大纲"选项卡中单击"折叠"按钮━，单击一次折叠一级。若要重新显示文本，可单击"展开"按钮╋。

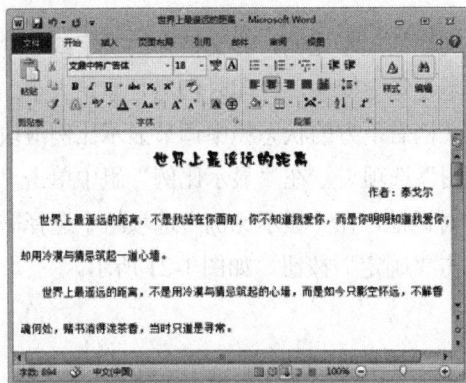

图 1-16　Web 版式视图

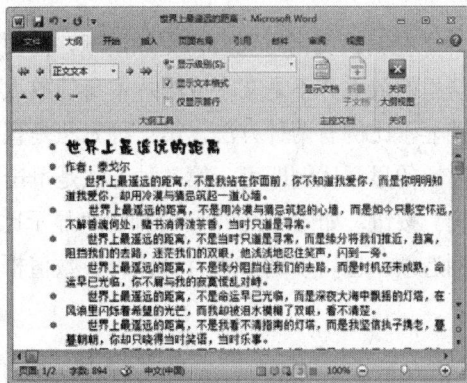

图 1-17　大纲视图

1.3.6 草稿视图

"草稿视图"是 Word 中的一种视图方式。草稿视图取消了页面边距、分栏、页眉页脚和图片等元素，仅显示标题和正文，是最节省计算机系统硬件资源的视图方式。当然，现在计算机系统的硬件配置都比较高，基本上不存在由于硬件配置偏低而使 Word 运行遇到障碍的问题。如图 1-18 所示为草稿视图的显示效果。

1.3.7 导航窗格

"导航窗格"主要用于显示 Word 2010 文档的标题大纲，用户可以单击导航窗格中的标题来展开或收缩下一级标题，并且可以快速定位到标题对应的正文内容，还可以显示 Word 2010 文档的缩略图。在"视图"选项卡的"显示"组中选中或取消"导航窗格"复选框可以显示或隐藏导航窗格。如图 1-19 所示为在文档中显示导航窗格时的效果。

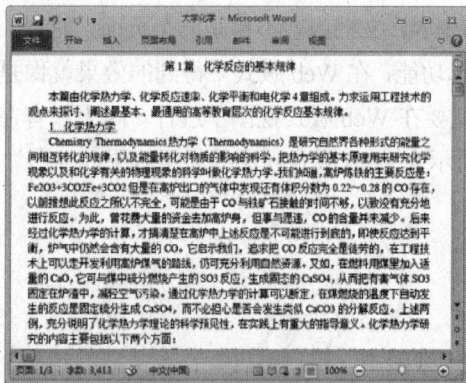

图 1-18　草稿视图

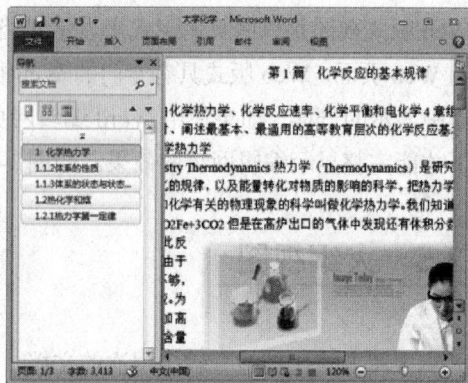

图 1-19　显示导航窗格

1.3.8 设置显示比例

为了在编辑文档时观察得更加清晰，需要调整文档的显示比例，将文档中的文字或图片放大。这里的放大并不是文字或图片本身的放大，而是视觉上变大，打印时仍然是原始大小。设置文档显示比例有两种方法，第一种方法是直接在文档右下方的状态栏中调节显示比例滑块，设置需要的显示比例即可。第二种方法是单击"视图"选项卡，在"显示比例"组中单击"显示比例"按钮，如图 1-20 所示。弹出"显示比例"对话框，在"显示比例"选项组中选择需要的比例选项，也可以调节"百分比："数值框，单击"确定"按钮，如图 1-21 所示。

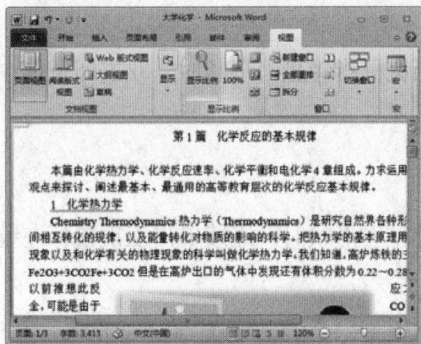

图 1-20　设置显示比例　　　　　　　图 1-21　"显示比例"对话框

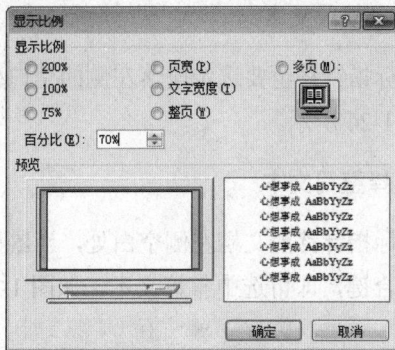

1.4　文本的操作

在了解了文档的基本操作以后，还需要掌握文本的基本编辑方法，这样才能胜任工作和学习的需要。下面将介绍文本的常用操作，如选定文本、复制、移动和删除文本等。

1.4.1　选定文本

在对文档中的文本进行编辑时，不同内容的文本选择的方法有所不同，下面来介绍 8 种选择不同内容的方法。

1. 选择任意文本

打开"春"文档，将光标移动到需要选定的文本前，按住鼠标左键向右拖动至需要选择的文本末尾，释放鼠标，即可选中文本，如图 1-22 所示。

2. 选择一行文本

将鼠标指针移至要选定行左侧空白处，当鼠标指针呈 形状时，单击即可选中该行文本，如图 1-23 所示。

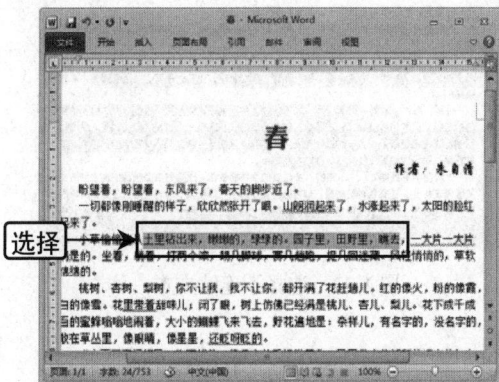

图 1-22　选择任意文本　　　　　　　图 1-23　选择一行文本

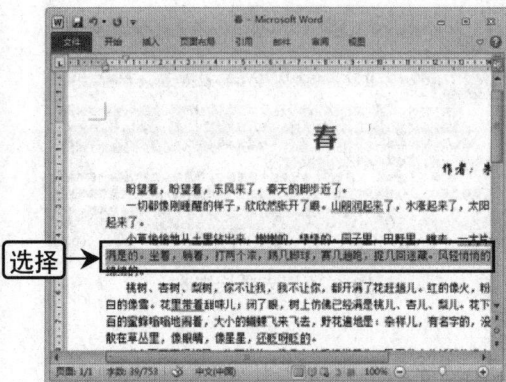

计算机基础与实训教材系列

3. 选择整段文本

将鼠标指针移至要选定段落左侧的空白处，当鼠标指针呈 ⬁ 形状时，双击即可选中该段文本，如图 1-24 所示。

4. 选择整篇文本

将鼠标指针移至文档左侧空白处，当鼠标指针呈 ⬁ 形状时，连续单击三次鼠标左键或按下 Ctrl+A 组合键，即可选中整篇文本，如图 1-25 所示。

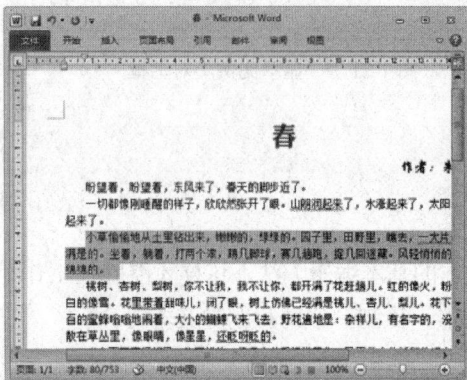

图 1-24　选择整段文本

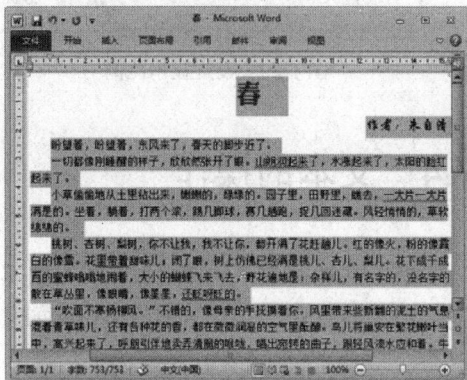

图 1-25　选择整篇文本

5. 选择长文本

将光标定位到要选择文本的起始处，按住 Shift 键不放，在文本末尾单击，即可选中长文本，如图 1-26 所示。

6. 选择不连续文本

选中要选择的第一处文本，按住 Ctrl 键的同时选择其他文本，如图 1-27 所示。

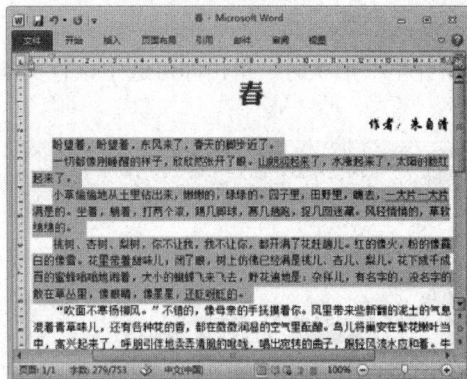

图 1-26　选择长文本

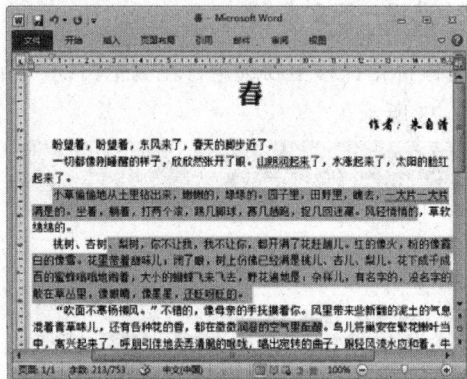

图 1-27　选择不连续文本

7. 选择文本块

在按住 Alt 键的同时，向右下方拖动鼠标，可选中鼠标经过区域的文本块，如图 1-28 所示。

8. 选择词语

将光标插入到词语前或中间位置，双击即可选中该词语，如图 1-29 所示。

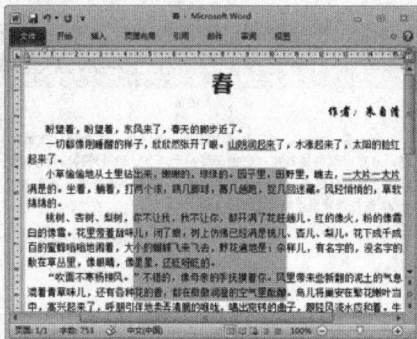

图 1-28　选择文本块

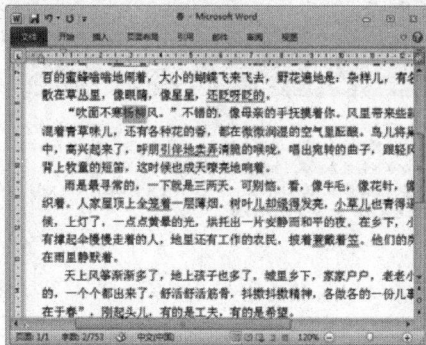

图 1-29　选择词语

提示

选中的文字将以蓝底显示，在选中文本以外的文档的其他任意位置单击，可以取消文本的选中状态。

1.4.2　输入文本

在输入文档之前，必须先将插入点定位到输入的位置，待文本插入点定位好后，切换到适合自己的输入法状态，即可在插入点处开始输入文本。

下面在新建的空白文档中输入一份寻人启事，通过练习，掌握汉字、标点符号、英文字母和数字等文本的输入方法，以及空格键和 Enter 键的作用。具体的操作步骤如下。

【练习 1-5】制作"寻人启事"文档。

(1) 新建一个文档，将其另存为"寻人启事"，然后在打开的文档编辑区中单击，定位输入文本的位置，待出现不停闪烁的文本插入点即可，如图 1-30 所示。

(2) 选择适合自己的输入法，连续按空格键将文本插入点定位于文档第 1 行的中间位置，并输入标题"寻人启事"，连续按两次 Enter 键换行，如图 1-31 所示。

图 1-30　定位文本插入点

图 1-31　输入标题

(3) 连续按两次空格键，依次输入寻人启事的正文内容，如图 1-32 所示。

(4) 再按一次 Enter 键换行，连续按空格键将文本插入点定位于文档右下角，输入发布时间，如图 1-33 所示。

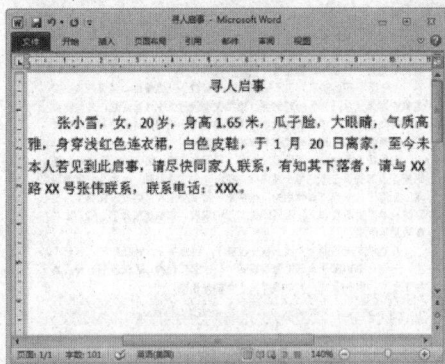

图 1-32　输入正文内容　　　　　　　　图 1-33　输入日期

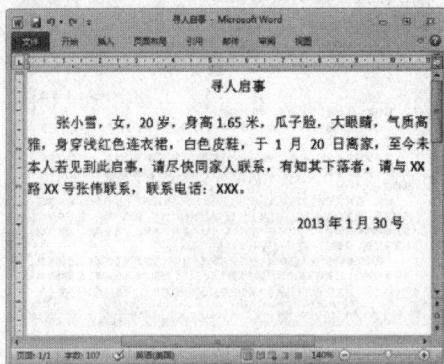

1.4.3　移动和复制文本

移动与复制文本的目的是对文本进行移动与重复使用。执行了复制或剪切的操作后，为了将选中的内容转移到目标位置，还需要进行粘贴的操作。

1. 移动文本

移动文本可以将文本从一个位置移动到另一个位置中。移动文本的操作方法如下。

【练习 1-6】移动文本。

(1) 启动 Word 2010 应用程序，打开【练习 1-5】制作的"寻人启事"文档。

(2) 选中目标文本后，使用鼠标拖动选中的区域至文本要移动的目标位置，如图 1-34 所示。

(3) 释放鼠标，即可快速完成文本的移动操作，这时可以看到文本被移动到了新的位置，如图 1-35 所示。

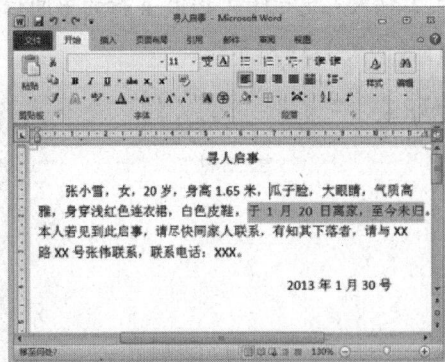

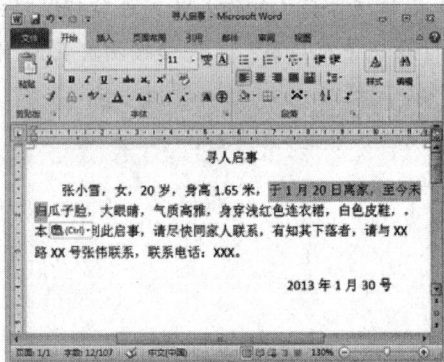

图 1-34　拖动文本　　　　　　　　　图 1-35　文本移动后的效果

(4) 或者选中要移动的文本，打开"开始"选项卡，在"剪贴板"工具组中单击"剪切"按钮 ，如图 1-36 所示。

(5) 将光标定位到文本想要移动到的位置，单击"剪贴板"工具组中的"粘贴"按钮，文本即会粘贴到新的位置，如图 1-37 所示。

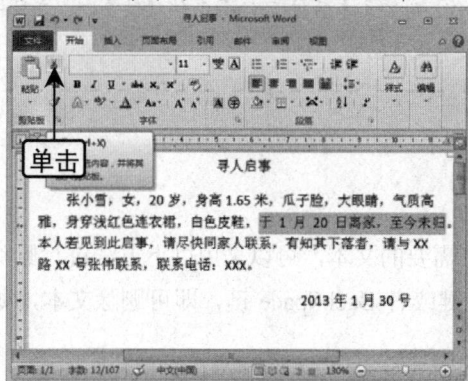

图 1-36　剪切文本

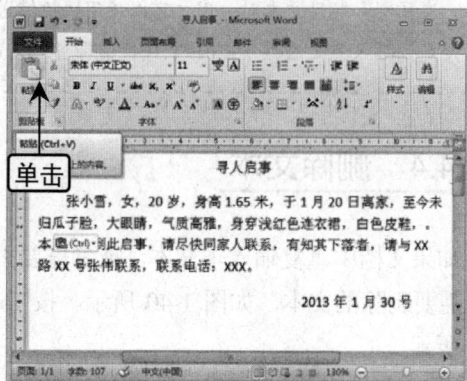

图 1-37　粘贴文本

提示

在执行移动文本或粘贴文本的操作之后会显示"粘贴选项"按钮，单击该按钮即弹出粘贴选项列表，用户可以选择需要的粘贴选项，包括"保留源格式"、"合并格式"、"只保留文本"、"设置默认粘贴"等选项。

2. 复制文本

复制文本与移动文本的区别在于：复制文本是将文本从一个位置移动到另一个位置，而原来位置的文本仍然存在。复制文本可以快速完成一段文本的重复输入，从而大大提高了工作效率。复制文本的操作方法如下。

【练习 1-7】复制文本。

(1) 启动 Word 2010 应用程序，打开【练习 1-5】制作的"寻人启事"文档。

(2) 选中需要复制的文本，打开"开始"选项卡，单击"剪贴板"组中的"复制"按钮，如图 1-38 所示。

(3) 此时，所选文本已经复制到剪贴板中，将插入点定位到文档的末尾，单击"剪贴板"工具组中的"粘贴"按钮，如图 1-39 所示。

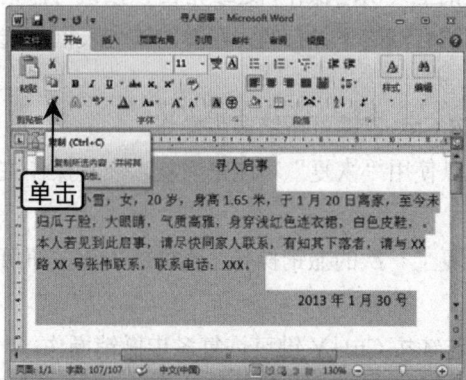

图 1-38　复制文本

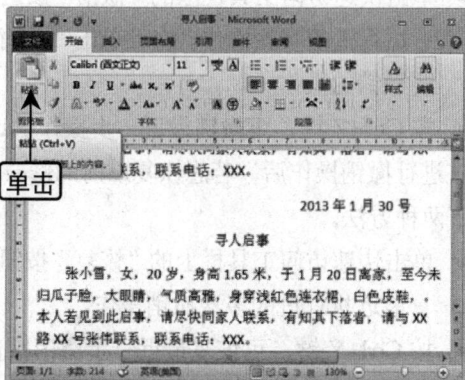

图 1-39　粘贴文本

提示

在复制和粘贴文本时，用户可以使用快捷键进行操作，选中文本后按下 Ctrl+C 快捷键复制，在目标位置处定位插入点之后按下 Ctrl+V 快捷键即可对复制的文本进行粘贴。

---

①.4.4 删除文本

如果文档中重复输入了文本，或者需要去掉不需要的文本，可以采用以下方法进行删除。选中需要删除的文本，如图 1-40 所示。按 Delete 键或者 BackSpace 键，即可删除文本，如图 1-41 所示。

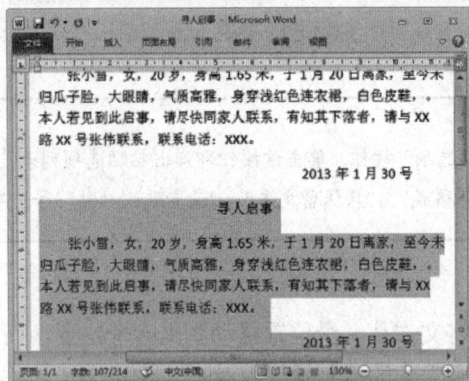

图 1-40 选择要删除的文本　　　　　图 1-41 删除文本后的效果

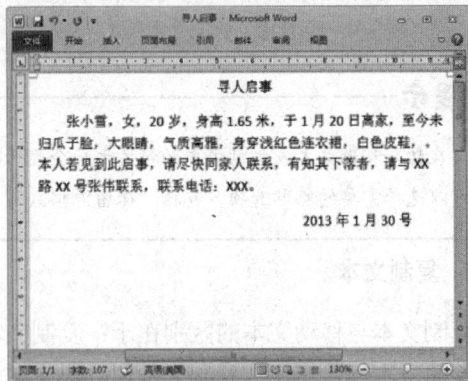

①.4.5 使用撤销和恢复功能

在输入文本或编辑文档时，Word 会自动记录所执行过的每一步操作，若执行了错误的操作，可以通过"撤销"功能将错误的操作撤销。撤销操作主要有以下几种方法。

- 单击快速访问工具栏上的"撤销"按钮可撤销上一次的操作，连续单击该按钮可撤销最近执行过的多次操作。也可单击"撤销"按钮右侧的下拉按钮，在弹出的列表框中选择要撤销的操作。
- 按 Ctrl+Z 键，可撤销最近一步操作，连续按 Ctrl+Z 键可撤销多步操作。

在进行撤销操作后，若想恢复以前的修改，可以使用"恢复"功能来恢复。恢复操作主要有以下两种方法。

- 单击快速访问工具栏上的"恢复"按钮，恢复上一次的撤销操作，连续单击该按钮可恢复最近执行过的多次撤销操作。
- 按 Ctrl+Y 键，可恢复最近一步撤销操作，连续按 Ctrl+Y 键可恢复多步撤销操作。

1.4.6　查找和替换文本

在 Word 文档中不仅可以搜索指定的文本，还可以将搜索到的文本内容替换成所要修改的内容。如在输入完一篇较长的文档后，检查中发现把一个重要的字或词全部输入错了，如果逐个修改，会花大量的时间和精力。这时使用查找与替换的功能就能很快解决这个问题，从而提高用户学习和工作的效率。

1. 查找文本

使用 Word 2010 的查找功能可以在文档中查找中文、英文、数字和标点符号等任意字符，查找其是否出现在文本中及在文本中出现的具体位置。

【练习 1-8】查找文档中的"春天"文本。

(1) 启动 Word 2010 应用程序，打开 "春" 文档。

(2) 打开"开始"选项卡，在"编辑"组中单击"查找"按钮，如图 1-42 所示。

(3) 在文档左侧显示"导航"窗格，在搜索框中输入要搜索的文本"春天"，这时查找出来的文字会以黄色底纹显示，如图 1-43 所示。

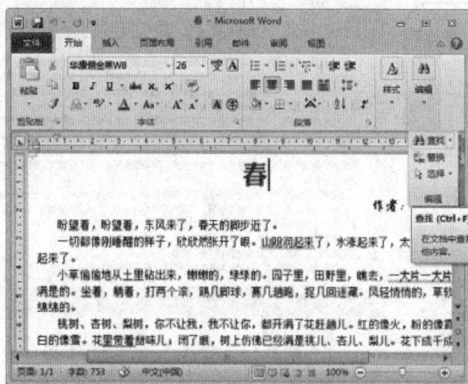

图 1-42　单击"查找"按钮　　　　　　图 1-43　查找到文本后的效果

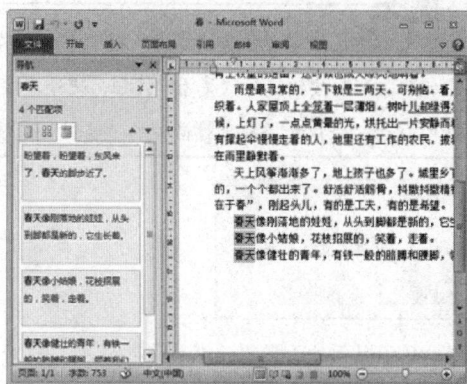

2. 替换文本

替换文本就像交换东西一样，在 Word 中替换文本就是将文档中查找到的某个字或词等，修改为另一个字或词等。

【练习 1-9】将文档中的"春天"文本替换为"春季"文本。

(1) 启动 Word 2010 应用程序，打开"春"文档。

(2) 打开"开始"选项卡，在"编辑"组中单击"替换"按钮，如图 1-44 所示。

(3) 弹出"查找和替换"对话框，分别输入要查找的文本和要替换的文本，单击"查找下一处"按钮，查找出后单击"替换"按钮，如图 1-45 所示。

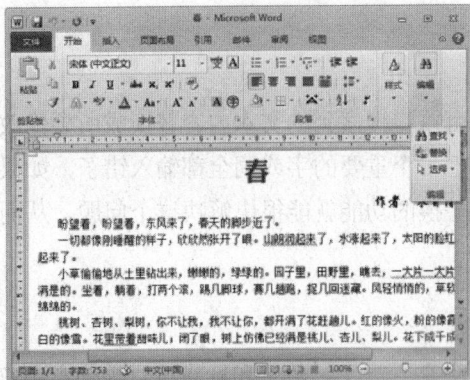

图 1-44　单击"替换"按钮

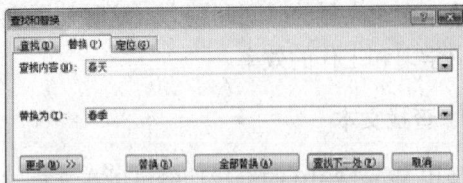

图 1-45　"查找和替换"对话框

(4) 全部替换完成后，将自动弹出提示对话框，提示 Word 已完成对文档的替换，单击"确定"按钮，如图 1-46 所示。

(5) 单击"关闭"按钮，关闭"查找和替换"对话框。返回到文档即可看到替换文本后的效果，如图 1-47 所示。

提示

当文本中已经完成了替换操作，则"查找和替换"对话框中的"取消"按钮变为"关闭"按钮，此外，按 Ctrl+H 组合键可打开"查找和替换"对话框的"替换"选项卡。

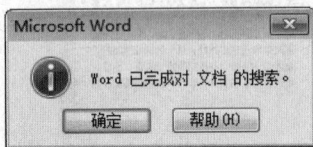

图 1-46　提示对话框

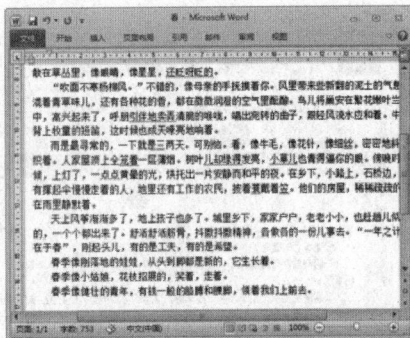

图 1-47　替换文本后的效果

1.5　插入符号和日期

在日常工作中经常需要在文档中插入符号和日期，下面将详细介绍在文档中插入符号和日期的操作方法。

1.5.1　插入符号

使用"符号"对话框可以插入键盘上没有的符号或特殊字符，还可以插入 Unicode 字符，插入符号的操作方法如下。

【练习 1-10】在文档中插入符号。

(1) 启动 Word 2010 应用程序，打开"值班室管理制度"文档。

(2) 将光标定位在"第一条"文字前，单击"插入"选项卡，在"符号"组中单击"符号"下拉按钮，在弹出的下拉列表中选择"其他符号"选项，如图 1-48 所示。

(3) 弹出"符号"对话框，单击选中要插入的符号，然后单击"插入"按钮，如图 1-49 所示。

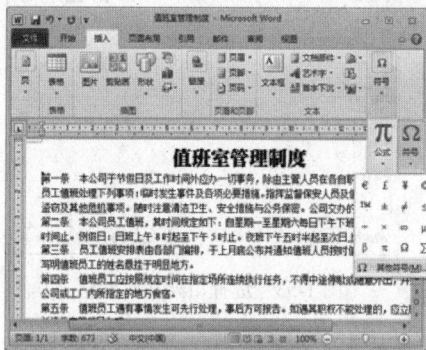

图 1-48　选择"其他符号"选项

图 1-49　选择要插入的符号

(4) 插入完毕后单击"取消"按钮返回文档，可以看到已经插入的符号效果，如图 1-50 所示。

(5) 采用相同的方法在文档不同的位置插入多种符号，效果如图 1-51 所示。

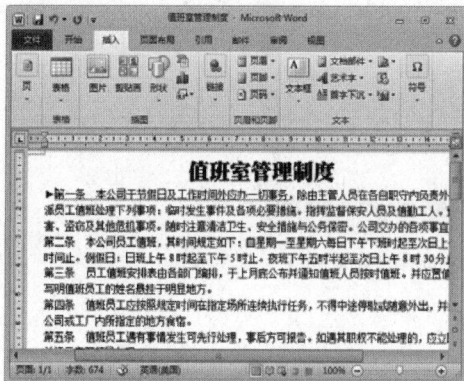

图 1-50　插入符号后的效果

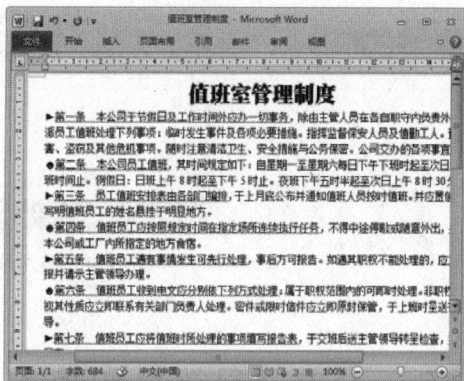

图 1-51　插入多种符号后的效果

①.5.2　插入日期和时间

如果需要在文档中插入日期和时间，可不必手动输入，只需通过"日期和时间"对话框方式插入即可。

【练习 1-11】在文档末尾插入日期和时间。

(1) 启动 Word 2010 应用程序，打开"值班室管理制度"文档。

(2) 将光标移动到文档的末尾位置，单击"插入"选项卡，在"文本"组中单击"日期和时间"按钮🔚，如图 1-52 所示。

(3) 弹出"日期和时间"对话框，在"可用格式"列表框中选择需要插入的日期和时间格式，单击"确定"按钮，如图 1-53 所示。

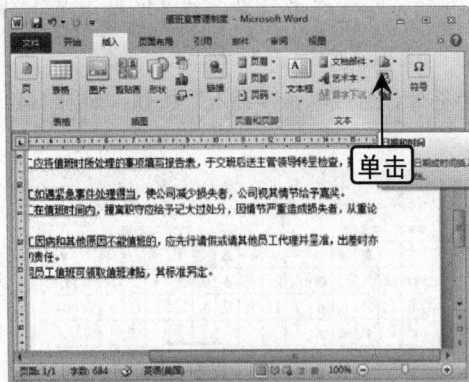

图 1-52　插入日期和时间　　　　　图 1-53　选择日期和时间格式

(4) 插入后返回文档中，可以看到已经插入了当前的日期和时间，如图 1-54 所示。

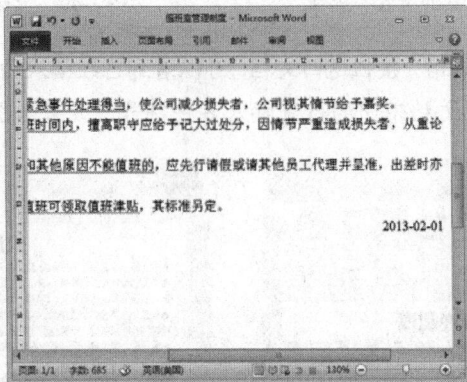

图 1-54　插入日期和时间后的效果

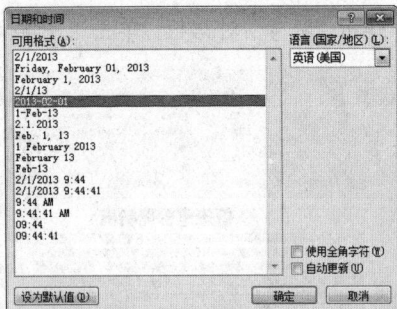

1.6　设置项目符号和编号

在 Word 文档中有时需要用到项目符号和编号，它们可以更加明确地表达内容之间的并列关系、顺序关系等，使文档条理清晰、重点突出。用户可以在文档中添加已有的项目符号和编号，也可以自定义项目符号和编号。

1.6.1　设置项目符号

Word 有很强大的编号功能，可以轻松地给要列举出来的文字添加项目符号，除此之外，用户还可以自定义项目符号。

【练习 1-12】为文档设置项目符号。

(1) 启动 Word 2010 应用程序，打开"名人名言"文档。

(2) 选中文档中的全部内容，打开"开始"选项卡，在"段落"组中单击"项目符号"按钮，在弹出的下拉列表中选择➤符号，如图 1-55 所示。

(3) 接着可看到为选中段落设置菱形项目符号后的效果，如图 1-56 所示。

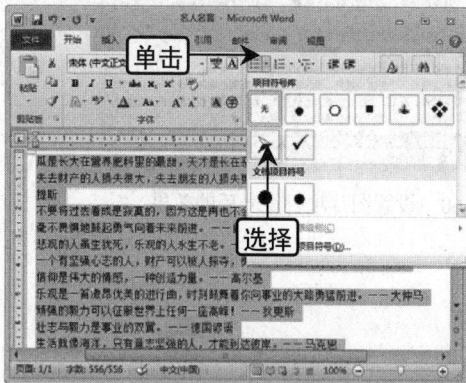

图 1-55　选择项目符号　　　　　　　图 1-56　设置项目符号后的效果

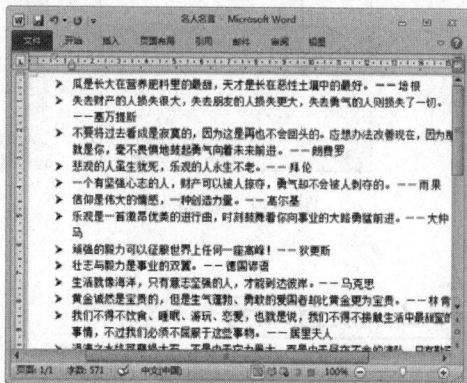

(4) 另外，还可以把图片设置为项目符号，再次接着选中全部文本，单击"项目符号"按钮，在弹出的下拉列表中选择"定义新项目符号"选项，如图 1-57 所示。

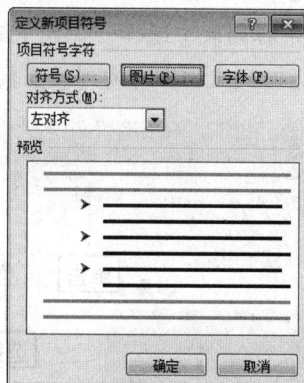

(5) 弹出"定义新项目符号"对话框，单击"图片"按钮，如图 1-58 所示。

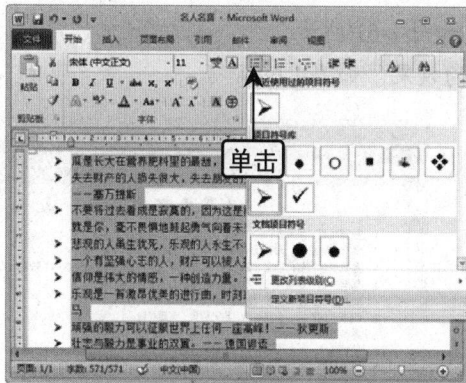

图 1-57　选择"定义新项目符号"选项　　　图 1-58　"定义新项目符号"对话框

(6) 弹出"图片项目符号"对话框，选择要设置的图片，单击"确定"按钮，如图 1-59 所示。

(7) 返回到"定义新项目符号"对话框，单击"确定"按钮即可看到设置后的效果，如图 1-60 所示。

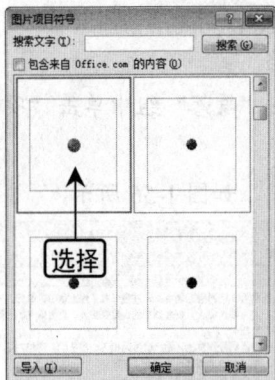

图 1-59　选择图片

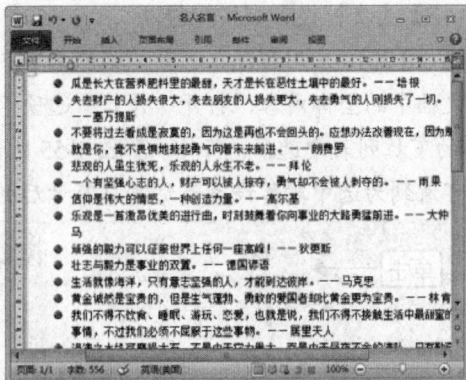

图 1-60　设置图片项目符号后的效果

1.6.2　设置编号

设置编号的方法与设置项目符号类似，就是将项目符号变成顺序排列的编号，它主要用于操作步骤、论文中的主要论点和合同条款等。

【练习 1-13】为文档设置编号。

(1) 启动 Word 2010 应用程序，打开"小学生守则"文档。

(2) 选中除标题外的所有文本，打开"开始"选项卡，在"段落"组中单击"编号"按钮，在弹出的下拉列表中选择一种数字编号样式，如图 1-61 所示。

(3) 返回到文档即可看到设置数字编号后的效果，如图 1-62 所示。

图 1-61　选择编号样式

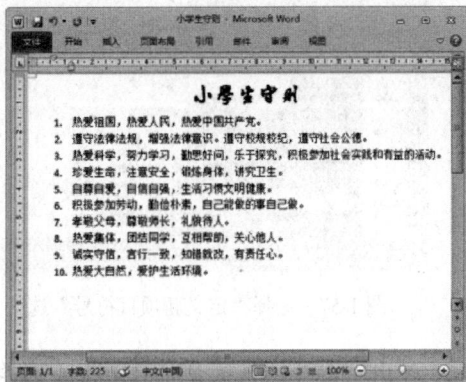

图 1-62　设置编号后的效果

1.6.3　设置多级列表

为了使长文档结构更明显，层次更清晰，经常会给文档设置多级列表。使用多级列表在展示同级文档内容时，还可表示下一级文档的内容。

【练习1-14】为文档目录设置多级列表。

(1) 启动 Word 2010 应用程序，打开"目录"文档。

(2) 选中目录文本，打开"开始"选项卡，单击"段落"组中的"多级列表"按钮，在弹出的下拉列表中选择一种列表样式，如图 1-63 所示。

(3) 将光标定位到第 2 行的开始位置，按一次 Tab 键，即可更改为二级列表，如图 1-64 所示。

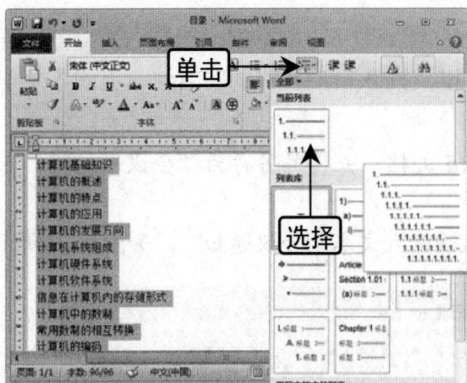

图 1-63　选择多级列表样式

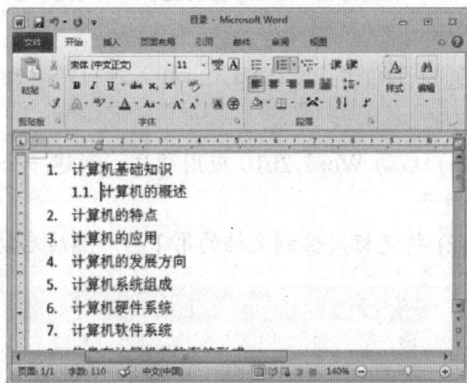

图 1-64　设置多级列表后的效果

(4) 将光标定位到第 3 行的开始位置，按两次 Tab 键，即可更改为三级列表，如图 1-65 所示。

(5) 使用同样的方法为目录的其他文本设置多级列表，如图 1-66 所示。

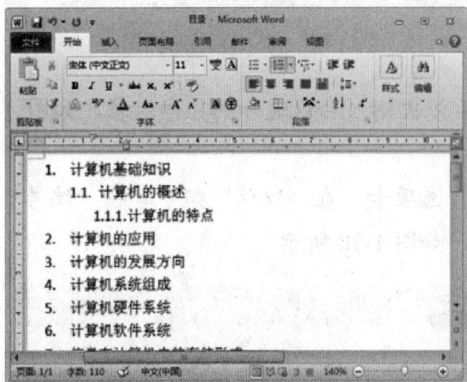

图 1-65　更改列表等级

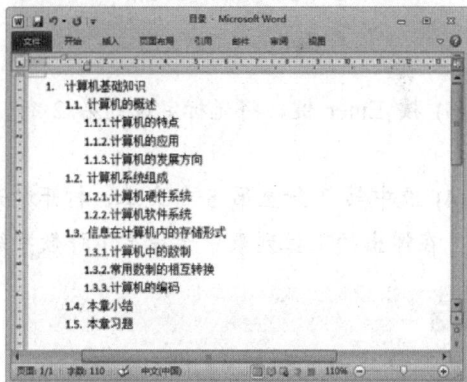

图 1-66　全部设置多级列表后的效果

提示

若要更改多级列表，可将文本插入点定位到需要更改列表编号的位置并右击，在弹出的快捷菜单中选择"编号"|"更改列表级别"命令，再在弹出的快捷菜单中选择更改的级别即可。

1.7 上机练习

本节上机练习将通过制作"会议通知"文档和将文字粘贴为图片两个练习，帮助读者进一步加深对本章知识的掌握。

1.7.1 制作"会议通知"文档

通过详细讲述文本输入、插入项目符号和编号以及插入日期和时间的方法，巩固本章学习的知识点。

(1) 启动 Word 2010 应用程序，新建一个 Word 文档，并将其另存为"会议通知"，如图 1-67 所示。

(2) 将光标定位到文档的第 1 行，然后启动输入法输入文本"会议通知"，如图 1-68 所示。

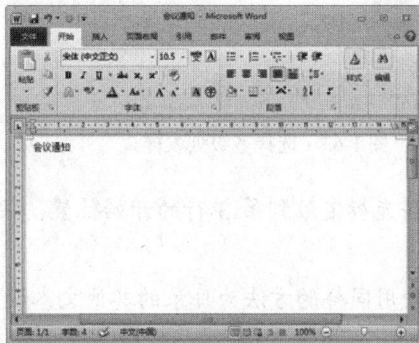

图 1-67　新建文档　　　　　　　　　图 1-68　输入标题文本

(3) 按 Enter 键，将光标定位到第 2 行，然后依次输入会议通知的具体内容，如图 1-69 所示。

(4) 选中第 2 行至第 5 行文本，打开"开始"选项卡，在"段落"组中单击"编号"按钮，在弹出的下拉列表中选择第 1 种数字编号，如图 1-70 所示。

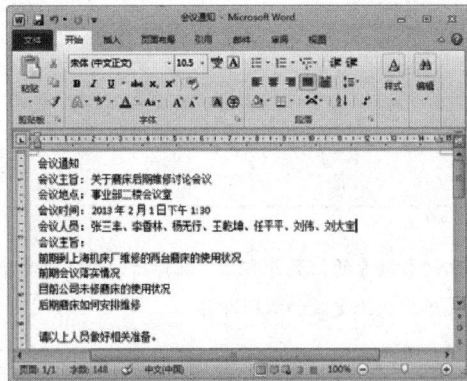

图 1-69　输入具体内容　　　　　　　　图 1-70　设置编号

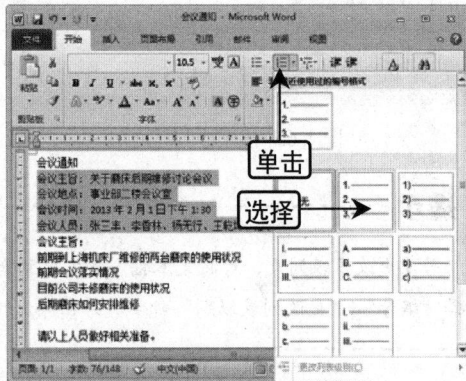

(5) 选中第 7 行至第 10 行文本，打开"开始"选项卡，在"段落"组中单击"项目符号"按钮 ≔，在展开的列表中选择❖图形，如图 1-71 所示。

(6) 将光标定位到文档末尾，并按空格键使光标居于文档右侧，然后单击"插入"选项卡，在"文本"组中单击"日期和时间"按钮，如图 1-72 所示。

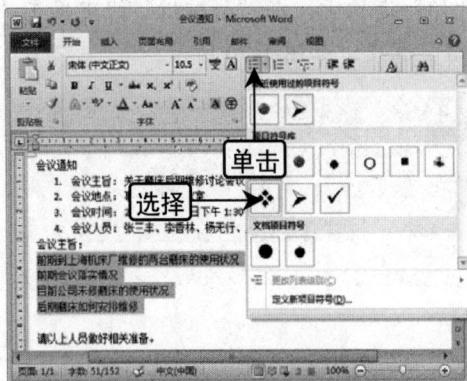

图 1-71　设置项目符号

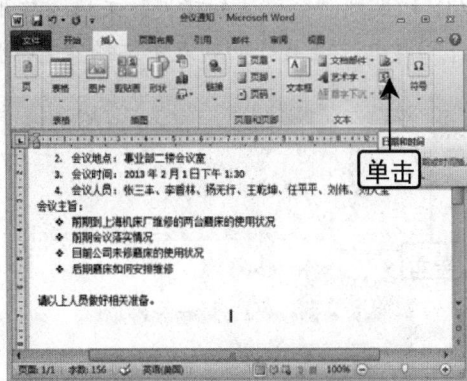

图 1-72　插入日期和时间

(7) 弹出"日期和时间"对话框，选择语言为"中文(中国)"，然后选择第 3 种格式，选择完成后单击"确定"按钮，如图 1-73 所示。

(8) 返回到文档即可看到插入日期和时间后的效果。最后单击快速访问工具栏中的"保存"按钮对"会议通知"文档进行保存，如图 1-74 所示。

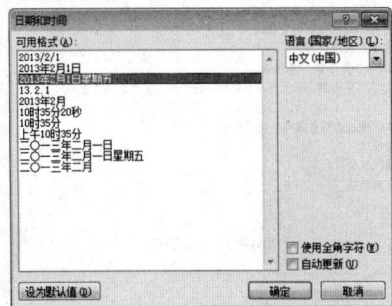

图 1-73　选择日期和时间格式

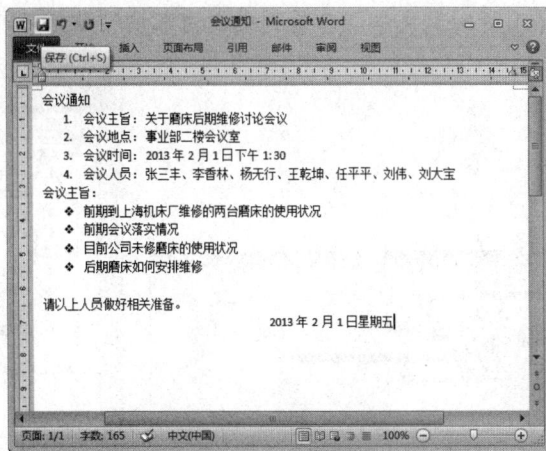

图 1-74　保存文档

1.7.2　将文字粘贴为图片

在日常办公中，有时为了防止 Word 文档的内容被篡改，会为它加上相应的密码，但这些密码的使用较为复杂，而且如果用一份加了密码的文档作为公司的宣传文档，也会很不方便。这时可以将文档中的文字、表格等转为图片。

(1) 打开 1.7.1 节制作的"会议通知"文档，然后新建一个 Word 文档并将其另存为"会议通知拷贝"。

(2) 选中"会议通知"文档中的全部内容，打开"开始"选项卡，在"剪贴板"组中单击"复制"按钮，如图 1-75 所示。

(3) 切换到"会议通知拷贝"文档，打开"开始"选项卡，在"剪贴板"组中单击"粘贴"下拉按钮，在展开的列表中选择"选择性粘贴"选项，如图 1-76 所示。

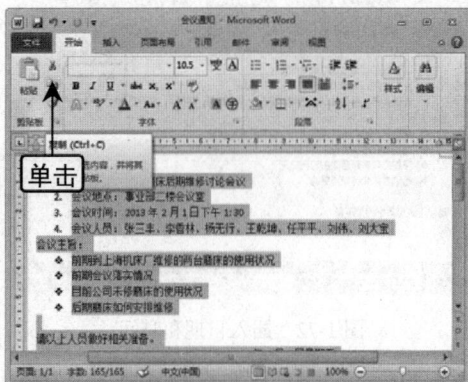

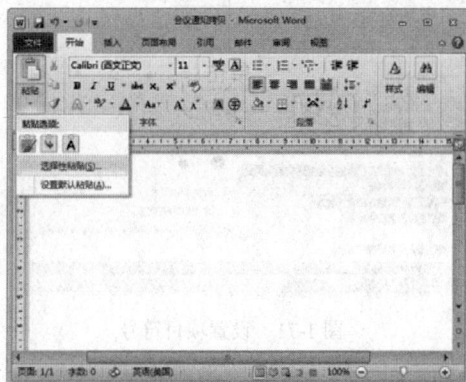

图 1-75　复制文本　　　　　　　　　　　图 1-76　选择性粘贴文本

(4) 弹出"选择性粘贴"对话框，单击选中"图片(增强型图元文件)"选项，然后单击"确定"按钮，如图 1-77 所示。

(5) 返回到文档即可看到文本内容被粘贴为不可修改的图片，如图 1-78 所示。

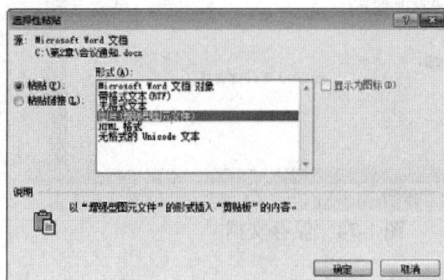

图 1-77　选择图片选项　　　　　　　　图 1-78　文本粘贴为图片后的效果

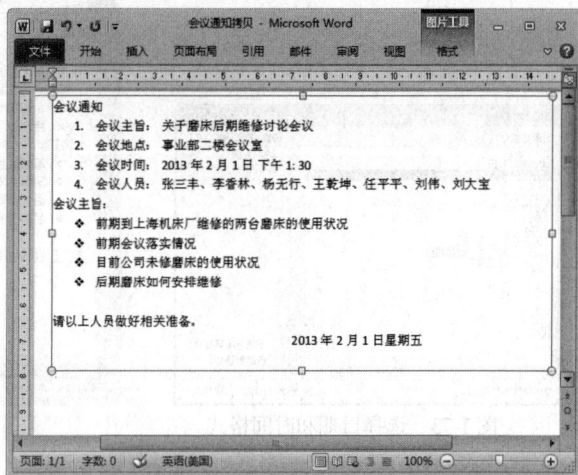

1.8　习题

1.8.1　填空题

1. 所谓视图，就是文档的显示方式。Word 2010 提供了多种视图方式，包括_____、阅读版式视图、Web 版式视图、_____和草稿视图等。

2. 连续单击_____次鼠标左键或按_____组合键，即可选中整篇文本。

3. 选中需要删除的文本，按_____键或者_____键，即可删除文本。

4. 将光标定位到要选择文本的起始处，按住_____键不放，在文本末尾处单击，即可选中长文本。

5. 在 Word 文档中有时需要用到_____，它们可以更加明确地表达内容之间的并列关系、顺序关系等，使文档条理清晰，重点突出。

6. 如果要恢复最近一次的操作，应该按_____组合键。

7. 如果要复制文本，应该按_____组合键。

1.8.2　操作题

1. 新建一个 Word 模板文档，模板选择"Office.com 模板"中的"证书、奖状"，如图 1-79 所示。

2. 进入"证书、奖状"文件夹之后，选择"幼儿园毕业证书(阳光设计)模板"，单击右侧的"下载"按钮开始进行下载，如图 1-80 所示。

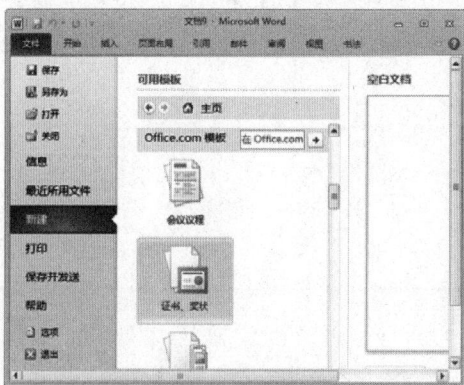

图 1-79　选择模板文件夹　　　　　　　图 1-80　选择幼儿园毕业证书模板

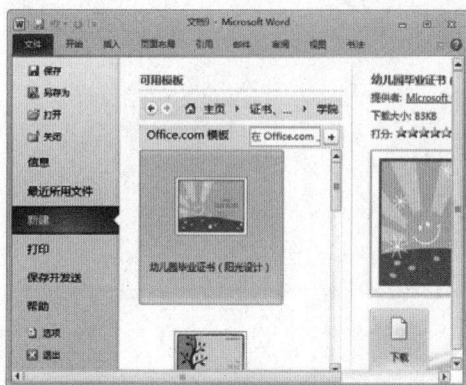

3. 根据模板创建毕业证书后，将其另存为"学生证书"，如图 1-81 所示。

4. 修改模板里的姓名、时间以及老师，最后单击"保存"按钮对修改后的模板进行保存，如图 1-82 所示。

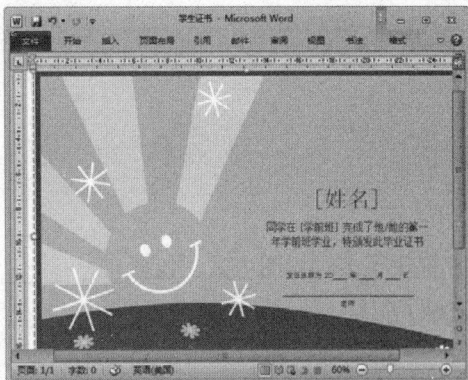

图 1-81　保存模板文档　　　　　　　　　　　　图 1-82　修改模板

第2章

文档的格式化

学习目标

文档的格式化主要是指设定字符的字体、字型和字号等字体格式，设定段落的缩进方式和对齐方式，以及设置字间距和行间距等。Word 2010 可以使用户方便快捷地制作出各种漂亮的文档。

本章重点

- ⊙ 文本格式的设置
- ⊙ 段落格式的设置
- ⊙ 格式刷的应用
- ⊙ 设置边框和底纹
- ⊙ 使用样式快速格式化文档

2.1 文本格式的设置

设置文本格式是格式化文档最基本的操作，主要包括设置文本字体格式、字形、字号和颜色等。设置后的文本可以使文档看起来更加美观、整洁。

2.1.1 设置文本字体格式

在设置文本的字体、字形、字号及颜色时，有 3 种方法，分别是在"开始"选项卡中进行设置、在浮动工具栏中进行设置以及在"字体"对话框中进行设置。

1. 在"开始"选项卡中进行设置

【练习 2-1】在"开始"选项卡中设置文本字体格式。

(1) 启动 Word 2010 应用程序，打开"校园管理规定"文档。

(2) 选中标题文本，打开"开始"选项卡，单击"字体"组中的"字体"下拉按钮，在弹出的下拉列表中选择"华文隶书"选项，如图 2-1 所示。

(3) 然后单击"字体"组中的"字号"下拉按钮，在弹出的下拉列表中选择"28"，如图 2-2 所示。

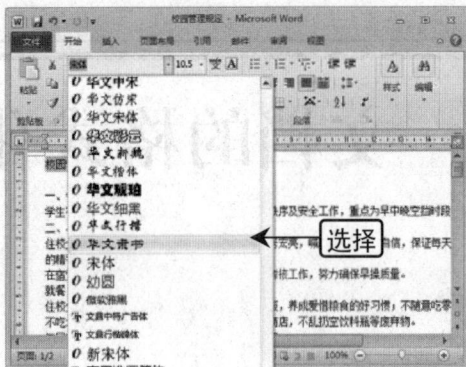

图 2-1　选择字体

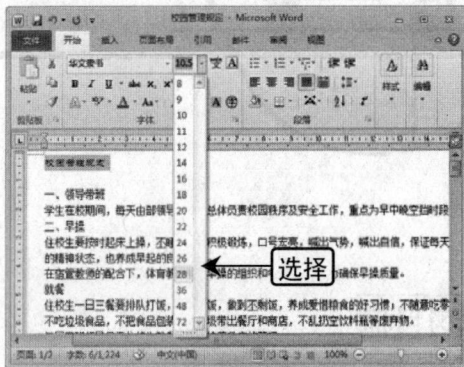

图 2-2　选择字号

(4) 若需要设置标题居中，则单击"段落"组中的"居中"按钮 ≡，如图 2-3 所示。

(5) 设置标题居中后的效果如图 2-4 所示。

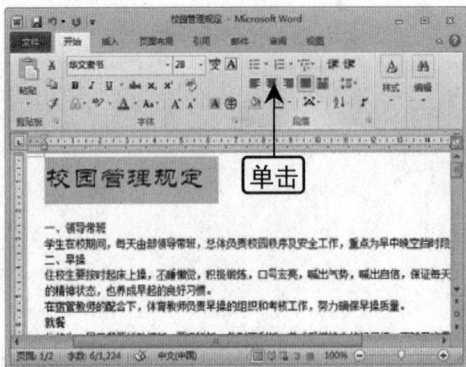

图 2-3　设置文本居中

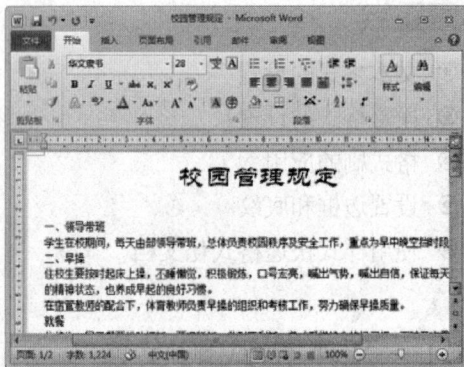

图 2-4　设置标题居中后的效果

2. 在"浮动"工具栏中设置

【练习 2-2】在"浮动"工具中设置字体加粗和字体颜色。

(1) 启动 Word 2010 应用程序，打开【练习 2-1】制作的"校园管理规定"文档。

(2) 同时选中 10 条带有中文数字的项目标题文本，在鼠标指针上方会自动出现一个浮动工具栏，单击工具栏中的"加粗"按钮，如图 2-5 所示。

(3) 单击浮动工具栏中的"字体颜色"下拉按钮 A，在弹出的下拉列表中选择"蓝色"，如图 2-6 所示。

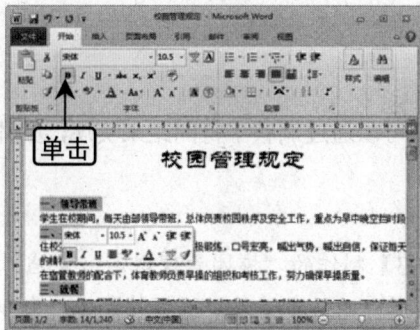

图 2-5 将字体加粗

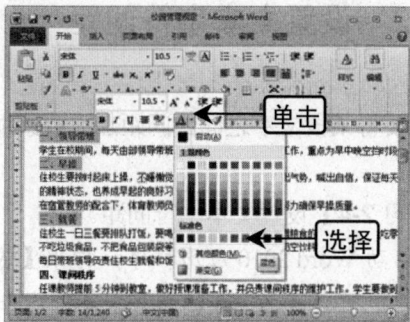

图 2-6 设置文字颜色

3. 在"字体"对话框中设置

【练习 2-3】在"字体"对话框中设置字体格式。

(1) 启动 Word 2010 应用程序，打开【练习 2-2】制作的"校园管理规定"文档。

(2) 选中全部正文文本并右击，在弹出的快捷菜单中选择"字体"命令，如图 2-7 所示。

(3) 弹出"字体"对话框，切换到"字体"选项卡，在"中文字体"列表框中选择"楷体"，在"字号"列表框中选择"11"，在"字体颜色"列表框中选择"绿色"，单击"确定"按钮，如图 2-8 所示。

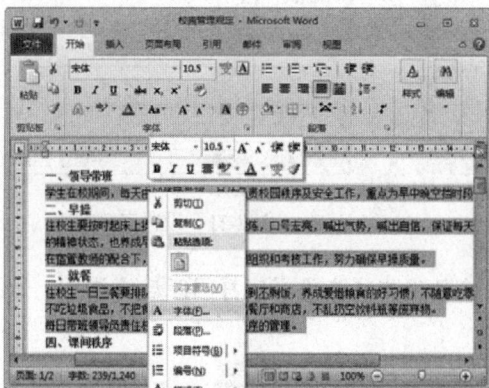

图 2-7 选择"字体"命令

图 2-8 "字体"对话框

(4) 返回到文档即可看到为选中文字设置字体格式后的效果，如图 2-9 所示。

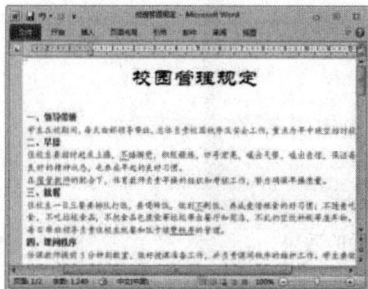

图 2-9 设置字体格式后的效果

提示

选中要编辑的文本后，单击"字体"组右下角的对话框启动器按钮，可以打开"字体"对话框。另外，选中要编辑的文本后，按 Ctrl+D 组合键，也可以打开"字体"对话框。

②.1.2 设置文本字符间距

当需要将某段文字之间的间距加大或紧缩时，可以通过调整字符间距来实现，具体操作方法如下。

【练习 2-4】设置文本字符间距。

(1) 启动 Word 2010 应用程序，打开【练习 2-3】制作的"校园管理规定"文档。

(2) 选中所有蓝色字体的项目文本并右击，在弹出的快捷菜单中选择"字体"命令，如图 2-10 所示。

(3) 弹出"字体"对话框，打开"高级"选项卡，单击"缩放"下拉按钮，在弹出的下拉列表中选择"150%"。接着单击"间距"下拉按钮，在弹出的下拉列表中选择"加宽"，将右侧的"磅值"设置为"2 磅"，如图 2-11 所示。

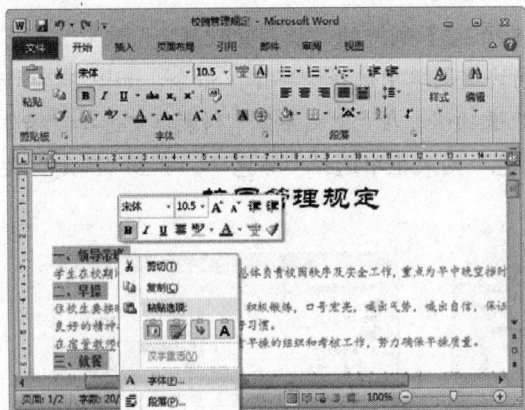

图 2-10　选择"字体"命令　　　　　　　　　　图 2-11　设置字符间距

(4) 单击"确定"按钮，返回文档即可看到为选中文本设置字符间距后的效果，如图 2-12 所示。

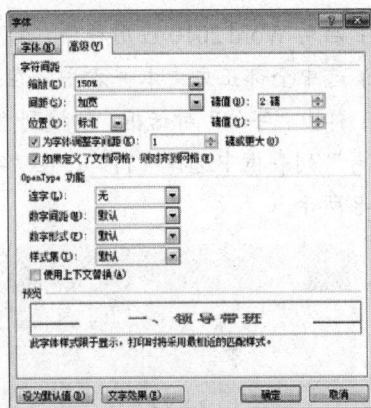

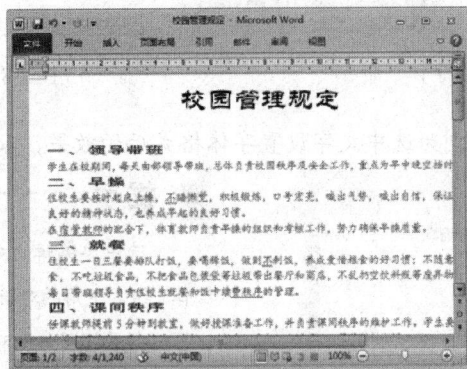

图 2-12　设置字符间距后的效果

②.1.3 设置首字下沉

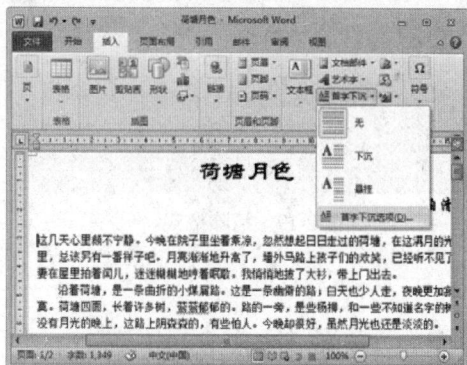

在报刊杂志中经常可以看到首字下沉、首字悬挂等效果，其实这并非只有专业的排版工具能够做到，在 Word 中一样可以轻松实现。下面以设置首字下沉效果为例进行介绍，首字悬挂效果操作方法与之类似。

【练习2-5】设置首字下沉效果。

(1) 启动 Word 2010 应用程序，打开"荷塘月色"文档。

(2) 将光标移动到第 1 段文本之前，打开"插入"选项卡，在"文本"组中单击"首字下沉"下拉按钮，在弹出的下拉列表中选择"下沉"选项，即可为第 1 段的首字设置下沉效果，如图 2-13 所示。

(3) 若要详细设置下沉格式，则需要在"首字下沉"对话框中完成。单击"首字下沉"按钮，在弹出的下拉列表中选择"首字下沉选项"选项，如图 2-14 所示。

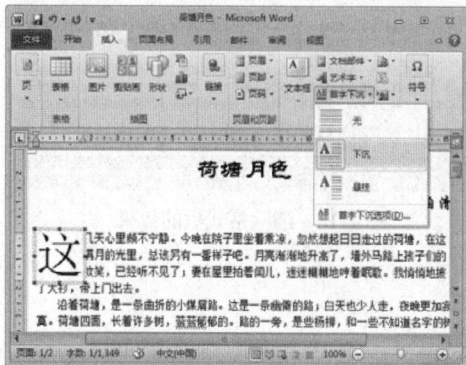

图 2-13 设置首字下沉   图 2-14 选择"首字下沉选项"选项

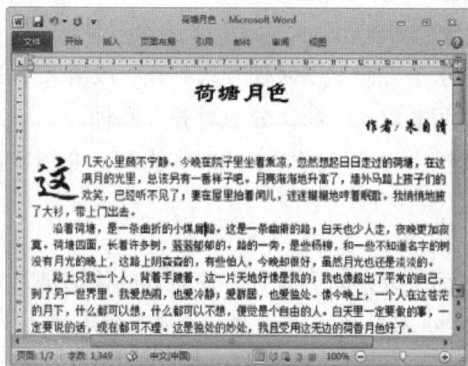

(4) 弹出"首字下沉"对话框，选择"下沉"选项，在"字体"下拉列表框中选择字体样式为"华文行楷"，在"下沉行数"文本框中输入首字下沉的行数为"3"，单击"确定"按钮，如图 2-15 所示。

(5) 设置完成后返回到文档中，即可看到设置的首字下沉格式效果，如图 2-16 所示。

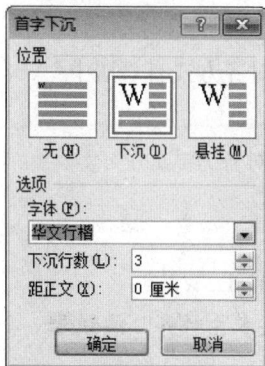

图 2-15 设置首字下沉选项   图 2-16 设置首字下沉后的效果

提示

在设置首字下沉效果的时候，首行不能向右缩进，否则无法设置。

②.1.4　清除格式

一篇文档有时会设置成很多不同的格式，若想一键清除所设置的样式，使其恢复为最初的格式，可按以下方法进行操作。

【**练习 2-6**】清除文档的所有格式。

(1) 启动 Word 2010 应用程序，打开【练习 2-5】制作的"荷塘月色"文档。

(2) 按下 Ctrl+A 键选中所有文本，单击"字体"组中的"清除格式"按钮，如图 2-17 所示。

(3) 清除完毕后，可以看到文档中的文本内容已经恢复到最原始的状态，如图 2-18 所示。

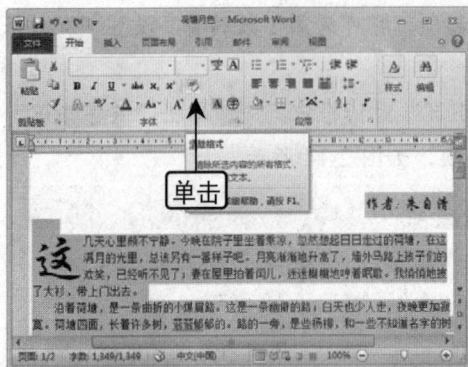

图 2-17　清除格式

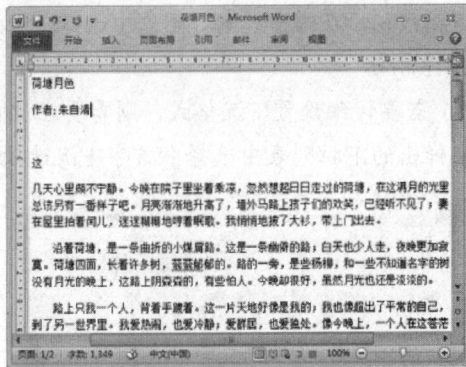

图 2-18　清除格式后的效果

②.2　段落格式的设置

段落的格式化是指在一个段落的页面范围内对内容进行排版，使得整个段落显得美观大方，更符合规范。下面将介绍如何设置段落的格式。

②.2.1　设置段落文本对齐方式

段落对齐方式是指段落在水平方向上以何种方式对齐。段落文本的对齐方式有"居中"、"左对齐"、"右对齐"、"两端对齐"和"分散对齐"几种。

以在"校园管理规定"文档中设置段落文本的对齐为例，介绍各种对齐方式。

1. 左对齐

左对齐方式是指段落在页面上靠左对齐排列，左对齐的快捷键是 Ctrl+L。

(1) 选中标题文本，打开"开始"选项卡，在"段落"组中单击"文本左对齐"按钮，如图 2-19 所示。

(2) 设置完毕后，可以看到文本左对齐的效果，如图 2-20 所示。

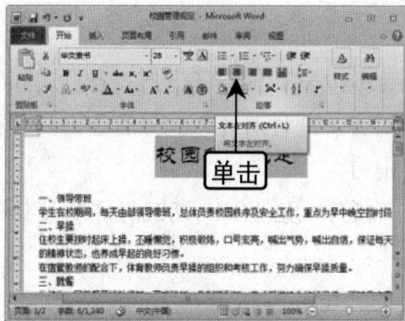

图 2-19 设置文本左对齐   图 2-20 文本左对齐后的效果

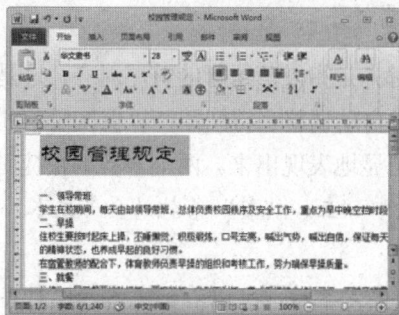

2. 居中

居中对齐方式能使整个段落在页面上居中对齐排列，居中对齐的快捷键是 Ctrl+E。

(1) 选中"一、领导带班"文本，单击"段落"组中的"居中"按钮 ≡，如图 2-21 所示。

(2) 设置完毕后，可以看到文本居中对齐的效果，如图 2-22 所示。

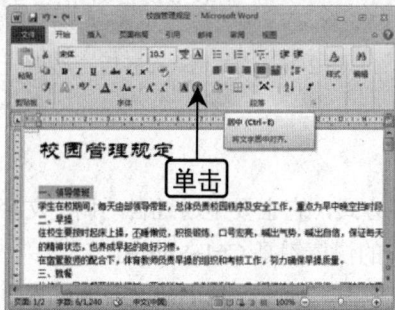

图 2-21 设置文本居中对齐   图 2-22 文本居中对齐后的效果

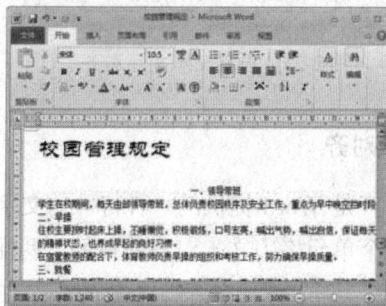

3. 右对齐

右对齐方式能使整个段落在页面中靠右对齐排列，右对齐的快捷键是 Ctrl+R。

(1) 选中"二、早操"文本，单击"段落"组中的"右对齐"按钮 ≡，如图 2-23 所示。

(2) 设置完毕后，可以看到文本右对齐的效果，如图 2-24 所示。

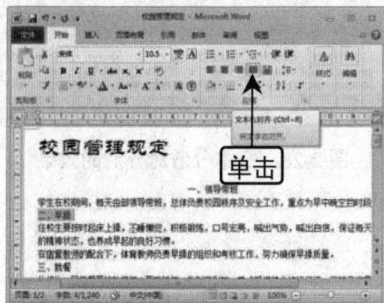

图 2-23 设置文本右对齐   图 2-24 文本右对齐后的效果

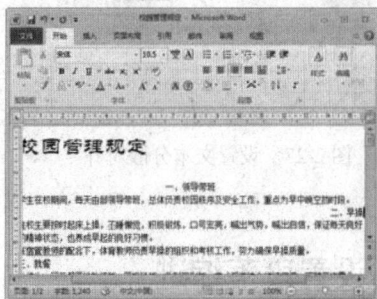

4．两端对齐

两端对齐是指段落每行的首尾对齐，这是 Word 2010 默认的对齐方式。各行之间字体大小不同时，将自动调整字符间距，以保持段落的两端对齐。此种对齐方式只有在占满整行的段落中才能够明显地表现出来。两端对齐的快捷键是 Ctrl+J。

(1) 选中"三、就餐"条款的全部文本，单击"段落"组中的"两端对齐"按钮，如图 2-25 所示。

(2) 设置完毕后，可以看到文本两端对齐的效果，如图 2-26 所示。

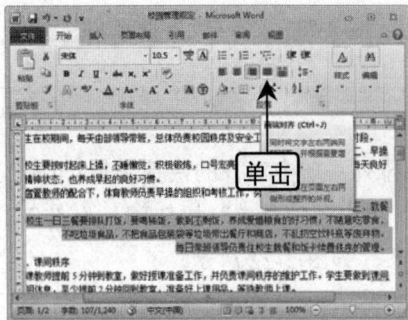

图 2-25　设置文本两端对齐　　　　图 2-26　文本两端对齐后的效果

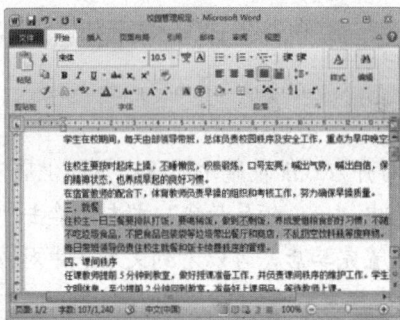

5．分散对齐

分散对齐是 Word 提供的一种特殊的文字对齐方式，它主要是通过自动调整文字之间的距离来达到各个单元格中文本对齐的目的。两端对齐的快捷键是 Ctrl+Shift+J。

(1) 选中"四、课间秩序"条款的全部文本，单击"段落"组中的"分散对齐"按钮，如图 2-27 所示。

(2) 设置完毕后，可以看到分散对齐的效果，如图 2-28 所示。

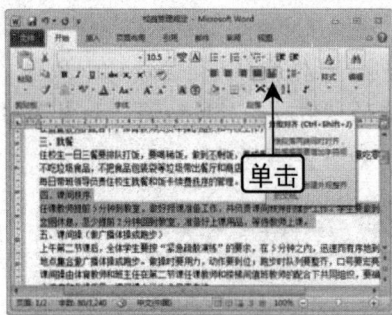

图 2-27　设置文本分散对齐　　　　图 2-28　文本分散对齐后的效果

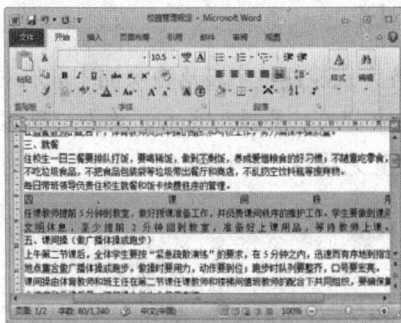

②.2.2　设置段落缩进

将段落最左方空出几个字符，称为段落缩进，它是指文本与页边距之间的距离。段落缩进包括首行缩进、悬挂缩进、左缩进和右缩进几种方式。下面以设置首行缩进为例进行介绍。

【练习 2-7】设置文档首行缩进两个汉字的距离。

(1) 启动 Word 2010 应用程序，打开"荷塘月色"文档。

(2) 选中全部正文文本并右击，在弹出的快捷菜单中选择"段落"命令，如图 2-29 所示。

(3) 弹出"段落"对话框，在"特殊格式"下拉列表框中选择"首行缩进"选项，在"磅值"数值框中设置磅值为"2 字符"，单击"确定"按钮，如图 2-30 所示。

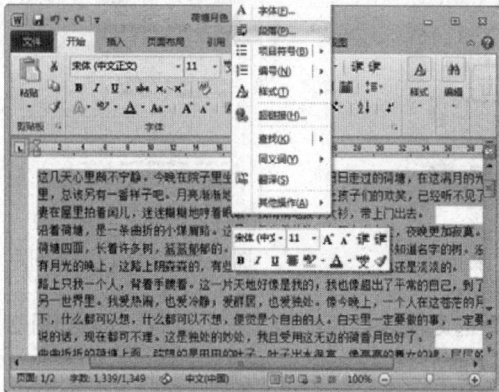

图 2-29 选择"段落"命令

图 2-30 设置首行缩进

(4) 返回到文档即可看到为选中文本设置首行缩进后的效果，如图 2-31 所示。

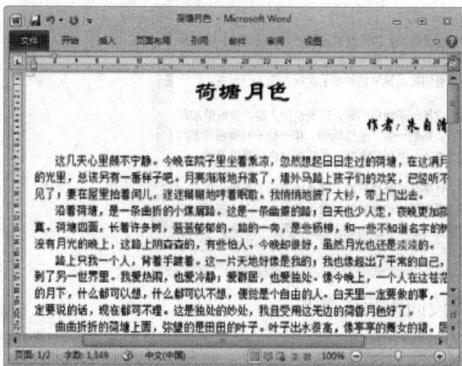

图 2-31 设置首行缩进后的效果

提示

悬挂缩进是指段落的首行文本不加改变，而除首行以外的文本缩进一定的距离。左缩进是整段文字全部向右缩进。右缩进是对选择的每个段落的每行的行尾进行缩进。

②.2.3 设置段落间距和行距

段落间距是指相邻两个段落之间的距离，行距指行与行之间的距离，下面学习设置段落间距和行距的具体操作方法。

1. 设置段落间距

【练习 2-8】设置文档的段落间距。

(1) 启动 Word 2010 应用程序，打开【练习 2-8】制作的"荷塘月色"文档。

(2) 选中全部正文文本，单击"段落"组右下角的扩展按钮，如图 2-32 所示。

(3) 弹出"段落"对话框，在"间距"选项组中设置"段前"、"段后"数值框中的数值为"1 行"，单击"确定"按钮，如图 2-33 所示。

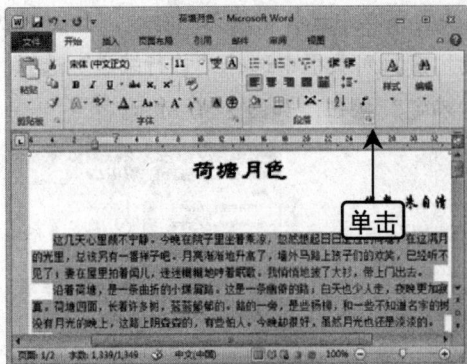

图 2-32　单击"段落"组右下角的扩展按钮

图 2-33　设置段前后间距

(4) 设置完毕后返回文档，此时即可看到选定段落后均增加了一个空行，效果如图 2-34 所示。

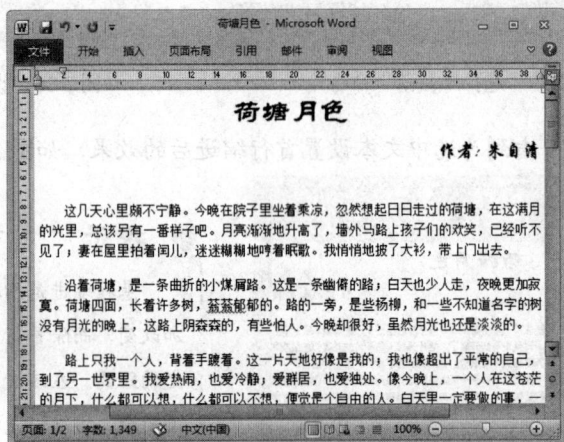

图 2-34　设置段间距后的效果

2. 设置行距

【练习 2-9】设置文档的行距。

(1) 启动 Word 2010 应用程序，打开【练习 2-8】制作的"荷塘月色"文档。

(2) 选中全部正文文本，单击"段落"组右下角的扩展按钮，弹出"段落"对话框，在"间距"选项组中单击"行距"下拉按钮，在弹出的下拉列表中选择"1.5 倍行距"选项，如图 2-35 所示。

(3) 单击"确定"按钮返回文档，即可看到选中文本的行距从单行变为了 1.5 倍，如图 2-36 所示。

计算机
基础与实训教材系列

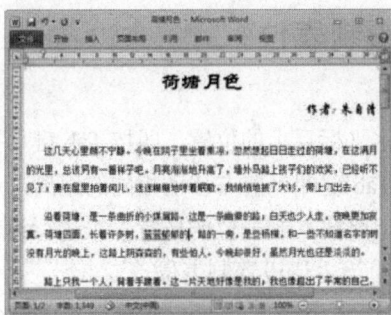

图 2-35　设置行距　　　　　　图 2-36　设置行距后的效果

②.2.4　设置换行和分页

当文字或图形填满一页时，Word 会插入一个自动分页符并开始新的一页。如果处理的文档有多页，要在特定位置设定分页符，可以通过设置分页选项确定分页位置。

【练习 2-10】为文档设置分页。

(1) 启动 Word 2010 应用程序，打开"医疗机构管理条例"文档。

(2) 将光标置于"第一章 总则"文本之前，单击"段落"组右下角的扩展按钮，如图 2-37 所示。

(3) 弹出"段落"对话框，打开"换行和分页"选项卡，选中"分页"选项组中的"段前分页"复选框，如图 2-38 所示。

图 2-37　单击"段落"组右下角的扩展按钮　　　图 2-38　选中"段前分页"复选框

(4) 单击"确定"按钮，返回到文档即可看到设置的分页效果，如图 2-39 所示。

图 2-39　设置分页后的效果

💿 **提示**

除了这种方法外，还可以通过多次按回车键来达到换行分页的目的。

计算机 基础与实训教材系列

②.2.5 设置制表位

制表位是指水平标尺上的位置，即按 Tab 键后插入点所在的文字向右移动到的位置。对不同行的文字，按 Tab 键即可向右移动相同的距离，从而实现按列对齐。通常可以直接拖动制表符，到水平标尺上要插入制表位的位置，来进行设置。

【练习 2-11】为古诗设置制表位。

(1) 启动 Word 2010 应用程序，新建一个空白文档，并将其另存为"春晓"。

(2) 单击垂直滚动条上方的"标尺"按钮显示标尺，单击水平标尺最左端的"制表符" ⬜，开始切换制表符种类，将其切换为居中对齐制表符⬜，如图 2-40 所示。

(3) 在水平标尺的"16"位置单击插入制表符。接着在文档的首行输入"春晓"文本，如图 2-41 所示。

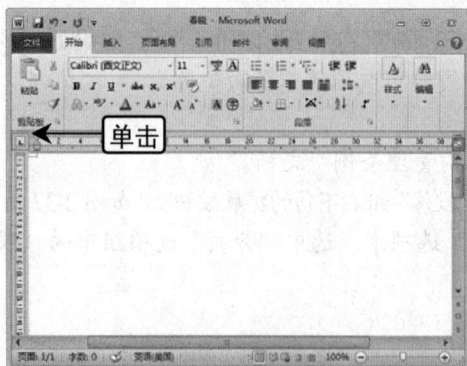

图 2-40　显示标尺

图 2-41　设置制表符位置

(4) 将光标移动到文字前面，按 Tab 键，这时该文字就会与已设置的制表符处对齐，如图 2-42 所示。

(5) 按 Enter 键，输入《春晓》古诗的全部内容，并将光标分别移到每句文字前面，并按 Tab 键将文字与制表符处对齐，如图 2-43 所示。

图 2-42　将标题文字与制表符位置对齐

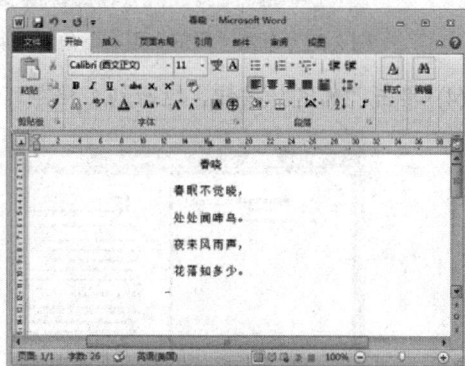

图 2-43　将每句文字与制表符位置对齐

②.3 格式刷的应用

在文档编辑过程中，有时需要多处应用同样的设置，此时可以使用 Word 提供的格式刷来提高工作效率。下面将讲解使用格式刷的具体操作方法。

【练习 2-12】使用格式刷更改文本格式。

(1) 启动 Word 2010 应用程序，打开"雨巷"文档。

(2) 选择标题文本，打开"开始"选项卡，在"剪贴板"组中单击"格式刷"按钮，如图 2-44 所示。

(3) 此时鼠标指针将变成一个小笔刷形状，按住鼠标左键，在正文第 1 行文本上拖动，如图 2-45 所示。

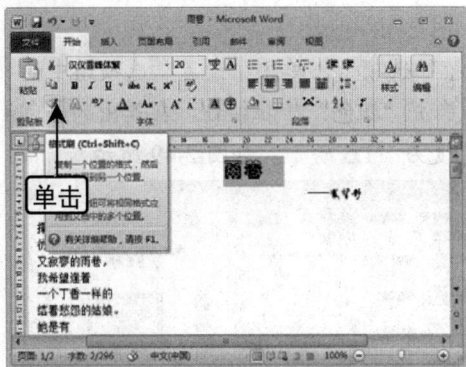

图 2-44 单击"格式刷"按钮

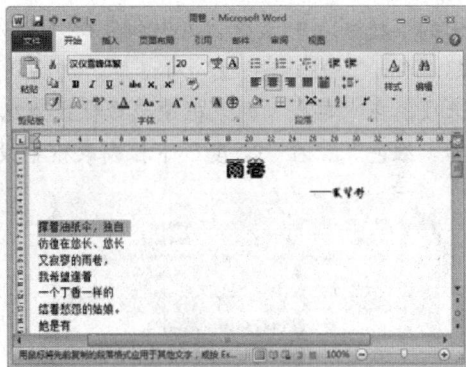

图 2-45 选择要应用相同格式的文本

(4) 释放鼠标，单击文档中的空白区域，确认格式的应用，即可看到第 1 行文本已经变成和标题相同的格式，如图 2-46 所示。

(5) 若想一次性更改多处内容格式，可双击"格式刷"按钮，拖动鼠标，在需要应用的文本上拖动即可。按 Esc 键可停止设置格式，如图 2-47 所示。

图 2-46 使用格式刷后的效果

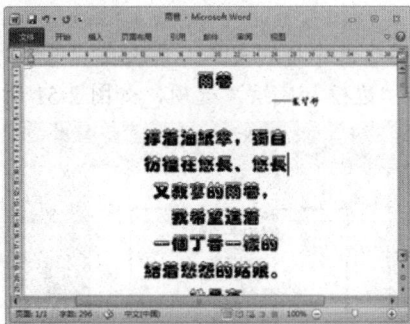

图 2-47 为多处文本应用相同格式

提示

在 Word 中用格式刷复制格式时，在同一版本可以跨文档复制格式，而在不同 Word 版本的文档间就不能用格式刷复制格式。

2.4 设置边框和底纹

边框和底纹是一种美化文档的重要方式，为了使文档更清晰、更漂亮，可以在文档的周围设置各种边框，并且可以使用不同的颜色来填充。

2.4.1 为段落添加边框和底纹

【练习 2-13】为段落添加边框和底纹。

(1) 启动 Word 2010 应用程序，打开【练习 2-12】制作的"雨巷"文档。

(2) 选择诗歌的正文内容，打开"开始"选项卡，在"段落"组中单击"边框"下拉按钮，在弹出的下拉列表中选择"边框和底纹"选项，如图 2-48 所示。

(3) 弹出"边框和底纹"对话框，切换到"边框"选项卡，单击"设置"选项组中的"三维"选项，在"样式"列表框中选择样式为双线，单击"颜色"下拉按钮，在弹出的颜色面板中选择"红色"，在"宽度"下拉列表框中设置宽度为"1.5 磅"，如图 2-49 所示。

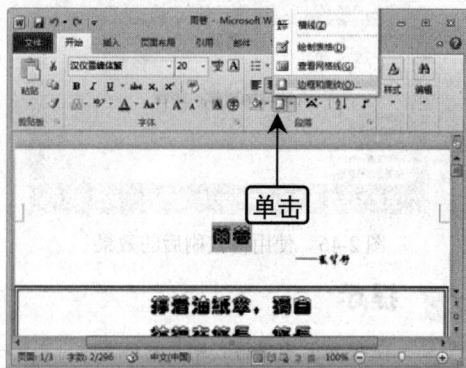

图 2-48 选择"边框和底纹"选项　　　图 2-49 "边框和底纹"对话框

(4) 单击"确定"按钮，返回到文档中即可看到为选定文本添加边框后的效果，如图 2-50 所示。

(5) 然后选中标题文本，再次在"段落"组中单击"边框"下拉按钮，在弹出的下拉列表中选择"边框和底纹"选项，如图 2-51 所示。

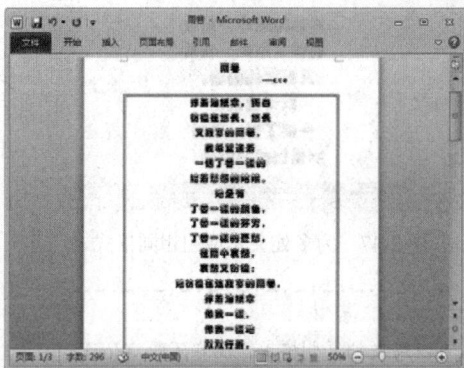

图 2-50 为文本添加边框后的效果　　　图 2-51 选择"边框和底纹"选项

(6) 弹出"边框和底纹"对话框，切换到"底纹"选项卡，在"填充"下拉列表框中选择"橙色"，单击"确定"按钮，如图 2-52 所示。

(7) 返回到文档中即可看到为标题文本设置底纹后的效果，如图 2-53 所示。

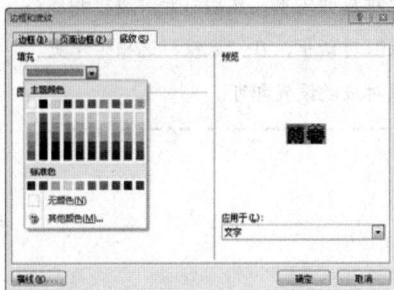

图 2-52 选择底纹颜色

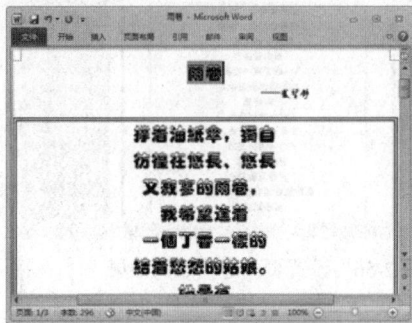

图 2-53 设置底纹后的效果

②.4.2 为页面添加边框

除了可以为段落添加边框外，还可以为整篇文档添加边框，具体操作方法如下。

【练习 2-14】为整篇文档添加页面边框。

(1) 启动 Word 2010 应用程序，打开【练习 2-13】制作的"雨巷"文档。

(2) 将光标定位在文档的任意位置处，打开"开始"选项卡，在"段落"组中单击"边框"下拉按钮▦，在弹出的下拉列表中选择"边框和底纹"选项，如图 2-54 所示。

(3) 弹出"边框和底纹"对话框，单击"页面边框"选项卡，在"设置"选项组中单击选择"方框"选项，在"样式"列表框中选择较粗的线条样式，如图 2-55 所示。

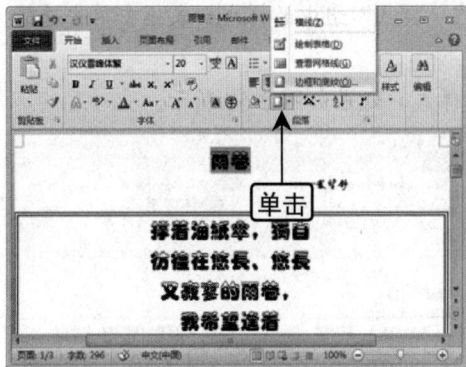

图 2-54 选择"边框和底纹"选项

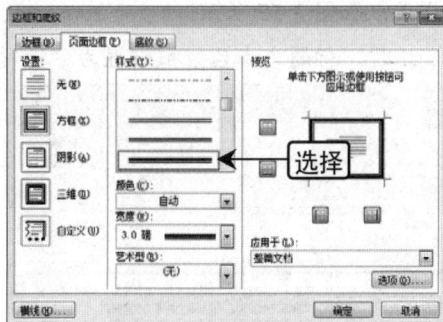

图 2-55 设置页面边框

(4) 单击"确定"按钮，返回到文档，即可看到为页面添加边框后的效果，如图 2-56 所示。

计算机 基础与实训教材系列

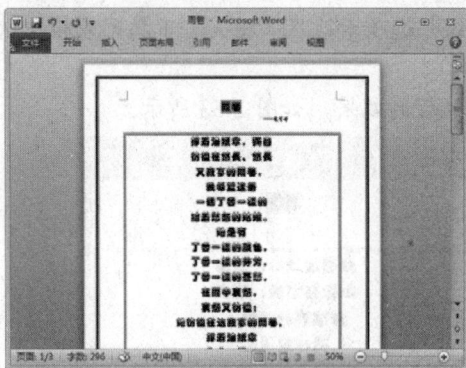

图 2-56　设置页面边框后的效果

> **提示**
>
> 　　如果要去掉添加的底纹，只需选择对应的文本，然后打开"边框和底纹"对话框，在"底纹"选项卡中更改对应的设置即可。

②.5　使用样式快速格式化文档

样式规定了文档中标题、题注以及正文等各个文本元素的形式，使用样式可以使文本格式统一。通过简单的操作即可将样式应用于整个文档或段落，从而极大地提高工作效率。

②.5.1　快速应用样式

用户可以通过"快速样式"下拉面板或"样式"任务窗格来设置需要的样式，具体的操作方法如下。

【练习 2-15】为选中文本快速应用样式。

(1) 启动 Word 2010 应用程序，打开 "谈读书"文档。

(2) 选中标题文本，切换到"开始"选项卡，在"样式"组中的样式列表框中单击选择"标题 1"样式，如图 2-57 所示。

(3) 此时，标题文本已经被设置为"标题 1"样式，效果如图 2-58 所示。

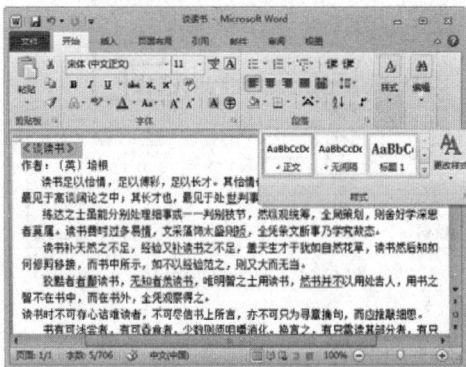

图 2-57　选择样式

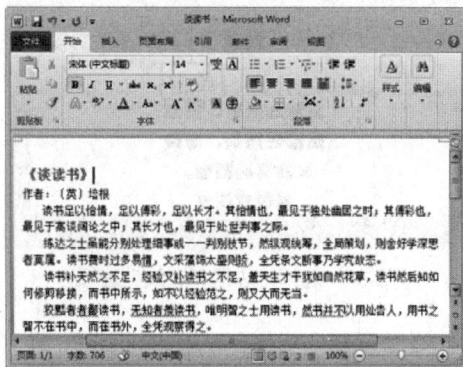

图 2-58　设置样式后的效果

(4) 选中第 2 行的作者姓名文本，单击"样式"组右下角的扩展按钮 ，如图 2-59 所示。

（5）弹出"样式"任务窗格，单击"强调"选项，可以看到选中的文本被设置为"强调"样式，如图 2-60 所示。

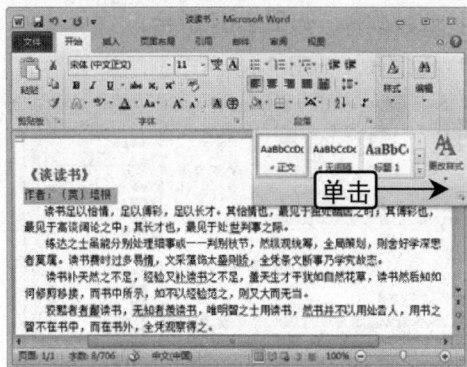

图 2-59　弹出"样式"任务窗格　　　　图 2-60　选择样式

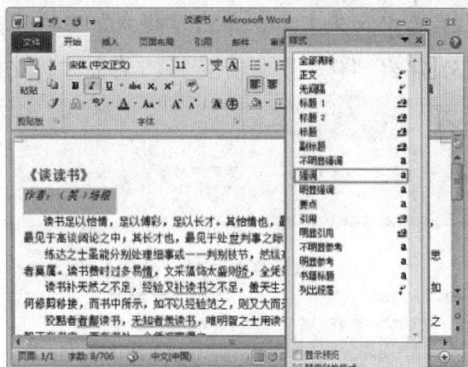

②.5.2　更改样式

如果对"样式"任务窗格中的样式不满意，可以根据自己的喜好对其进行修改。具体操作方法如下。

【练习 2-16】更改"标题 1"样式。

（1）启动 Word 2010 应用程序，打开【练习 2-15】制作的"谈读书"文档。

（2）在"样式"窗格中单击"标题 1"右侧的下拉按钮，在弹出的下拉列表中选择"修改"选项，如图 2-61 所示。

（3）弹出"修改样式"对话框，设置中文字体为"华文隶书"、字号为"24"、单击"居中"按钮，在颜色下拉面板中设置颜色为红色，单击"确定"按钮，如图 2-62 所示。

（4）设置完毕后返回文档，即可看到之前设置的标题格式已经改变，如图 2-63 所示。

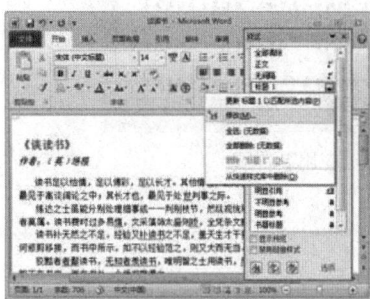

图 2-61　选择"修改"选项　　　图 2-62　修改样式　　　　图 2-63　修改样式后的效果

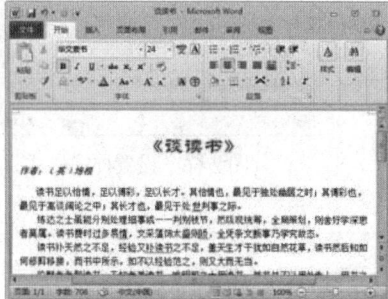

②.5.3　创建样式

除了可以使用系统中自带的样式外，用户还可以自己定义新样式，具体操作方法如下。

计算机 基础与实训教材系列

【练习 2-17】创建新样式。

(1) 启动 Word 2010 应用程序，打开【练习 2-16】制作的"谈读书"文档。

(2) 选中正文文本，单击"样式"组右下角的扩展按钮，如图 2-64 所示。

(3) 弹出"样式"任务窗格，单击"新建样式"按钮，如图 2-65 所示。

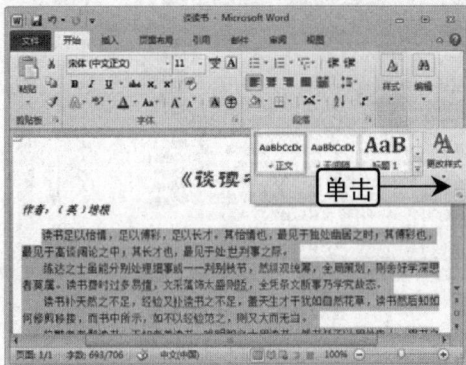

图 2-64　弹出"样式"任务窗格

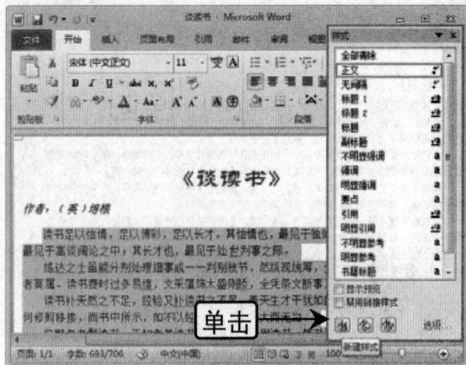

图 2-65　新建样式

(4) 弹出"根据格式设置创建新样式"对话框，在"名称"文本框中输入"内容"，在"字体"下拉列表框中选择"华文行楷"选项，在"字号"下拉列表框中选择"12"，如图 2-66 所示。

(5) 单击"确定"按钮，此时可以看到选中的正文文本已经被设置为新格式，如图 2-67 所示。此后，若需要设置"内容"样式，在"样式"任务窗格中单击即可直接应用。

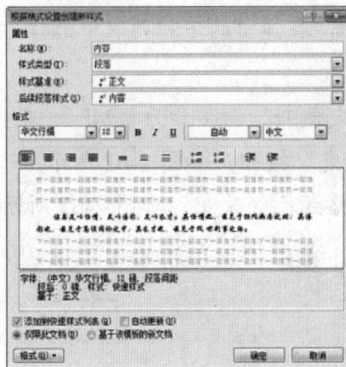

图 2-66　设置样式格式

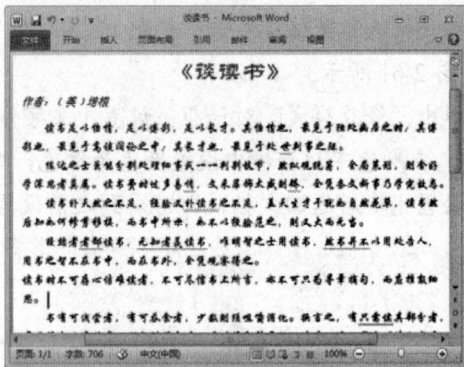

图 2-67　应用新样式

②.5.4　清除样式

在自定义样式中，如果有操作错误，可以清除样式，当有些样式不再需要时，可以将其删除，具体操作方法如下。

【练习 2-18】清除设置的文本格式和删除样式。

(1) 启动 Word 2010 应用程序，打开【练习 2-17】制作的"谈读书"文档。

(2) 选中标题文本，单击"样式"下拉按钮，在弹出的下拉列表中选择"清除格式"选项，如图 2-68 所示。

(3) 此时，选中的标题文本已经被清除了格式，如图 2-69 所示。

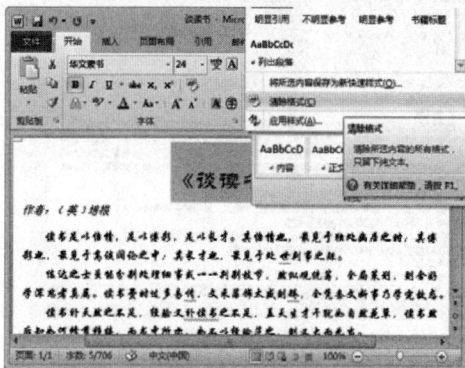

图 2-68　清除样式

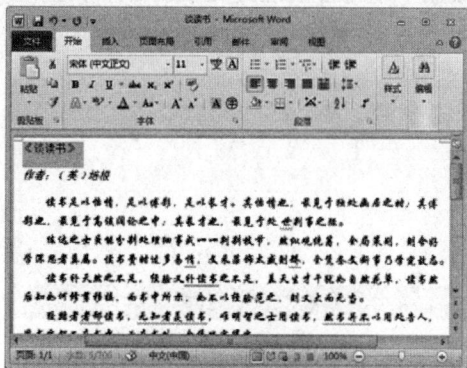

图 2-69　清除样式后的效果

(4) 下面将创建的"内容"样式删除掉，在"样式"任务窗格中右击"内容"选项，在弹出的快捷菜单中选择"删除'内容'"选项，如图 2-70 所示。

(5) 弹出提示对话框，单击"是"按钮，确认删除，如图 2-71 所示。操作完毕后，"内容"样式已经从"样式"任务窗格中删除了，所有应用了"内容"样式的文本已被清除了格式。

图 2-70　删除样式

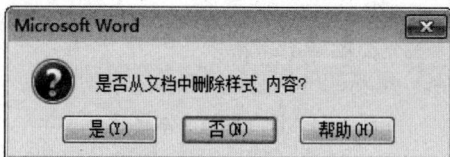

图 2-71　提示对话框

②.6　上机练习

本章上机练习将通过制作"招生简章"文档和"活动简报"文档两个练习，帮助读者进一步加深对本章知识的掌握。

②.6.1　制作"招生简章"文档

下面通过制作"招生简章"文档，详细介绍文本格式的设置方法以巩固本章学习的知识点。

(1) 新建一个 Word 文档，将其另存为"招生简章"，如图 2-72 所示。

(2) 依次输入招生简章的标题和正文内容，如图 2-73 所示。

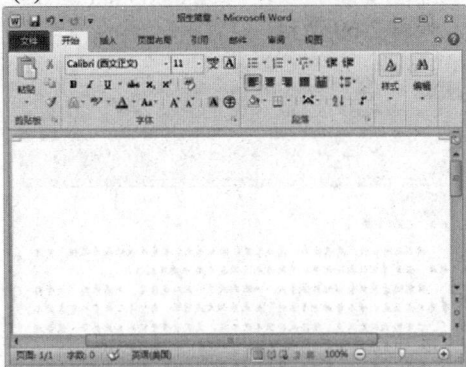

图 2-72　新建文档

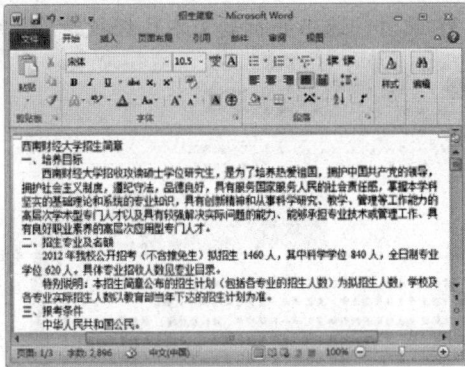

图 2-73　输入标题和正文

(3) 选中标题文本，将其字体设置为"华文行楷"、字号为"26"、字体加粗、居中对齐，如图 2-74 所示。

(4) 选中标题下方的第 1 条项目标题，在"样式"列表框中单击选择"标题 1"选项，将其设置为标题 1 的样式，如图 2-75 所示。

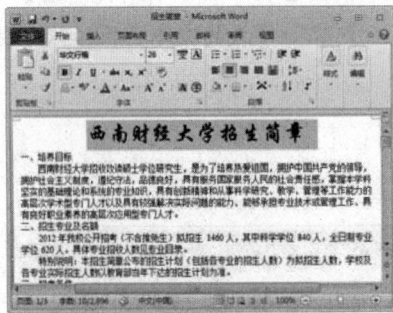

图 2-74　设置标题文本格式

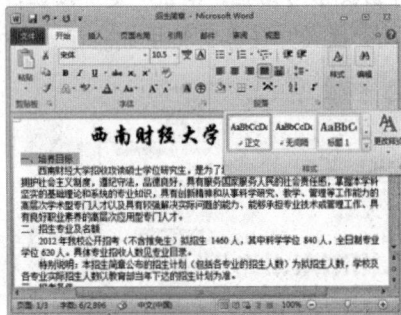

图 2-75　选择"标题 1"样式

(5) 保持文本的选中状态，将其字体设置为"楷体"、字号为"16"、字体加粗、字体颜色为"绿色"，如图 2-76 所示。

(6) 然后双击"剪贴板"组中的"格式刷"按钮，如图 2-77 所示。

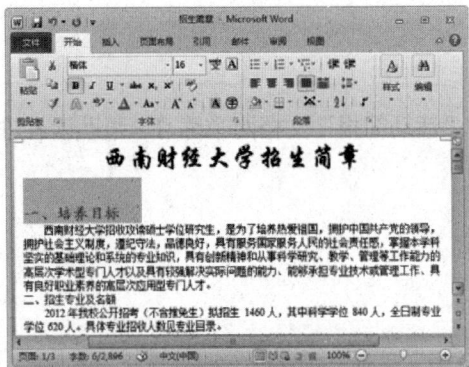

图 2-76　设置字体格式

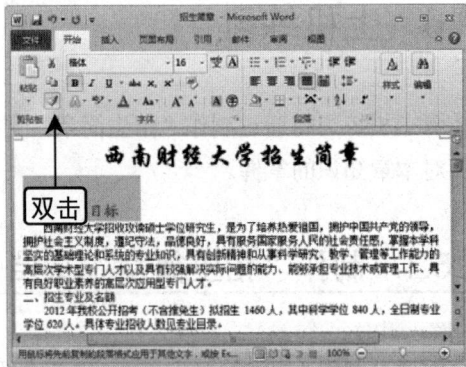

图 2-77　双击"格式刷"按钮

(7) 分别拖动选中其他的 8 个项目标题，为其应用相同的样式，如图 2-78 所示。

(8) 将光标置于文档任意位置处，在"样式"列表框的"正文"选项上右击，在弹出的快捷菜单中选择"修改"选项，如图 2-79 所示。

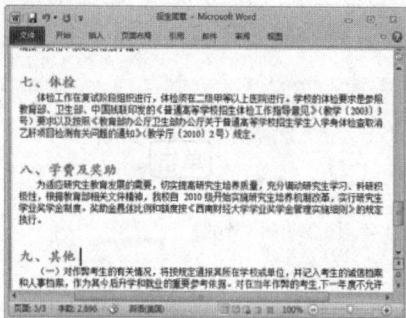

图 2-78　使用格式刷应用相同的格式

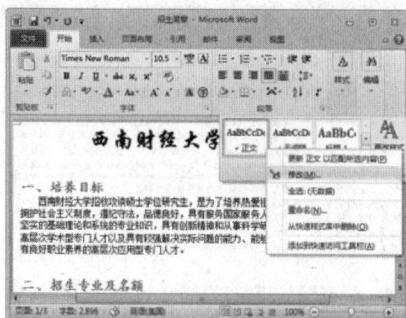

图 2-79　选择"修改"选项

(9) 弹出"修改样式"对话框，在"格式"选项组中设置中文字体为"方正细等线简体"、字号为"11"，单击"确定"按钮，如图 2-80 所示。

(10) 返回到文档中可以看到所有的正文文本都应用上了修改后的字体样式，如图 2-81 所示。

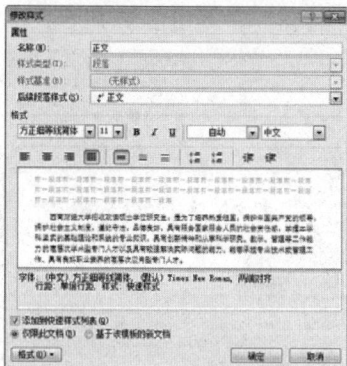

图 2-80　修改样式

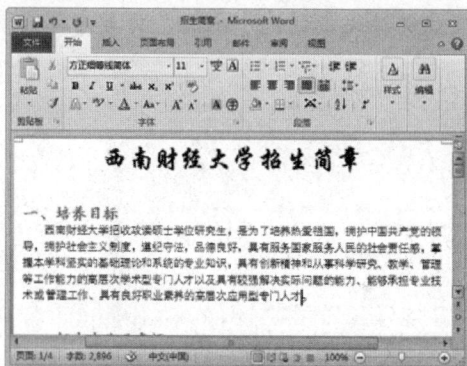

图 2-81　应用修改后样式的效果

(11) 选中第 3 条项目标题下的正文文本，在"段落"组中单击"编号"下拉按钮，在弹出的下拉列表中选择第 1 种编号样式，如图 2-82 所示。

(12) 保持文本的选中状态，将其字体设置为"楷体"、字号为"11"，如图 2-83 所示。

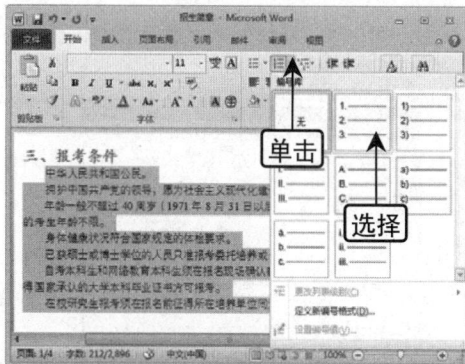

图 2-82　选择编号

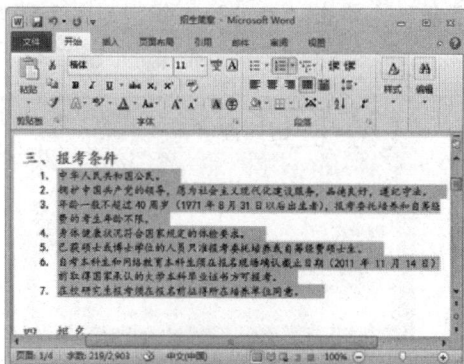

图 2-83　设置字体格式

计算机 基础与实训教材系列

(13) 使用同样的方法为其他几个项目设置相同的编号样式，如图 2-84 所示。

(14) 选中第 5 条项目 "初试科目" 下的 4 行文本，在 "段落" 组中单击 "项目符号" 下拉按钮，在弹出的面板中选择黑色圆点符号 ●，如图 2-85 所示。

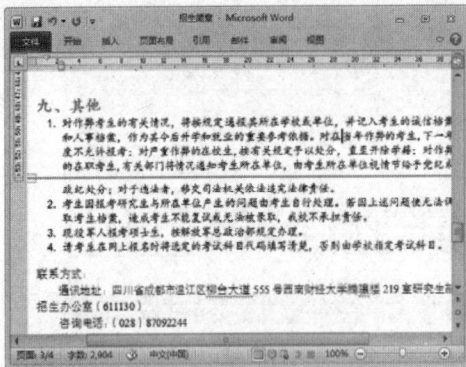

图 2-84　应用相同的编号样式　　　　　　　图 2-85　选择项目符号

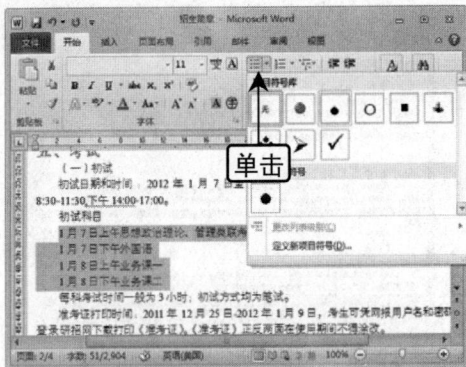

(15) 保持文本的选中状态，向右拖动 "首行缩进" 标尺，将项目符号与上面的段落首行对齐，如图 2-86 所示。

(16) 继续保持文本的选中状态，将其字体设置为 "楷体"，如图 2-87 所示。

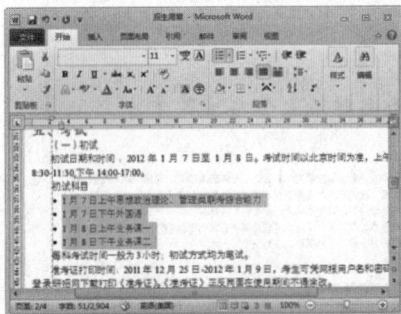

图 2-86　拖动 "首行缩进" 标尺　　　　　　图 2-87　设置字体格式

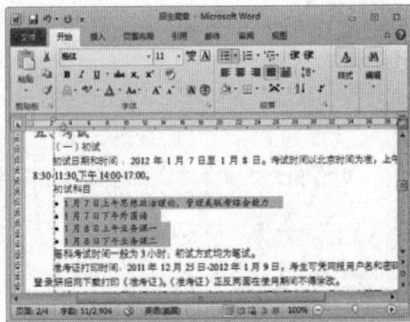

(17) 选中文档末尾的联系方式 5 行文本，在 "段落" 组中单击 "边框" 下拉按钮，在弹出的下拉列表中选择 "边框和底纹" 选项，如图 2-88 所示。

(18) 弹出 "边框和底纹" 对话框，打开 "底纹" 选项卡，在 "填充" 下拉列表框中选择 "浅橙色"，单击 "确定" 按钮，如图 2-89 所示。

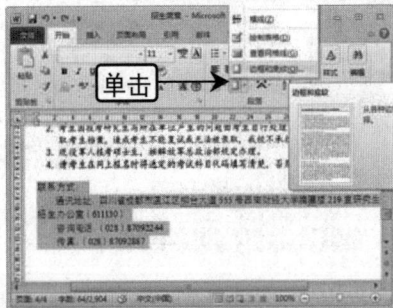

图 2-88　选择 "边框和底纹" 选项　　　　　图 2-89　选择底纹颜色

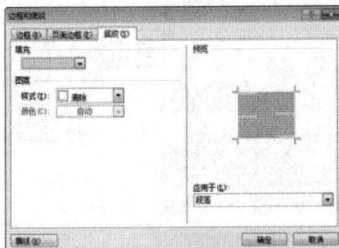

(19) 返回到文档即可看到为联系方式文本设置底纹后的效果，如图 2-90 所示。

(20) 将光标置于文档的末尾，打开"插入"选项卡，在"文本"组中单击"日期和时间"按钮，如图 2-91 所示。

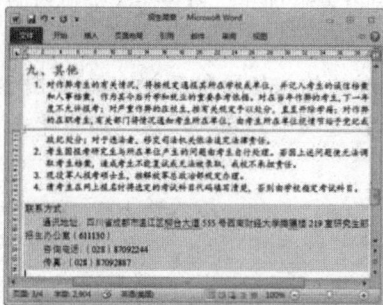
图 2-90 设置底纹后的效果

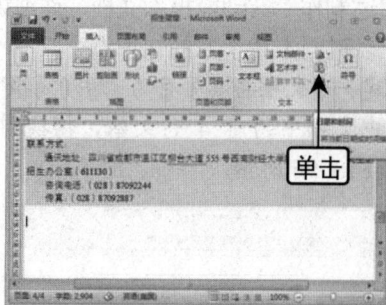
图 2-91 插入日期和时间

(21) 弹出"日期和时间"对话框，选择语言为"中文(中国)"，然后单击选择第 2 种日期格式，单击"确定"按钮，如图 2-92 所示。

(22) 返回到文档，选中插入的日期文本，切换到"开始"选项卡，在"段落"组中单击"右对齐"按钮，如图 2-93 所示。

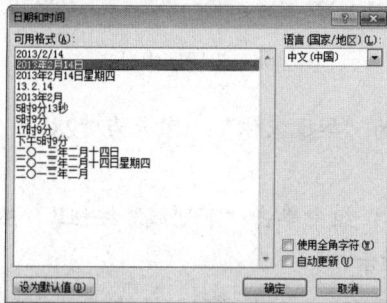
图 2-92 选择日期格式

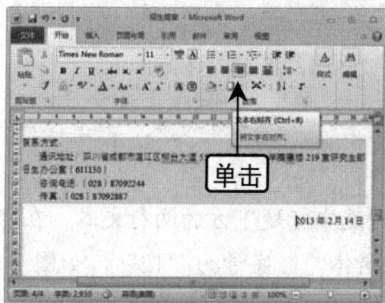
图 2-93 设置日期右对齐

(23) 最后按下 Ctrl+S 键对文档进行保存，最终效果如图 2-94 所示。

图 2-94 最终效果

2.6.2　制作"活动简报"文档

下面通过制作"活动简报"文档，详细讲述如何设置下划线、设置段落缩进以及为段落添加边框等，以巩固本章学习的知识点。

(1) 新建一个文档将其另存为"活动简报"，然后依次输入标题和正文内容，如图 2-95 所示。

(2) 选中文档中的前 4 行文本，切换到"开始"选项卡，在"段落"组中单击"居中"按钮，如图 2-96 所示。

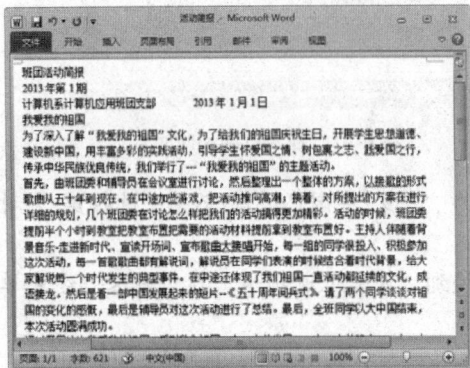

图 2-95　输入标题和正文

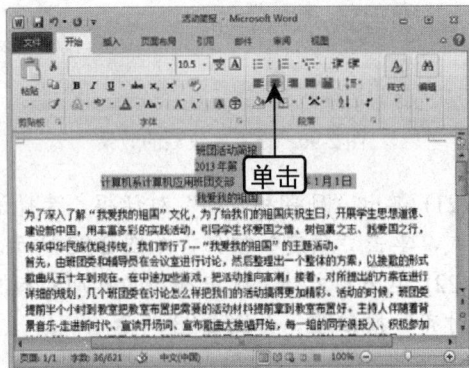

图 2-96　设置居中对齐

(3) 选中第 1 行的标题文本，将其字体设置为"华康宋体"、字号为"28"，如图 2-97 所示。

(4) 同时选中标题下方的两行文本，在"字体"组中单击"下划线"按钮U，然后将其字体设置为"楷体"、字号为"12"，如图 2-98 所示。

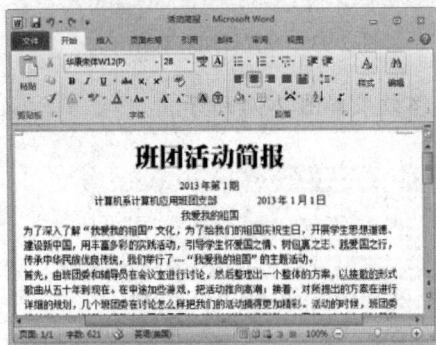

图 2-97　设置文字格式

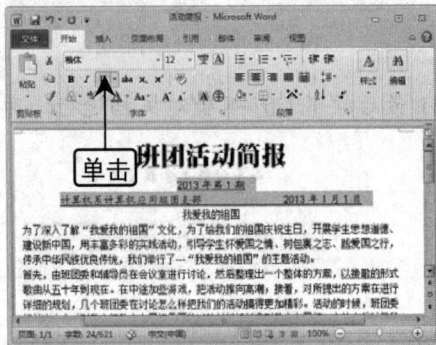

图 2-98　设置文字格式

(5) 选中第 4 行的副标题文本，为其设置字体为"华文行楷"、字号为"24"，如图 2-99 所示。

(6) 选中正文文本并右击，在弹出的快捷菜单中选择"段落"命令，如图 2-100 所示。

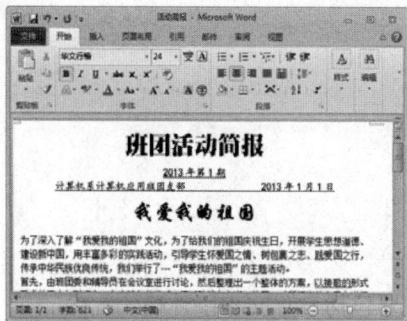

图 2-99　设置文字格式

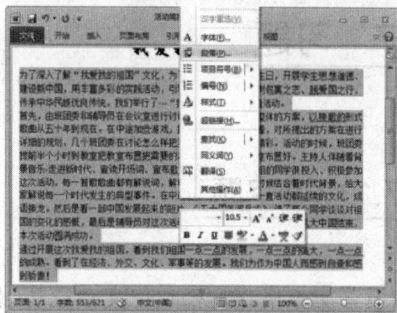

图 2-100　选择"段落"命令

(7) 弹出"段落"对话框，切换到"缩进和间距"选项卡，在"缩进"选项组的"特殊格式"下拉列表中选择"首行缩进"选项，磅值设置为"2 字符"，如图 2-101 所示。

(8) 单击"确定"按钮，返回到文档即可看到正文的首行都向右缩进了两个字符。保持文本的选中状态，在"段落"组中单击"边框"下拉按钮，在弹出的下拉列表中选择"边框和底纹"选项，如图 2-102 所示。

图 2-101　设置首行缩进

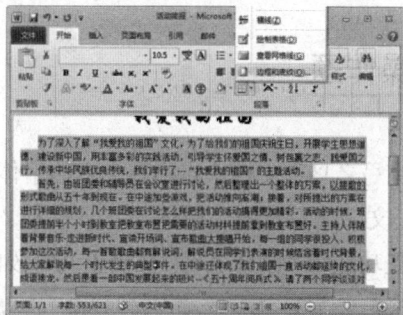

图 2-102　选择"边框和底纹"选项

(9) 弹出"边框和底纹"对话框，切换到"边框"选项卡，在"设置"选项组中单击"阴影"选项，在"样式"列表框中选择双细线，在"颜色"下拉列表框中选择"蓝色"，单击"确定"按钮，如图 2-103 所示。

(10) 单击"快速访问工具栏"中的"保存"按钮■保存文档，最终效果如图 2-104 所示。

图 2-103　设置边框样式

图 2-104　最终效果

②.7 习题

②.7.1 填空题

1. 设置文本格式是格式化文档最基础的操作，主要包括设置文本字体格式、_____、_____和_____等。

2. 段落对齐方式是指段落在_____。段落文本的对齐方式有_____、"左对齐"、"右对齐"、_____和"分散对齐"几种。

3. 将段落左端空出几个字符，称为段落缩进，它是指_____之间的距离。

4. 段落间距是指_____的间距，行距指_____的间距。

5. 样式规定了文档中_____等各个文本元素的形式，使用样式可以使文本格式统一。

②.7.2 操作题

1. 打开"惊弓之鸟"文档，将标题文本的字体设置为"华文行楷"、字号为"24"、居中对齐。然后将正文字体设置为"楷体"、字号为"12"，如图 2-105 所示。

2. 使用标尺功能将"惊弓之鸟"文档正文每段的首行向右缩进两个字符，如图 2-106 所示。

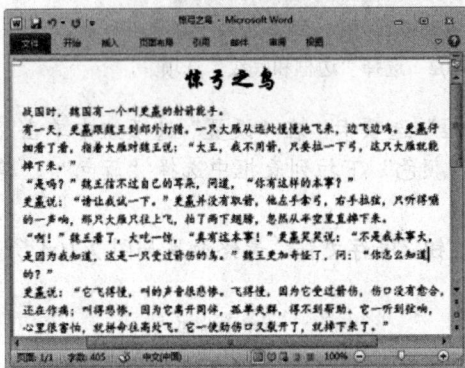

图 2-105　设置标题和正文字体格式

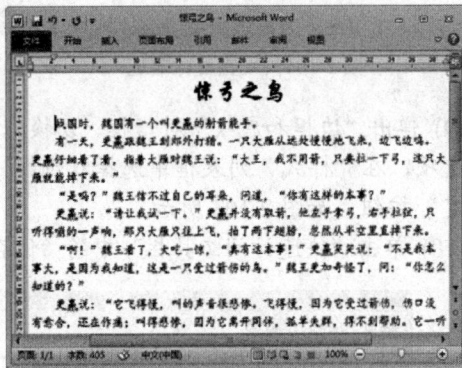

图 2-106　设置首行缩进

第3章

制作图文混排的文档

学习目标

Word 2010 除了文本处理功能强大外，其图文混排的功能也让人惊叹。在文档中插入图片类型的对象后，通过设置图片格式，可以使图文合理地编排在文档中，从而使阅读者不仅能清晰地了解文档内容，而且能欣赏美观的图片。

本章重点

- ◉ 插入电脑中的图片
- ◉ 制作艺术字
- ◉ 文本框的应用
- ◉ 插入自选图形
- ◉ 插入 SmartArt 图形

3.1 插入图片

要将图片插入文档中，可以使用 Word 2010 提供的多种方式。例如，常用的有插入计算机中的图片、插入 Office 中的剪贴画以及最新功能"屏幕截取图片"。下面将对这几种方式分别进行介绍。

3.1.1 插入计算机中的图片

在 Word 2010 中用户可以将计算机中保存的图片插入到文档中，图片在文档中不仅要起到修饰作用，它更应该为突出主题服务。

【练习 3-1】将计算机中的图片插入到文档中。

(1) 启动 Word 2010 应用程序，打开 "情人节的由来" 文档。

(2) 单击"插入"选项卡，在"插图"组中单击"图片"按钮，如图 3-1 所示。

(3) 弹出"插入图片"对话框，选择"玫瑰花"图片，单击"插入"按钮，如图 3-2 所示。

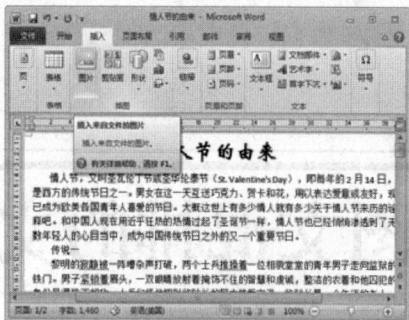

图 3-1　插入图片

图 3-2　选择要插入的图片

(4) 返回到文档，此时可以看到图片已经插入到了文档中，如图 3-3 所示。

(5) 将鼠标指针移到图片的对角控制点上，当指针变成十字形时，按住鼠标左键并拖动鼠标调整其大小。若要精确调整大小，可以打开"图片工具"|"格式"选项卡，在"大小"组中输入精确的高度和宽度数值，如图 3-4 所示。

图 3-3　插入图片后的效果

图 3-4　调整图片的大小

(6) 选中图片，打开"图片工具"下的"格式"选项卡，在"排列"组中单击"位置"下拉按钮，在弹出的下拉列表中选择"中间居中，四周型文字环绕"选项，如图 3-5 所示。

(7) 设置完毕后，图片变为可移动状态，拖动图片到合适的位置，此时可以看到图片四周被文字所环绕，如图 3-6 所示。

图 3-5　设置图片的环绕方式

图 3-6　设置图片环绕方式后的效果

(8) 保持图片的选中状态，在"图片样式"组中单击"快速样式"下拉按钮，在弹出的下拉列表中选择"简单框架，白色"样式，如图 3-7 所示。

(9) 此时，可以看到图片的样式已经改变，如图 3-8 所示。

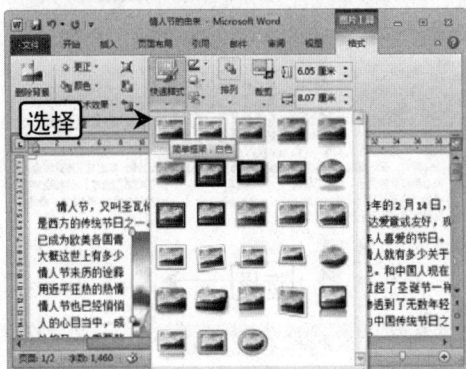

图 3-7　设置图片样式

图 3-8　设置图片样式后的效果

③.1.2　插入剪贴画

剪贴画是 Office 2010 自带的一些图片，包括天文、地理、人文等很多方面，能满足用户一般的编辑需求。用户可以直接将其中的剪贴画插入到文档中，也可以设置剪贴画的效果，其方法与设置图片效果方法相同。

【练习 3-2】将计算机中的图片插入到文档中。

(1) 启动 Word 2010 应用程序，打开【练习 3-1】制作的"情人节的由来"文档。

(2) 打开"插入"选项卡，在"插图"组中单击"剪贴画"按钮，如图 3-9 所示。

(3) 弹出"剪贴画"窗格，在"搜索文字"文本框中输入图片关键词"花"，选中"包括 Office.com 内容"复选框，单击"搜索"按钮。搜索完毕后会显示符合要求的剪贴画，单击需要插入剪贴画右侧的下拉按钮，在弹出的下拉列表中选择"插入"选项，如图 3-10 所示。

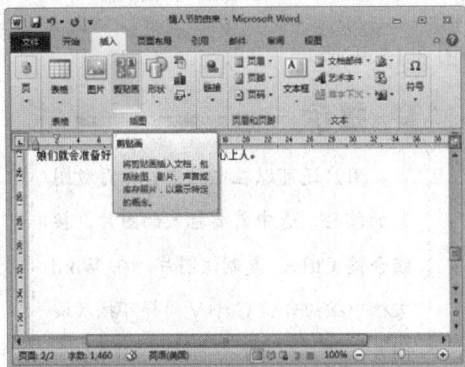

图 3-9　插入剪贴画

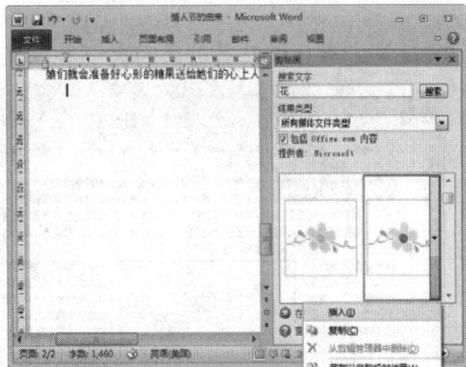

图 3-10　选择要插入的剪贴画

(4) 此时即可将剪贴画插入到文档中。选中插入的剪贴画，打开"图片工具"|"格式"选

项卡，在"图片样式"组中单击"图片边框"下拉按钮☑，在弹出的下拉列表中选择"红色"选项，如图 3-11 所示。

(5) 然后再选择"粗细"选项，在弹出的子菜单中选择"1.5 磅"选项，如图 3-12 所示。

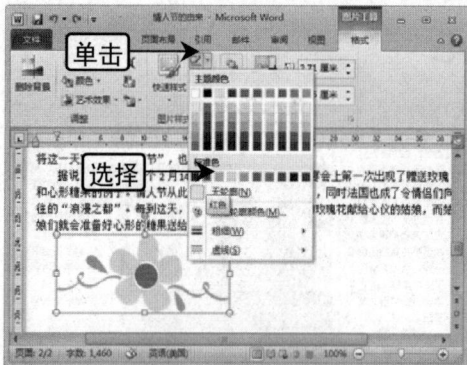

图 3-11　设置边框颜色

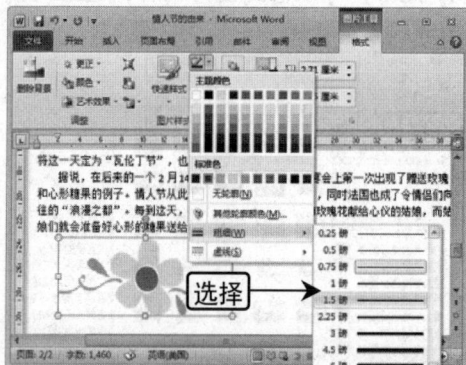

图 3-12　设置边框线条粗细

(6) 此时，可以看到剪贴画的四周添加上了红色的边框，如图 3-13 所示。

(7) 保持剪贴画的选中状态，切换到"图片工具"|"格式"选项卡，在"图片样式"组中单击"图片效果"下拉按钮☑，在弹出的下拉列表中选择"映像"|"半映像，接触"选项，如图 3-14 所示。

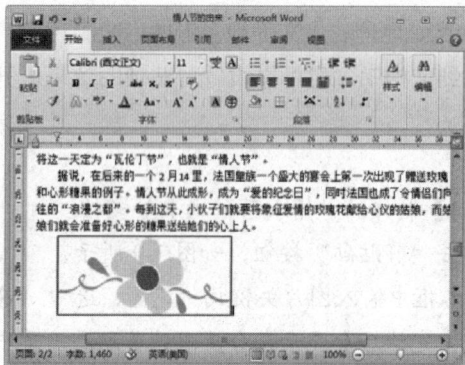

图 3-13　为剪贴画添加边框后的效果

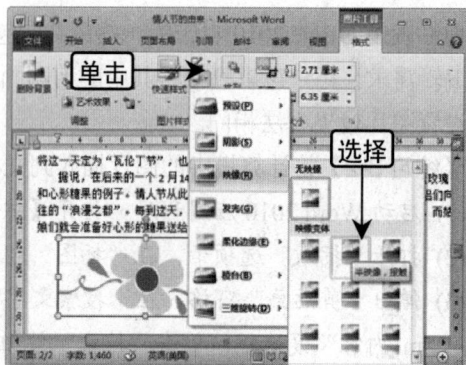

图 3-14　为剪贴画设置映像

(8) 设置完毕后调整剪贴画的大小和位置，如图 3-15 所示。

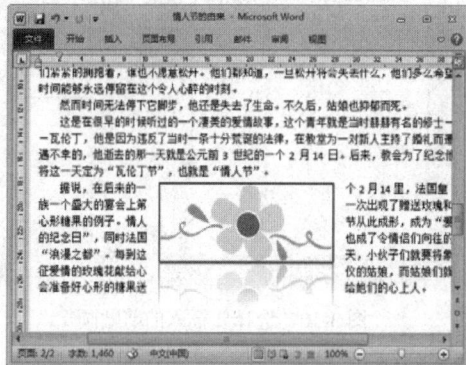

图 3-15　最终效果

提示

用户还可以在电脑中打开存放图片的路径，选中需要插入的图片，按组合键 Ctrl+C 复制该图片，在 Word 文档中按组合键 Ctrl+V 同样可插入该图片。

③.1.3　使用屏幕截图截取图片

在 Word 2010 中，用户可以截取计算机屏幕上打开的图片，并会自动插入到当前文档中。

【练习 3-3】使用屏幕截图功能截取图片。

(1) 启动 Word 2010 应用程序，打开"使用屏幕截图截取图片"文档。

(2) 单击"插入"选项卡，在"插图"组中单击"屏幕截图"下拉按钮 🖼，在弹出的下拉列表中选择"屏幕剪辑"选项，如图 3-16 所示。

(3) 此时桌面上打开的图片显示为反白色，鼠标指针呈十字状。按住鼠标左键不放，拖动鼠标选取图片上需要的范围，此时所选区域呈图片本色，如图 3-17 所示。

图 3-16　选择"屏幕剪辑"选项

图 3-17　选择要截取的范围

(4) 释放鼠标，即可将所截取的图片区域插入到文档中，如图 3-18 所示。

图 3-18　插入屏幕截图后的效果

提示

如果当前打开的有文档窗口，则单击"屏幕截图"下拉按钮时会显示当前打开窗口的缩略图，单击相应的缩略图即可将屏幕视窗插入到文档中。

③.1.4　裁剪图片

如果在一张图片上只用到其中一部分，就需要将多余的部分裁剪掉，让图片突出重点，并且节省更多的空间方便其他对象排版。

【练习 3-4】使用"裁剪"功能裁剪图片。

(1) 启动 Word 2010 应用程序，打开"大熊猫"文档。

(2) 选中文档中的图片，打开"图片工具"|"格式"选项卡，在"大小"组中单击"裁剪"下拉按钮，在弹出的下拉列表中选择"裁剪"选项，如图 3-19 所示。

(3) 此时，所选的图片边缘出现了裁剪控制手柄，拖动需要裁剪边缘的手柄选择图片大小，如图 3-20 所示。

图 3-19　选择"裁剪"选项

图 3-20　选择图片大小

(4) 拖至合适位置后释放鼠标，并按 Enter 键，此时可以看到裁剪后的图片效果，如图 3-21 所示。

图 3-21　裁剪图片后的效果

提示

在"调整"组中单击"重置图片"按钮，可以将所选图片还原到原始状态，方便用户对图片重新设置。

③.2　制作艺术字

艺术字是可添加到文档的装饰性文本。插入艺术字后，可以通过使用"绘图工具"|"格式"选项卡，在诸如字体大小和文本颜色等方面设置艺术字。

【练习 3-5】在文档中插入艺术字并设置文字格式。

(1) 启动 Word 2010 应用程序，打开【练习 3-4】制作的"大熊猫"文档。

(2) 将光标置于文档的首行，敲击回车键给文档上方留出几行空白用于放置艺术字，然后单击"插入"选项卡，在"文本"组中单击"艺术字"下拉按钮，在弹出的下拉列表中选择"渐变填充-橙色，强调文字颜色6，内部阴影"选项，如图3-22所示。

(3) 此时，在文档中插入了所选的艺术字文本框，在文本框中重新输入标题文本"大熊猫"，如图3-23所示。

图 3-22　选择艺术字样式　　　　　　　　　　　图 3-23　输入标题文本

(4) 选中艺术字文本，打开"开始"选项卡，在"字体"组中将其字体设置为"楷体"、字号为"40"，如图3-24所示。

(5) 保持艺术字的选中状态，打开"绘图工具"|"格式"选项卡，在"艺术字样式"组中单击"文本效果"下拉按钮 A ，在弹出的下拉列表中选择"阴影"|"向右偏移"选项，如图3-25所示。

图 3-24　设置字体格式　　　　　　　　　　　图 3-25　设置阴影

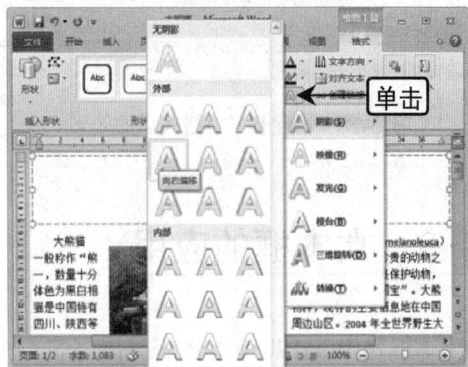

(6) 接着再次单击"文本效果"下拉按钮，在弹出的下拉列表中选择"映像"|"紧密映像，接触"选项，如图3-26所示。

(7) 接着再次单击"文本效果"下拉按钮，在弹出的下拉列表中选择"发光"|"蓝色，5pt 发光，强调文字颜色1"选项，如图3-27所示。

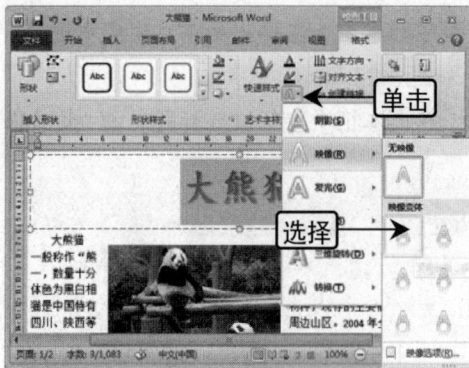

图 3-26　设置映像

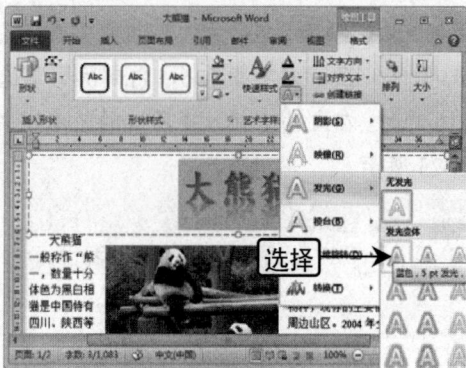

图 3-27　设置发光效果

(8) 为艺术字设置格式后的效果如图 3-28 所示。

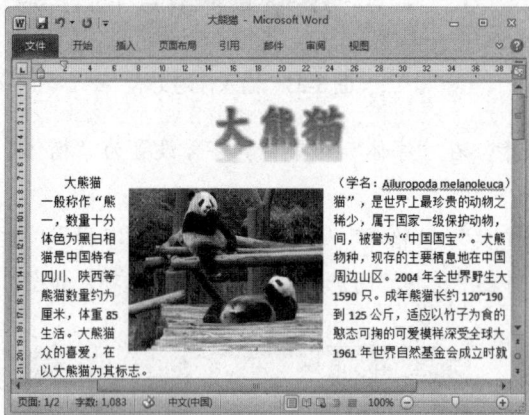

图 3-28　设置艺术字格式后的效果

提示

　　除了直接插入艺术字外，用户还可以对已经输入的文本设置艺术字。只需要选择需要的文本，单击"艺术字"按钮，在展开的面板中选择合适的艺术字样式即可。

③.3　文本框的应用

　　文本框是 Word 2010 绘图工具提供的一种特殊绘制对象，使用文本框可以将文档中的一些文本或嵌入的图片放置到文档中的任意位置。

　　【练习 3-6】在文档中插入文本框并为文本框设置形状样式。

　　(1) 启动 Word 2010 应用程序，打开"叫我如何不想她"文档。

　　(2) 将光标定位在任意位置处，打开"插入"选项卡，在"文本"组中单击"文本框"下拉按钮，在弹出的下拉列表中选择"简单文本框"选项，如图 3-29 所示。

　　(3) 这时会在文档中插入一个简单样式的文本框，删除文本框中的默认文字，重新输入新的文字，如图 3-30 所示。

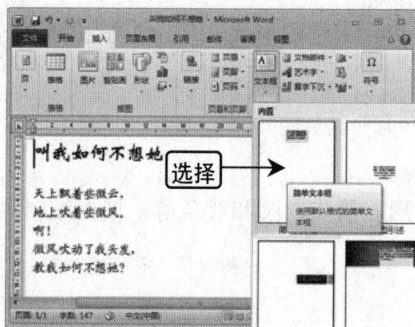

图 3-29 选择文本框样式

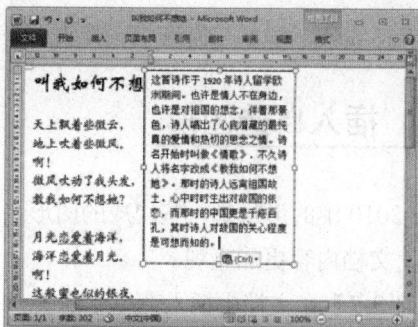

图 3-30 在文本框中输入文本

(4) 拖动文本框四周的控制点可以调整文本框的高度和宽度。将鼠标指向文本框的边缘上，当鼠标指针变成十字形时，按下鼠标左键进行拖动重新调整文本框的位置，如图 3-31 所示。

(5) 选中文本框中的文字，切换到"开始"选项卡，在"字体"组中设置字体格式为"黑体"、字号为"12"，如图 3-32 所示。

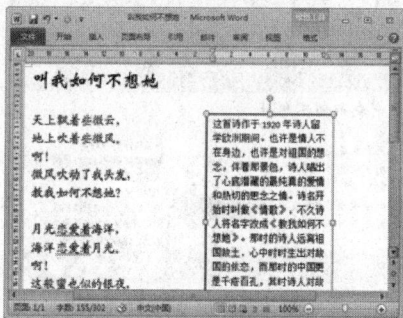

图 3-31 调整文本框的位置

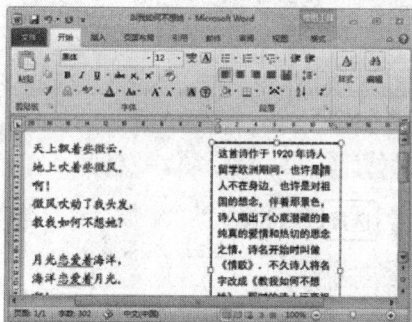

图 3-32 设置字体格式

(6) 选中文本框，打开"绘图工具"|"格式"选项卡，在"形状样式"列表框中选择"细微效果-水绿色，强调颜色 5"选项，如图 3-33 所示。

(7) 为文本框设置形状样式后的效果如图 3-34 所示。

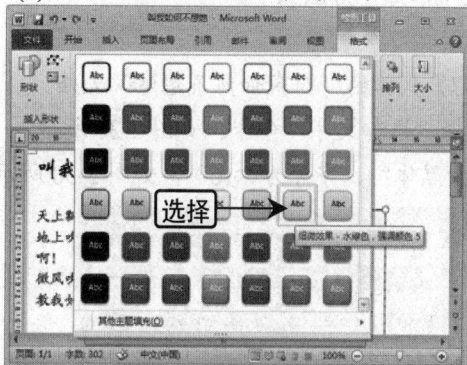

图 3-33 设置形状样式

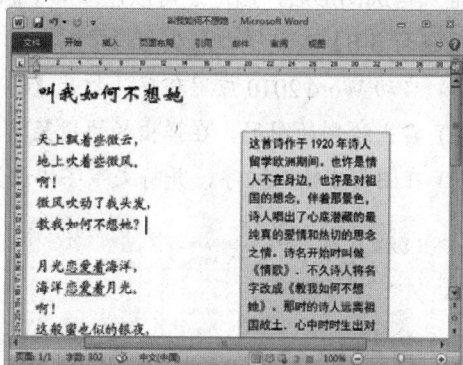

图 3-34 设置形状样式后的效果

③.4 自选图形的应用

制作文档时，有时需要一些特殊的图形，用户可以在 Word 2010 文档中插入自选图形，可

计算机 基础与实训教材系列

用的形状包括线条、基本几何形状、箭头、公式形状、流程图形状、星、旗帜和标注等。

③.4.1 插入自选图形

Word 2010 中的形状是一些现成的图形，如矩形、箭头、圆和线条等。根据编辑需要插入形状可以使文档内容更加直观。

【练习3-7】在文档中插入燕尾型箭头。

(1) 启动 Word 2010 应用程序，打开【练习3-6】制作的"叫我如何不想她"文档。

(2) 单击"插入"选项卡，在"插图"组中单击"形状"下拉按钮，在弹出的下拉列表中选择"燕尾型箭头"选项，如图3-35 所示。

(3) 在文档中部位置按下鼠标左键并拖动鼠标绘制形状，如图3-36 所示。

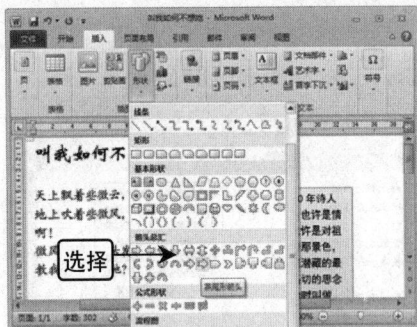

图3-35　选择形状样式

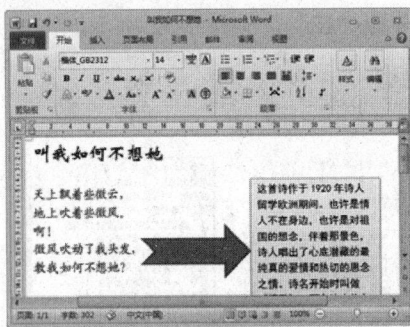

图3-36　绘制形状

③.4.2 在自选图形中添加文字

插入自选图形后，用户还可以在图形中添加文字，操作方法如下。

【练习3-8】在燕尾型箭头图形中添加文字。

(1) 启动 Word 2010 应用程序，打开【练习3-7】制作的"叫我如何不想她"文档。

(2) 右击绘制的图形，在弹出的快捷菜单中选择"添加文字"命令，如图3-37 所示。

(3) 在图形中输入文字，并将文字字体设置为"黑体"、字号为"16"，如图3-38 所示。

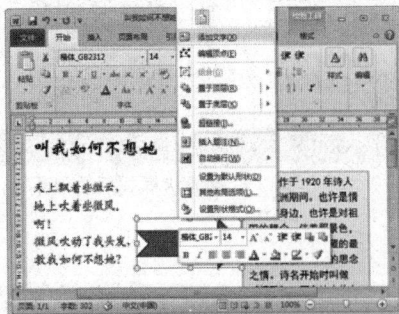

图3-37　选择"添加文字"命令

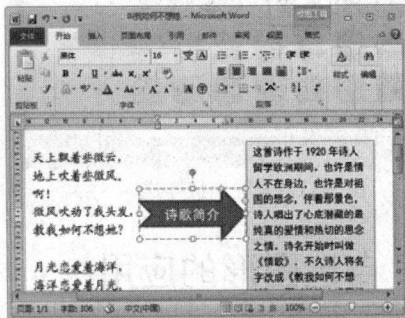

图3-38　设置字体格式

③.4.3 设置自选图形样式

用户可以像设置图片样式一样为插入的自选图形设置样式，以达到美化文档的效果，设置自选图形样式的操作方法如下。

【练习 3-9】设置自选图形的样式。

(1) 启动 Word 2010 应用程序，打开【练习 3-8】制作的"叫我如何不想她"文档。

(2) 选中自选图形，打开"绘图工具"|"格式"选项卡，在"形状样式"列表框中选择"浅色 1 轮廓，彩色填充-橙色，强调颜色 6"选项，如图 3-39 所示。

(3) 经过步骤(2)的操作之后，为图形设置样式的效果如图 3-40 所示。

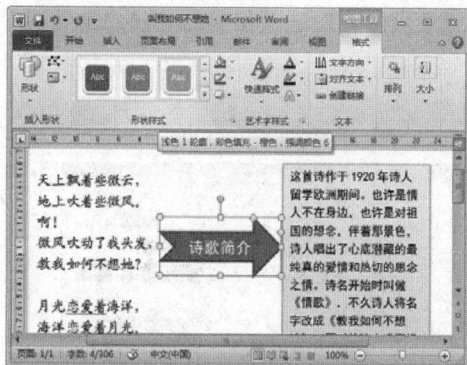

图 3-39 设置形状样式

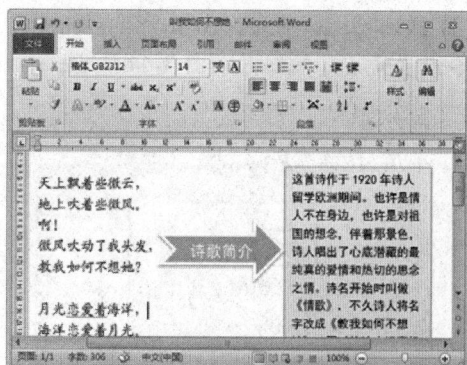

图 3-40 设置形状样式后的效果

(4) 选中图形，在"形状样式"组中单击"形状效果"下拉按钮，在弹出的下拉列表中选择"棱台"|"圆"选项，如图 3-41 所示。

(5) 此时，可以看到为图形设置棱台后的效果，如图 3-42 所示。

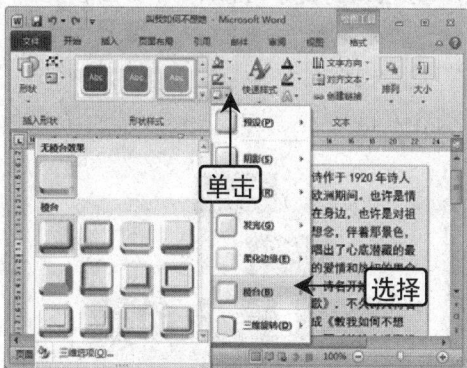

图 3-41 选择棱台样式

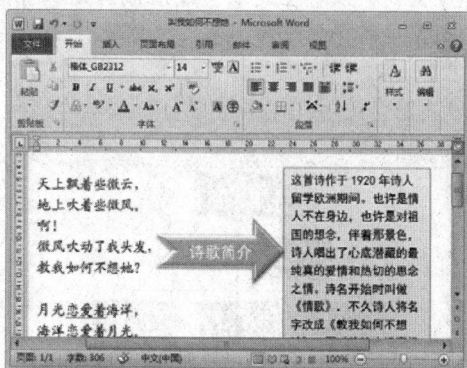

图 3-42 设置棱台样式后的效果

③.5 SmartArt 图形

SmartArt 图形是信息和观点的视觉表示形式。用户可以通过从多种不同布局中进行选择来创建适合自己的 SmartArt 图形，从而快速、轻松、有效地传达信息。

③.5.1 插入 SmartArt 图形

SmartArt 图形共分 8 种类别：列表、流程、循环、层次结构、关系、矩阵、棱锥图和图片，用户可以根据自己的需要创建不同的图形。

【练习 3-10】在文档中插入 SmartArt 图形。

(1) 启动 Word 2010 应用程序，打开"学生会组织结构"文档。

(2) 打开"插入"选项卡，在"插图"组中单击 SmartArt 按钮 ，如图 3-43 所示。

(3) 弹出"选择 SmartArt 图形"对话框，选择"层次结构"选项组中的"组织结构图"选项，单击"确定"按钮，如图 3-44 所示。

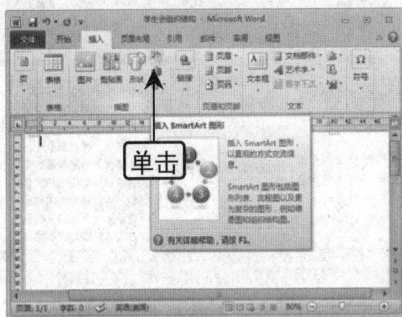

图 3-43　插入 SmartArt 图形

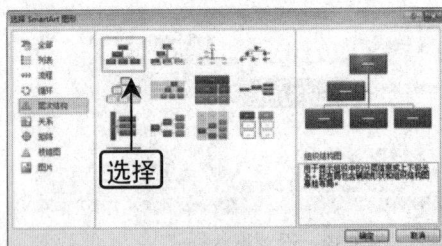

图 3-44　选择 SmartArt 图形

(4) 返回到文档即可看到文档中已经插入了组织结构图形，如图 3-45 所示。

(5) 此时，只需在文本框或左侧的文本窗格中输入各层级的文字内容即可，如图 3-46 所示。

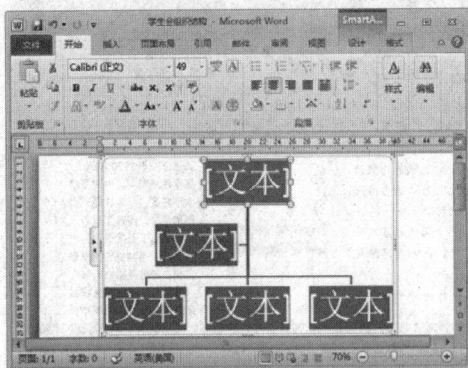

图 3-45　插入 SmartArt 图形后的效果

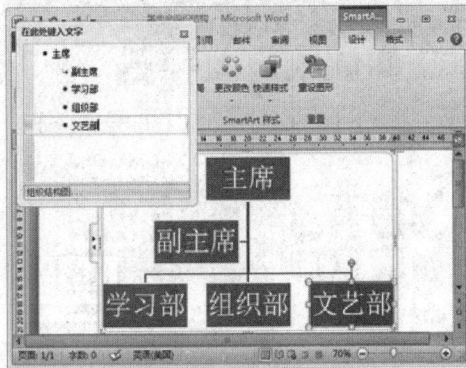

图 3-46　输入文字

③.5.2 更改布局

插入的 SmartArt 图形都是默认的布局结构，在后面的编辑和使用过程中可以方便地进行修改和调整操作，如添加形状、升降级项目、更改布局样式等。

【练习 3-11】添加图形和更改布局。

(1) 启动 Word 2010 应用程序，打开【练习 3-10】制作的"学生会组织结构"文档。

(2) 选中"文艺部"项目，打开"SmartArt 工具" | "设计"选项卡，在"创建图形"组中单击"添加形状"下拉按钮，在弹出的下拉列表中选择"在后面添加形状"选项，如图 3-47 所示。

(3) 此时，即可看到在"文艺部"项目后添加了一个同级空白项，在文本窗格中输入文字"宣传部"，如图 3-48 所示。

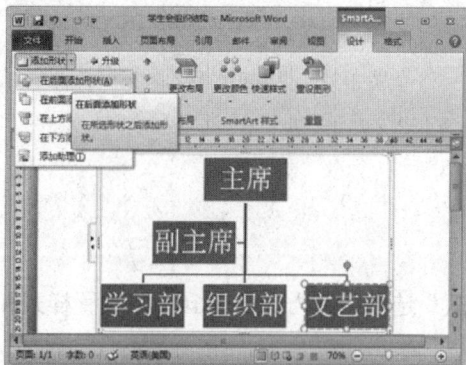

图 3-47 添加形状

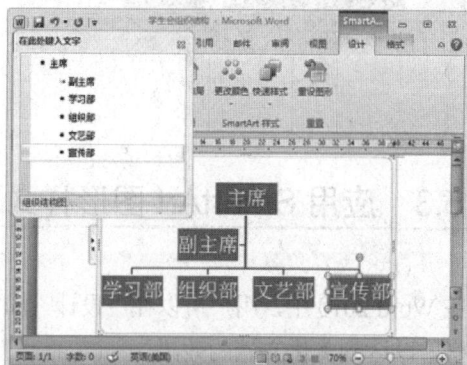

图 3-48 输入文字

(4) 选中"宣传部"项目，在文本窗格中右击该项目，在弹出的快捷菜单中选择"降级"命令，如图 3-49 所示。

(5) 此时，"宣传部"项目会降为"文艺部"的子项目，如图 3-50 所示。

图 3-49 将形状降级

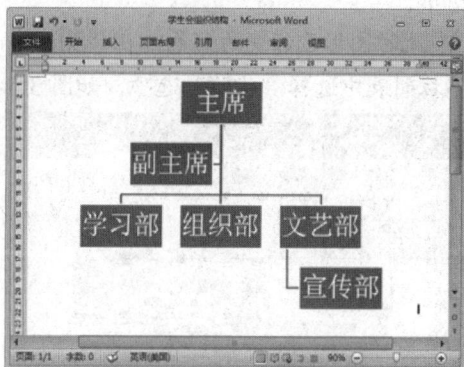

图 3-50 形状降级后的效果

(6) 若要更改整个图形的布局，则选中该 SmartArt 图形，打开"SmartArt 工具" | "设计"选项卡，在"布局"组中单击"更改布局"下拉按钮，在弹出的下拉列表中选择"水平组织结构图"选项，如图 3-51 所示。

(7) 此时，可以看到原 SmartArt 图形布局已经完全改变，如图 3-52 所示。

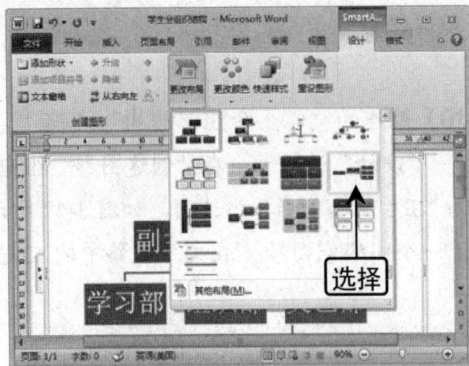

图 3-51　更改布局

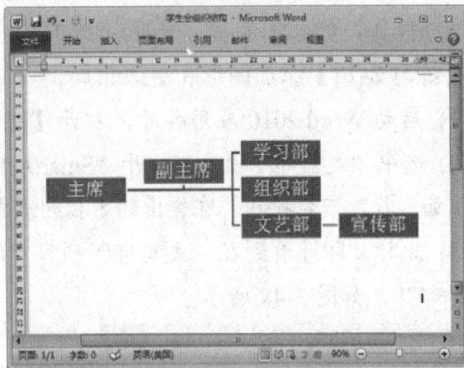

图 3-52　更改布局后的效果

③.5.3　应用 SmartArt 图形样式

在 Word 2010 中，用户可以在"设计"和"格式"选项卡下为 SmartArt 图形设置样式和色彩风格，以达到美化文档的效果。

【练习 3-12】更改 SmartArt 图形样式。

(1) 启动 Word 2010 应用程序，打开【练习 3-11】制作的"学生会组织结构"文档。

(2) 选中 SmartArt 图形，打开"SmartArt 工具"|"设计"选项卡，在"SmartArt 样式"组中单击"更改颜色"下拉按钮，在弹出的下拉列表中选择"彩色-强调文字颜色"选项，如图 3-53 所示。

(3) 此时图形已经变为彩色，在"SmartArt 样式"组中单击"快速样式"下拉按钮，在弹出的下拉列表中选择"优雅"选项，如图 3-54 所示。

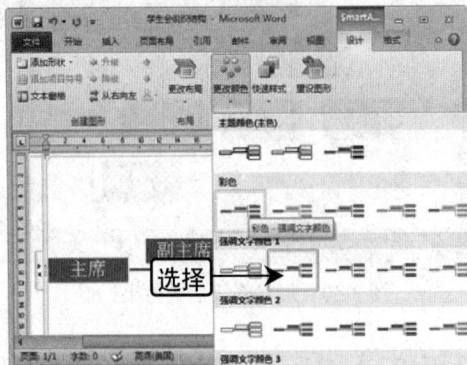

图 3-53　更改颜色

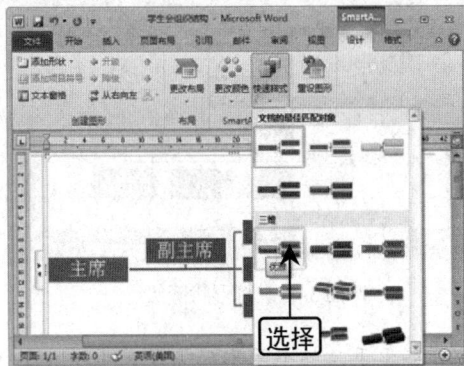

图 3-54　更改样式

(4) 接着，打开"SmartArt 工具"|"格式"选项卡，在"艺术字样式"组中单击"快速样式"下拉按钮，在弹出的下拉列表中选择"填充-白色，渐变轮廓-强调文字颜色 1"选项，如图 3-55 所示。

(5) 此时，即可看到 SmartArt 图形中的文字变成选中的艺术字样式，如图 3-56 所示。

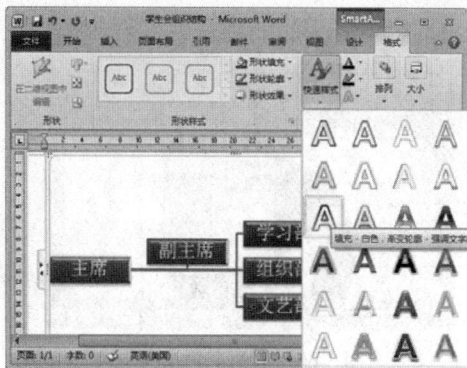

图 3-55　设置艺术字样式

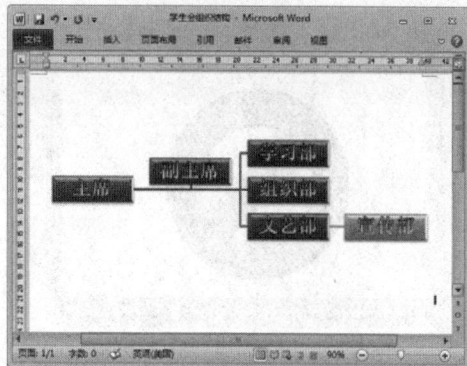

图 3-56　更改艺术字样式后的效果

3.6　上机练习

本节上机练习将通过制作禁烟牌和公司组织结构图，帮助读者进一步加深对本章知识的掌握。

3.6.1　制作禁烟牌

很多公司都不准员工在办公区域吸烟，如果在墙上贴上"禁止吸烟"的标志牌，那就更能引起员工的注意，增强该条例的执行力度。下面将使用本章所学的知识制作"禁止吸烟"的标识。

(1) 启动 Word 2010 应用程序，新建一个 Word 文档，将其另存为"禁烟牌"，如图 3-57 所示。

(2) 打开"插入"选项卡，在"插图"组中单击"形状"下拉按钮，在弹出的下拉列表中选择"禁止符"选项，如图 3-58 所示。

图 3-57　另存文档

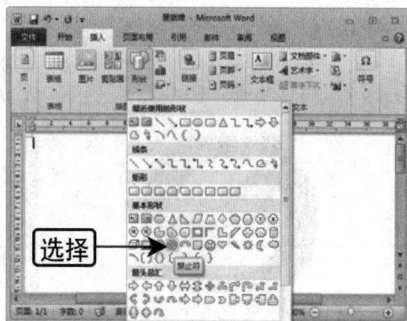

图 3-58　选择形状

(3) 按下 Shift 键拖动鼠标绘制一个正圆形的"禁止符"形状，如图 3-59 所示。

(4) 选中绘制的禁止符形状，打开"绘图工具"|"格式"选项卡，在"形状样式"组中单击"形状轮廓"下拉按钮，在弹出的下拉列表中选择"无轮廓"选项，如图 3-60 所示。

计算机 基础与实训教材系列

图 3-59 绘制"禁止符"形状

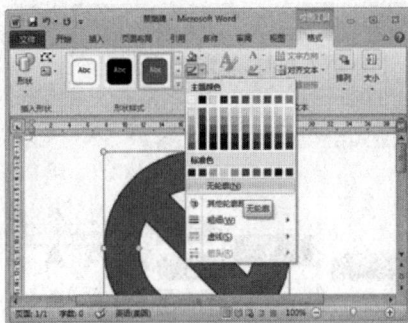

图 3-60 取消形状轮廓

(5) 保持形状的选中状态，在"形状样式"组中单击"形状填充"下拉按钮 ，在弹出的下拉列表中选择"红色"选项，如图 3-61 所示。

(6) 接着，打开"插入"选项卡，在"插图"组中单击"形状"下拉按钮，在弹出的下拉列表中选择"矩形"选项，如图 3-62 所示。

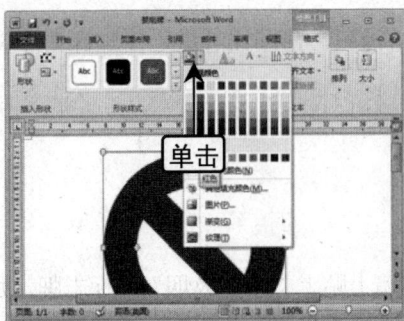

图 3-61 为形状填充颜色

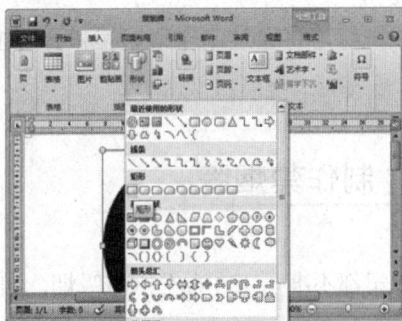

图 3-62 选择"矩形"形状

(7) 在文档中拖动鼠标绘制一个矩形，如图 3-63 所示。

(8) 拖动矩形中间位置的绿色旋转点，重新调整矩形的角度，如图 3-64 所示。

图 3-63 绘制矩形

图 3-64 调整矩形角度

(9) 选中矩形，打开"绘图工具"|"格式"选项卡，在"形状样式"组中单击"形状轮廓"下拉按钮 ，在弹出的下拉列表中选择"无轮廓"选项，如图 3-65 所示。

(10) 接着在"形状样式"组中单击"形状填充"下拉按钮，在弹出的下拉列表中选择"纹

理"|"羊皮纸"选项，如图 3-66 所示。

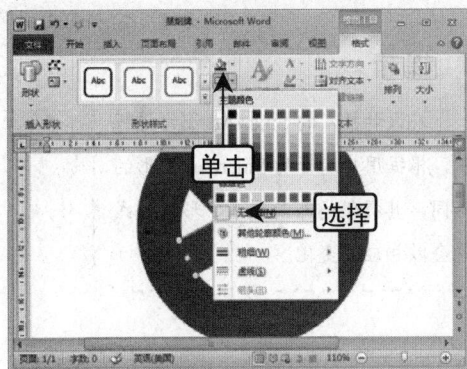

图 3-65　取消矩形轮廓　　　　　　　　图 3-66　设置纹理填充

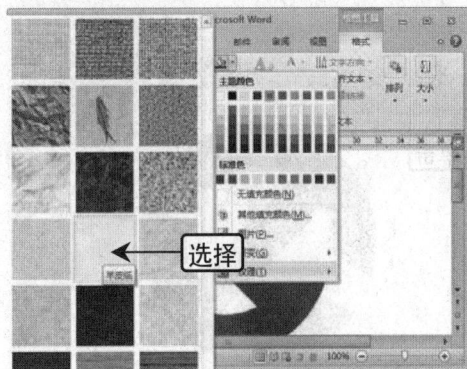

(11) 重新调整矩形的长度和位置，如图 3-67 所示。

(12) 将矩形复制一个，将两个矩形两端重叠在一起，选中上方的矩形并右击，在弹出的快捷菜单中选择"置于底层"|"置于底层"命令，如图 3-68 所示。

图 3-67　调整矩形的长度和位置　　　　　图 3-68　将矩形置于底层

(13) 将矩形再复制一个，放置在最上方，3 个矩形首尾相连，如图 3-69 所示。

(14) 选中最上方的矩形，打开"绘图工具"|"格式"选项卡，在"形状样式"组中单击"形状填充"下拉按钮，在弹出的下拉列表中选择"白色，背景 1"选项，如图 3-70 所示。

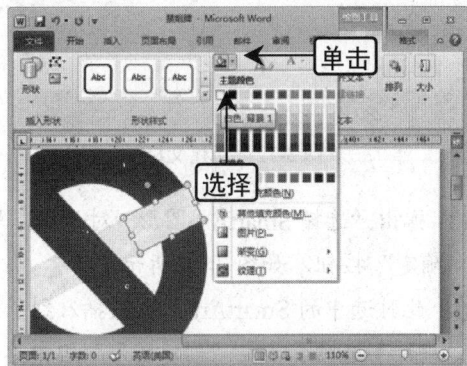

图 3-69　复制矩形　　　　　　　　　图 3-70　设置矩形填充颜色

(15) 最后，单击"快速访问工具栏"中的"保存"按钮█保存制作好的文档，最终效果如图 3-71 所示。

图 3-71　最终效果

提示

在设计插入的 SmartArt 图形过程中，根据用户选择的 SmartArt 图形的不同，其提供的布局样式、形状样式也会做相应的变化。

3.6.2　制作公司组织结构图

每个公司都有自己的组织结构图，通常在制作公司简介时，就需要添加组织结构图。在 Word 2010 中，用户可以使用 SmartArt 图形功能轻松完成这一制作。

(1) 启动 Word 2010 应用程序，新建一个 Word 文档，将其另存为"公司组织结构图"，如图 3-72 所示。

(2) 单击"插入"选项卡，在"插图"组中单击 SmartArt 按钮█，如图 3-73 所示。

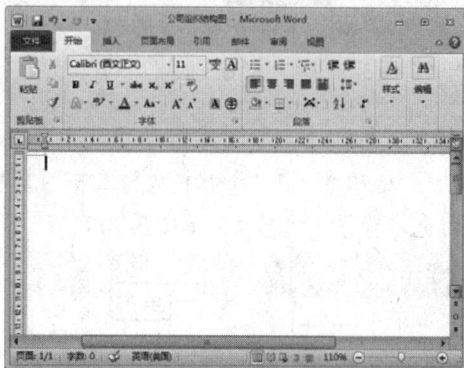

图 3-72　新建文档

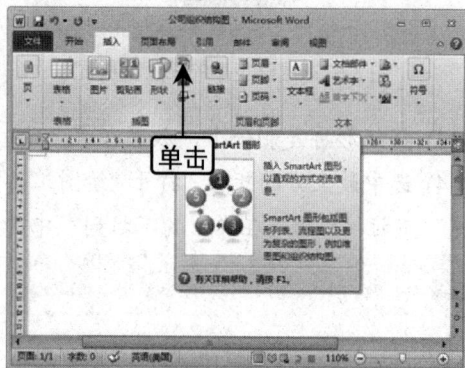

图 3-73　插入 SmartArt 图形

(3) 弹出"选择 SmartArt 图形"对话框，单击"层次结构"下的"半圆组织结构图"选项，单击"确定"按钮，如图 3-74 所示。

(4) 此时选中的 SmartArt 图形被插入到了文档中，选中第 2 行的形状，打开"SmartArt 工具"|"设计"选项卡，在"创建图形"组中单击"添加形状"下拉按钮，在弹出的下拉列表中选择"在后面添加形状"选项，如图 3-75 所示。

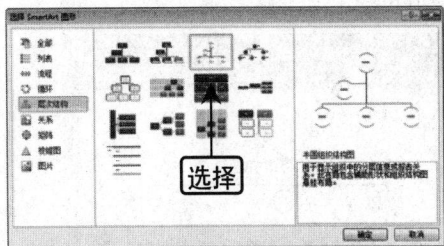

图 3-74 选择 SmartArt 图形

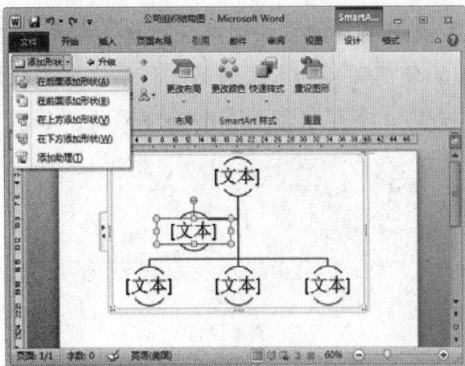

图 3-75 添加形状

(5) 此时可以看到在第 2 行形状的后面添加了一个形状。然后选中第 3 行最右边的形状，在"创建图形"组中单击"添加形状"下拉按钮，在弹出的下拉列表中选择"在后面添加形状"选项，如图 3-76 所示。

(6) 然后在"创建图形"组中单击"文本窗格"按钮显示文本窗格，如图 3-77 所示。

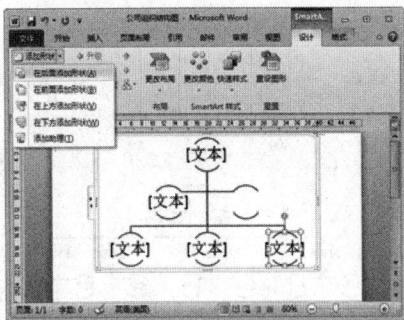

图 3-76 添加形状

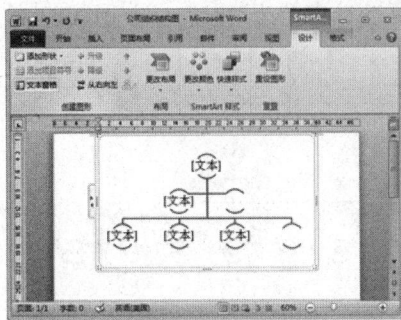

图 3-77 显示文本窗格

(7) 在"文本窗格"中依次输入文本，此时在形状中会同步显示输入的文本，如图 3-78 所示。

(8) 选中第 3 行第 1 个形状，在"创建图形"组中单击"添加形状"下拉按钮，在弹出的下拉列表中选择"添加助理"选项，如图 3-79 所示。

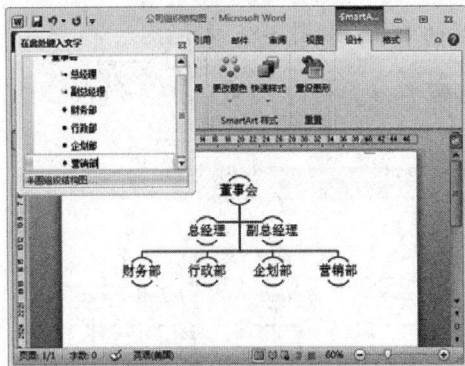

图 3-78 输入文本

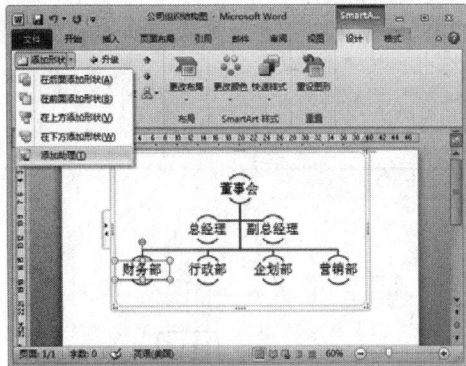

图 3-79 添加助理形状 1

(9) 使用同样的方法为第 3 行第 1 个形状再添加一个助理形状，如图 3-80 所示。

(10) 使用同样的方法为第 3 行第 2 个形状添加两个助理形状，为第 3 个形状添加一个助理形状，为第 4 个形状添加 3 个助理形状，如图 3-81 所示。

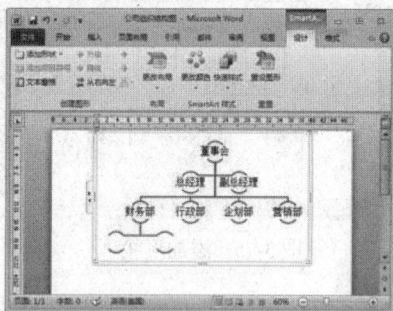

图 3-80　添加助理形状 2

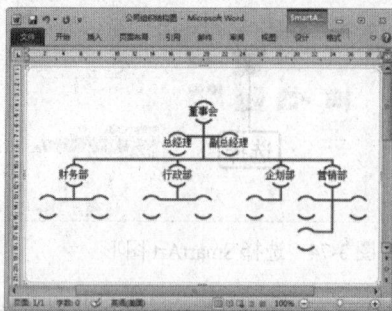

图 3-81　添加助理形状 3

(11) 然后在"文本窗格"中依次为新添加的形状输入相应的文本，如图 3-82 所示。

(12) 选中整个 SmartArt 图形，打开"开始"选项卡，在"字体"组中设置所有文本字体为"微软雅黑"、字号为"11"，如图 3-83 所示。

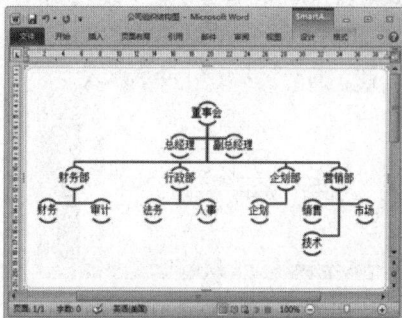

图 3-82　输入文本

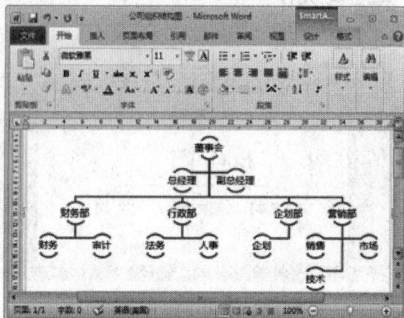

图 3-83　设置字体格式

(13) 保持 SmartArt 图形的选中状态，打开"SmartArt 工具"|"设计"选项卡，在"SmartArt 样式"组中单击"更改颜色"下拉按钮，在弹出的下拉列表中选择"彩色范围-强调文字颜色 2 至 3"选项，如图 3-84 所示。

(14) 此时，即可看到更改 SmartArt 图形颜色后的效果，如图 3-85 所示。

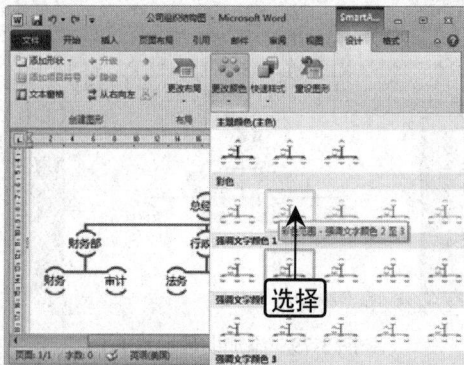

图 3-84　更改颜色

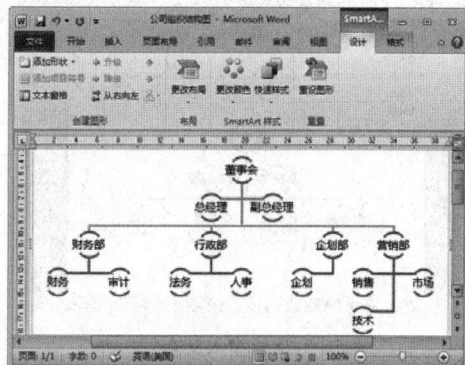

图 3-85　更改颜色后的效果

(15) 保持 SmartArt 图形的选中状态，接着在"SmartArt 样式"组中单击"快速样式"下拉按钮，在弹出的下拉列表中选择"砖块场景"选项，如图 3-86 所示。

(16) 最后，单击"快速访问工具栏"中的"保存"按钮保存文档，最终效果如图 3-87 所示。

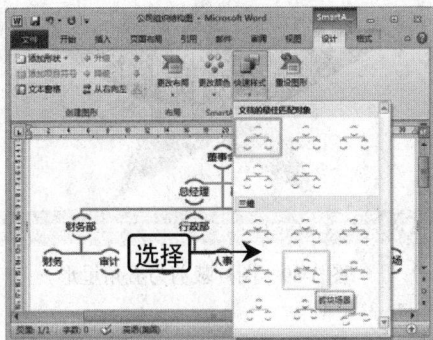

图 3-86　选择 SmartArt 样式

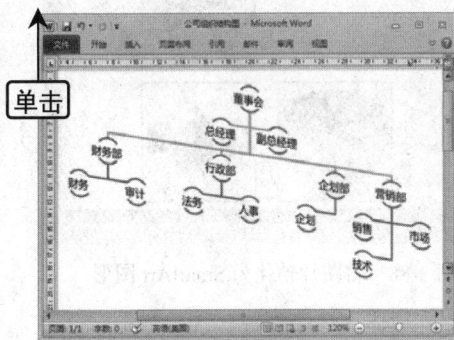

图 3-87　最终效果

③.7　习题

③.7.1　填空题

1. 文本框是 Word 2010 绘图工具提供的一种特殊绘制对象，使用文本框可以将文档中的一些文本或嵌入的图片放置到文档中的_____。

2. Word 2010 中的自选图形主要包括：_____、基本形状、_____、流程图、_____和_____ 6 个大类。

3. SmartArt 图形是_____表示形式。可以通过从多种不同布局中进行选择来创建适合自己的 SmartArt 图形，从而快速、轻松、有效地传达信息。

4. 要将图片插入文档中，可以使用 Word 2010 提供的多种方式，如常用的有_____、插入 Office 中的剪贴画以及_____。

③.7.2　操作题

1. 打开"鲜花"文档，选中文档中的 3 张图片，打开"SmartArt 工具" | "设计"选项卡，在"布局"组中单击"更改布局"下拉按钮，在弹出的下拉列表中选择"图片重点块"选项，将其转化为 SmartArt 图形，如图 3-88 所示。

2. 打开"裁剪为五角星"文档，选中文档中的图片，打开"图片工具" | "格式"选项卡，在"大小"组中单击"裁剪"下拉按钮，在弹出的下拉列表中选择"裁剪为形状" | "五角星"

选项，将图片裁剪为五角星形，如图 3-89 所示。

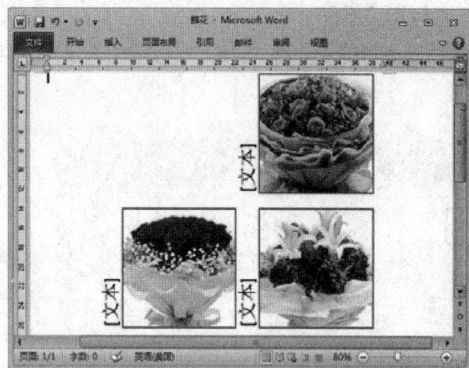

图 3-88　将图片转化为 SmartArt 图形

图 3-89　图片裁剪为五角星形

第4章

表格的应用

学习目标

在 Word 2010 中不仅可以创建图文混排的文档，而且还能创建表格数据，以方便对数据进行编辑和管理，重要的是能突出数据信息，让读者一目了然。本章将详细介绍如何在文档中创建并编辑表格。

本章重点

- ⊙ 插入表格
- ⊙ 表格的编辑
- ⊙ 美化表格
- ⊙ 表格的计算与排序
- ⊙ 文本与表格的相互转化

4.1 插入表格

要在 Word 文档中制作表格数据，第一步需要做的就是插入表格。在 Word 2010 中插入表格的方式有很多种，其中包括直接插入表格、使用"插入表格"对话框、手动绘制表格等。

1. 直接插入表格

Word 2010 为用户提供了创建表格的快捷工具，通过它用户可以轻松方便地插入需要的表格。不过需要注意的是，该方法只适合插入 10 列 8 行以内的表格。

新建一个 Word 文档，打开"插入"选项卡，在"表格"组中单击"表格"下拉按钮，在弹出的下拉列表中选择要插入表格的行列数，如 6×5 表格，如图 4-1 所示。经过上一步操作后，即可在文档中显示插入所选行列数的表格，如图 4-2 所示。

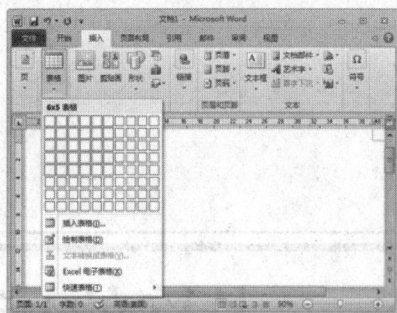

图 4-1　选择行列数

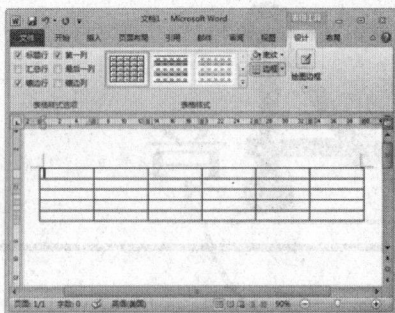

图 4-2　插入表格后的效果

2. 通过对话框插入表格

通过"插入表格"对话框可以设置任意的行数和列数，同时也可以设置表格的自动调整方式。

新建一个 Word 文档，打开"插入"选项卡，在"表格"组中单击"表格"下拉按钮，在弹出的下拉列表中选择"插入表格"选项，如图 4-3 所示。弹出"插入表格"对话框，设置"列数"为"6"，设置"行数"为"5"，如图 4-4 所示。单击"确定"按钮，即可插入 6 列 5 行的表格。

图 4-3　插入表格

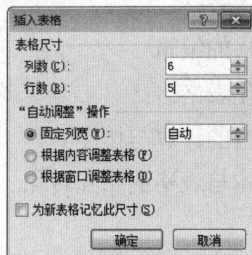

图 4-4　设置行列数

3. 绘制表格

绘制表格是指用户使用鼠标拖动的方法，自己手动绘制表格。通过绘制表格的方法，用户可以制作出独一无二的表格格式。

新建一个 Word 文档，打开"插入"选项卡，在"表格"组中单击"表格"下拉按钮，在弹出的下拉列表中选择"绘制表格"选项，如图 4-5 所示。此时，鼠标指针变为铅笔形状，按住鼠标左键拖动鼠标，随着鼠标指针的移动，会出现一个虚线框随着鼠标指针变化，如图 4-6 所示。

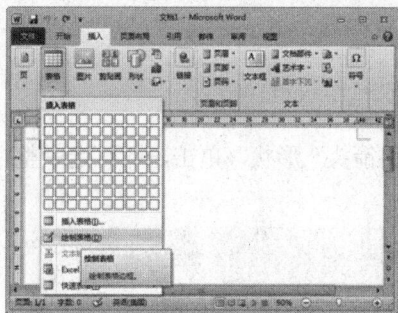

图 4-5 选择"绘制表格"选项

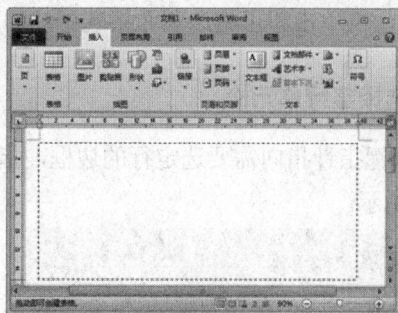

图 4-6 绘制表格

在虚线框大小到达合适位置时释放鼠标，即可插入一个表格。将铅笔状的鼠标指针定位到表格左边，单击鼠标的同时向右边拖动鼠标，此时会沿拖动方向出现一条虚线，释放鼠标后即可插入一条直线，如图 4-7 所示。使用同样的方法，可绘制表格中的横线和竖线，将表格完成后，效果如图 4-8 所示。

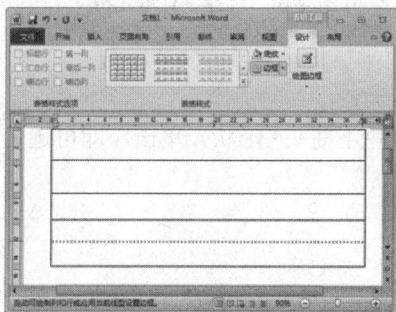

图 4-7 绘制表格线

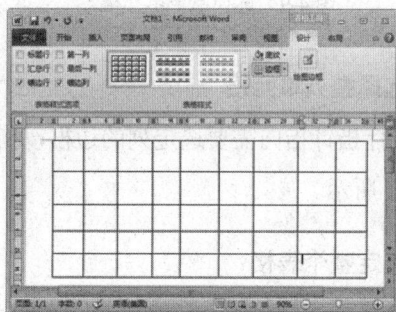

图 4-8 绘制表格后的效果

4.2 表格的编辑

在文档中插入表格后，可以对表格进行输入文本、设置格式、插入和删除表格对象以及合并和拆分单元格等操作。

4.2.1 选择单元格

在 Word 中可以用不同的方式选择单元格，其中包括选择单个单元格、选择一行单元格、选择一列单元格以及选择不连续的多个单元格。

以"销售统计表"文档中的操作为例，讲解各种选择单元格的方式。

1. 选择单个单元格

启动 Word 2010 应用程序，打开"销售统计表"文档。首先，将鼠标指针指向表格左侧边

框呈 ✦ 状，再单击即可将该单元格选中，如图 4-9 所示。

2. 选择整行单元格

将鼠标指针指向需要选定行的边框，指针呈白色斜箭头 ⟋ 形状，单击，即可选中整行，如图 4-10 所示。

图 4-9　选择单个单元格 　　　　　　图 4-10　选择整行单元格

3. 选择整列单元格

将鼠标指针指向需要选定列的边框，指针呈现黑色下箭头 ↓ 形状，单击，即可选定整列，如图 4-11 所示。

4. 选定整个表格

单击表格左上方的十字图标 ✛，即可选定整个表格，如图 4-12 所示。

图 4-11　选择整列单元格 　　　　　　图 4-12　选定整个表格

5. 选择连续的单元格

将光标定位到要选择单元格区域的起始单元格中，按住鼠标向右下方拖动鼠标，即可选择鼠标经过的单元格区域，如图 4-13 所示。

6. 选择不连续的单元格

选中要选择的第一个单元格，在按住 Ctrl 键的同时选择其他单元格，可以选择不连续的单元格，如图 4-14 所示。

图 4-13　选择连续的单元格

图 4-14　选择不连续的单元格

计算机 基础与实训教材系列

④.2.2　在表格中输入数据

创建表格后，需要在表格中输入数据，具体操作步骤如下。

【练习 4-1】插入表格并在表格中输入数据。

(1) 启动 Word 2010 应用程序，新建一个文档，保存为"销售统计表"，在文档中输入标题文本，并为其设置文本格式，如图 4-15 所示。

(2) 将光标移到下一行，打开"插入"选项卡，单击"表格"组中的"表格"按钮，在弹出的下拉列表中选择 6×6 的表格，如图 4-16 所示。

图 4-15　输入标题文本

图 4-16　选择行列数

(3) 这时可以看到在文档中插入了 6 行 6 列的表格，如图 4-17 所示。

(4) 将光标插入到左上角第一个单元格中，并输入文本"产品名称"，如图 4-18 所示。

图 4-17　插入表格后的效果

图 4-18　在表格中输入文本

(5) 使用同样的方法，在表格中输入其他的数据，如图 4-19 所示。

(6) 选中表格内的所有文本，打开"开始"选项卡，为其设置字体为"仿宋"、字号为"12"，如图 4-20 所示。

图 4-19　输入其他数据

图 4-20　设置字体格式

4.2.3　调整行高和列宽

表格的不同行可以有不同的高度，但同一行中的所有单元格必须具有相同的高度。下面将详细介绍行高和列宽的调整方法。

1. 使用鼠标调整行高和列宽

【练习 4-2】使用鼠标调整行高和列宽。

(1) 启动 Word 2010 应用程序，打开【练习 4-1】制作的"销售统计表"文档。

(2) 将鼠标指针置于要调整的单元格水平边线上，当指针呈现上下箭头形状时拖动鼠标，如图 4-21 所示。

(3) 拖动到合适位置后释放鼠标，此时所调整的行高已经改变，如图 4-22 所示。

图 4-21　调整行高

图 4-22　调整行高后的效果

(4) 将鼠标指针置于要调整的单元格垂直边线上，当指针呈现左右箭头形状时拖动鼠标，如图 4-23 所示。

(5) 拖动到合适位置后释放鼠标，此时所调整的列宽已经改变，如图 4-24 所示。

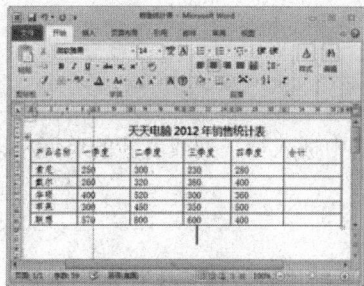

图 4-23　调整列宽　　　　　　　　　图 4-24　调整列宽后的效果

2. 使用功能区调整行高和列宽

【练习 4-3】使用功能区调整行高和列宽。

(1) 启动 Word 2010 应用程序，打开【练习 4-2】制作的"销售统计表"文档。

(2) 选中整个表格，打开"表格工具"下的"布局"选项卡，单击"单元格大小"组中的"自动调整"下拉按钮，在弹出的列表中选择"根据内容自动调整表格"选项，如图 4-25 所示。

(3) 则表格按每一列的文本内容重新调整列宽，调整后的表格看上去更加紧凑、整洁，如图 4-26 所示。

(4) 选择"根据窗口自动调整表格"选项，则表格中每一列的宽度将按照相同的比例扩大，调整后的表格宽度与正文区宽度相同，如图 4-27 所示。

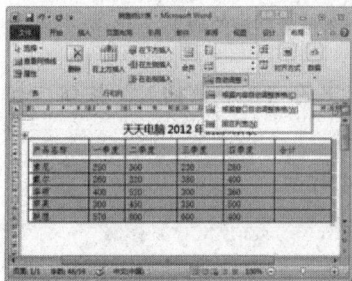

图 4-25　根据内容自动调整表格　图 4-26　按内容自动调整表格后的效果　图 4-27　根据窗口自动调整表格

(5) 选择"固定列宽"选项，则使用当前光标所在的列宽为固定列宽，当单元格内文本超出该单元格长度时，将自动换到下一行，如图 4-28 所示。

(6) 将光标移动到要调整列的单元格中，在"单元格大小"的"宽度"数值框中输入要设置的宽度，如图 4-29 所示。

(7) 按 Enter 键进行确认，即可看到精确调整单元格宽度后的效果，如图 4-30 所示。

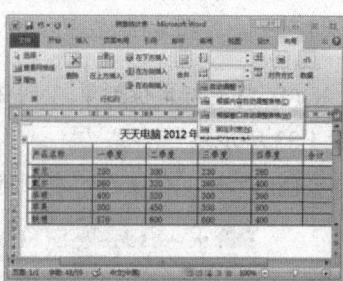

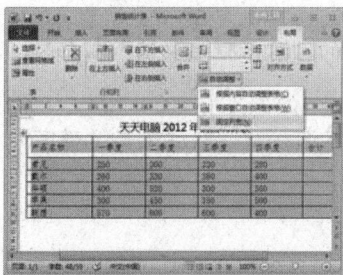

图 4-28　根据窗口自动调整表格后的效果　图 4-29　输入精确的宽度数值　图 4-30　精确调整宽度后的效果

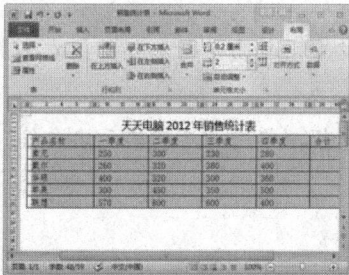

4.2.4 在表格中插入行和列

根据输入数据的需要，有时需要在已有的单元格中插入行、列或者新的单元格，下面将进行详细的介绍。

【练习4-4】在表格中插入行和列。

(1) 启动 Word 2010 应用程序，打开【练习4-3】制作的"销售统计表"文档。

(2) 将光标置于第 1 行任意单元格中，打开"表格工具"|"布局"选项卡，在"行和列"组中单击"在下方插入"按钮，如图 4-31 所示。

(3) 此时，在该行的下方将插入一行空白单元格，如图 4-32 所示。

图 4-31 在下方插入单元格

图 4-32 插入单元格后的效果

(4) 将光标定位到第 2 列任意单元格中，单击"行和列"组中的"在右侧插入"按钮，如图 4-33 所示。

(5) 此时，在该列的右侧将插入一列空白单元格，如图 4-34 所示。

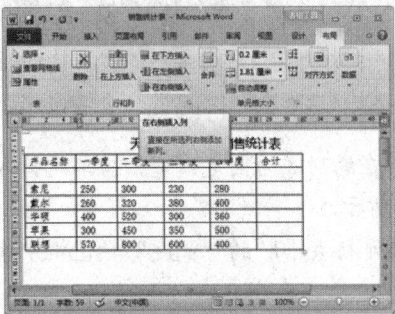

图 4-33 在右侧插入单元格

图 4-34 插入单元格后的效果

(6) 将光标定位到某个单元格中，单击"行和列"组右下角的"对话框启动器"按钮，如图 4-35 所示。

(7) 弹出"插入单元格"对话框，单击"活动单元格右移"单选按钮，然后单击"确定"按钮，如图 4-36 所示。

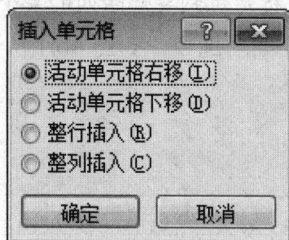

图 4-35　单击"对话框启动器"按钮　　　　　　图 4-36　"插入单元格"对话框

(8) 此时，当前活动单元格右移，原单元格位置插入了一个空白单元格，如图 4-37 所示。

图 4-37　插入单元格后的效果

提示

将光标定位到表格的最后一行的最后一个单元格中，按一下 Tab 键，就会在其下方生成完全相同的一行表格。

④.2.5　删除行、列或单元格

对于多余的行、列或单元格，可以将其进行删除，操作方法如下。

【练习 4-5】在表格中删除行和列。

(1) 启动 Word 2010 应用程序，打开【练习 4-4】制作的"销售统计表"文档。

(2) 将光标定位到要删除的单元格中，打开"表格工具"|"布局"选项卡，在"行和列"组中单击"删除"下拉按钮，在弹出的下拉列表中选择"删除单元格"选项，如图 4-38 所示。

(3) 弹出"删除单元格"对话框，单击"右侧单元格左移"单选按钮，然后单击"确定"按钮，如图 4-39 所示。

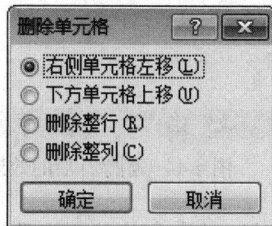

图 4-38　选择"删除单元格"选项　　　　　　图 4-39　"删除单元格"对话框

(4) 此时，光标所在的单元格被删除了，如图 4-40 所示。

(5) 将光标定位到要删除列的某个单元格中，单击"删除"下拉按钮，在弹出的下拉列表中选择"删除列"选项，如图 4-41 所示。

图 4-40　删除单元格后的效果　　　　　　图 4-41　删除列

(6) 此时，光标所在的列被删除了，如图 4-42 所示。

(7) 将光标定位到要删除行的某个单元格中，单击"删除"下拉按钮，在弹出的下拉列表中选择"删除行"选项，如图 4-43 所示。

图 4-42　删除列后的效果　　　　　　　　图 4-43　删除行

(8) 此时，光标所在的行被删除了，如图 4-44 所示。

(9) 将光标放置在表格的任一单元格中，单击"删除"下拉按钮，在弹出的下拉列表中选择"删除表格"选项，如图 4-45 所示。

图 4-44　删除行后的效果　　　　　　　　图 4-45　删除表格

(10) 此时，整个表格被删除了，如图 4-46 所示。

图 4-46　删除表格后的效果

④.2.6　合并和拆分单元格

　　在实际工作中，有时需要将一个单元格或表格拆分为多个，或需要将几个单元格合并为一个，下面介绍具体的操作方法。

　　【练习 4-6】合并和拆分单元格。

　　(1) 启动 Word 2010 应用程序，打开"月末业绩总结"文档。

　　(2) 选中第 1 行所有单元格，打开"表格工具"|"布局"选项卡，在"合并"组中单击"合并单元格"按钮，如图 4-47 所示。

　　(3) 经过步骤(2)的操作后，即可看到所选择的多个单元格已经合并为一个单元格了。将光标置于第 1 行的单元格中，打开"开始"选项卡，在"段落"组中单击"居中"对齐按钮≣，如图 4-48 所示。

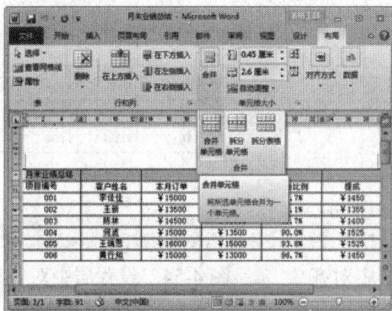

图 4-47　合并单元格

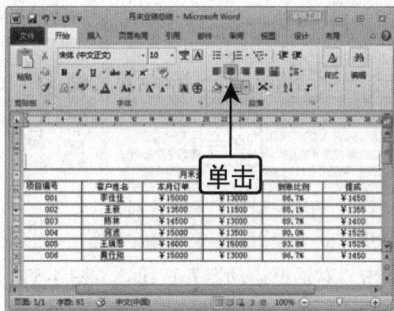

图 4-48　居中对齐文本

　　(4) 将光标置于第 1 行的单元格中，接着在"合并"组中单击"拆分单元格"按钮，如图 4-49 所示。

　　(5) 弹出"拆分单元格"对话框，在"列数"文本框中输入"1"、在行数文本框中输入"2"，单击"确定"按钮，如图 4-50 所示。

　　(6) 单击"确定"按钮，即可看到拆分后的效果。在第 2 行的单元格中输入日期，然后将其右对齐，如图 4-51 所示。

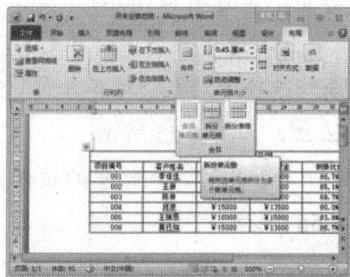

图 4-49　拆分单元格

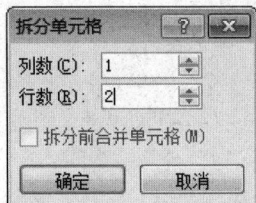

图 4-50　输入拆分的行列数　　　图 4-51　输入日期

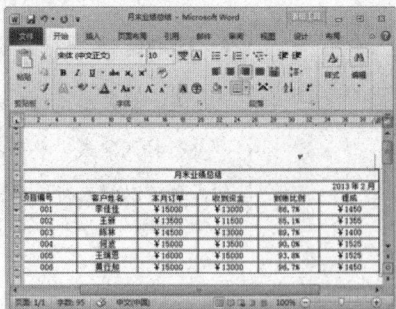

④.2.7　设置表格对齐方式

在 Word 中，既可以设置表格的对齐方式，也可以设置表格中文本的对齐方式。下面进行详细的介绍。

【练习 4-7】将表格中的数据设置为居中对齐。

(1) 启动 Word 2010 应用程序，打开【练习 4-6】制作的"月末业绩总结"文档。

(2) 将光标放置到表格的任意单元格中，打开"表格工具" | "布局"选项卡，单击"单元格大小"组右下角的"对话框启动器"按钮，如图 4-52 所示。

(3) 弹出"表格属性"对话框，单击"对齐方式"选项组中的"居中"选项，如图 4-53 所示。

图 4-52　单击"对话框启动器"按钮　　图 4-53　设置居中对齐　　图 4-54　设置居中对齐后的效果

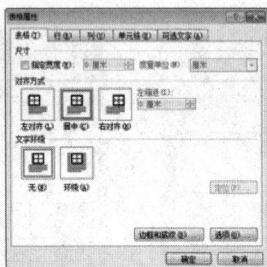

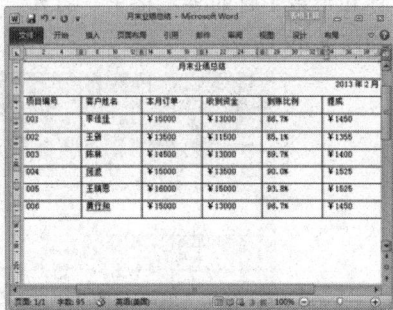

(4) 单击"确定"按钮，即可将表格在文档中居中对齐，如图 4-54 所示。

(5) 选中表格中所有文本，打开"表格工具" | "布局"选项卡，在"对齐方式"组中单击"水平居中"按钮，如图 4-55 所示。

(6) 此时，表格中的数据将会水平居中对齐，如图 4-56 所示。

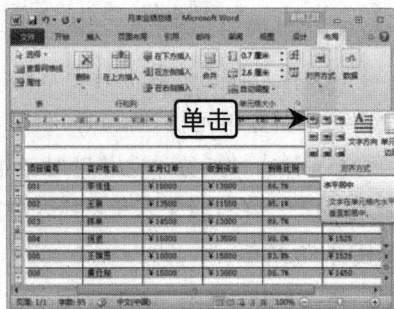

图 4-55　设置水平居中对齐

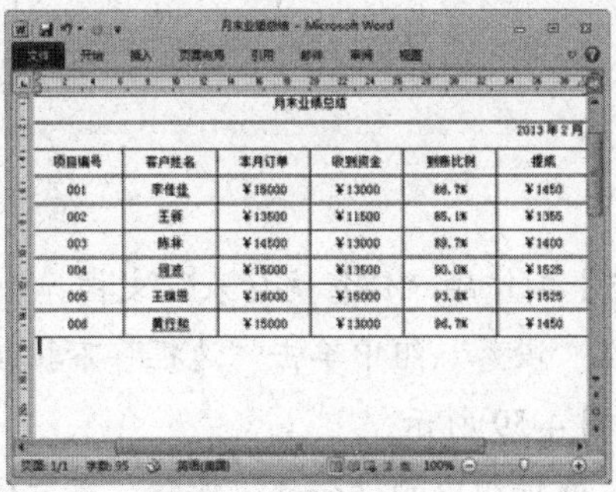

图 4-56 设置水平居中对齐后的效果

计算机 基础与实训教材系列

提示

在绘制表格时，绘图工具自带捕捉顶点的功能，例如在选择了一点后，它将以画横线、竖线和对角线的方式捕捉另一点。

4.2.8 插入斜线表头

在实际工作中，经常要为表格插入斜线表头，具体的操作方法如下。

【练习 4-8】插入斜线表头。

(1) 启动 Word 2010 应用程序，打开【练习 4-7】制作的"月末业绩总结"文档。

(2) 将光标第 3 行的第 1 个单元格中，打开"表格工具"|"设计"选项卡，在"表格样式"组中单击"边框"下拉按钮，在弹出的下拉列表中选择"斜下框线" 选项，如图 4-57 所示。

(3) 此时，可以看到已经为第 3 行的第 1 个单元格添加上了斜线表头，如图 4-58 所示。

图 4-57 插入斜下框线

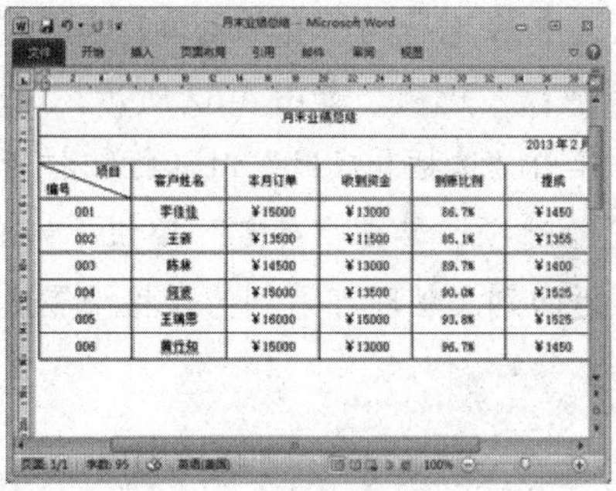

图 4-58 插入斜线表头后的效果

提示

除了可以直接为单元格插入斜线表头外，还可以打开"表格工具"|"设计"选项卡，在"绘图边框"组中单击"绘制表格"按钮，这时鼠标会变成铅笔状，在单元格中拖动鼠标即可绘制斜线。

4.3 美化表格

对于制作完毕的表格，用户还可以为其添加边框和底纹等样式，使表格看起来更加美观，使单元格达到突出显示的效果。

④.3.1 设置表格边框和底纹

【练习 4-9】设置表格边框和底纹。

(1) 启动 Word 2010 应用程序，打开【练习 4-5】制作的"销售统计表"文档。

(2) 选中整个表格，切换到"开始"选项卡，在"段落"组中单击"边框"下拉按钮囲，在弹出的下拉列表中选择"边框和底纹"选项，如图 4-59 所示。

(3) 弹出"边框和底纹"对话框，单击"设置"选项组中的"全部"按钮，在"样式"列表框中选择双线型，单击"确定"按钮，如图 4-60 所示。

(4) 返回到文档即可以看到为表格添加边框后的效果，如图 4-61 所示。

图 4-59 选择"边框和底纹"选项　　图 4-60 选择边框样式　　图 4-61 添加边框后的效果

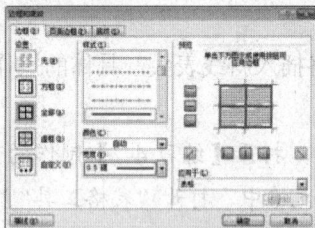

(5) 选中第 1 行的所有单元格，再次单击"边框"下拉按钮囲，在弹出的下拉列表中选择"边框和底纹"选项，如图 4-62 所示。

(6) 弹出"边框和底纹"对话框，打开"底纹"选项卡，在"填充"颜色下拉列表框中选择"浅蓝"选项，单击"确定"按钮，如图 4-63 所示。

(7) 返回到文档即可看到为表格设置底纹后的效果，如图 4-64 所示。

图 4-62 选择"边框和底纹"选项　　图 4-63 选择底纹颜色　　图 4-64 设置底纹后的效果

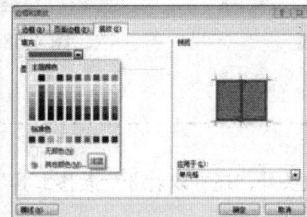

④.3.2 应用表格样式美化表格

在文档中插入表格后，用户还可以使用内建的表格样式来美化表格。使用表格样式美化表格的具体操作方法如下。

【练习4-10】为表格应用样式。

(1) 启动 Word 2010 应用程序，打开【练习4-9】制作的"销售统计表"文档。

(2) 将光标定位在表格的任意位置，打开"表格工具"|"设计"选项卡，在"表格样式"列表框中单击"浅色列表-强调文字颜色2"选项，如图4-65所示。

(3) 返回到文档即可看到为表格应用所选择样式的效果，如图4-66所示。

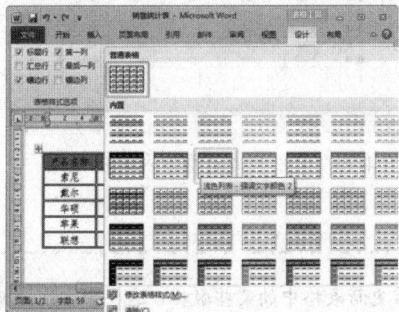
图4-65 选择表格样式

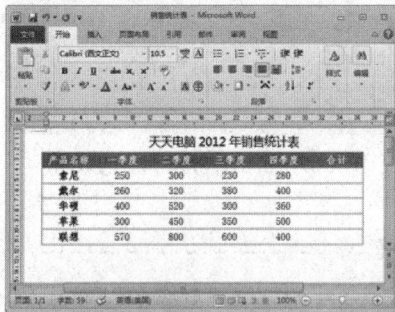
图4-66 应用表格样式后的效果

4.4 表格的计算与排序

在 Word 2010 的表格中，可以依照某列对表格进行简单的计算和排序。下面将进行详细介绍。

4.4.1 表格中数据的计算

用户可以对 Word 表格中的数据进行简单的计算，具体的操作方法如下。

【练习4-11】对表格中的数据进行求和计算。

(1) 启动 Word 2010 应用程序，打开【练习4-10】制作的"销售统计表"文档。

(2) 将光标定位在"合并"文本下方的单元格中，打开"表格工具"|"布局"选项卡，在"数据"组中单击"公式"按钮，如图4-67所示。

(3) 弹出"公式"对话框，其中已经自动输入了公式"=Sum(LEFT)"，表示对左侧的数据进行求和，单击"确定"按钮，如图4-68所示。

图4-67 单击"公式"按钮

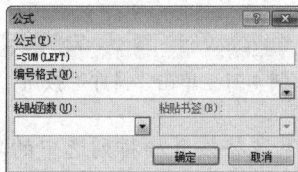
图4-68 输入公式

(4) 系统会自动计算求和结果，并填入单元格中，如图 4-69 所示。

(5) 使用同样的方法计算该列其他单元格的数值，如图 4-70 所示。

图 4-69　自动计算求和后的效果

图 4-70　全部自动计算求和后的效果

提示

在完成了对表格中各种数据的计算以后，可能需要经常更新表格中的某些数据，这样会导致计算的结果不准确，若想更新计算结果，只需将光标移动到计算结果上，然后按 F9 键即可。用户也可以选中整个表格，然后按 F9 键，这样更新的是整个表格中所有的计算结果。

4.4.2　表格数据的排序

在 Word 中，可以按照递增或递减的顺序把表格内容按笔画、数字、拼音或日期进行排序。下面将详细介绍其操作方法。

【练习 4-12】对表格中的数据进行排序。

(1) 启动 Word 2010 应用程序，打开【练习 4-11】制作的"销售统计表"文档。

(2) 在表格中选择要排序的单元格区域，打开"表格工具"|"布局"选项卡，在"数据"组中单击"排序"按钮，如图 4-71 所示。

(3) 弹出"排序"对话框，单击"主要关键字"下拉按钮，在弹出的下拉列表中选择"合计"选项，单击"确定"按钮，如图 4-72 所示。

图 4-71　单击"排序"按钮

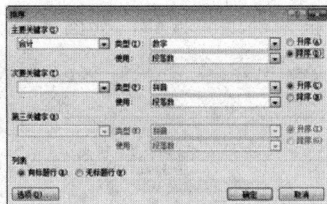

图 4-72　设置主要关键字

(4) 此时，系统将按升序排列选中的单元格数据，如图 4-73 所示。

图 4-73 按升序排列后的效果

4.5 文本与表格的相互转换

在 Word 2010 中，可以方便地在文本和表格之间进行转换，以满足用户的需求，下面将对其进行详细的介绍。

4.5.1 将表格文件转换为文本文件

使用"转换为文本"选项可以将表格的内容转换为普通的文本段落，并将原来各单元格中的内容用段落标记、逗号、制表符或用户指定的特定分隔符隔开。

【练习 4-13】将表格文件转换为文本文件。

(1) 启动 Word 2010 应用程序，打开【练习 4-12】制作的"销售统计表"文档。

(2) 将光标置于表格中，打开"表格工具"|"布局"选项卡，在"数据"组中单击"转换为文本"按钮，如图 4-74 所示。

(3) 弹出"表格转换成文本"对话框，选择"制表符"单选按钮，然后单击"确定"按钮，如图 4-75 所示。

图 4-74 单击"转换为文本"按钮

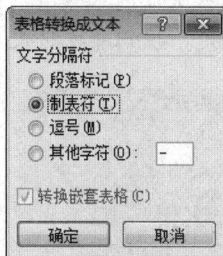

图 4-75 选择文字分隔符

(4) 此时，可以看到表格被转换成了文本文件，如图 4-76 所示。

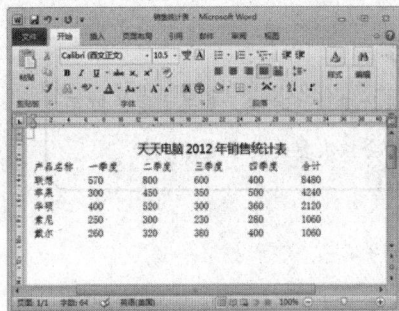

图 4-76　表格转换为文本后的效果

4.5.2　将文本文件转换为表格文件

在 Word 中，也可以将用段落标记、逗号、制表符或其他特定字符隔开的文本转化为表格。

【练习 4-14】将文本文件转换为表格文件。

(1) 启动 Word 2010 应用程序，打开【练习 4-13】制作的"销售统计表"文档。

(2) 在文档中继续输入其他文本，并且在文本之间按 Tab 键(制表符)隔开，如图 4-77 所示。

(3) 选中除标题外的所有文本，打开"插入"选项卡，在"表格"组中单击"表格"下拉按钮，在弹出的下拉面板中选择"文本转换成表格"选项，如图 4-78 所示。

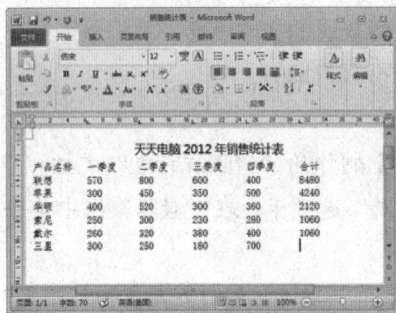

图 4-77　输入文本

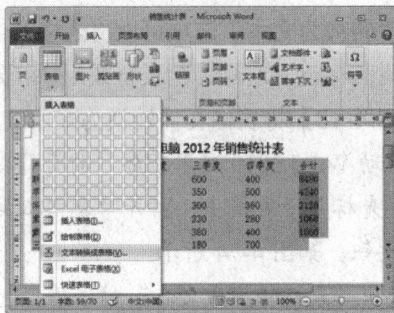

图 4-78　选择"文本转换成表格"选项

(4) 弹出"将文字转换成表格"对话框，选择"制表符"单选按钮，如图 4-79 所示。

(5) 单击"确定"按钮即可将文本转换为表格，如图 4-80 所示。

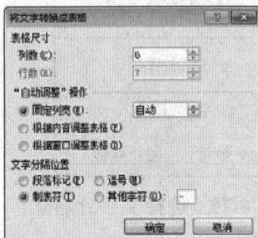

图 4-79　选择文字分隔位置

图 4-80　文本转换为表格后的效果

4.6 上机练习

本节上机练习将通过制作一张日历表格以及员工档案表两个练习，帮助读者进一步加深对本章知识的掌握。

4.6.1 制作日历表格

本次练习将制作一张 2013 年 3 月的日历表格。练习创建表格、输入表格内容和套用表格样式的操作方法。

(1) 启动 Word 2010 应用程序，新建一个空白文档，然后将其保存为"日历"，如图 4-81 所示。

(2) 在文档第 1 行输入当前的年份和月份，将其字体设置为"文鼎行楷碑体"、字号为"22"、字体加粗，如图 4-82 所示。

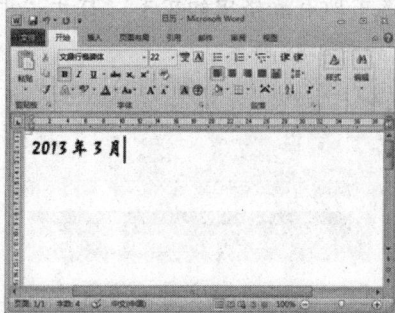

图 4-81 新建文档　　　　　　　　图 4-82 输入标题文本

(3) 将光标移到第 2 行，然后打开"插入"选项卡，在"表格"组中单击"表格"下拉按钮，在弹出的下拉列表中选择"7×7 表格"，如图 4-83 所示。

(4) 插入表格后，在表格的第 1 行中分别依次输入"星期日"到"星期六"文本，如图 4-84 所示。

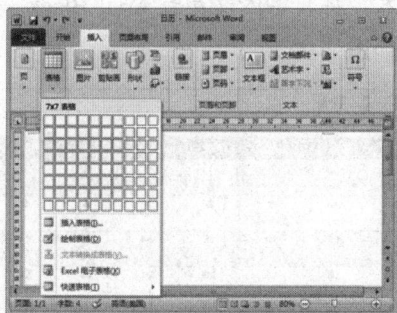

图 4-83 插入表格　　　　　　　　图 4-84 输入文本

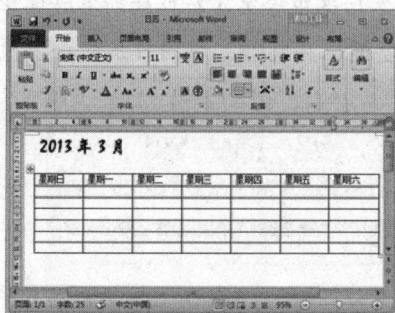

(5) 然后从第 2 行的第 6 个单元格开始依次从上往下输入数字"1"到"31"，如图 4-85

所示。

(6) 选中整个表格，打开"表格工具" | "设计"选项卡，在"表格样式"列表框中选择"中等深浅底纹 1-强调文字颜色 1"选项，如图 4-86 所示。

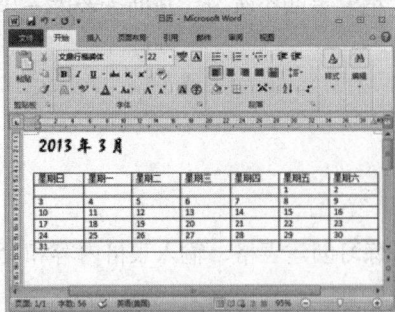

图 4-85 输入数字文本

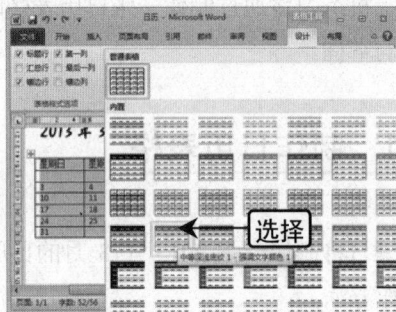

图 4-86 选择表格样式

(7) 选中表格中除第 1 行外的所有单元格，打开"表格工具" | "布局"选项卡，在"单元格大小"组的高度文本框中输入数值"1.2 厘米"，然后敲击回车键确定，如图 4-87 所示。

(8) 选中所有表格中的文本，打开"开始"选项卡，在"段落"组中单击"居中"对齐按钮，如图 4-88 所示。

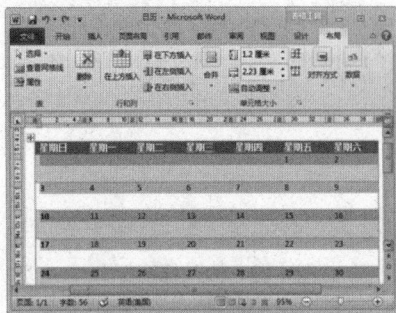

图 4-87 设置单元格高度

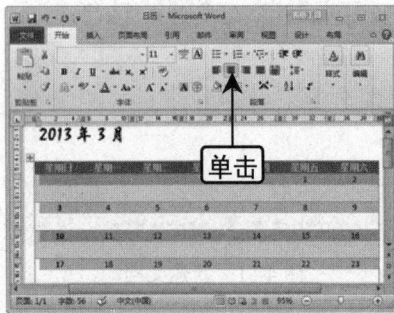

图 4-88 设置文本居中对齐

(9) 选中表格第 1 行的所有文本，在"字体"组中将其字体设置为"微软雅黑"、字号为"12"，如图 4-89 所示。

(10) 然后选中除第 1 行外的所有数字单元格文本，将其字体设置为 Arial Black。最后按 Ctrl+S 组合键保存制作完成的日历文档，最终效果如图 4-90 所示。

图 4-89 设置字体样式

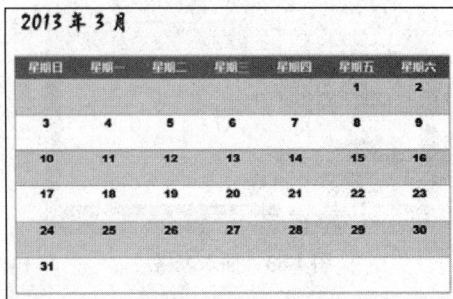

图 4-90 最终效果

4.6.2 制作员工档案表

本次练习将制作员工档案表。员工档案表是指企业劳动、人事部门在招用、调配、培训、考核、奖惩和任用等工作中形成的有关员工个人经历、政治思想、业务技术水平、工作表现以及工作变动等情况的文件材料。为了对不同的数据类别进行区分，可以为类别名称设置一种底纹颜色；为了使每个类别都清楚明了，可以将表格拆分成多个单独的小表格。

(1) 新建一个 Word 2010 文档，将其另存为"员工档案表"，如图 4-91 所示。

(2) 在文档的顶端输入标题文本"员工档案表"，选中标题文本，设置其字体样式为"文鼎行楷碑体"、字号为"26"、字体加粗、对齐方式为"居中"，如图 4-92 所示。

图 4-91　新建文档　　　　　　　　图 4-92　输入标题文本

(3) 将光标定位到标题文字前，打开"插入"选项卡，在"符号"组中单击"符号"下拉按钮，在弹出的下拉列表中选择"其他符号"选项，如图 4-93 所示。

(4) 弹出"符号"对话框，单击选择"实心星"符号★，单击"插入"按钮，如图 4-94 所示。

(5) 返回到文档即可看到在标题文本前插入了"实心星"符号，如图 4-95 所示。

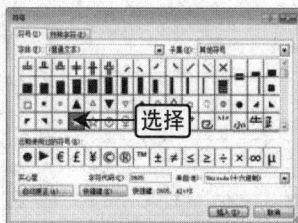

图 4-93　插入符号　　　　图 4-94　选择符号　　　　图 4-95　插入符号后的效果

(6) 使用同样的方法，在标题末尾再插入一个"实心星"符号，如图 4-96 所示。

(7) 再次选中标题文字和实心星并右击，在弹出的快捷菜单中选择"字体"命令，如图 4-97 所示。

(8) 在弹出的"字体"对话框中打开"高级"选项卡，设置间距为"加宽"，磅值为"3磅"，设置完成后，单击"确定"按钮，如图 4-98 所示。

图 4-96 在标题末尾插入符号后的效果

图 4-97 选择"字体"命令

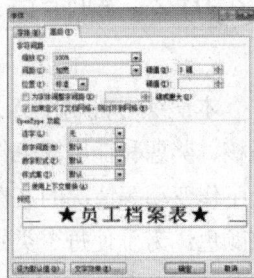
图 4-98 设置字符间距

(9) 为标题设置字符间距后的效果如图 4-99 所示。

(10) 将光标定位到标题下方，打开"插入"选项卡，在"表格"工具组中单击"表格"按钮，在弹出的列表中选择"插入表格"选项，如图 4-100 所示。

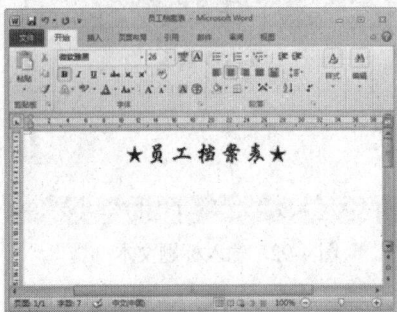
图 4-99 设置字符间距后的效果

图 4-100 插入表格

(11) 在弹出的"插入表格"对话框中输入列数为"5"，行数为"22"，输入完成后单击"确定"按钮，如图 4-101 所示。

(12) 插入 5 列 22 行表格后的效果如图 4-102 所示。

(13) 在前 8 行的表格中输入"个人资料"相关的项目名称，如图 4-103 所示。

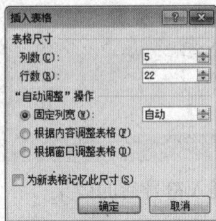
图 4-101 输入行列数

图 4-102 插入行列数后的效果

图 4-103 输入文本 1

(14) 在第 9 行和第 10 行输入"教育程度"相关的项目名称，如图 4-104 所示。

(15) 在第 14 行和第 15 行输入"工作经历"相关的项目名称，如图 4-105 所示。

(16) 在第 19 行到第 22 行输入"特长"相关的项目名称，如图 4-106 所示。

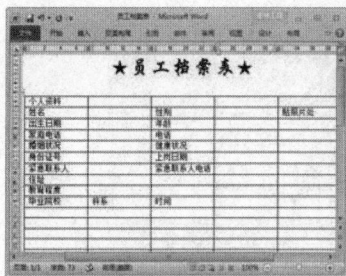
图 4-104 输入文本 2

图 4-105 输入文本 3

图 4-106 输入文本 4

(17) 选中"个人资料"所在的第 1 行单元格并右击，在弹出的快捷菜单中选择"合并单元格"命令，如图 4-107 所示。

(18) 使用同样的方法，将"教育程度"、"工作经历"以及"特长"所在的行也分别进行合并操作，如图 4-108 所示。

图 4-107 合并单元格 1

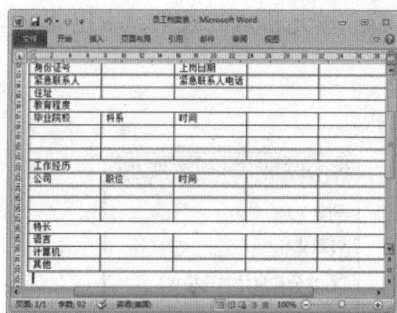
图 4-108 合并单元格 2

(19) 选中"贴照片处"文字所在行及其下方的 5 行，然后打开"表格工具"|"布局"选项卡，在"合并"组中单击"合并单元格"按钮，将这 6 个单元格进行合并，如图 4-109 所示。

(20) 使用擦除的方法也可以合并单元格，将光标定位在任意单元格中，打开"表格工具"|"设计"选项卡，在"绘图边框"组中单击"擦除"按钮，如图 4-110 所示。

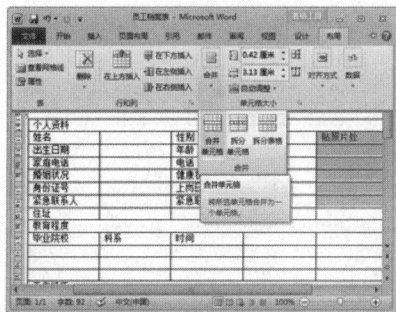
图 4-109 合并单元格 3

图 4-110 单击"擦除"按钮

(21) 此时，鼠标变成了橡皮的形状，在"住址"后面的 4 个单元格列线上单击擦除列线，如图 4-111 所示。

(22) 选中"教育程度"下方的 4 行 5 列单元格，打开"表格工具"|"布局"选项卡，在

计算机 基础与实训教材系列

"合并"工具组中单击"拆分单元格"按钮，如图 4-112 所示。

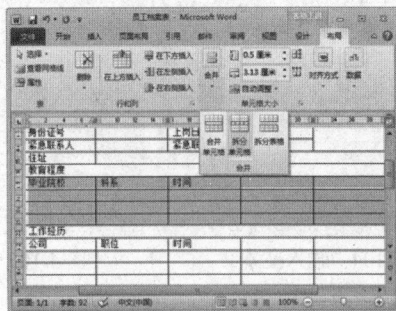

图 4-111　擦除列线　　　　　　　　　　图 4-112　单击"拆分单元格"按钮

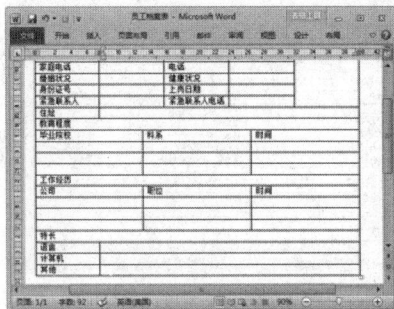

(23) 在弹出的"拆分单元格"对话框中设置列数为"3"、行数为"4"，设置完成后单击"确定"按钮，如图 4-113 所示。

(24) 拆分单元格后的效果，如图 4-114 所示。

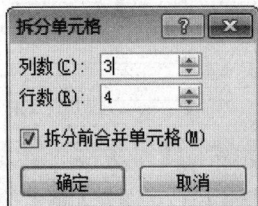

图 4-113　输入行列数　　　　　　　　　　图 4-114　拆分单元格后的效果

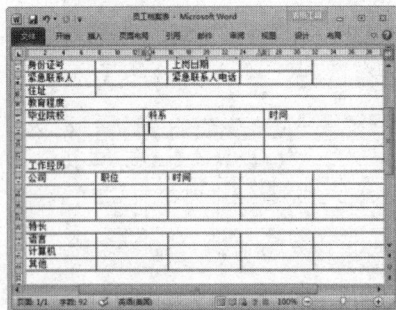

(25) 使用同样的方法，将"工作经历"下方的 5 列 4 行单元格拆分成 3 列 4 行，如图 4-115 所示。

(26) 将表格底端的"语言"、"计算机"以及"其他"单元格右侧的 4 个单元格分别进行合并，如图 4-116 所示。

图 4-115　拆分单元格　　　　　　　　　　图 4-116　合并单元格

(27) 接下来为表格添别底纹和边框来使表格变得更加美观。首先为表格内的小标题添加底纹效果，选中"个人资料"所在的行并右击，在弹出的快捷菜单中选择"边框和底纹"命令，如图 4-117 所示。

(28) 在弹出的"边框和底纹"对话框中打开"底纹"选项卡，在"填充"下拉列表中选择"浅蓝"色，单击"确定"按钮，如图 4-118 所示。

图 4-117 选择"边框和底纹"命令　　　图 4-118 选择底纹颜色

(29) 以同样方式为其他小标题也都添加底纹效果，设置底纹后的效果如图 4-119 所示。

(30) 下面为表格添加边框，选中整个表格并右击，在弹出的快捷菜单中选择"边框和底纹"命令，如图 4-120 所示。

图 4-119 设置底纹后的效果　　　图 4-120 选择"边框和底纹"命令

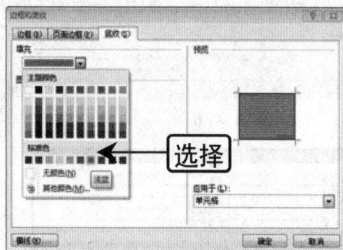

(31) 在弹出的"边框和底纹"对话框中打开"边框"选项卡，单击选中"设置"选项组中的"虚框"选项，在样式列表中选择一种较粗的线条样式，单击"确定"按钮，如图 4-121 所示。

(32) 返回到文档，可以看到已经为表格添加了边框，如图 4-122 所示。

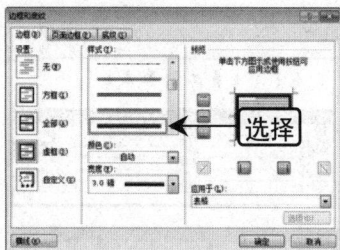

图 4-121 选择边框样式　　　图 4-122 添加边框后的效果

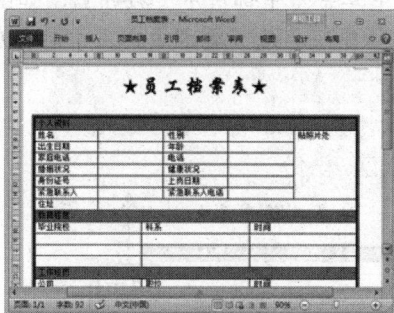

(33) 为了让表格看起来更加清晰明了，可以依照数据的类别，将一张表格拆分成几个小

的表格。将光标定位到"教育程度"单元格，打开"表格工具"|"布局"选项卡，在"合并"工具组中单击"拆分表格"按钮，如图 4-123 所示。

(34) 这时可以看到表格被拆分成了两个，将光标定位到"工作经历"单元格，再次单击"拆分表格"按钮，如图 4-124 所示。

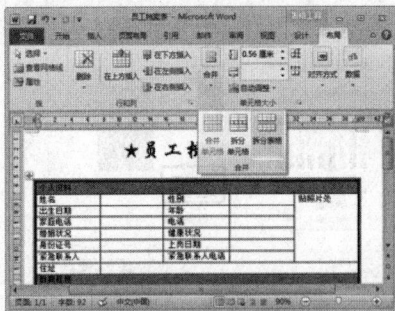

图 4-123　拆分表格 1

图 4-124　拆分表格 2

(35) 使用同样的方法，将"特长"及其以下的单元格也拆分成一个单独的表格，至此将整个表格拆分成了 4 个类别不同的小表格，如图 4-125 所示。

(36) 下面对表格的细节进行一些美化处理，选中第 1 个表格中的"贴照片处"文字，然后打开"页面布局"选项卡，在"页面设置"组中单击"文字方向"下拉按钮，在弹出的列表中选择"垂直"选项，如图 4-126 所示。

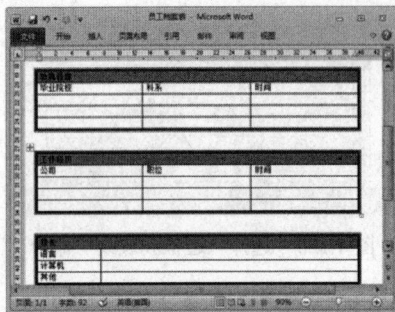

图 4-125　拆分表格 3

图 4-126　设置文字方向

(37) 保持"贴照片处"文字的选中状态，打开"表格工具"|"布局"选项卡，在"对齐方式"组中单击"中部居中"按钮，如图 4-127 所示。

(38) 将"贴照片处"文本中部居中对齐后的效果如图 4-128 所示。

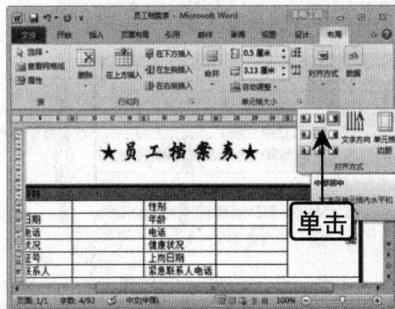

图 4-127　设置中部居中对齐

图 4-128　文本中部居中对齐后的效果

(39) 同时选中第 2 个和第 3 个表格的第 2 行文本，打开"开始"选项卡，在"段落"组中单击"居中"对齐按钮，如图 4-129 所示。

(40) 同时选中 4 个表格首行的项目标题文本，切换到"开始"选项卡，在"段落"组中单击"项目符号"下拉按钮，在弹出的下拉列表中选择❖图形，如图 4-130 所示。

图 4-129　设置居中对齐　　　　　　　　图 4-130　添加项目符号

(41) 返回到文档即可看到为选中的项目标题设置项目符号后的效果，如图 4-131 所示。

(42) 保持 4 个表格首行项目标题文本的选中状态，为其设置字体样式为"黑体"，字号为"14"，如图 4-132 所示。

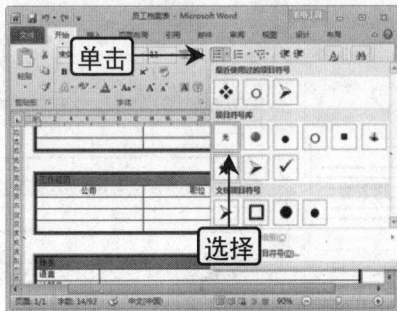

图 4-131　添加项目符号后的效果　　　　图 4-132　设置字体样式

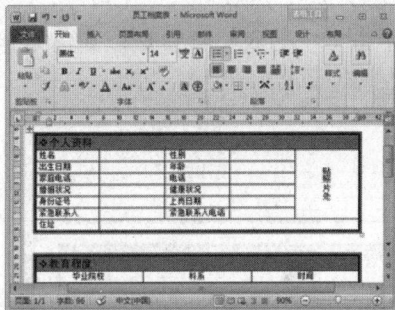

(43) 将光标定位到第 4 个表格"语言"右侧的单元格并右击，在弹出的快捷菜单中选择"项目符号"|"定义新项目符号"命令，如图 4-133 所示。

(44) 弹出"定义新项目符号"对话框，单击"符号"按钮，如图 4-134 所示。

(45) 弹出"符号"对话框，单击选择□符号，单击"确定"按钮，如图 4-135 所示。

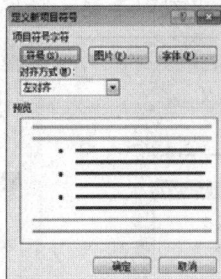

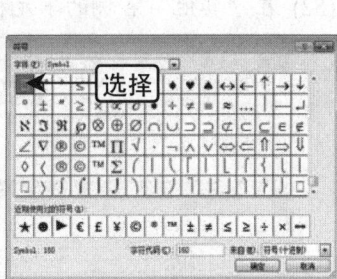

图 4-133　选择"字义新项目符号"命令　图 4-134　单击"符号"按钮　　图 4-135　选择符号

(46) 返回"定义新项目符号"对话框，单击"确定"按钮，如图 4-136 所示。

(47) 返回到文档即可看到插入选中项目符号后的效果，如图 4-137 所示。

(48) 接着在符号项目右侧输入"英文"文本，然后按回车键在下一行中即会自动显示相同的项目符号，如图 4-138 所示。

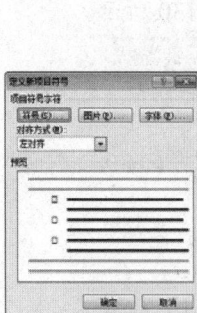

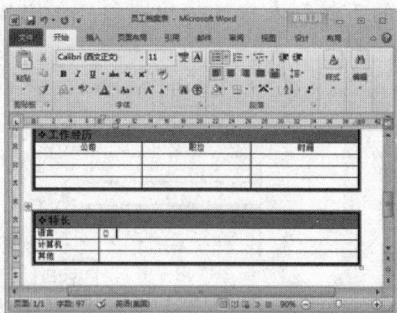

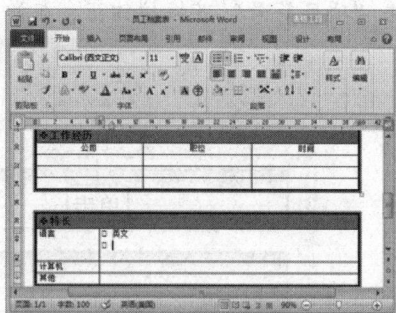

图 4-136 单击"确定"按钮 图 4-137 插入项目符号后的效果　　图 4-138 输入文本

(49) 在第 2 行的项目符号后输入"日文"文本，使用相同的方法再插入两个相同的项目符号并在项目符号后分别输入"法文"和"其他"文本，如图 4-139 所示。

(50) 在"计算机"右侧的单元格中输入 "操作系统："文本，输入完后按空格键，直到将光标推至行尾，然后输入一个句号，选中整个空格和句号，打开"开始"选项卡，在"字体"组中单击"下划线"按钮 U，如图 4-140 所示。

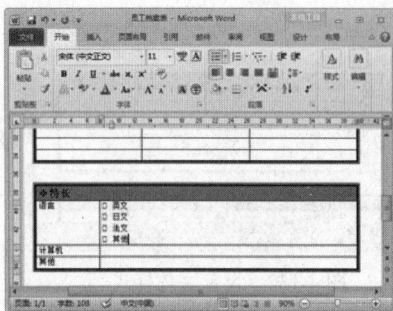

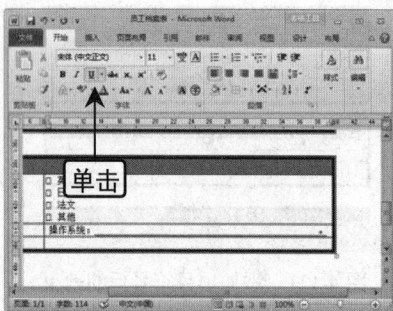

图 4-139 输入文本　　　　　　　　　　图 4-140 添加下划线

(51) 使用同样的方法，在"操作系统"文本下方输入"应用软件"和"网络管理"文本，并在其右侧添加相同的下划线，如图 4-141 所示。

(52) 在"其他"右侧的单元格中按回车键，将单元格增高一行，如图 4-142 所示。

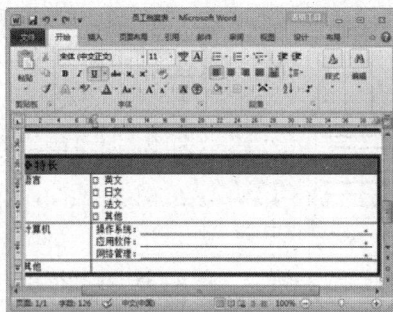

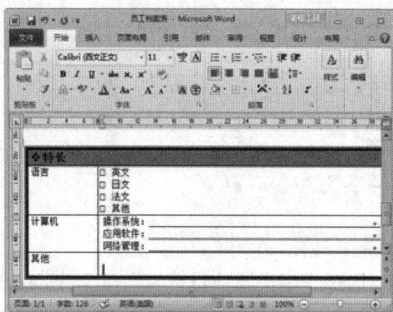

图 4-141 输入文本　　　　　　　　　　图 4-142 将单元格增高一行

(53) 选中 "语言"、"计算机" 以及 "其他" 单元格文字, 打开 "表格工具" | "布局" 选项卡, 在 "对齐方式" 工具组中单击 "水平居中" 按钮三, 如图 4-143 所示。

(54) 设置水平居中对齐后的效果如图 4-144 所示。

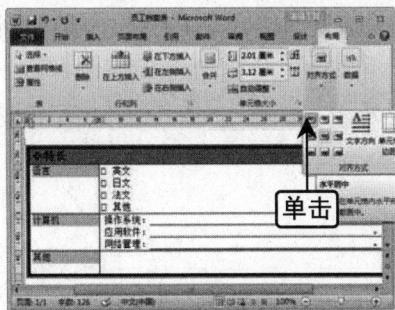

图 4-143　设置文本水平居中对齐

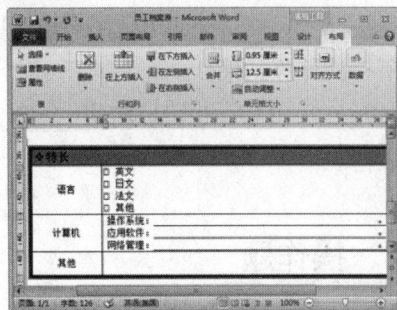

图 4-144　文本水平居中对齐后的效果

(55) 选中每个表格中除标题以外的所有文本, 将其字体设为 "楷体"、字号为 "11", 如图 4-145 所示。

(56) 至此,员工档案表就全部制作完成了,按Ctrl+S组合键进行保存,最终效果如图 4-146 所示。

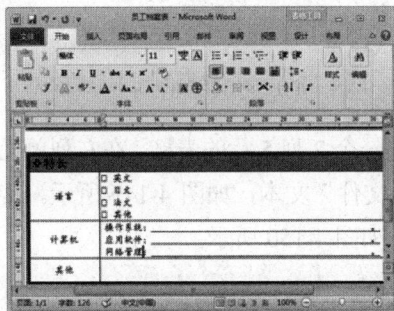

图 4-145　设置字体格式

图 4-146　最终效果

4.7　习题

4.7.1　填空题

1. 选中要选择的第一个单元格,在按住_____键的同时选择其他单元格,可选中多个不连续的单元格。

2. 表格不同的行可以有不同的高度，但同一行中的所有单元格必须具有_____高度。

3. 在"插入单元格"对话框中选中_____或_____单选按钮，还可以插入行或列。

4. 在完成了对表格中各种数据的计算以后，若想更新计算结果，只需将光标移动到计算结果上，然后按_____键即可。用户也可以选中整个表格，然后按 F9 键，这样更新的是整个表格中所有的计算结果。

5. 在 Word 2010 中，也可以将用_____、逗号、_____或其他特定字符隔开的文本转化为表格。

4.7.2 操作题

1. 打开"学生花名册"文档，如图 4-147 所示，将文档中的表格转换为文本，如图 4-148 所示。

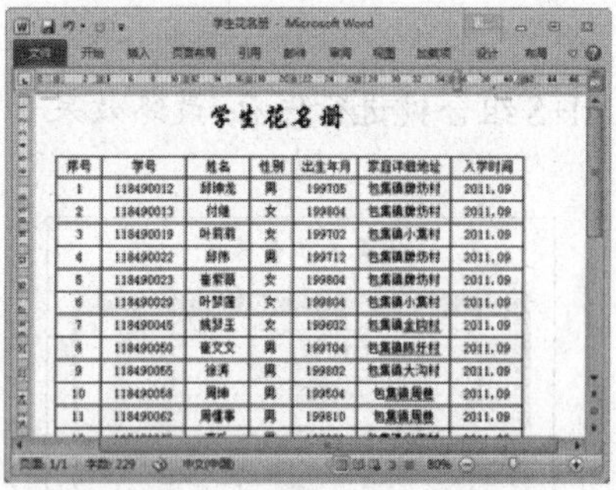

图 4-147　"学生花名册"文档

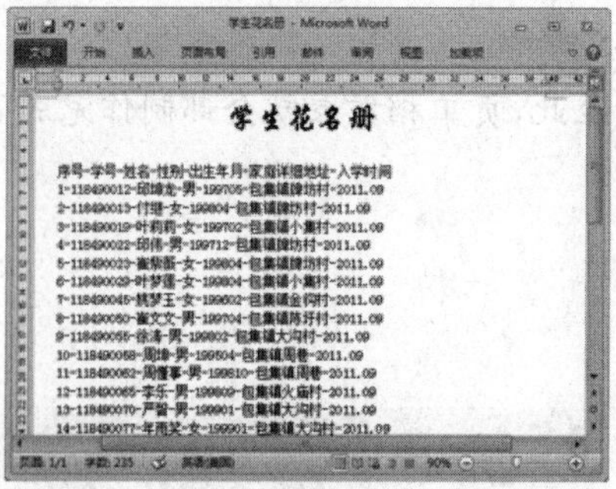

图 4-148　表格转换为文本后的效果

2. 使用表格制作发文机关标志文字，首先创建一个 2 列 5 行的表格，在左列单元格中分别输入发文机关名称，在右列第一个单元格中输入"文件"文本，如图 4-149 所示。接着将右列的 5 个单元格合并为一个单元格，并取消边框线，如图 4-150 所示。

图 4-149　插入表格并输入文本

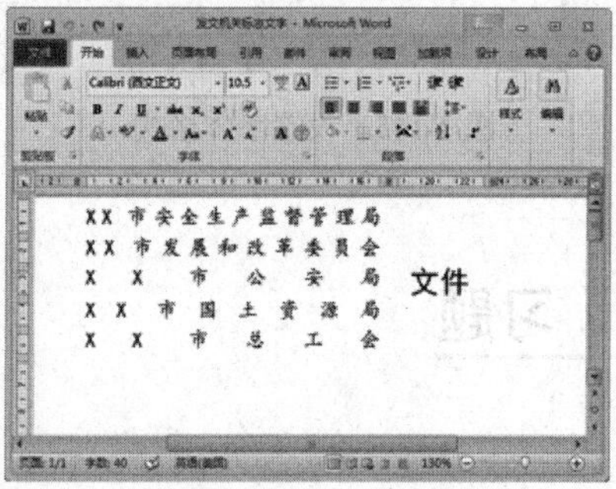

图 4-150　取消边框线

第5章

Word 2010 的高级功能

学习目标

本章将学习 Word 2010 的高级功能，包括设置水印效果，添加页眉和页脚，为文档添加保护、打印设置、创建目录以及文档的审阅等。通过本章的学习，将使读者更加深入地掌握 Word 2010 的应用知识。

本章重点

- 美化文档页面
- 插入页眉和页脚
- 加密和保护文档
- 页面和打印设置
- 创建目录
- 文档的审阅

5.1 美化文档页面

Word 2010 提供了多种美化文档页面的功能，如设置水印效果、设置页面背景以及插入文档封面等，下面将分别进行介绍。

5.1.1 设置水印效果

Word 中的水印效果类似于一种页面背景，但水印中的内容多是文档所有者的名称等信息。Word 2010 提供了图片与文字两种水印，下面将详细介绍如何设置水印效果。

【练习 5-1】为文档设置文字水印效果和图片水印效果。

(1) 启动 Word 2010 应用程序，打开 "合同协议书" 文档。

(2) 单击"页面布局"选项卡，在"页面背景"组中单击"水印"下拉按钮，在弹出的下拉列表中选择"自定义水印"选项，如图 5-1 所示。

(3) 弹出"水印"对话框，选择"文字水印"单选按钮，在"文字"下拉列表框中选择"保密"选项，在"字体"下拉列表框中选择"方正准圆简体"字体，单击"确定"按钮，如图 5-2 所示。

(4) 返回到文档即可看到加水印后的效果，如图 5-3 所示。

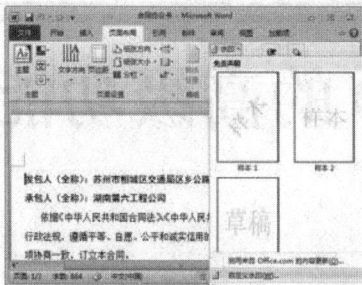

图 5-1 选择"自定义水印"选项　　图 5-2 设置文字水印　　图 5-3 设置文字水印后的效果

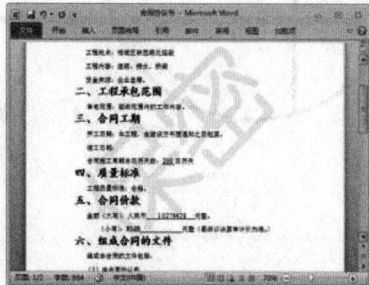

(5) 另外，还可以为文档设置图片水印，在"水印"对话框中选择"图片水印"单选按钮，然后单击"选择图片"按钮，如图 5-4 所示。

(6) 弹出"插入图片"对话框，选择图片"桥梁"，单击"插入"按钮，如图 5-5 所示。

(7) 返回到"水印"对话框，在"缩放"下拉列表框中选择"100%"选项，单击"确定"按钮，如图 5-6 所示。

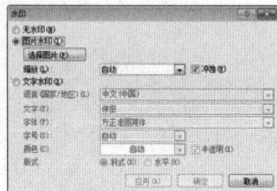

图 5-4 设置图片水印　　　　图 5-5 选择图片　　　　图 5-6 设置缩放比例

(8) 返回到文档即可看到为文档设置图片水印的效果，如图 5-7 所示。

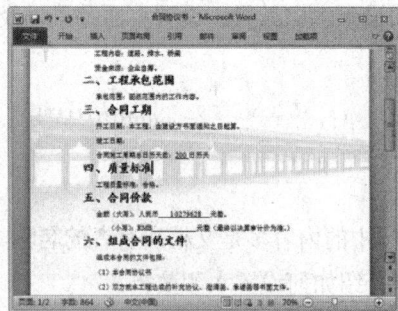

图 5-7 设置图片水印后的效果

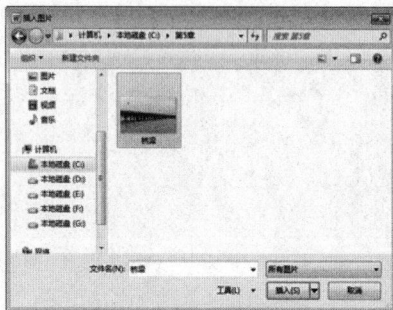

提示

如果需要删除文档中的水印效果，则在"页面背景"组中单击"水印"下拉按钮，在弹出的下拉列表中选择"删除水印"选项即可。

⑤.1.2　设置页面背景

5.1.1 节所讲的图片水印是类似于背景效果的设计样式，但并不是页面背景。Word 2010 单独提供了页面背景设置的功能，具体的操作方法如下。

【练习 5-2】为文档设置页面背景。

(1) 启动 Word 2010 应用程序，打开【练习 5-1】制作的 "合同协议书" 文档。

(2) 打开 "页面布局" 选项卡，在 "页面背景" 组中单击 "页面颜色" 下拉按钮，在弹出的下拉列表中选择 "橙色"，如图 5-8 所示。

(3) 返回到文档即可看到将页面背景颜色设置为橙色的效果，如图 5-9 所示。

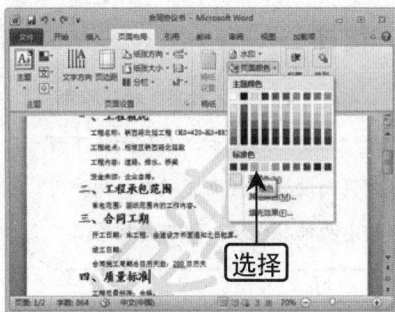

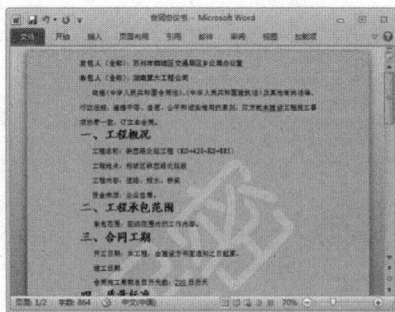

图 5-8　选择页面颜色　　　　　　图 5-9　设置页面背景后的效果

(4) 另外，还可以将页面背景填充为图片，在 "页面颜色" 下拉列表中选择 "填充效果" 选项，如图 5-10 所示。

(5) 弹出 "填充效果" 对话框，打开 "图片" 选项卡，单击 "选择图片" 按钮，如图 5-11 所示。

(6) 弹出 "选择图片" 对话框，选择图片 "天空"，单击 "插入" 按钮，如图 5-12 所示。

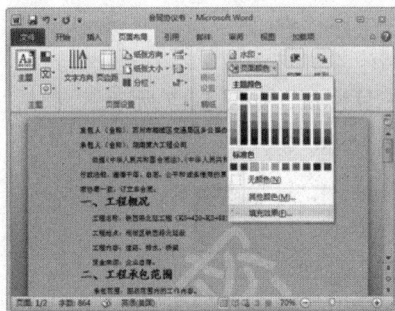

图 5-10　选择 "填充效果" 选项　　图 5-11　设置图片填充　　　图 5-12　选择图片

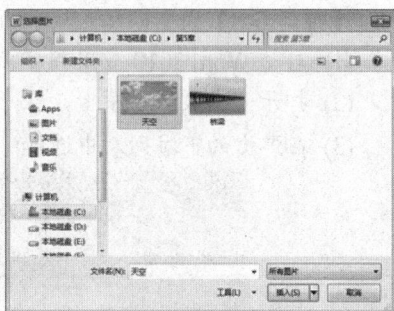

(7) 返回 "填充效果" 对话框，单击 "确定" 按钮，如图 5-13 所示。

(8) 返回到文档即可看到为文档设置图片背景的效果，如图 5-14 所示。

(9) 除此之外，还可以为文档填充纹理背景，在 "填充效果" 对话框中打开 "纹理" 选项卡，在 "纹理" 列表中选择 "羊皮纸" 选项，单击 "确定" 按钮，如图 5-15 所示。

图 5-13　"填充效果"对话框　　　图 5-14　设置图片背景后的效果　　　图 5-15　设置纹理填充

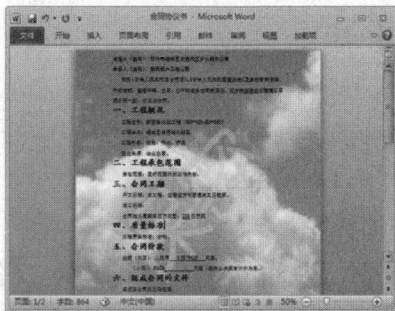

(10) 返回到文档，即可看到为页面背景设置羊皮纸纹理的效果，如图 5-16 所示。

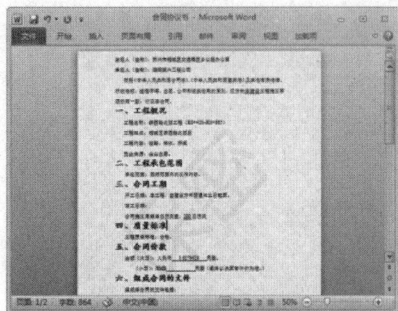

图 5-16　设置纹理填充后的效果

> **提示**
>
> 在打开的"填充效果"对话框中，打开"渐变"选项卡，在该面板下可以为页面设置一种渐变效果，用户可以指定两种颜色和一种渐变效果。

⑤.1.3　插入文档封面页

通常用户都是自己设计文档的封面，但实际上 Word 2010 为用户提供了很多的封面模板，用户可以直接使用这些封面，具体操作方法如下。

【练习 5-3】为文档插入封面页。

(1) 启动 Word 2010 应用程序，打开"合同协议书"文档。

(2) 打开"插入"选项卡，在"页"组中单击"封面"下拉按钮，如图 5-17 所示。

(3) 在弹出的下拉列表中选择"新闻纸"选项，如图 5-18 所示。

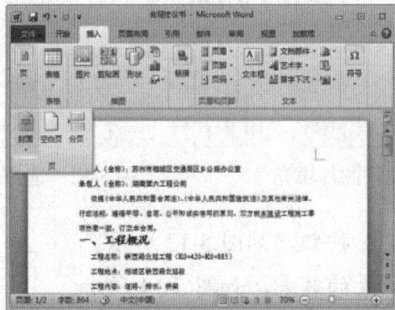

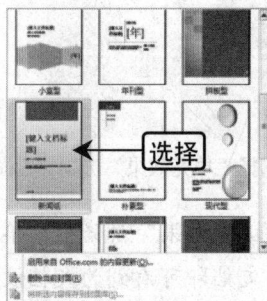

图 5-17　插入封面　　　　　　　　　　图 5-18　选择封面样式

(4) 这时会在文档首页之前插入一张封面页，单击封面标题，重新输入标题文本，如图 5-19 所示。

(5) 将标题字体设置为"创艺简隶书"、字号设置为"70"，然后输入副标题文本，如图 5-20 所示。

图 5-19　输入标题文本　　　　　　　　　图 5-20　设置字体格式

(6) 单击封面左下角的日期文本，出现下拉列表框，选择要插入的日期，如图 5-21 所示。

(7) 在封面中插入选定日期后的效果如图 5-22 所示。

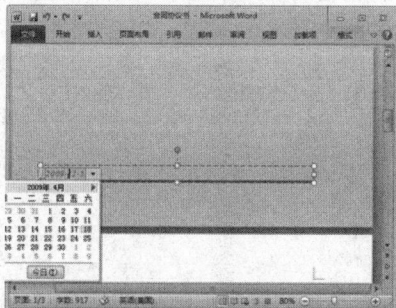

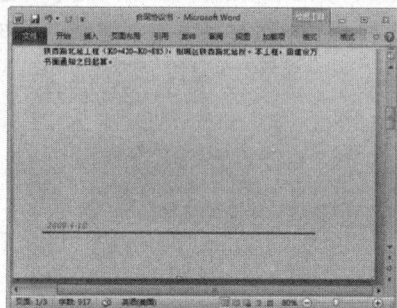

图 5-21　插入日期　　　　　　　　　　　图 5-22　插入日期后的效果

⑤.2　插入页眉和页脚

页眉与页脚是正文之外的内容，通常情况下，页眉用于突显文档的主要内容，而页脚则显示文档的页码。页眉位于页面最上方，而页脚位于页面最下方。

⑤.2.1　插入页眉

Word 2010 中预设了空白、边线型、传统型、瓷砖型、堆积型、反差型等二十多种页眉样式。为文档插入页眉的方法如下。

【练习 5-4】在文档中插入页眉。

(1) 启动 Word 2010 应用程序，打开 "合同协议书"文档。

(2) 单击"插入"选项卡，在"页眉和页脚"组中单击"页眉"下拉按钮，在弹出的下拉列表中选择"瓷砖型"选项，如图 5-23 所示。

(3) 返回到文档即可看到插入页眉后的效果，如图 5-24 所示。

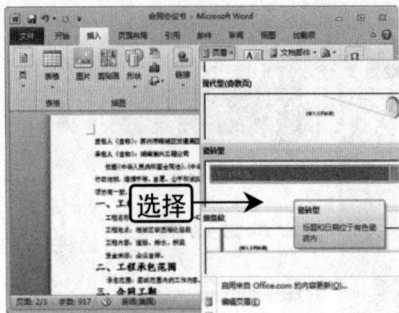

图 5-23　选择页眉样式

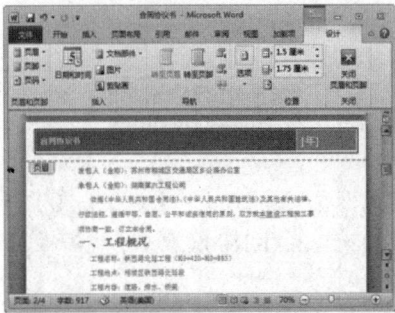

图 5-24　插入页眉后的效果

(4) 单击页眉右侧的"年"文本，出现日期下拉列表框，选择文档制作的当前年份，如图 5-25 所示。

(5) 打开"页眉和页脚工具"|"设计"选项卡，在"选项"组中选中"首页不同"复选框，此时可以看到封面中不显示页眉和页脚，如图 5-26 所示。

图 5-25　选择年份

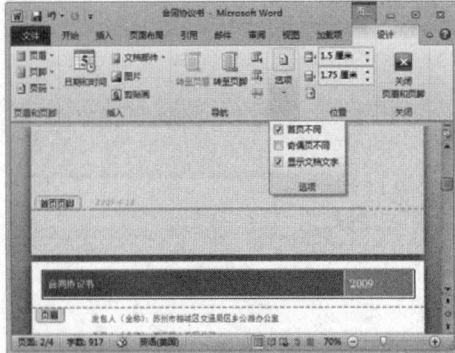

图 5-26　设置页眉和页脚首页不同

⑤.2.2　插入页脚

页脚的形式和功能基本和页眉相同，插入页脚的方法基本同插入页眉一样，操作方法如下。

【练习 5-5】在文档中插入页脚。

(1) 启动 Word 2010 应用程序，打开【练习 5-4】制作的"合同协议书"文档。

(2) 打开"插入"选项卡，在"页眉和页脚"组中单击"页脚"下拉按钮，在弹出的下拉列表中选择"堆积型"选项，如图 5-27 所示。

(3) 此时，可以看到在每页末尾插入了堆积型的页脚样式，单击页脚中的提示文本，重新输入页脚文本，如图 5-28 所示。

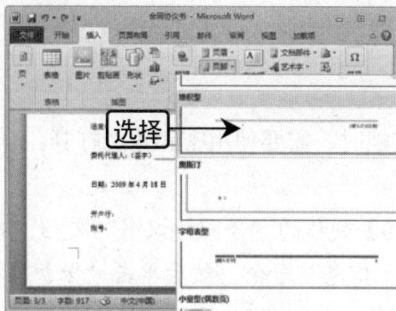

图 5-27　选择页脚样式

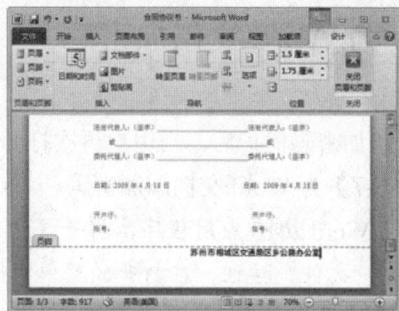

图 5-28　输入页脚文本

⑤.2.3　添加页码

Word 2010 提供了多种样式的页码设置，用户可以在页眉和页脚视图下插入、编辑页码。具体操作方法如下。

【练习 5-6】为文档添加页码。

(1) 启动 Word 2010 应用程序，打开【练习 5-5】制作的"合同协议书"文档。

(2) 打开"插入"选项卡，在"页眉和页脚"组中单击"页码"下拉按钮，在弹出的菜单中选择"页面底端"|"圆形"命令，如图 5-29 所示。

(3) 此时，在每页底端可以看到插入的圆形样式页码。选中任意一页中的页码数字，在"开始"选项卡中将其字体设置为"Arial Black"、字号为"20"，如图 5-30 所示。

图 5-29　选择页码样式

图 5-30　设置页码字体格式

⑤.3　加密和保护文档

若想用 Word 编写或保存的内容不被他人看到，或者不被他人修改，可以对文档启用加密保护。

⑤.3.1 为 Word 文档加密码

为文档添加密码保护后，当用户再次打开此文档时，需要使用密码才能打开。

【练习 5-7】为 Word 文档添加密码。

(1) 启动 Word 2010 应用程序，打开【练习 5-6】制作的"合同协议书"文档。

(2) 单击"文件"按钮，在打开的菜单中选择"信息"命令，然后单击"保护文档"下拉按钮，在弹出的菜单中选择"用密码进行加密"选项，如图 5-31 所示。

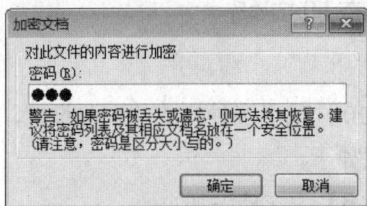

(3) 弹出"加密文档"对话框，输入要设置的密码，单击"确定"按钮，如图 5-32 所示。

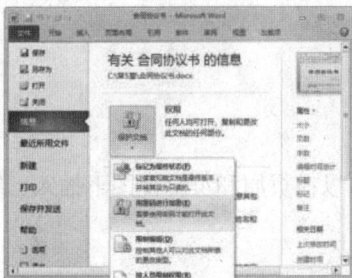

图 5-31 用密码进行加密　　　　图 5-32 输入要设置的密码

(4) 弹出"确认密码"对话框，再次输入密码，单击"确定"按钮，如图 5-33 所示。

(5) 当再次打开文档的时候会提示输入密码，输入密码之后，单击"确定"按钮即可打开加密的文档，如图 5-34 所示。

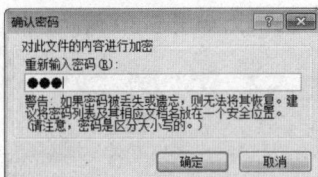

图 5-33 再次输入密码　　　　图 5-34 输入密码打开文档

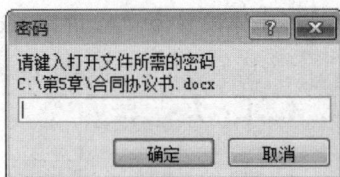

⑤.3.2 限制文档的编辑

通过"限制编辑"功能，用户可以限制其他人对此文档所做的更改类型，如限制格式设置、编辑限制等。

【练习 5-8】限制文档的编辑。

(1) 启动 Word 2010 应用程序，打开【练习 5-7】制作的"合同协议书"文档。

(2) 打开"审阅"选项卡，在"保护"组中单击"限制编辑"按钮，如图 5-35 所示。

(3) 打开"限制格式和编辑"窗格，选中"限制对选定的样式设置格式"复选框，单击"设置"超链接，如图 5-36 所示。

(4) 弹出"格式设置限制"对话框，选中"限制对选定的样式设置格式"复选框，在"当前允许使用的样式"下拉列表框中选择允许使用的样式，单击"确定"按钮即可，如图 5-37 所示。

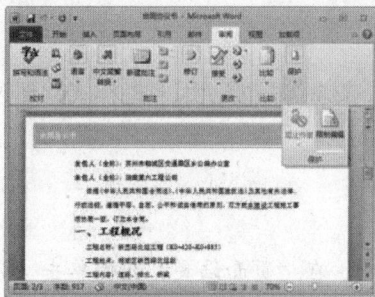

图 5-35　单击"限制编辑"按钮　　　图 5-36　限制对选定的样式设置格式　图 5-37　选择允许使用的样式

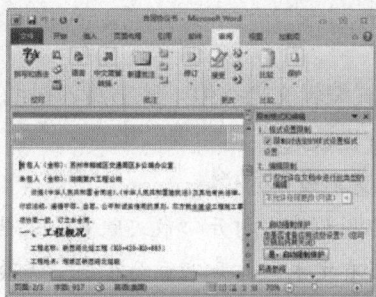

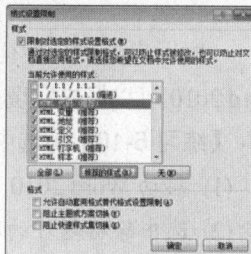

提示

当需要修改页眉和页脚时，双击页眉或页脚即可进入编辑状态。

⑤.3.3　限制文档部分内容的修改权限

用户可以限定文档中特定部分的修改权限，只允许其余文档可以被修改。其具作操作方法如下。

【练习 5-9】限制文档部分内容的修改权限。

(1) 启动 Word 2010 应用程序，打开【练习 5-8】制作的"合同协议书"文档。

(2) 打开"限制格式和编辑"窗格，选中"仅允许在文档中进行此类型的编辑"复选框，在下面的下拉列表框中选择"修订"选项。然后单击"是，启动强制保护"按钮，如图 5-38 所示。

(3) 弹出"启动强制保护"对话框，输入要强制保护的密码，单击"确定"按钮即可对文档修改权限进行限制，如图 5-39 所示。

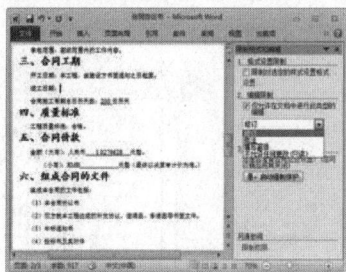

图 5-38　启动强制保护　　　　　　　图 5-39　输入密码

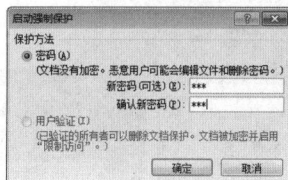

⑤.4　页面和打印设置

在创建新的文档时，Word 已经自动设置默认的页边距、纸张方向、纸张大小等页面属性。为了较好地反映出文档页面效果，在打印之前，用户应该根据需要对页面属性重新进行设置。

⑤.4.1 设置分栏

一般用户使用一栏样式编辑文档，但一些书籍、报纸、杂志等需要使用多栏样式，通过 Word 2010 可以轻松实现分栏效果。

【练习 5-10】为选中文本设置分栏。

(1) 启动 Word 2010 应用程序，打开"散文欣赏"文档。

(2) 选中除标题外的所有文本，打开"页面布局"选项卡，在"页面设置"组中单击"分栏"下拉按钮，在弹出的下拉列表中选择"两栏"选项，如图 5-40 所示。

(3) 返回到文档中即可看到将选中文本分成两栏后的效果，如图 5-41 所示。

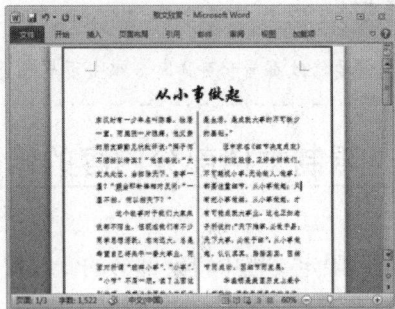

图 5-40 选择栏数　　　　　图 5-41 设置分栏后的效果

(4) 更详细的分栏设置需要通过"分栏"对话框来进行。在"分栏"下拉菜单中选择"更多分栏"选项，如图 5-42 所示。

(5) 弹出"分栏"对话框，在"预设"选项组中可以选择常用的分栏设置；在"栏数"数值框中可以指定栏数；在"宽度和间距"选项组中可以设置各栏的宽度。例如，在"栏数"数值框中输入"4"，单击"确定"按钮，如图 5-43 所示。

(6) 此时，即可看到选中的文本被分成了 4 栏，如图 5-44 所示。

图 5-42 选择"更多分栏"选项　　　图 5-43 输入栏数　　　图 5-44 设置分栏后的效果

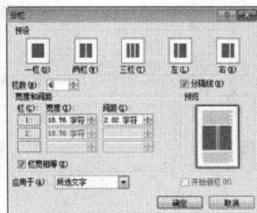

> 🔖 **提示**
>
> 我国采用国际标准规定纸张规格，规定以 A0、A1、A2、B1、B2 等标记来表示纸张的幅画规格。其中，A3、A4、A5、A6 和 B4、B5、B6 等 7 种幅画规格为复印纸常用的规格。

⑤.4.2　设置页边距

　　页边距是指页面内容和页面边缘之间的区域，用户可以根据需要设置页边距，设置页边距的操作方法如下。

　　【练习 5-11】为文档设置页边距。

　　(1) 启动 Word 2010 应用程序，打开【练习 5-10】制作的"散文欣赏"文档。

　　(2) 打开"页面布局"选项卡，在"页面设置"组中单击"页边距"下拉按钮，在弹出的下拉列表中选择"窄"选项，如图 5-45 所示。

　　(3) 设置选中页边距后的效果如图 5-46 所示。

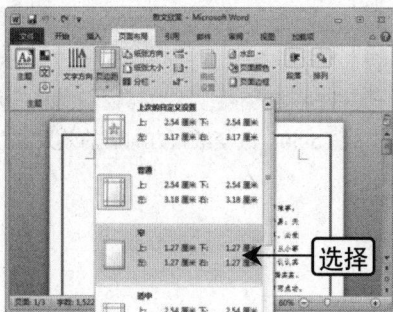

图 5-45　选择页边距样式

图 5-46　设置页边距后的效果

　　(4) 另外，还可以自定义页边距，在"页边距"下拉列表中选择"自定义边距"选项，如图 5-47 所示。

　　(5) 弹出"页面设置"对话框，在"页边距"选项卡中重新输入页边距的各个数值，然后单击"确定"按钮即可，如图 5-48 所示。

图 5-47　选择"自定义边距"选项

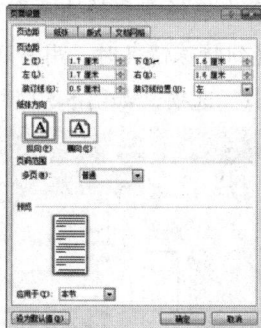

图 5-48　设置页边距数值

⑤.4.3　设置纸张方向

　　默认的情况下纵向使用纸张，用户可以设置纸张的使用方向。具体的操作方法如下。

【练习 5-12】为文档设置纸张方向。

(1) 启动 Word 2010 应用程序，打开【练习 5-10】制作的"散文欣赏"文档。

(2) 打开"页面布局"选项卡，在"页面设置"组中单击"纸张方向"下拉按钮，在弹出的下拉列表中选择"横向"选项，如图 5-49 所示。

(3) 此时，纸张将变为横向，具体效果如图 5-50 所示。

图 5-49　选择纸张方向

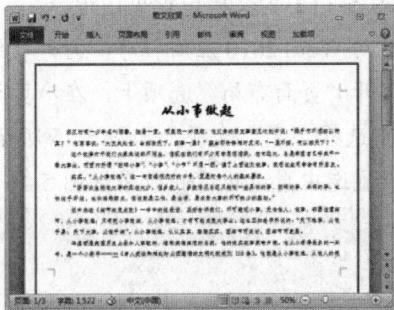

图 5-50　改变纸张方向后的效果

⑤.4.4　设置纸张大小

用户可以根据需要选择不同大小的打印纸对文档进行打印。由于纸张大小不同会影响 Word 的排版效果，因此，用户可以预先设置好纸张的大小再进行排版。具体的操作方法如下。

【练习 5-13】为文档设置纸张大小。

(1) 启动 Word 2010 应用程序，打开【练习 5-10】制作的"散文欣赏"文档。

(2) 打开"页面布局"选项卡，在"页面设置"组中单击"纸张大小"下拉按钮，在弹出的下拉列表中选择需要的选项即可，一般常用的是 A4 纸，如图 5-51 所示。

(3) 遇到特殊情况时，用户还可以自定义纸张大小，在"纸张大小"下拉列表中选择"其他页面大小"选项，如图 5-52 所示。

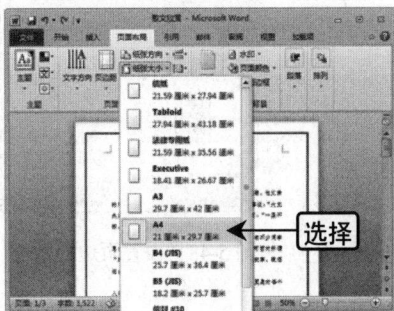

图 5-51　选择纸张大小

图 5-52　选择"其他页面大小"选项

(4) 弹出"页面设置"对话框，打开"纸张"选项卡，在"宽度"和"高度"数值框中输入要设置的纸张大小，单击"确定"按钮完成设置，如图 5-53 所示。

(5) 返回到文档即可看到设置自定义纸张大小后的效果，如图 5-54 所示。

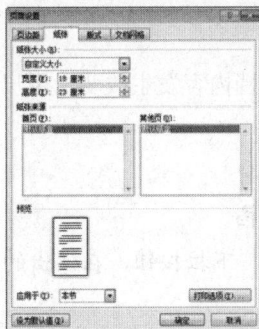

图 5-53　输入纸张大小数值

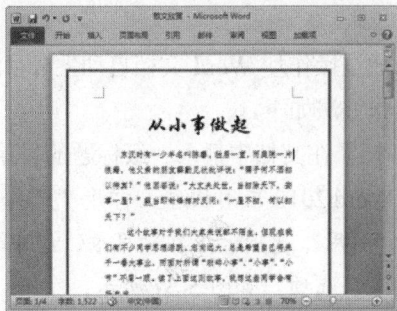

图 5-54　设置自定义纸张大小后的效果

⑤.4.5　预览打印效果

为了不使编辑的文档与打印的效果相差太大，用户可以对编辑的文档进行预览，确认效果后再进行打印。

【练习 5-14】预览文档的打印效果。

(1) 启动 Word 2010 应用程序，打开【练习 5-13】制作的"散文欣赏"文档。

(2) 单击"文件"按钮，在打开的菜单中选择"打印"命令，如图 5-55 所示。

(3) 此时，即可在预览窗口预览文档的打印效果，如图 5-56 所示。

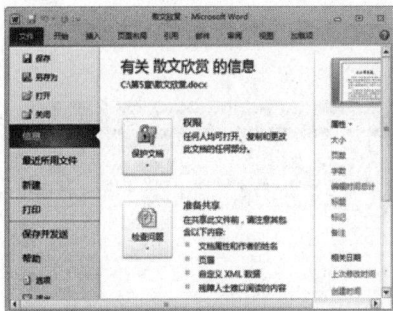

图 5-55　选择"打印"命令

图 5-56　预览打印效果

⑤.5　创建目录

一般的书籍、论文等长文档在正文开始之前都有目录，读者可以通过目录来了解正文的主题和主要内容，并且可以快速定位到某个标题。下面将详细介绍如何在 Word 2010 中快速创建目录。

5.5.1 在文档中插入目录

用户可以通过操作使 Word 文档自动生成目录，如果文档内容发生改变，用户只需要更新目录即可，操作方法如下。

【练习 5-15】在文档中插入一级标题的目录。

(1) 启动 Word 2010 应用程序，打开 "产品说明书" 文档。

(2) 打开 "引用" 选项卡，在 "目录" 组中单击 "目录" 下拉按钮，在弹出的下拉列表中选择 "插入目录" 选项，如图 5-57 所示。

(3) 弹出 "目录" 对话框，在 "常规" 选项组中将 "显示级别" 设置为 "1"，即目录中只显示一级标题，单击 "确定" 按钮，如图 5-58 所示。

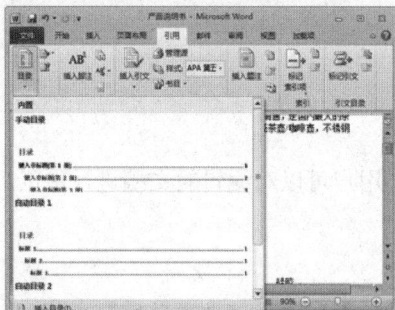
图 5-57 选择 "插入目录" 选项

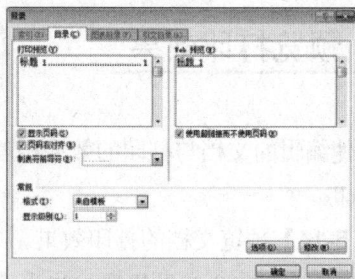
图 5-58 设置目录显示级别

(4) 此时，即可在光标定位处插入自动生成的一级目录，如图 5-59 所示。

(5) 选中目录文本，可以为其设置文字格式。例如，将其字体设置为 "楷体"、字号设置为 "12"，如图 5-60 所示。

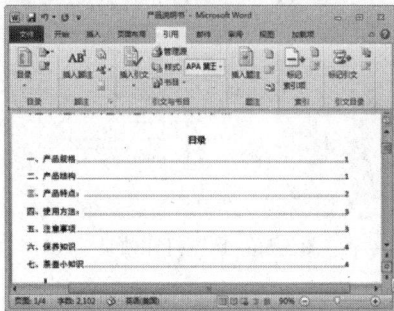
图 5-59 生成目录后的效果

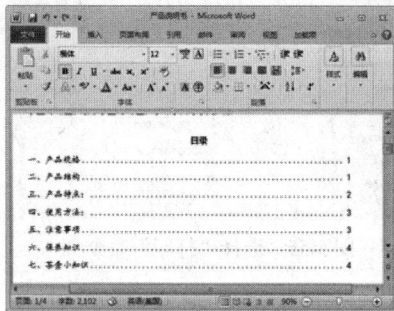
图 5-60 设置文字格式

5.5.2 更新目录

如果文章中的标题发生变化，自动生成的目录需要进行更新，以保持与文字标题一致。更新目录的操作方法如下。

【练习 5-16】更新目录。

(1) 启动 Word 2010 应用程序，打开【练习 5-15】制作的"产品说明书"文档。

(2) 打开"引用"选项卡，在"目录"组中单击"更新目录"按钮，或者右击生成的目录，在弹出的快捷菜单中选择"更新域"命令，如图 5-61 所示。

(3) 弹出"更新目录"对话框，单击"更新整个目录"单选按钮，然后单击"确定"按钮，如图 5-62 所示。

图 5-61　更新目录

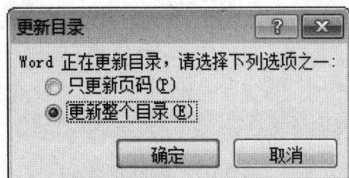

图 5-62　"更新目录"对话框

5.6　文档的审阅

Word 提供文档的审阅功能包括批注、修订等操作，这为不同用户共同协作提供了方便。下面介绍如何使用文档的审阅功能。

5.6.1　添加批注

用户可以通过添加批注的方法对浏览过的内容进行标记或注释，具体的操作方法如下。

【练习 5-17】为选中的内容添加批注。

(1) 启动 Word 2010 应用程序，打开"产品说明书"文档。

(2) 选中要添加批注的文本，打开"审阅"选项卡，在"批注"组中单击"新建批注"按钮，如图 5-63 所示。

(3) 此时，页面右侧将出现批注框，可以在其中输入批注的内容，如图 5-64 所示。

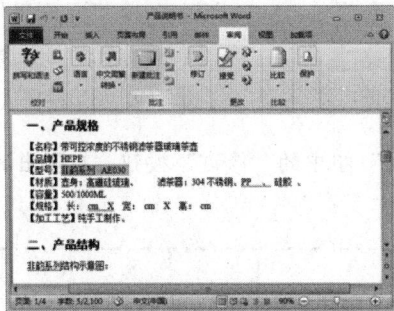

图 5-63　单击"新建批注"按钮

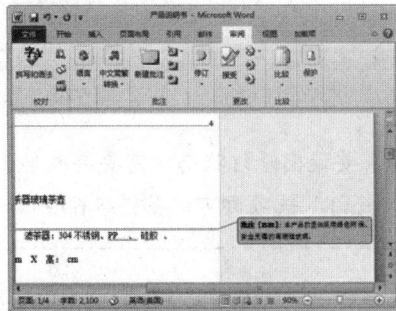

图 5-64　输入批注内容

(4) 如果想删除批注，可以选中批注内容后单击"批注"组中的"删除"按钮，在弹出的下拉列表中选择"删除"选项，如图 5-65 所示。

(5) 也可以在批注文字或批注框中右击，在弹出的快捷菜单中选择"删除批注"命令，如图 5-66 所示。

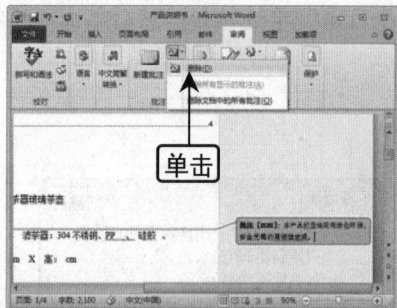

图 5-65　删除批注　　　　　　　　图 5-66　删除批注

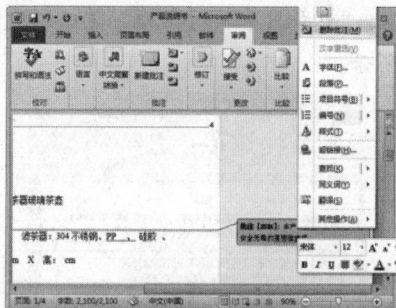

⑤.6.2　对文档内容进行修订

用户在保留文档原有格式或内容的同时，在页面中对文档内容进行修订，可用于协同工作。具体的操作方法如下。

【练习 5-18】对文档内容进行修订。

(1) 启动 Word 2010 应用程序，打开"产品说明书"文档。

(2) 打开"审阅"选项卡，在"修订"组中单击"修订"下拉按钮，在弹出的下拉列表中选择"修订"选项即可进入修订状态，如图 5-67 所示。

(3) 此时，在页面中修改的内容为修订内容，被删除的文字会添加删除线，修改的文字会以红色显示，如图 5-68 所示。

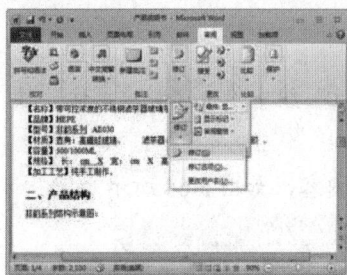

图 5-67　进入修订状态　　　　图 5-68　修订文档中的内容　　　　图 5-69　退出修订状态

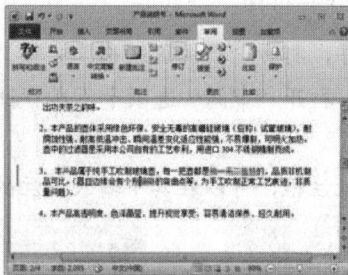

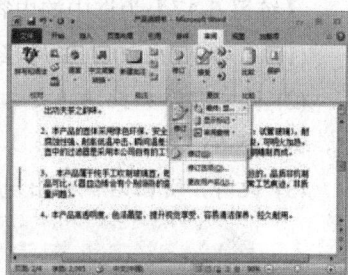

(4) 如果要退出修订状态，需要再次单击"修订"组中的"修订"按钮，在弹出的下拉列表中选择"修订"选项即可，如图 5-69 所示。

提示

在编辑书籍时，奇数页和偶数页使用不同内容的页眉页脚时有一个惯例：通常在书页的正面，页眉和页脚是旋转在页面的靠右侧；在书页的背面，页眉和页脚放在页面的靠左侧。

⑤.6.3 拒绝或接受修订

一个用户对文档进行校对后，作者或其他人还可接受或拒绝修订。其具体的操作方法如下。

【练习 5-19】拒绝或接受修订。

(1) 启动 Word 2010 应用程序，打开"产品说明书"文档。

(2) 将光标定位到修订后的内容中，打开"审阅"选项卡，在"更改"组中单击"接受"按钮，如图 5-70 所示。

(3) 接受修订后的内容将自动取消修订标记，并自动跳转至下一处修订，用户可以继续进行审阅。如果要拒绝修订，则在"更改"组中单击"拒绝"按钮，如图 5-71 所示。

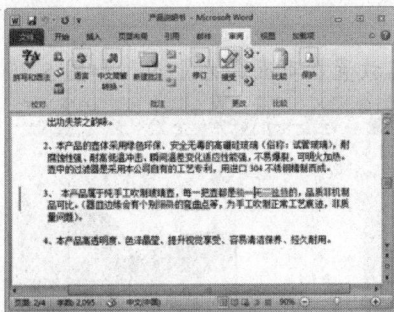

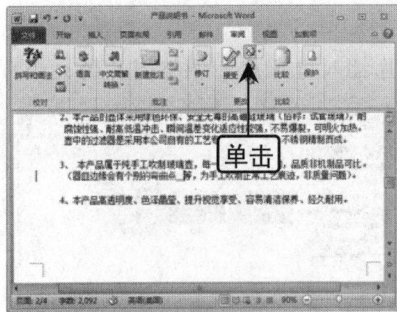

图 5-70 接受修订　　　　　图 5-71 继续审阅修订

⑤.7 上机练习

本节上机练习将通过制作图书封面和企业内部报刊两个练习，帮助读者进一步加深对本章知识的掌握。

⑤.7.1 制作图书封面

一般的图书封面大多是由 Photoshop、CorelDraw 之类的平面设计软件来制作。其实，使用 Word 也可以制作出精美的图书封面。下面将运用前面所学过的 Word 知识制作一张图文并茂的图书封面。

(1) 启动 Word 2010 应用程序，新建一个 Word 文档，将其另存为"图书封面"。然后打开"页面布局"选项卡，在"页面设置"组中单击"纸张大小"下拉按钮，在弹出的下拉列表中选择 A4 选项，如图 5-72 所示。

(2) 打开"插入"选项卡，在"插图"组中单击"图片"按钮，如图 5-73 所示。

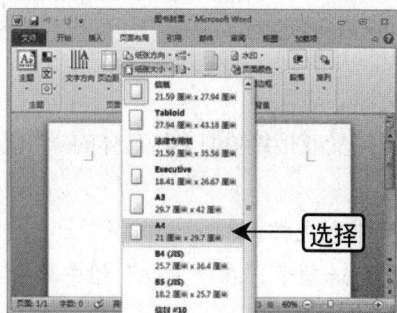

图 5-72　选择纸张大小

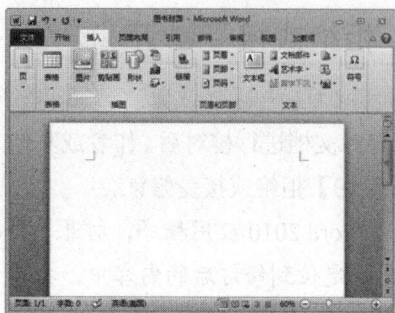

图 5-73　插入图片

(3) 弹出"插入图片"对话框，单击选择"蝴蝶"图片，然后单击"插入"按钮，如图 5-74 所示。

(4) 图片插入进来后，调整图片的大小，将其放置在页面的右上角，如图 5-75 所示。

图 5-74　选择要插入的图片

图 5-75　调整图片大小

(5) 将"蝴蝶"图片复制一张缩小其大小，并拖动图片上的绿色旋转控制点，调整图片的角度，并按如图 5-76 所示的位置进行摆放。

(6) 接着将"蝴蝶"图片再复制两次，缩小其大小并旋转其角度，并按图 5-77 所示的位置进行摆放。

图 5-76　复制图片

图 5-77　旋转图片

(7) 打开"插入"选项卡，在"插图"组中单击"形状"下拉按钮，在弹出的下拉列表中选择"圆角矩形"选项，如图 5-78 所示。

(8) 按下鼠标并拖动，在页面中绘制一个圆角矩形，如图 5-79 所示。

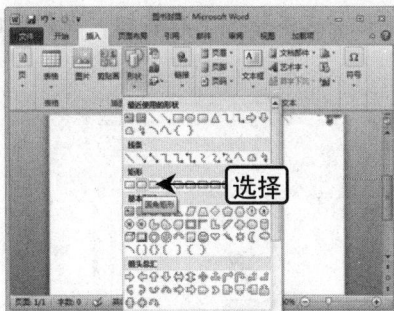

图 5-78　选择"圆角矩形"选项　　　　图 5-79　绘制圆角矩形

(9) 选中绘制的圆角矩形，打开"绘图工具"|"格式"选项卡，在"形状样式"组中单击"形状填充"下拉按钮，在弹出的下拉列表中选择"橙色"选项，如图 5-80 所示。

(10) 接着在"形状样式"组中单击"形状轮廓"下拉按钮，在弹出的下拉列表中选择"橙色，强调文字颜色 6，深色 25%"选项，如图 5-81 所示。

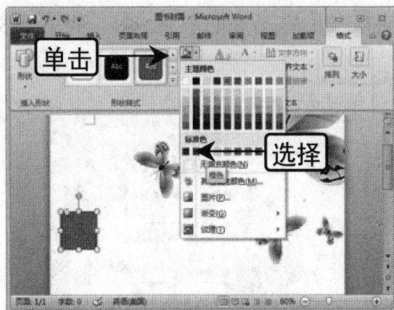

图 5-80　设置形状填充　　　　图 5-81　设置形状轮廓

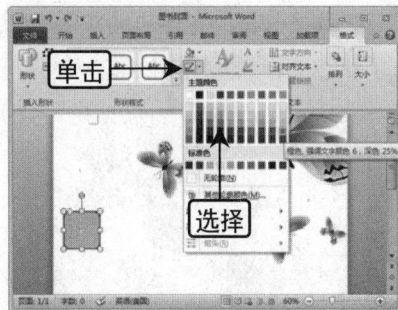

(11) 将圆角矩形复制一个，摆放在其右侧，并将复制的圆角矩形填充为浅绿色，如图 5-82 所示。

(12) 将绿色的圆角矩形再复制一个，也摆放在其右侧，并将复制的圆角矩形填充为浅蓝色，如图 5-83 所示。

图 5-82　复制矩形　　　　图 5-83　复制矩形

(13) 选中中间的绿色圆角矩形，拖动其旋转控制点，将其向右旋转一定的角度，如图 5-84 所示。

(14) 打开"插入"选项卡，在"文本"组中单击"文本框"下拉按钮，在弹出的下拉列表中选择"绘制文本框"选项，如图 5-85 所示。

图 5-84　旋转矩形

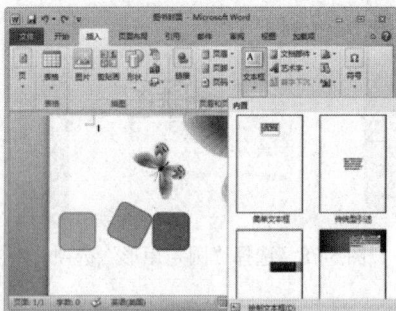

图 5-85　选择"绘制文本框"选项

(15) 拖动鼠标在橙色圆角矩形中绘制一个与圆角矩形相同大小的文本框，如图 5-86 所示。

(16) 选中绘制的文本框，打开"绘图工具"|"格式"选项卡，在"形状样式"组中单击"形状填充"下拉按钮，在弹出的下拉列表中选择"无填充颜色"选项，如图 5-87 所示。

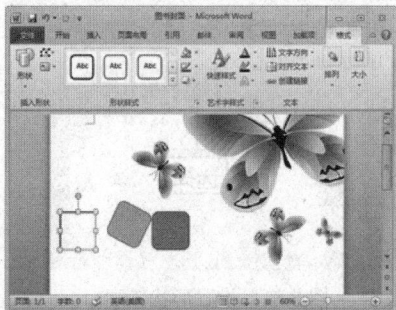

图 5-86　绘制文本框

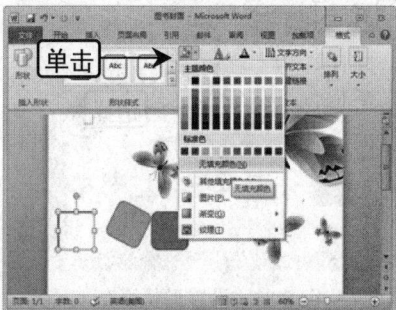

图 5-87　取消填充颜色

(17) 保持文本框的选中状态，继续在"形状样式"组中单击"形状轮廓"下拉按钮，在弹出的下拉列表中选择"无轮廓"选项，如图 5-88 所示。

(18) 在文本框中输入文本"新"，将其字体设置为"方正姚体"、字号设置为"56"、字体颜色为"白色"，如图 5-89 所示。

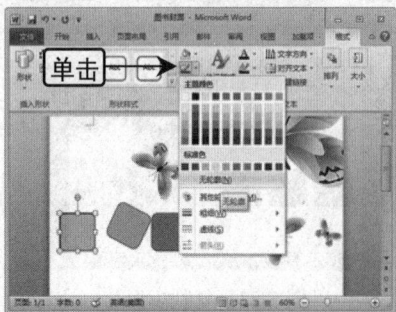

图 5-88　取消轮廓

图 5-89　设置文本格式

(19) 将文本框复制两个分别放在另两个圆角矩形上，并修改两个文本框中的文字。接着将绿色圆角矩形上的文本矩形向右旋转一定的角度,使其旋转的角度与下面的圆角矩形一致,如图 5-90 所示。

(20) 将上面的文本框复制一个,输入如图 5-91 所示的文本,并将其字体设置为 Arial Black、字号为 "72"、字体加粗。

图 5-90 复制文本框

图 5-91 复制文本框

(21) 接着再将上面的文本框复制一个,输入如图 5-92 所示的文本,并将其字体设置为 "黑体"、字号为 "48"、字体加粗、分散对齐。

(22) 打开 "插入" 选项卡,在 "插图" 组中单击 "形状" 下拉按钮,在弹出的下拉列表中选择 "直线" 选项,如图 5-93 所示。

图 5-92 复制文本框

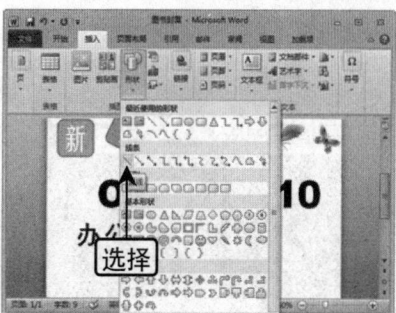
图 5-93 选择 "直线" 选项

(23) 拖动鼠标绘制一条贯穿页面左右边界的直线,如图 5-94 所示。

(24) 将上面的任意文本框复制一个摆放在直线的左下方,输入如图 5-95 所示的文本,并将其字体设置为 "幼圆"、字号为 "48"、字体颜色为 "红色"、字体加粗。

图 5-94 绘制直线

图 5-95 复制文本框

计算机基础与实训教材系列

(25) 将上面的任意文本框复制一个摆放在直线的右下方，输入作者的姓名，并将其字体设置为"宋体"、字号为"18"、字体加粗，如图 5-96 所示。

(26) 将作者姓名文本框复制一个摆放在其下方，输入如图 5-97 所示的文本，字体格式与作者姓名相同。并将其中的"全彩"和"多媒体"文本设置为"橙色"。

图 5-96　输入作者姓名

图 5-97　设置字体颜色

(27) 接着，在页面下方绘制一个与页面同宽的矩形，将其填充为深橙色，并取消其轮廓线，如图 5-98 所示。

(28) 打开"插入"选项卡，在"插图"组中单击"形状"下拉按钮，在弹出的下拉列表中选择"椭圆"选项，如图 5-99 所示。

图 5-98　绘制矩形

图 5-99　选择"椭圆"选项

(29) 按下 Shift 键拖动鼠标在深橙色矩形中绘制一个圆形，如图 5-100 所示。

(30) 将圆形填充为"浅橙色"，轮廓颜色设置为"红色"，如图 5-101 所示。

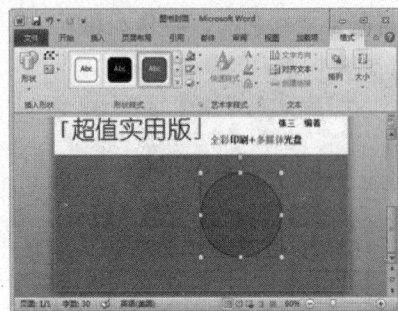

图 5-100　绘制圆形

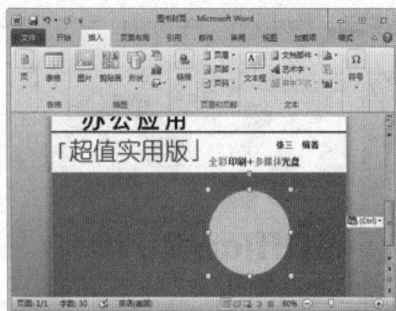

图 5-101　设置填充颜色

(31) 将圆形复制两个，并调整它们的大小，然后将 3 个圆形从小到大叠加摆放，如图 5-102 所示。

(32) 将圆形再复制一个并调整其小，将其摆放在顶层，并将其填充为"白色"，如图 5-103 所示。

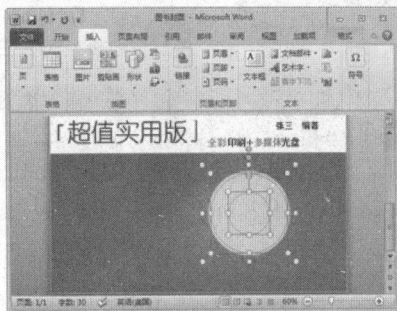

图 5-102　复制圆形

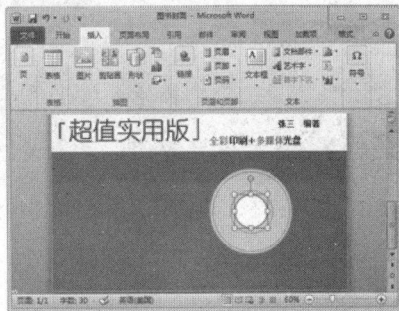

图 5-103　填充颜色

(33) 选中所有的圆形并右击，在弹出的快捷菜单中选择"组合"|"组合"命令，如图 5-104 所示。

(34) 将组合后的圆形按如图 5-105 所示的位置进行摆放。

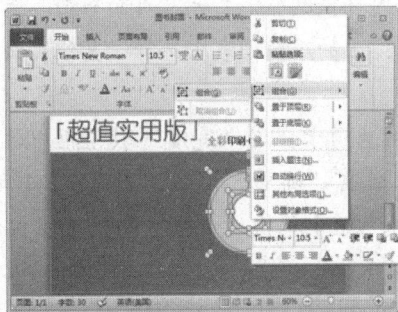

图 5-104　组合图形

图 5-105　摆放组合后圆形的位置

(35) 在深橙色的矩形中央位置插入一个圆角矩形，并将其填充为"黄色"，在黄色的圆角矩形正中绘制一条红色的直线，然后在圆角矩形上方绘制一个文本框，输入如图 5-106 所示的文本，并为其设置不同的字体大小和颜色。

(36) 接着在页面的右下角插入一个"三十二角星"图形，将其填充为"橙色"，并取消其轮廓线，然后在图形上方绘制一个文本框，输入文本"超值"，将其字体设置为"幼圆"、字号为"40"，字体颜色为"红色"，字体加粗，如图 5-107 所示。

图 5-106　插入圆角矩形

(37) 将上面的任意文本框复制一个摆放在页面的底端，输入出版社的名称和网址，并将其字体设置为"微软雅黑"、字号为"16"磅、字体加粗，如图 5-108 所示。

(38) 按 Ctrl+S 组合键对制作好的图书封面进行保

存，最终效果如图 5-109 所示。

图 5-107　插入三十二角星　　　　图 5-108　输入出版社名称和网址　　　　图 5-109　最终效果

⑤.7.2　制作企业内部报刊

　　企业内部报刊不仅是企业与员工沟通的一个窗口，更是融洽企业内部氛围的一个强有力工具。下面将运用前面所学过的 Word 知识设计并制作一份企业内部报刊。

　　(1) 新建一个 Word 文档，将其另存为"企业内部报刊"，打开"页面布局"选项卡，在"页面设置"组中单击"纸张大小"下拉按钮，在弹出的下拉列表中选择"其他页面大小"选项，如图 5-110 所示。

　　(2) 弹出"页面设置"对话框，打开"纸张"选项卡，在"宽度"数值框中输入"29.7厘米"、在"高度"数值框中输入"42 厘米"，单击"确定"按钮，如图 5-111 所示。

　　(3) 打开"页面布局"选项卡，在"页面设置"组中单击"纸张方向"下拉按钮，在弹出的下拉列表中选择"横向"选项，如图 5-112 所示。

图 5-110　选择"其他页面大小"选项　　图 5-111　输入宽度和高度数值　　图 5-112　设置纸张方向

　　(4) 继续在"页面设置"组中单击"页边距"下拉按钮，在弹出的下拉列表中选择"自定义边距"选项，如图 5-113 所示。

　　(5) 弹出"页面设置"对话框，在"页边距"选项卡中设置上下左右的页边距都为"1 厘米"，单击"确定"按钮，如图 5-114 所示。

(6) 在文档的首行输入企业的中文名称和英文名称，并将其字体设置为"微软雅黑"、字号为"16"，如图 5-115 所示。

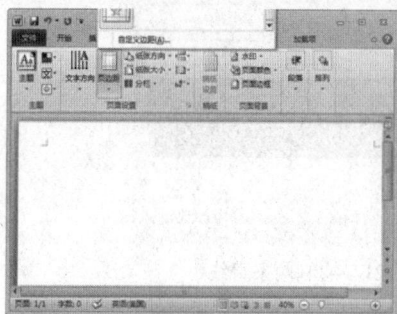

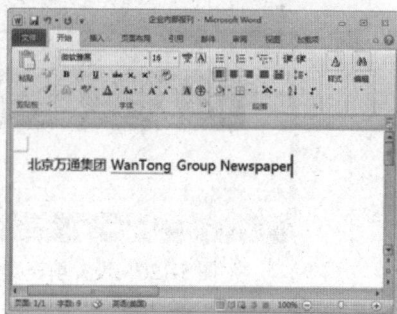

图 5-113 选择"自定义边距"选项　　图 5-114 输入页边距数值　　图 5-115 输入企业名称

(7) 按 Enter 键另起一行，输入报刊月份，并将其字体设置为"文鼎行楷碑体"、字号为"16"、文本右对齐，如图 5-116 所示。

(8) 在报刊月份前面绘制一条直线，如图 5-117 所示。

图 5-116 输入报刊月份　　　　　　　图 5-117 绘制直线

(9) 打开"插入"选项卡，在"插图"组中单击"形状"下拉按钮，在弹出的下拉列表中选择"矩形"选项，如图 5-118 所示。

(10) 拖动鼠标在页面的右上角绘制一个矩形，如图 5-119 所示。

图 5-118 选择"矩形"选项　　　　　　图 5-119 绘制矩形

(11) 将绘制的矩形填充为深红色，并取消其轮廓，如图 5-120 所示。

计算机 基础与实训教材系列

(12) 在矩形的下方绘制两条直线，并将其填充为浅蓝色，如图 5-121 所示。

图 5-120　设置填充颜色

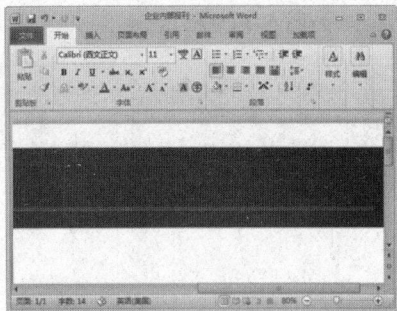

图 5-121　绘制两条直线

(13) 同时选中两条绘制的直线，将其复制一份，放在其下方，并将其填充为橙色，如图 5-122 所示。

(14) 打开"插入"选项卡，在"文本"组中单击"艺术字"下拉按钮，在弹出的下拉列表中选择"填充-蓝色，强调文字颜色 1，塑料棱台，映像"选项，如图 5-123 所示。

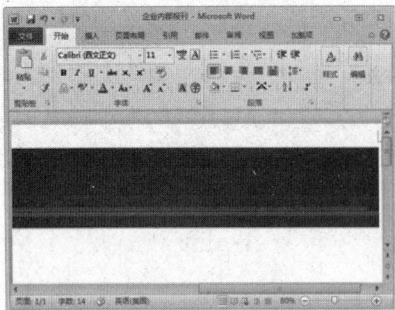

图 5-122　复制直线

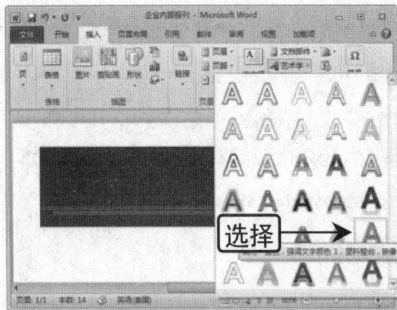

图 5-123　插入艺术字

(15) 删除艺术字文本框中的默认文本，重新输入文本"万通周报"，并将其摆放在深红色矩形的左上方，如图 5-124 所示。

(16) 在艺术字文本框右侧绘制一个横排文本框，并取消填充颜色和轮廓线。输入期数、编辑姓名等文本，将其字体设置为"楷体"、字号为"16"，如图 5-125 所示。

图 5-124　输入艺术字文本

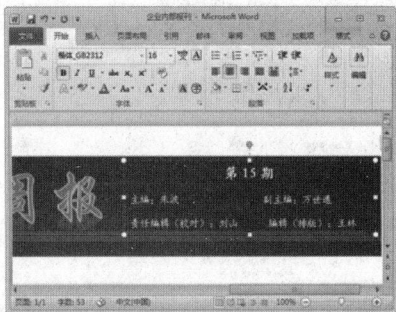

图 5-125　绘制文本框

(17) 将上面的文本框复制一个，摆放在 4 条直线的下方，输入主办方名称、日期、电话等文本，如图 5-126 所示。

(18) 在报刊月份下方绘制一个横排文本框，输入如图 5-127 所示的文本，并将其字体设置为 "宋体"、字号为 "12"。

图 5-126　复制文本框

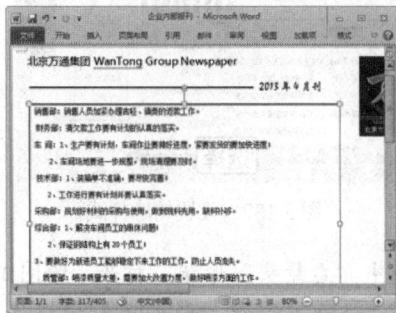
图 5-127　绘制文本框

(19) 选中文本框中的所有文本，切换到 "开始" 选项卡，单击 "段落" 组右下角的对话框启动器按钮，如图 5-128 所示。

(20) 弹出 "段落" 对话框，切换到 "缩进和间距" 选项卡，在 "缩进" 下的 "左侧" 数值框中输入 "3 字符"，单击 "确定" 按钮，如图 5-129 所示。

(21) 此时，可以看到文本框内的所有文本都向右缩进了 3 个字符，如图 5-130 所示。

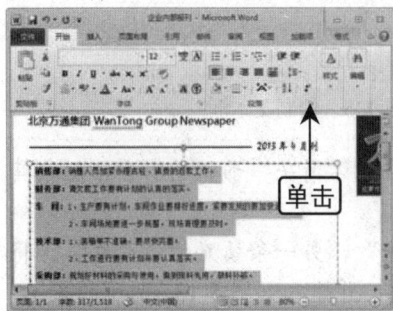
图 5-128　单击对话框启动器按钮

图 5-129　输入缩进数值

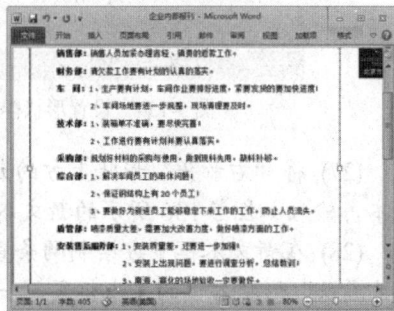
图 5-130　设置文本缩进后的效果

(22) 接着，在文本框的左侧绘制一个竖排文本框，取消其填充颜色和轮廓线，输入文本，并将其字体设置为 "微软雅黑"、字号为 "16"、字体加粗。效果如图 5-131 所示。

(23) 选中大文本框，打开 "绘图工具" | "格式" 选项卡，在 "形状样式" 组中单击 "形状轮廓" 下拉按钮，在弹出的下拉列表中选择 "虚线" | "划线-点" 选项，如图 5-132 所示。

(24) 接着，在大文本框下方绘制一个 "右箭头" 形状，如图 5-133 所示。

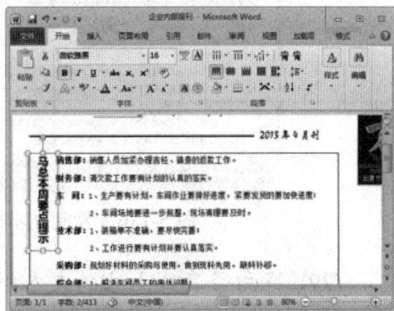
图 5-131　绘制竖排文本框

图 5-132 设置轮廓样式

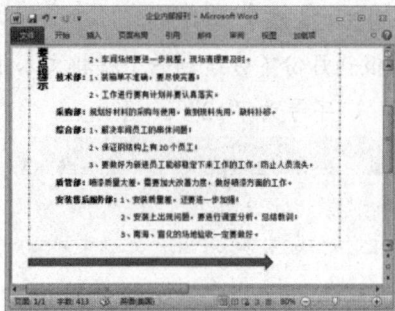

图 5-133 绘制右箭头

(25) 选中"右箭头"形状，打开"绘图工具"|"格式"选项卡，在"形状样式"列表框中单击选择"浅色1轮廓，彩色填充-橄榄色，强调颜色3"选项，如图 5-134 所示。

(26) 在"右箭头"形状右侧绘制一个横排文本框，取消其填充颜色和轮廓，输入文本，并将其字体设置为"微软雅黑"、字号为"14"，如图 5-135 所示。

图 5-134 设置形状样式

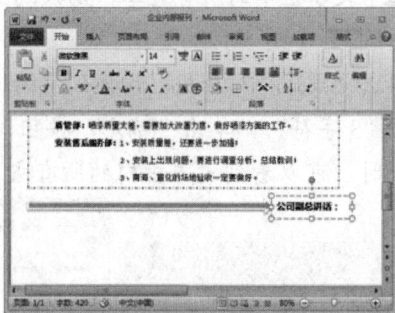

图 5-135 绘制文本框

(27) 将"右箭头"形状上方的大文本框复制一个摆放在"右箭头"形状的下方，删除其文本，输入如图 5-136 所示的新文本。

(28) 在新文本框下方绘制两条直线，一条填充为"红色"，另一条填充为"蓝色"。将"右箭头"形状右侧的文本框复制一个放置在两条直线右侧，并输入如图 5-137 所示的文本。

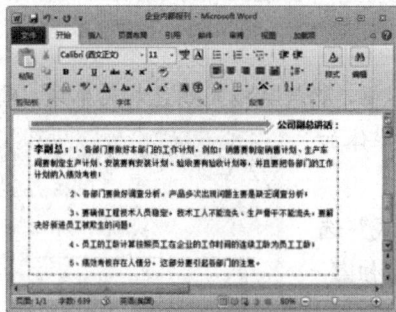

图 5-136 复制文本框

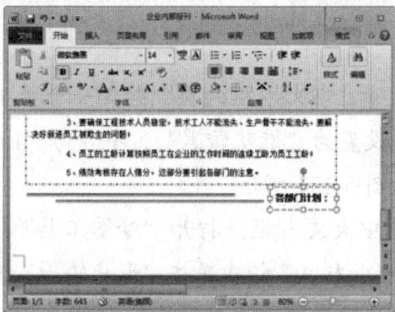

图 5-137 绘制直线

(29) 将两条直线上方的文本框复制一个放置在直线下方，并取消其轮廓，输入如图 5-138 所示的文本。

(30) 接着，将取消轮廓线的文本框复制一个放置在页面右侧深红色矩形的下方，输入如

图 5-139 所示的文本。

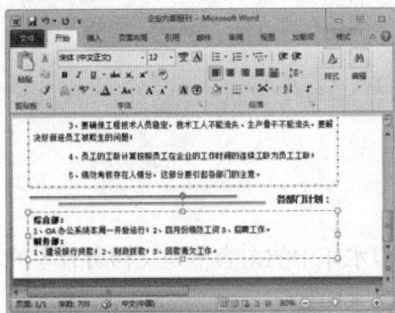

图 5-138 复制文本框 1   图 5-139 复制文本框 2

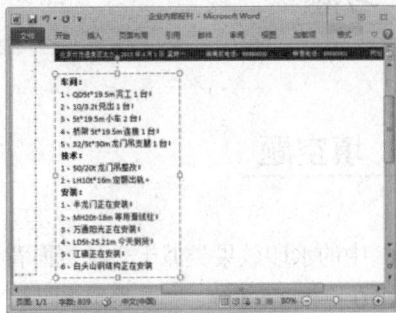

(31) 将深红色矩形下方的文本框复制一个摆放在其右侧，输入如图 5-140 所示的文本。

(32) 将页面左侧任意一个带有轮廓线的文本框复制一个摆放在页面的右下角，如图 5-141 所示。

(33) 为页面右下角文本框中的标题设置文本格式，将其字体设置为"微软雅黑"，字号为"16"。然后将标题下方的作者姓名和写作时间文本右对齐，如图 5-142 所示。

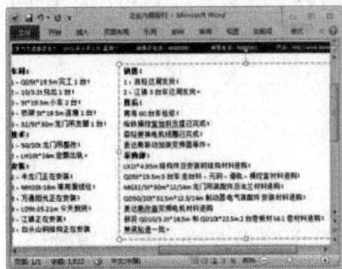

图 5-140 复制文本框 3   图 5-141 复制文本框 4   图 5-142 设置字体格式

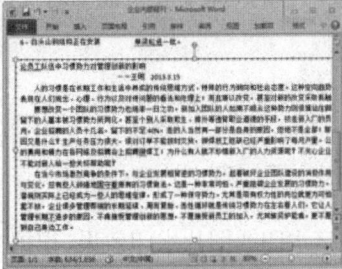

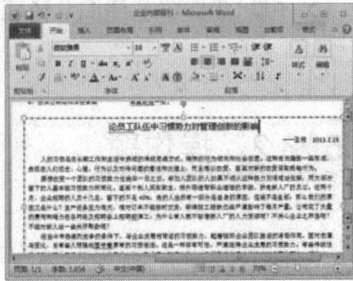

(34) 打开"审阅"选项卡，在"保护"组中单击"限制编辑"按钮，如图 5-143 所示。

(35) 弹出"限制格式和编辑"窗格，选中"仅允许在文档中进行此类型的编辑"复选框，然后在其下方的列表框中选择"不允许任何更改(只读)"选项，如图 5-144 所示。

(36) 按 Ctrl+S 组合键保存制作好的企业内部报刊文档，最终效果如图 5-145 所示。

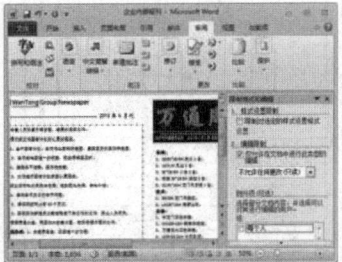

图 5-143 单击"限制编辑"按钮   图 5-144 设置文档不允许任何更改   图 5-145 最终效果

计算机 基础与实训教材系列

⑤.8　习题

⑤.8.1　填空题

1. Word 中的水印效果类似于一种页面背景，但水印中的内容多是文档所有者的名称等信息。Word 2010 提供了_____与_____两种水印。

2. 在 Word 2010 中，保护文档主要有两种，一种是设置_____密码，其他用户不能看到文档中的内容。另一种是设置_____密码，用户不能修改其中的内容。

3. 在 Word 2010 中，_____可以对已经插入的页眉、页脚进行编辑，_____可以关闭对页眉、页脚的编辑。

4. 在打印文档前，一般需要对文档进行_____、_____等设置，使用_____可以对设置的文档进行_____，查看排版效果。

5. 用户在保留文档原有格式或内容的同时，在页面中对文档内容_____，可用于协同工作。

⑤.8.2　操作题

1. 选择一篇文章，对其设置文字水印或图片水印效果，根据文章主题设置合适的背景颜色，并使用 Word 2010 中的封面样式设计一个封面。

2. 制作"网络教学的特点"文档，在制作时首先插入艺术字标题，插入"竖卷形"图形作为背景，绘制矩形、圆角矩形以及箭头组合成结构图，插入表格对教学模式进行对比，最后插入页码和页面边框，最终效果如图 5-146 所示。

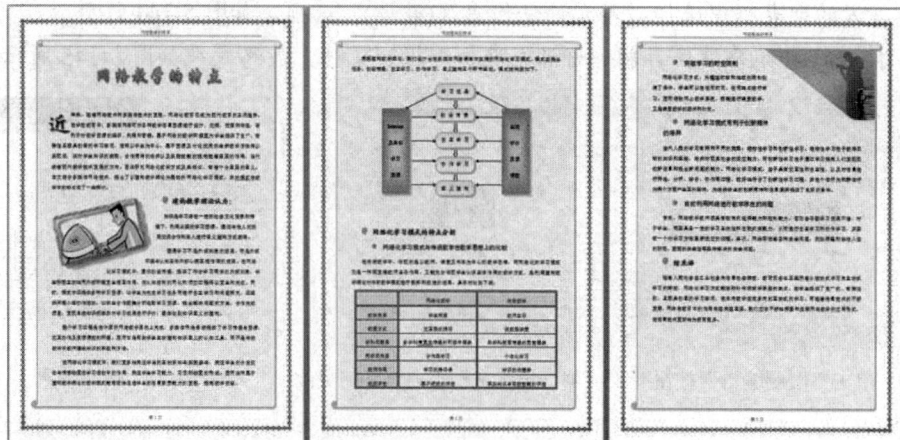

图 5-146　"网络教学的特点"文档

第6章

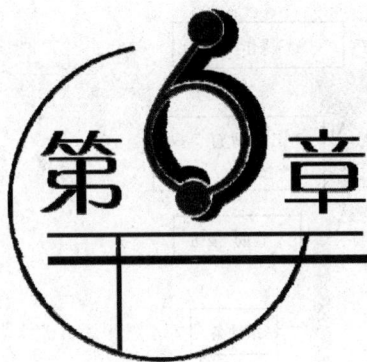

Excel 2010 基础操作

学习目标

本章将要学习有关 Excel 2010 的一些基本操作，包括对工作表的基本操作、数据的输入和填充、单元格的基本操作、行和列的基本操作、设置单元格格式等。

本章重点

- ◉ 工作表的操作
- ◉ 输入数据
- ◉ 填充数据
- ◉ 单元格的操作
- ◉ 设置单元格数据格式
- ◉ 美化单元格和工作表
- ◉ 查看 Excel 工作表

6.1 Excel 2010 工作窗口简介

Excel 2010 窗口界面和 Word 2010 相似，也是以功能区代替了原来的菜单栏和工具栏，详细的界面组成部分如图 6-1 所示。

- ◉ "文件"按钮：单击该按钮，在打开的菜单中可以选择对工作簿执行新建、保存、打印等操作。
- ◉ 快速访问工具栏：该工具栏中集成了多个常用的按钮，默认状态下包括"保存"、"撤销"、"恢复"按钮，用户也可以根据需要进行添加或更改。
- ◉ 标题栏：用于显示工作簿的标题和类型。
- ◉ "窗口操作"按钮：用于设置窗口的最大化、最小化或关闭操作。

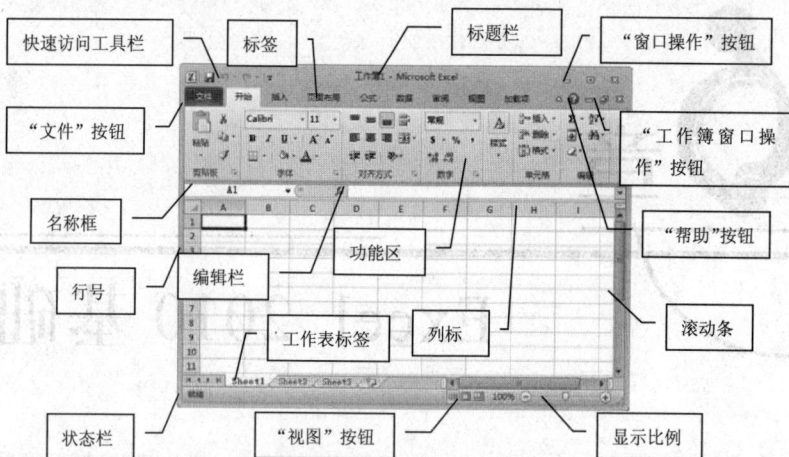

图 6-1　Excel 2010 窗口界面

- ⊙ "工作薄窗口操作"按钮：用于设置 Excel 窗口中打开的工作薄窗口。
- ⊙ "帮助"按钮：单击可打开相应的 Excel 帮助文件。
- ⊙ 标签：单击相应的标签，可以切换至相应的选项卡，不同的选项卡中提供了多种不同的操作设置选项。
- ⊙ 功能区：在每个标签对应的选项卡下，功能区中收集了相应的命令，如"开始"选项卡的功能中收集了对字体、段落等内容设置的命令。
- ⊙ 名称框：显示当前所在单元格或单元格区域的名称或引用。
- ⊙ 编辑栏：可直接在此向光标所在的单元格输入数据内容，在单元格中输入数据内容时也会同时在此显示。
- ⊙ 行号：显示单元格所在的行号。
- ⊙ 列标：显示单元格所在的列号。
- ⊙ 工作表标签：默认情况下，一个工作簿中含有 3 个工作表，单击相应的工作表标签即可 切换到工作簿中的该工作表下。
- ⊙ 滚动条：拖动滚动条可浏览工作簿的整个表格内容。
- ⊙ 状态栏：显示当前的状态信息，如页数、字数及输入法等信息。

⑥.2　工作表的操作

工作表是 Excel 窗口中非常重要的组成部分，每个工作表都包含了多个单元格，Excel 数据主要就是以工作表为单位来存储的。下面对工作表的主要操作进行详细的介绍。

⑥.2.1　新建工作表

用户根据需要可以在工作簿中新建工作表。其具体操作方法如下。

下面以"月份工资表"工作簿为例，介绍新建工作表的3种不同的方法。

1. 单击插入按钮插入工作表

单击插入按钮插入工作表的具体操作方法如下。

(1) 启动 Excel 2010 应用程序，打开"月份工资表"工作簿。

(2) 单击工作表列表右侧的"插入工作表"标签 ，如图 6-2 所示。

(3) 插入新的工作表后，将自动命名为 Sheet4，如图 6-3 所示。

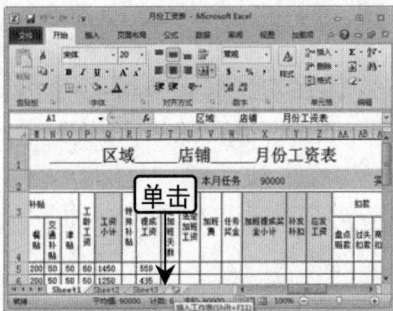

图 6-2　插入工作表　　　　　图 6-3　插入工作表后的效果

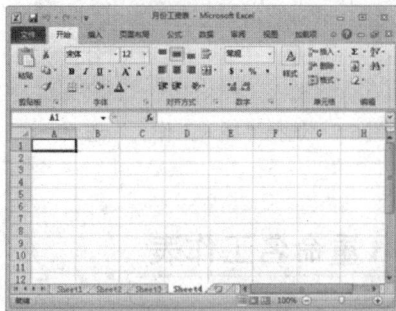

2. 通过快捷命令新建工作表

通过快捷命令新建工作表的具体操作方法如下。

(1) 在 Sheet1 工作表上右击，在弹出的快捷菜单中选择"插入"命令，如图 6-4 所示。

(2) 弹出"插入"对话框，在"常用"列表框中单击选择"工作表"选项，单击"确定"按钮，如图 6-5 所示。

(3) 此时，可以看到在 Sheet1 工作表之前插入了新的工作表 Sheet5，如图 6-6 所示。

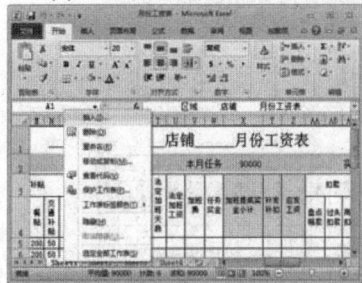

图 6-4　选择"插入"命令　　　图 6-5　"插入"对话框　　　图 6-6　插入工作表后的效果

提示

在工作表中按 Tab 键可以快速选中右侧的单元格；按 Enter 键可以快速选中下方的单元格。

3. 使用功能区插入工作表

使用功能区中的命令插入工作表的具体操作方法如下。

(1) 选中 Sheet1 工作表标签，切换到"开始"选项卡，在"单元格"组中单击"插入"下拉按钮，在弹出的下拉列表中选择"插入工作表"选项，如图 6-7 所示。

(2) 此时，可以看到在 Sheet1 工作表之前插入了 Sheet6 工作表，如图 6-8 所示。

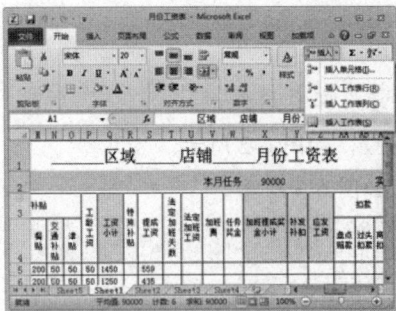

图 6-7　选择"插入工作表"选项

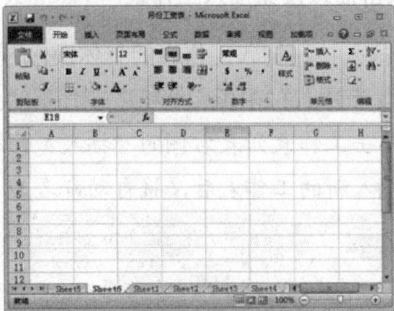

图 6-8　插入工作表后的效果

6.2.2　重命名工作表

为了让工作表更易区分，通常需对工作表进行重命名，这样通过工作表标签即可了解工作表中的大致内容。

【练习 6-1】对工作表进行重命名。

(1) 启动 Excel 2010 应用程序，打开 6.2.1 节制作的"月份工资表"工作簿。

(2) 在 Sheet1 工作表标签上右击，在弹出的快捷菜单中选择"重命名"命令，如图 6-9 所示。

(3) 这时工作表名称变为可编辑状态，重新输入工作表名称"工资表"，按 Enter 键完成输入，如图 6-10 所示。

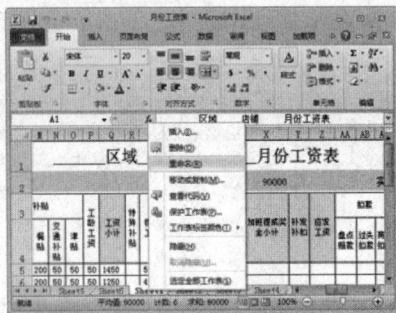

图 6-9　选择"重命名"命令

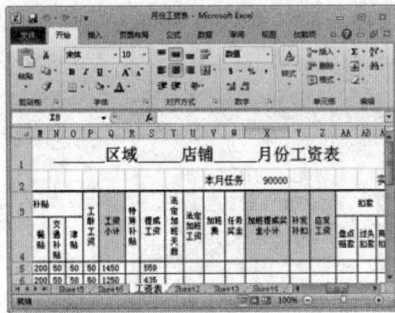

图 6-10　输入工作表名称

6.2.3　删除工作表

对于多余的工作表，可以将其删除掉，操作方法如下。

【练习 6-2】删除多余的工作表。

(1) 启动 Excel 2010 应用程序，打开【练习 6-1】制作的"月份工资表"工作簿。

(2) 选中要删除的 Sheet6 工作表标签并右击，在弹出的快捷菜单中选择"删除"命令，如图 6-11 所示。

(3) 此时，可以看到选中的 Sheet6 工作表被删除掉了，如图 6-12 所示。

图 6-11　选择"删除"命令

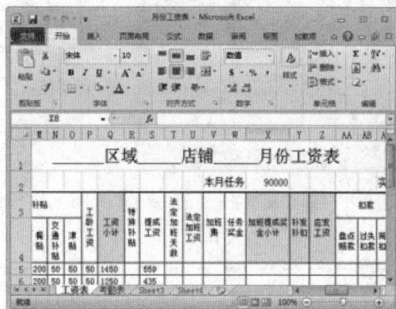

图 6-12　删除工作表后的效果

6.2.4　移动或复制工作表

除了能更改工作表名称之外，用户还可以移动或复制工作表。具体的操作方法如下。

【练习 6-3】移动或复制工作表。

(1) 启动 Excel 2010 应用程序，打开【练习 6-2】制作的"月份工资表"工作簿。

(2) 选中 Sheet3 工作表标签，按下鼠标左键并向前拖动，拖动到"工资表"工作表前面的时候释放鼠标，如图 6-13 所示。

(3) 此时，可以看到 Sheet3 工作表被移动到了"工资表"工作表前面，如图 6-14 所示。

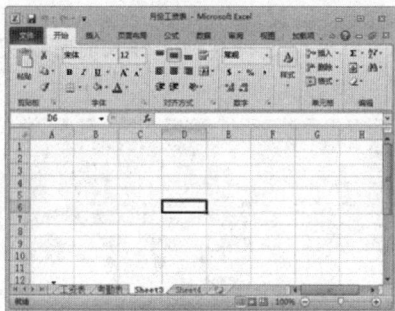

图 6-13　移动工作表

图 6-14　移动工作表后的效果

(4) 另外，还可以通过快捷命令来工作表，选中 Sheet4 工作表标签并右击，在弹出的快捷菜单中选择"移动或复制"命令，如图 6-15 所示。

(5) 弹出"移动或复制工作表"对话框，在"下列选定工作表之前"列表框中选择 Sheet3 选项，单击"确定"按钮，如图 6-16 所示。

(6) 此时，可以看到 Sheet4 工作表被移动到了 Sheet3 工作表之前，如图 6-17 所示。

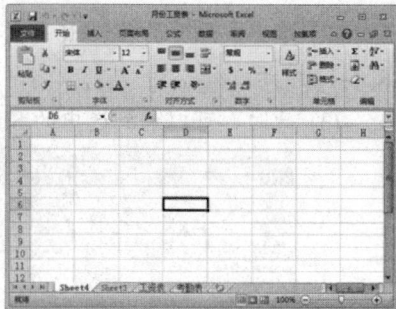

图 6-15　选择"移动或复制"命令　图 6-16　"移动或复制工作表"对话框　图 6-17　移动工作表后的效果

> **提示**
>
> 按住 Ctrl 键不放，再按上面介绍移动工作表的方式操作可复制工作表。还可以在"移动或复制工作表"对话框中选中"建立副本"复选框，单击"确定"按钮即可。

6.2.5　更改工作表标签颜色

为工作表添加标签颜色，不仅能让用户分清工作表的数据内容，还能起到美化工作表的效果，同时让工作表更加醒目。

【练习 6-4】更改工作表标签的颜色。

(1) 启动 Excel 2010 应用程序，打开【练习 6-3】制作的"月份工资表"工作簿。

(2) 在"工资表"工作表标签上右击，在弹出的快捷菜单中选择"工作表标签颜色"|"红色"命令，如图 6-18 所示。

(3) 此时，可以看到"工资表"工作表标签变为了红色，选择其他工作表时可以突出显示"工资表"工作表标签颜色的效果，如图 6-19 所示。

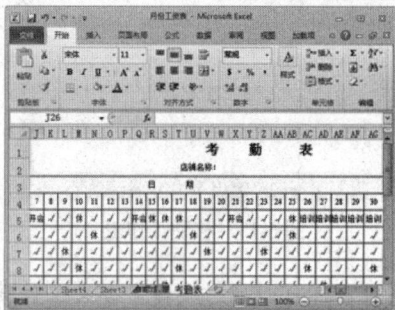

图 6-18　为工作表设置颜色　　　　　　　　　图 6-19　设置颜色后的效果

6.2.6　隐藏与显示工作表

在参加会议或演讲等活动时，若不想表格中重要的数据外泄，可将数据所在的工作表进行隐藏，待需要时再将其显示出来。

【练习 6-5】隐藏和显示工作表。

(1) 启动 Excel 2010 应用程序，打开【练习 6-4】制作的"月份工资表"工作簿。

(2) 在 Sheet3 工作表标签上右击，在弹出的快捷菜单中选择"隐藏"命令，如图 6-20 所示。

(3) 此时，可以看到 Sheet3 工作表被隐藏掉了，如图 6-21 所示，如果要显示工作表，可以选择"取消隐藏"选项。

图 6-20　选择"隐藏"命令　　　　　图 6-21　隐藏工作表后的效果

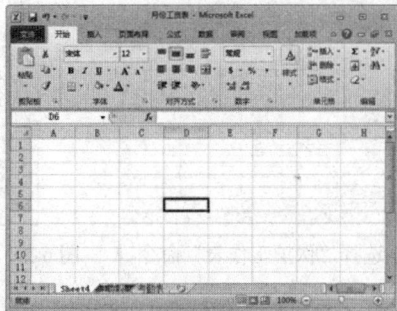

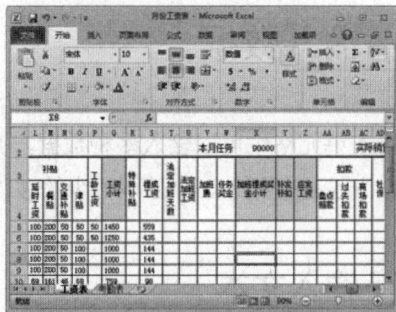

(4) 另外，还可以在功能区中执行命令隐藏工作表，选中 Sheet4 工作表，切换到"开始"选项卡，在"单元格"组中单击"格式"下拉按钮，在弹出的下拉列表中选择"隐藏和取消隐藏" | "隐藏工作表"选项，如图 6-22 所示。

(5) 此时，可以看到 Sheet4 工作表被隐藏掉了，如图 6-23 所示。

图 6-22　隐藏工作表　　　　　　　图 6-23　隐藏工作表后的效果

6.2.7　保护工作表

用户可以为工作表设置一定的编辑权限，防止别的用户误删或误改数据。其具体的操作方法如下。

【练习 6-6】保护工作表。

(1) 启动 Excel 2010 应用程序，打开【练习 6-5】制作的"月份工资表"工作簿。

(2) 选中"工资表"工作表，并在其标签上右击，在弹出的快捷菜单中选择"保护工作表"命令，如图 6-24 所示。

(3) 弹出"保护工作表"对话框，选中"保护工作表及锁定的单元格内容"复选框，输入保护时使用的密码，单击"确定"按钮，如图 6-25 所示。

(4) 弹出"确认密码"对话框，再次输入密码，单击"确定"按钮完成设置，如图 6-26 所示。

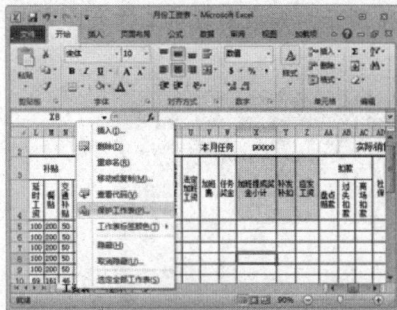

图 6-24　选择"保护工作表"命令　　图 6-25　"保护工作表"对话框　　图 6-26　输入密码

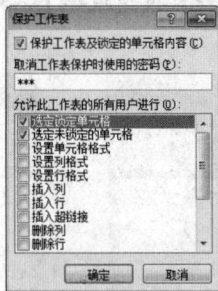

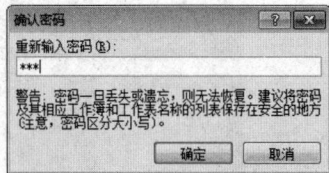

(5) 如果用户进行权限以外的操作，就会弹出提示对话框，如图 6-27 所示。

图 6-27　提示对话框

6.3　输入数据

在 Excel 单元格中可以输入多种数据，其中包括文本、数值、日期等类型。掌握不同数据类型的输入方法是使用 Excel 必不可少的技能。

6.3.1　输入文本

在 Excel 2010 中，文本型数据是常用的数据类型，输入文本的方法也比较简单，具体的操作方法如下。

【练习 6-7】在单元格中输入文本，并在多个单元格中输入同一文字。

(1) 启动 Excel 2010 应用程序，打开【练习 6-4】制作的"月份工资表"工作簿。

(2) 选中 D7 单元格，输入"导购"文本，如图 6-28 所示。

(3) 按 Enter 键完成输入，如图 6-29 所示。

(4) 选中 D8:D11 单元格区域，在编辑栏中输入"导购"文本，如图 6-30 所示。

(5) 按下 Ctrl+Enter 组合键，此时在编辑栏中所输入的文本内容就会统一填充到所选择的单元格区域中，如图 6-31 所示。

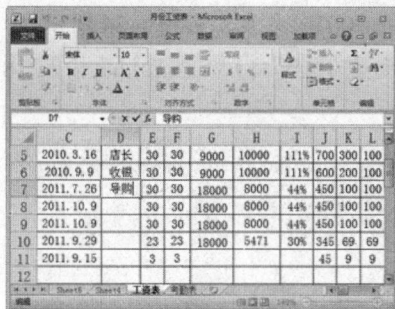

图 6-28　输入文本

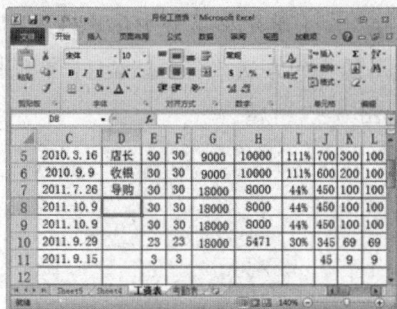

图 6-29　完成输入

图 6-30　输入文本

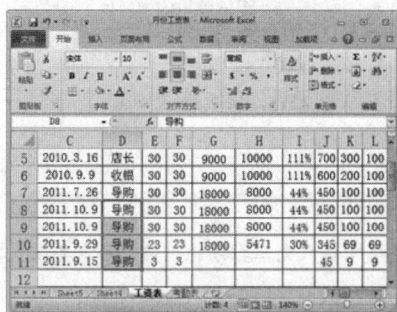

图 6-31　填充文本

6.3.2　输入数字

数字的格式比较多，包括货币型数字、日期型数字和分数等。一般对于整数自然数，可以按照输入文本的方法进行输入。但对于其他格式的数字，为了不致出现问题，可以先设置单元格的格式，然后再输入数字，具体操作方法如下。

【练习 6-8】输入 0 开头的数字、输入身份证号。

(1) 启动 Excel 2010 应用程序，打开【练习 6-7】制作的"月份工资表"工作簿。

(2) 选中 A5:A11 单元格区域并右击，在弹出的快捷菜单中选择"设置单元格格式"命令，如图 6-32 所示。

(3) 弹出"设置单元格格式"对话框，切换到"数字"选项卡，在"分类"列表框中单击选择"文本"选项，单击"确定"按钮，如图 6-33 所示。

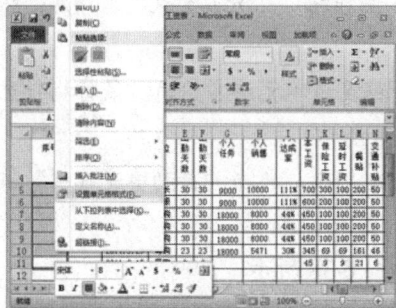

图 6-32　选择"设置单元格格式"命令

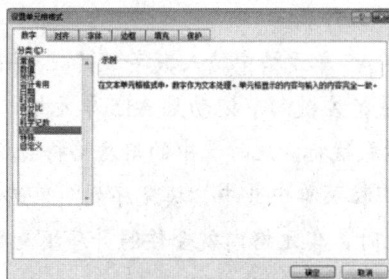

图 6-33　"设置单元格格式"对话框

(4) 在 A5:A11 单元格区域中依次输入 "001" 到 "007" 文本，如图 6-34 所示。

(5) 使用同样的方法，将 AI5:AI11 单元格区域设置为文本格式，然后依次输入 18 位的身份证号，如图 6-35 所示。

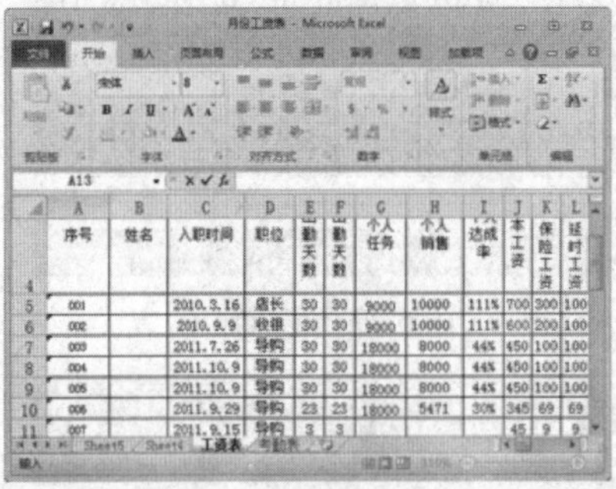

图 6-34　输入数字文本

图 6-35　输入身份证号

提示

在单元格中输入文本数字的时候，不需要设置单元格格式也可以直接输入，在输入数字前，先输入单引号，然后再输入数字，如输入数字 "'001"。

6.4　填充数据

在处理 Excel 表格时，可能需要输入大量类似或有特定关系的数据，此时使用 Excel 的自动填充功能可以大大提高工作效率。

6.4.1　快速填充数据

当需要输入的数据具有一定的规律时，用户可以不用手动输入，而是使用快速填充功能快速输入数据，具体操作方法如下。

【练习 6-9】在单元格中快速填充数据。

(1) 启动 Excel 2010 应用程序，打开【练习 6-8】制作的 "月份工资表" 工作簿，然后选择 "考勤表" 工作表。

(2) 在 A5 单元格中输入数字 "1"，将鼠标指针移至该单元格右下角，鼠标指针呈十字形状时按下鼠标左键向下拖动至 A15 单元格，如图 6-36 所示。

(3) 释放鼠标，此时选中的单元格将会填充上数字 "1"，单击 "自动填充选项" 按钮，在弹出的下拉菜单中选中 "填充序列" 单选按钮，如图 6-37 所示。

(4) 此时，单元格内就会按照升序填充数据，如图 6-38 所示。

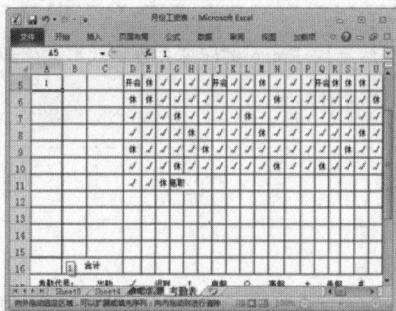
图 6-36　向下拖动鼠标

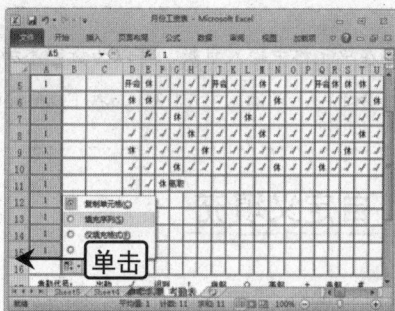
图 6-37　填充序列

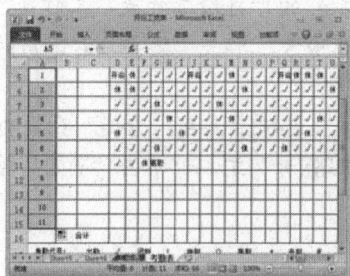
图 6-38　按升序填充数据后的效果

提示

在给标签设置颜色时，如果默认的颜色不够用，可以选择"其他颜色"命令，在打开的"颜色"对话框中选择自定义颜色。

6.4.2　填充系列

快速填充所适用的规则范围很小，如果需要填充比较复杂的数据，就需要使用系列填充。具体的操作方法如下。

【练习 6-10】为单元格填充系列。

(1) 启动 Excel 2010 应用程序，打开【练习 6-9】制作的"月份工资表"工作簿。

(2) 在 A1 单元格中输入起始数据"1"，选中需要填充的 A1:A10 单元格区域，切换到"开始"选项卡，在"编辑"组中单击"填充"按钮，在弹出的下拉菜单中选择"系列"选项，如图 6-39 所示。

(3) 弹出"序列"对话框，选中"行"、"等差序列"单选按钮，设置"步长值"为"4"，然后单击"确定"按钮，如图 6-40 所示。

(4) 此时，Excel 将自动填充以 1 为首项，公差为 4 的等差序列，如图 6-41 所示。

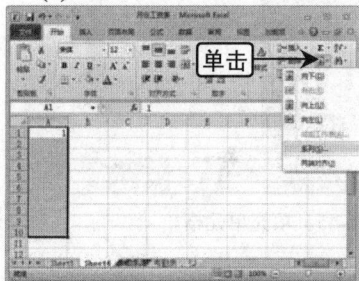
图 6-39　选择"系列"选项

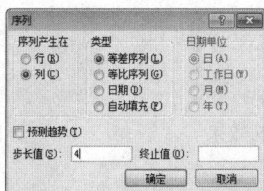
图 6-40　"序列"对话框

图 6-41　设置等差序列后的效果

计算机基础与实训教材系列

> **提示**
>
> 如果要在单元格中输入负数，可以为数字添加括号，然后按 Enter 键即可变为负数形式。如果要输入分数，如：三分之一，可输入 "0 1/3"，按 Enter 键即可变为分数形式。

⑥.4.3 自定义填充

用户可以设置填充数据的固定内容部分，变化部分由系统自动填充。具体的操作方法如下。

【练习 6-11】自定义填充单元格数据。

(1) 启动 Excel 2010 应用程序，打开【练习 6-10】制作的 "月份工资表" 工作簿。

(2) 选中 AP5:AP15 单元格区域，切换到 "开始" 选项卡，单击 "数字" 右下角的对话框启动器按钮 ，如图 6-42 所示。

(3) 弹出 "设置单元格格式" 对话框，切换到 "数字" 选项卡，在 "分类" 列表框中选择 "自定义" 选项，在右侧的 "类型" 文本框中输入 "朝阳路#号" 文本，单击 "确定" 按钮，如图 6-43 所示。

图 6-42　单击对话框启动器按钮

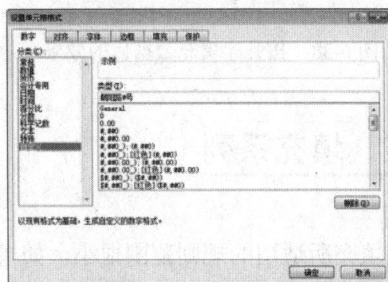

图 6-43　设置自定义类型

(4) 此时，在 AP5 单元格中输入数字 "1"，然后按 Enter 键，会自动填充为 "朝阳路 1 号"，如图 6-44 所示。

(5) 接着使用拖动鼠标的方式填充 AP6:AP15 单元格区域，可以看到添加的文本中 "#" 被自动替换，而其他文本没有变化，如图 6-45 所示。

图 6-44　填充自定义类型后的效果

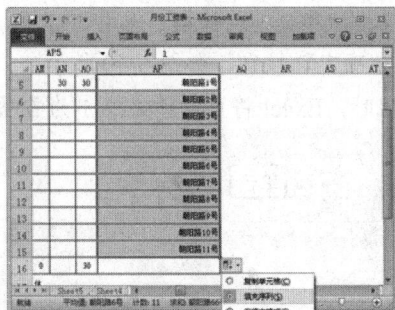

图 6-45　填充单元格

6.5　单元格的操作

单元格是 Excel 存储数据的最小单元，大量数据都存储在单元格中，许多操作也是针对单元格来进行的，因此熟悉掌握单元格操作是使用 Excel 的基础。

6.5.1　插入和删除单元格

在处理工作表数据时，常常需要插入一些单元格或删除多余的单元格。下面介绍插入和删除单元格的方法。

【练习 6-12】插入和删除单元格。

(1) 启动 Excel 2010 应用程序，打开"财务支出统计表"工作簿。

(2) 选中 A1 单元格，切换到"开始"选项卡，在"单元格"组中单击"插入"下拉按钮，在弹出的下拉列表中选择"插入单元格"选项，如图 6-46 所示。

(3) 弹出"插入"对话框，选中"活动单元格下移"单选按钮，单击"确定"按钮，如图 6-47 所示。

图 6-46　选择"插入单元格"选项

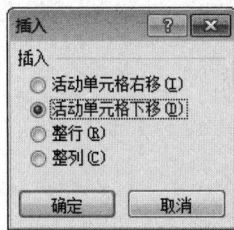

(4) 此时，在原来的第 1 行单元格之前插入了一行单元格，原来的第 1 行位置的单元格全部下移一行，如图 6-48 所示。

(5) 如果要删除单元格，只需选中要删除的单元格，在"单元格"组中单击"插入"下拉按钮，在弹出的下拉列表中选择"删除单元格"选项，如图 6-49 所示。

图 6-47　"插入"对话框　　图 6-48　插入一行单元格后的效果　　图 6-49　删除单元格

6.5.2　复制和粘贴单元格

对于工作表中的常用单元格数据，可以使用复制与粘贴的操作方法来简化重复操作过程。下面介绍复制和粘贴单元格的方法，操作步骤如下：

【练习6-13】复制和粘贴单元格。

(1) 启动 Excel 2010 应用程序，打开【练习6-12】制作的"财务支出统计表"工作簿。

(2) 选中 A1:B1 单元格区域，切换到"开始"选项卡，在"剪贴板"组中单击"复制"按钮📋，如图6-50所示。

(3) 选中 E1 单元格，在"剪贴板"组中单击"粘贴"下拉按钮📋，在弹出的下拉列表中选择"选择性粘贴"选项，如图6-51所示。

(4) 弹出"选择性粘贴"对话框，在"粘贴"选项组中选中"数值"单选按钮，单击"确定"按钮，如图6-52所示。

图6-50 复制单元格　　图6-51 选择粘贴选项　　图6-52 "选择性粘贴"对话框

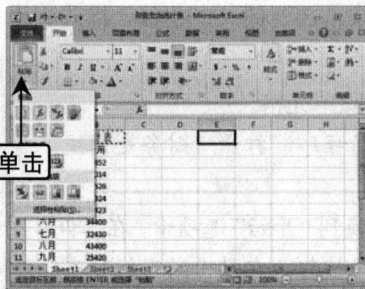

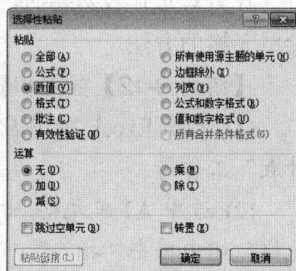

(5) 经过前面的操作之后，此时可以看到在工作表的目标单元格中显示了复制的内容，且不包含原数据的格式设置，如图6-53所示。

图6-53 粘贴单元格后的效果

提示

如果需要快速粘贴复制的内容，可以在选择目标单元格后按下 Ctrl+V 组合键，或者单击"剪贴板"组中的"粘贴"按钮，这种粘贴方式将粘贴复制全部内容，包含格式、公式等。

⑥.5.3 合并单元格

用户有时需要合并单元格，如输入标题等。合并单元格也是常用的 Excel 技巧，其操作方法如下。

【练习6-14】合并选中的单元格。

(1) 启动 Excel 2010 应用程序，打开【练习6-13】制作的"财务支出统计表"工作簿。

(2) 选中 A1:B1 单元格区域，切换到"开始"选项卡，在"对齐方式"组中单击"合并后居中"下拉按钮🔲，在弹出的下拉列表中选择"合并后居中"选项，如图6-54所示。

(3) 此时，即可看到合并单元格后的效果，如图6-55所示。

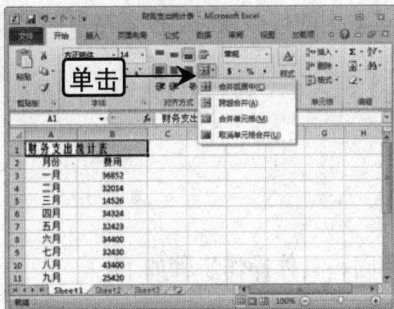

図 6-54　选择"合并后居中"选项

図 6-55　合并单元格后的效果

6.5.4　清除单元格中的内容

删除单元格后，其他单元格会移动位置来补充删除单元格的位置，如果只是想清除单元格中的内容，而不想其他单元格来填充删除单元格的位置，可以按如下进行操作。

【练习 6-15】清除单元格中的内容。

(1) 启动 Excel 2010 应用程序，打开【练习 6-14】制作的"财务支出统计表"工作簿。

(2) 选中要清除单元格内容的单元格区域 A2:B14 并右击，在弹出的快捷菜单中选择"清除内容"命令，如图 6-56 所示。

(3) 此时，可以看到单元格中的内容被清除了，而单元格依然存在，如图 6-57 所示。

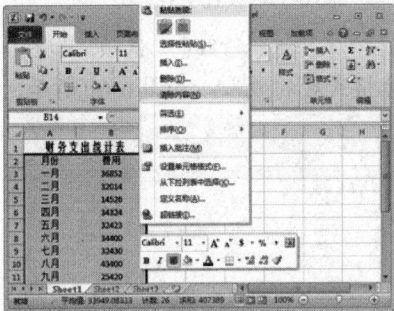

图 6-56　清除单元格中的内容

图 6-57　清除内容后的效果

> **提示**
>
> 除此之外，按 Delete 键也可以清除单元格中的数据。另外双击单元格，此时单元格中的内容变成可编辑状态，选中内容进行剪切操作即可。

6.6　设置单元格数据格式

在 Excel 中可以对单元格内的文字进行格式设置，其功能几乎和 Word 一样强大。使用格式设置可以在对数据进行存储和处理的同时，实现对数据的排版设计，使表格看起来更加专业、美观。

6.6.1 设置数据字体格式

Excel 设置数据字体格式的方法与 Word 基本相同。具体操作步骤如下。

【练习 6-16】设置字体格式。

(1) 启动 Excel 2010 应用程序，打开【练习 6-14】制作的"财务支出统计表"工作簿。

(2) 选中 A2:B14 单元格区域，切换到"开始"选项卡，在"字体"组中的"字体"列表框中选择"微软雅黑"字体，如图 6-58 所示。

(3) 接着在"字号"列表框中选择"12"，如图 6-59 所示。

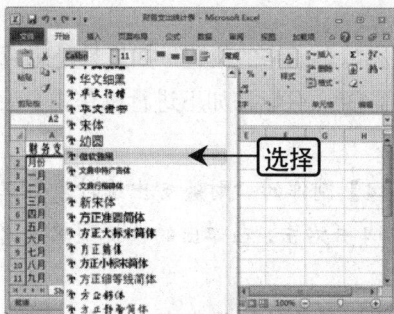

图 6-58　选择字体

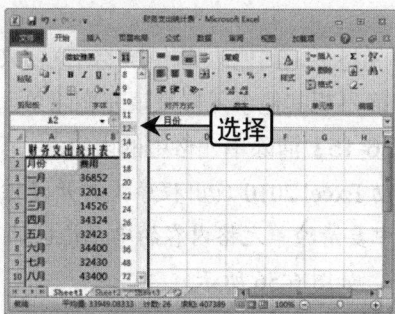

图 6-59　设置字号大小

(4) 接着单击"字体颜色"下拉按钮，在弹出的下拉列表中选择"红色"选项，如图 6-60 所示。

(5) 此时，可以看到为选中单元格内容设置字体格式后的效果，如图 6-61 所示。

图 6-60　设置文字颜色

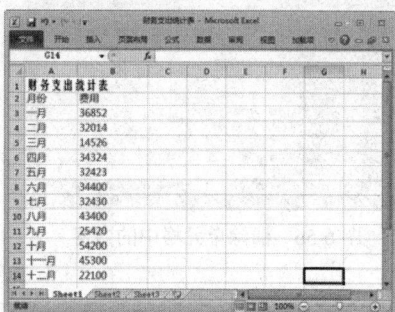

图 6-61　设置字体格式后的效果

6.6.2 设置数据对齐方式

Excel 默认的对齐方式是文本左对齐、数字右对齐，用户也可以按照自己的需要进行设置，操作方法如下。

【练习 6-17】设置单元格中文本的对齐方式。

(1) 启动 Excel 2010 应用程序，打开【练习 6-16】制作的"财务支出统计表"工作簿。

(2) 选中 A2:B14 单元格区域，切换到"开始"选项卡，在"对齐方式"组中单击"居中"按钮，如图 6-62 所示。

(3) 此时，可以看到为选中单元格区域设置居中对齐后的效果，如图 6-63 所示。

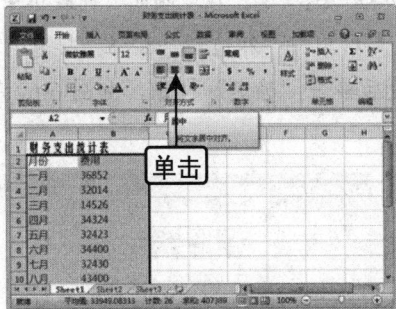

图 6-62　设置居中对齐

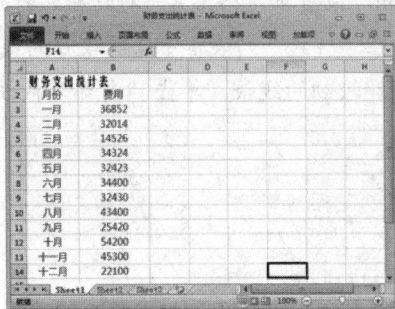

图 6-63　设置居中对齐后的效果

(4) 如果要设置更多的对齐方式，可以在"设置单元格格式"对话框中进行设置，选中 A1:B1 单元格区域，单击"对齐方式"组右下角的对话框启动器按钮，如图 6-64 所示。

(5) 弹出"设置单元格格式"对话框，打开"对齐"选项卡，在"水平对齐"列表框中选择"两端对齐"选项，单击"确定"按钮即可，如图 6-65 所示。

图 6-64　单击对话框启动器按钮

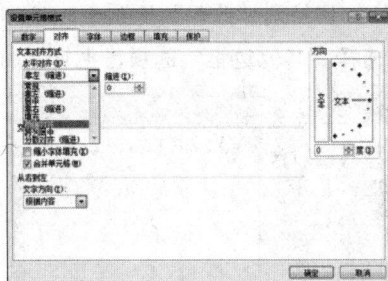

图 6-65　选择两端对齐

6.7　美化单元格和工作表

Excel 默认的单元格样式比较简单，如果想要制作比较美观的单元格，就要为单元格设置不同的格式，如设置边框、设置底纹、应用样式等。

6.7.1　设置单元格边框

设置单元格边框的方法和设置字体格式的方法大致相同，方法也比较多。具体的设置方法如下。

【练习6-18】为单元格设置边框。

(1) 启动 Excel 2010 应用程序，打开【练习6-17】制作的"财务支出统计表"工作簿。

(2) 选中 A1:B14 单元格区域并右击，在弹出的快捷菜单中选择"设置单元格格式"命令，如图6-66所示。

(3) 弹出"设置单元格格式"对话框，打开"边框"选项卡，在"颜色"列表框中选择"绿色"选项，在"样式"列表框中选择较粗的线条，然后单击"外边框"按钮。接着在"样式"列表框中选择较细的线条，单击"内部"按钮，最后单击"确定"按钮，如图6-67所示。

图6-66 选择"设置单元格格式"命令

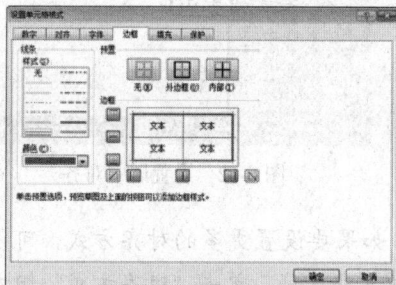

图6-67 设置边框样式

(4) 此时，即可看到为选中单元格区域设置边框后的效果，如图6-68所示。

(5) 另外，切换到"开始"选项卡，在"字体"组中单击"边框"下拉按钮，在弹出的下拉列表中选择"其他边框"选项，也可以打开"设置单元格格式"对话框，如图6-69所示。

图6-68 设置边框后的效果

图6-69 选择"其他边框"选项

6.7.2 设置单元格底纹

为了美观，可以为单元格填充底纹。具体操作方法如下。

【练习6-19】为单元格设置底纹颜色。

(1) 启动 Excel 2010 应用程序，打开【练习6-18】制作的"财务支出统计表"工作簿。

(2) 选中 A1:B1 单元格区域，切换到"开始"选项卡，在"字体"组中单击"填充颜色"下拉按钮，在弹出的下拉列表中选择"浅蓝"选项，如图 6-70 所示。

(3) 此时，可以看到选中的单元格区域被填充上了浅蓝的底纹颜色，如图 6-71 所示。

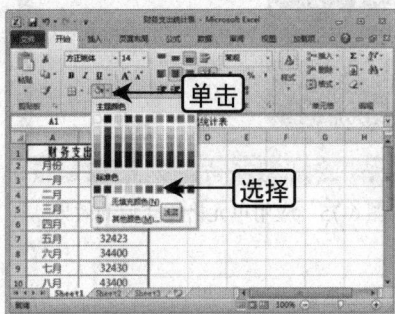
图 6-70 选择填充颜色

图 6-71 设置底纹后的效果

(4) 另外，还可以单击"对齐方式"组右下角的对话框启动器按钮，打开"设置单元格格式"对话框，如图 6-72 所示。

(5) 接着打开"填充"选项卡，在"背景色"选项组中单击选择要设置的填充颜色，然后单击"确定"按钮即可，如图 6-73 所示。

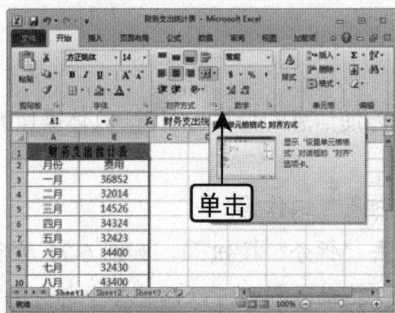
图 6-72 单击对话框启动器按钮

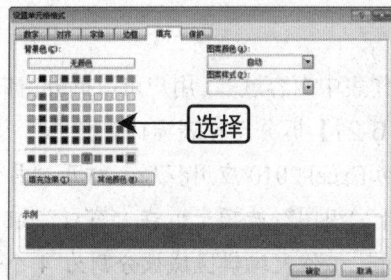
图 6-73 选择填充颜色

6.7.3 应用单元格样式

Excel 提供了部分单元格样式，用户可以选择使用，通过简单操作即可将待定样式应用到单元格中。

【练习 6-20】为选中的单元格区域应用单元格样式。

(1) 启动 Excel 2010 应用程序，打开【练习 6-19】制作的"财务支出统计表"工作簿。

(2) 选中 A1:B14 单元格区域，在"样式"列表框中选择"强调文字颜色 2"选项，如图 6-74 所示。

(3) 此时，可以看到为选中单元格区域应用单元格样式后的效果，如图 6-75 所示。

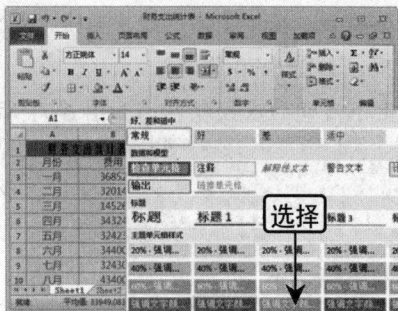

图 6-74　选择样式类型　　　　　　图 6-75　应用单元格样式后的效果

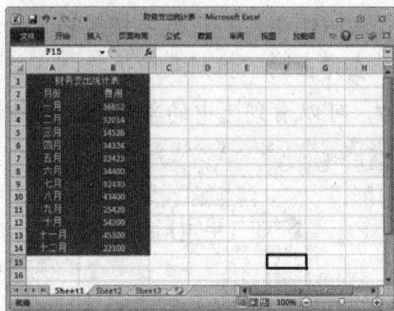

6.8　查看 Excel 工作表

Excel 2010 提供了多种查看工作表的方式，以方便用户对同一工作表的不同区域数据进行比较。

6.8.1　拆分窗口

如果工作表中内容过多，用户可以拆分窗口，以方便信息的查找与编辑。具体操作方法如下。

【练习 6-21】拆分工作表窗口。

(1) 启动 Excel 2010 应用程序，打开"月份工资表"工作簿。

(2) 打开"视图"选项卡，在"窗口"组中单击"拆分"按钮 ，如图 6-76 所示。

(3) 此时，工作表编辑区域被分割为 4 个部分，拖动分割线可以调整各个部分的大小，如图 6-77 所示。

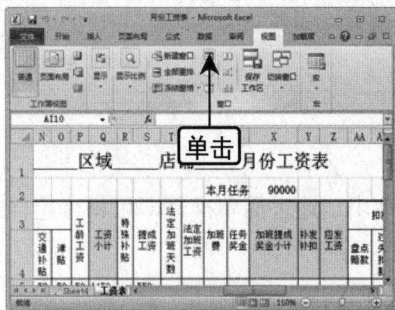

图 6-76　单击"拆分"按钮　　　　　　图 6-77　拆分窗口后的效果

(4) 如果只想分割为上下或左右两部分，可以拖动其中一条分割线到工作表编辑区的边缘，该分割线即自动消失，如图 6-78 所示。

(5) 再次单击"拆分"按钮 ，可以取消拆分窗口，如图 6-79 所示。

图 6-78　拖动分割线

图 6-79　取消拆分窗口

6.8.2　隐藏与显示窗口

在 Excel 2010 中不但可以对行、列、工作表进行隐藏，还可以使当前 Excel 窗口隐藏起来。
具体操作方法如下。

【练习 6-22】隐藏和显示工作表窗口。

(1) 启动 Excel 2010 应用程序，打开"月份工资表"工作簿。

(2) 打开"视图"选项卡，在"窗口"组中单击"隐藏窗口"按钮 ，如图 6-80 所示。

(3) 此时，所有的工作表窗口都被隐藏了，如图 6-81 所示。

(4) 要显示隐藏的窗口，只需在"窗口"组中单击"取消隐藏窗口"按钮 ，如图 6-82 所示。

(5) 弹出"取消隐藏"对话框，选择需要显示的工作簿名称，单击"确定"按钮即可，如图 6-83 所示。

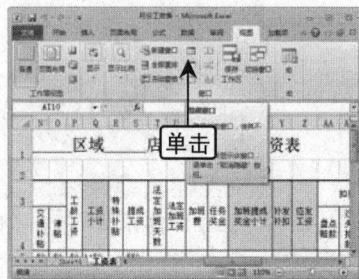

图 6-80　单击"隐藏窗口"按钮

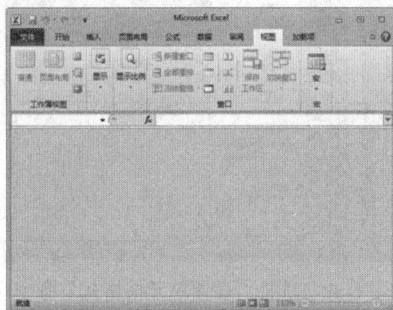

图 6-81　隐藏窗口后的效果

图 6-82　取消隐藏窗口

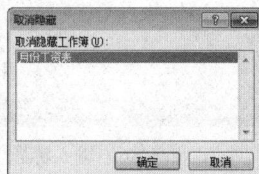

图 6-83　"取消隐藏"对话框

6.9　上机练习

本节上机练习将通过制作员工通讯录和问卷调查表两个练习，帮助读者进一步加深对本章知识的掌握。

⑥.9.1 制作员工通讯录

本例首先在工作表中录入数据，然后设置单元格格式，并按不同的部门放置员工通讯信息，最后对标题行和类别行进行冻结。

(1) 启动 Excel 2010 应用程序，新建一个空白工作簿，单击"文件"按钮，在打开的菜单中选择"另存为"命令，如图 6-84 所示。

(2) 弹出"另存为"对话框，选择工作簿保存的位置，输入文件名"员工通讯录"，单击"保存"按钮，如图 6-85 所示。

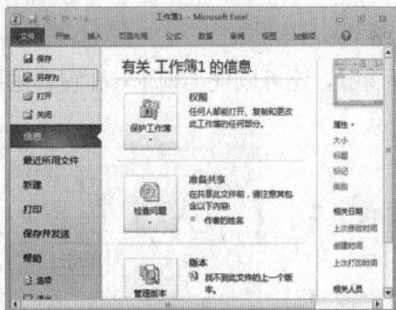

图 6-84　保存工作簿　　　　　图 6-85　"另存为"对话框

(3) 在 A1 单元格中输入标题文本"员工通讯录"，如图 6-86 所示。

(4) 接着在第 2 行输入类别名称，如图 6-87 所示。

(5) 选中 A3:A12 单元格并右击，在弹出的快捷菜单中选择"设置单元格格式"命令，如图 6-88 所示。

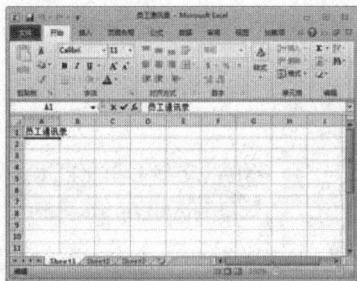

图 6-86　输入标题文本　　　图 6-87　输入类别名称　　　图 6-88　选择"设置单元格格式"命令

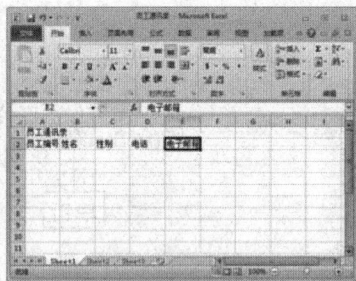

(6) 弹出"设置单元格格式"对话框，在"分类"列表框中选择"文本"选项，单击"确定"按钮，如图 6-89 所示。

(7) 在 A3 单元格中输入员工编号"001"，选中 A3 单元格向下拖动填充，如图 6-90 所示。

(8) 拖动到 A12 单元格时释放鼠标，即可看到填充后的员工编号，如图 6-91 所示。

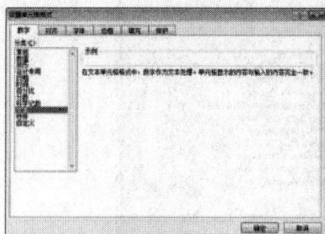

图 6-89　选择数字类型　　　　图 6-90　填充员工编号　　　　图 6-91　填充员工编号后的效果

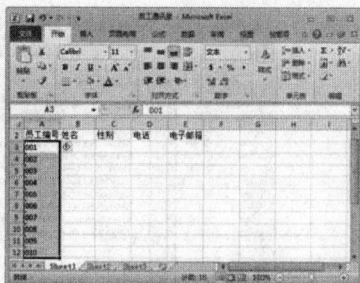

(9) 在其他单元格中输入员工姓名、性别、电话以及电子邮箱地址，如图 6-92 所示。

(10) 将鼠标指针移到 D 列右侧的边框线上，当鼠标指针变成左右箭头时按下鼠标左键向右拖动，如图 6-93 所示。

图 6-92　输入文本　　　　　　　　　　　　图 6-93　调整列宽

(11) 拖动到合适位置后释放鼠标，即可看到电话号码能够正常显示了，如图 6-94 所示。

(12) 使用同样的方法，调整 E 列单元格宽度，使电子邮箱地址可以完整的显示，如图 6-95 所示。

图 6-94　调整列宽后的效果　　　　　　　　图 6-95　调整列宽

(13) 使用同样的方法，拖动鼠标缩小 C 列单元格的宽度，如图 6-96 所示。

(14) 单击 A1 单元格左上角的斜三角按钮，选中整个表格，将鼠标移到任一行标线上，当鼠标指针变成上下箭头时按下鼠标左键向下拖动，如图 6-97 所示。

图 6-96　调整列宽

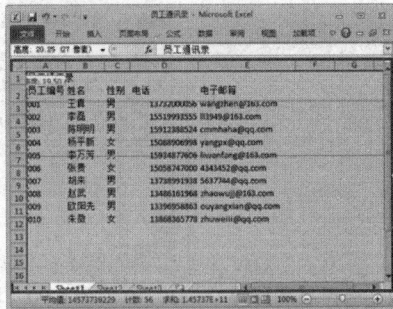

图 6-97　调整行高

(15) 拖动到合适位置后释放鼠标，即可调整所有的列高，如图 6-98 所示。

(16) 选中 A1:E1 单元格区域，切换到"开始"选项卡，在"对齐方式"组中单击"合并后居中"按钮，如图 6-99 所示。

图 6-98　调整行高后的效果

图 6-99　合并单元格

(17) 合并居中后，保持标题文本的选中状态，将其字体设置为"华文行楷"、字号为"20"、字体颜色为"红色"，如图 6-100 所示。

(18) 选中 A2:E12 单元格区域，在"对齐方式"组中单击"居中"按钮，如图 6-101 所示。

图 6-100　设置标题文本格式

图 6-101　设置居中对齐

(19) 选中 A2:E2 单元格区域，将其字体设置为"微软雅黑"、字号为"11"、字体颜色设置为"浅蓝色"，如图 6-102 所示。

(20) 双击 Sheet1 工作表标签，重新输入工作表名称"销售部"，如图 6-103 所示。

图 6-102　设置文本格式

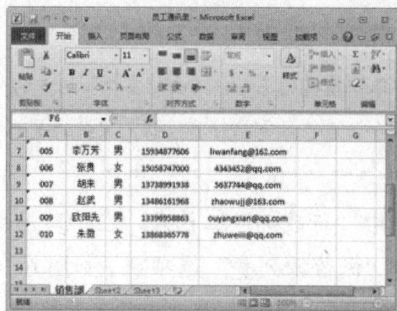

图 6-103　重命名工作表

(21) 接着，将 Sheet2 和 Sheet3 工作表标签更名为"行政部"和"财务部"，如图 6-104 所示。

(22) 在"销售部"工作表标签上右击，在弹出的快捷菜单中选择"工作表标签颜色"|"红色"命令，如图 6-105 所示。

(23) 此时，即可看到"销售部"工作表标签变成了红色。使用同样的方法，将"行政部"和"财务部"工作表标签设置为"蓝色"和"绿色"，如图 6-106 所示。

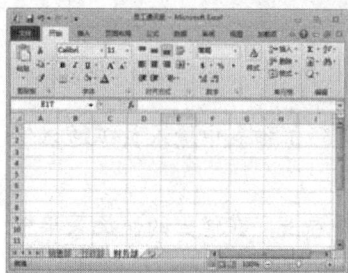

图 6-104　重命名工作表

图 6-105　设置工作表标签颜色

图 6-106　设置工作表标签颜色

(24) 选中 A3 单元格，单击"视图"选项卡，在"窗口"组中单击"冻结窗格"下拉按钮，在弹出的下拉列表中选择"冻结拆分窗格"选项，如图 6-107 所示。

(25) 此时，工作表中的前两行被冻结了，向下拖动滚动条时，前两行的标题和类别名称保持不动，如图 6-108 所示。

(26) 选择 A1:E12 单元格区域，切换到"开始"选项卡，在"剪贴板"组中单击"复制"按钮，如图 6-109 所示。

图 6-107　冻结拆分窗格

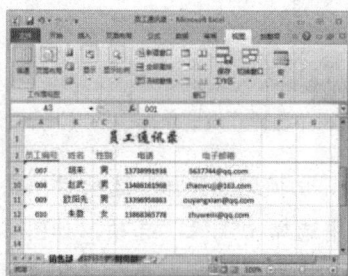

图 6-108　冻结窗格后的效果

图 6-109　复制单元格

提示

如果要取消窗格的冻结，单击"窗口"组中的"冻结窗格"下拉按钮，在展开的列表中选择"取消冻结窗格"命令。在冻结窗格时要注意，冻结的是选中单元格左侧和上方的单元格。

(27) 选中"行政部"工作表，在"剪贴板"组中单击"粘贴"下拉按钮，在弹出的下拉列表中选择"保留源列宽"选项 🔲，如图 6-110 所示。

(28) 使用同样的方法，将选中的单元格区域粘贴到"财务部"工作表中，如图 6-111 所示。

(29) 删除"行政部"工作表和"财务部"工作表除标题和类别名称外的其他数据，如图 6-112 所示。

图 6-110　设置粘贴属性　　　图 6-111　粘贴单元格后的效果　　　图 6-112　删除单元格中的数据

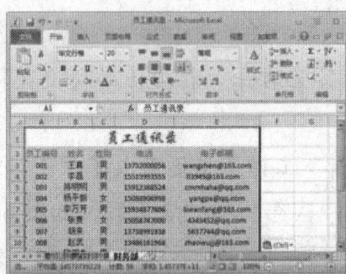

(30) 接着使用同样的方法，在"行政部"工作表和"财务部"工作表中输入员工通讯信息，如图 6-113 所示。

(31) 切换到"销售部"工作表，选中 A1:E12 单元格区域并右击，在弹出的快捷菜单中选择"设置单元格格式"命令，如图 6-114 所示。

(32) 弹出"设置单元格格式"对话框，打开"边框"选项卡，在"样式"列表框中选择较粗的线条样式，单击"外边框"按钮。接着在"样式"列表框中选择较细的线条样式，单击"内部"按钮。最后，单击"确定"按钮完成设置，如图 6-115 所示。

图 6-113　输入员工通讯信息　　图 6-114　选择"设置单元格格式"命令　　图 6-115　设置边框类型

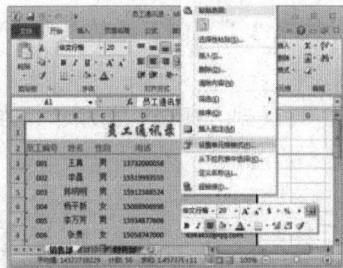

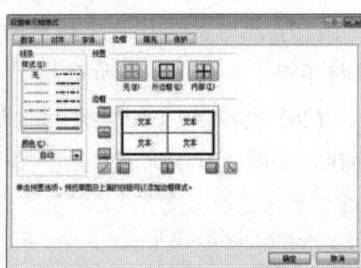

(33) 选中 A1:E1 单元格区域，切换到"开始"选项卡，在"字体"组中单击"填充颜色"下拉按钮 🔲，在弹出的下拉列表中选择"浅绿"选项，如图 6-116 所示。

(34) 接着，选中 A2:E2 单元格区域，使用同样的方法为其设置浅灰的底纹颜色，如图 6-117 所示。

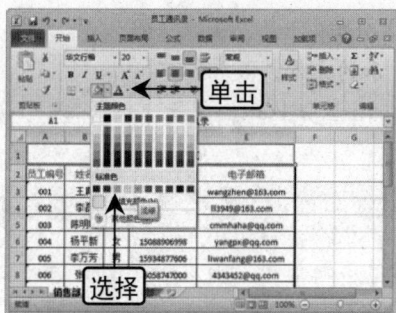

图 6-116 设置填充颜色

图 6-117 设置底纹颜色

(35) 使用同样的方法，为"行政部"工作表和"财务部"工作表设置边框和不同颜色的底纹，最终效果如图 6-118 所示。

图 6-118 最终效果

提示

如果需要快速删除单元格，则在"单元格"组中直接单击"删除"按钮即可，其下方的单元格将自动上移。

6.9.2 制作问卷调查表

本练习将制作问卷调查表，在制作时首先输入单元格数据，然后将一些需要合并的单元格进行合并，接着调整列宽，最后设置边框线和底纹。

(1) 启动 Excel 2010 应用程序，新建一个 Excel 工作簿，将其重命名为"问卷调查表"，如图 6-119 所示。

(2) 在 A1 单元格中输入调查问卷表调查制作单位的名称，如图 6-120 所示。

(3) 在 A2 单元格中输入问卷调查表的详细名称，如图 6-121 所示。

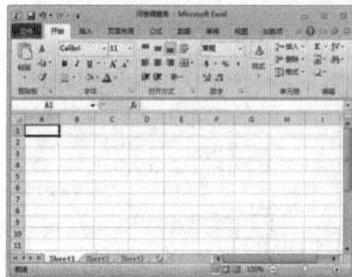

图 6-119 新建工作簿

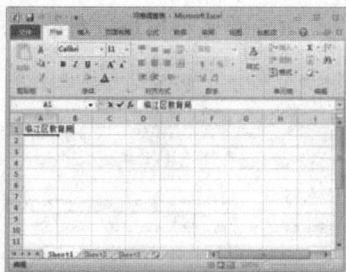

图 6-120 输入制作单位的名称

图 6-121 输入详细名称

(4) 在 P3 单元格中输入调查时间，如图 6-122 所示。

(5) 在 A4:D4 单元格区域中输入如图 6-123 所示的文本。

(6) 在 P4 单元格中输入文本"总体评价"，在 T4 单元格中输入文本"备注"，如图 6-124 所示。

图 6-122　输入调查时间　　　　图 6-123　输入文本 1　　　　图 6-124　输入文本 2

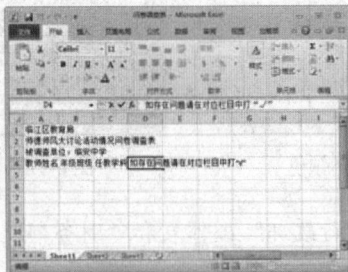

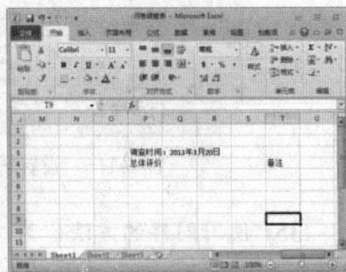

(7) 在 D5:S5 单元格区域中输入调查的具体项目和评价的等级文本，如图 6-125 所示。

(8) 在 A6:C30 单元格区域中输入教师姓名、年级班级以及任教学科的文本，如图 6-126 所示。

(9) 选中 A1:T1 单元格区域，切换到"开始"选项卡，在"对齐方式"组中单击"合并后居中"按钮，如图 6-127 所示。

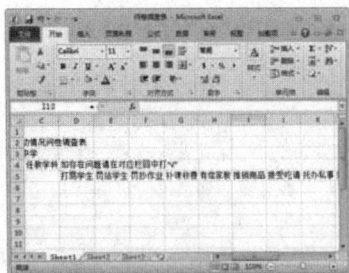

图 6-125　输入文本 3　　　　图 6-126　输入文本 4　　　　图 6-127　合并单元格

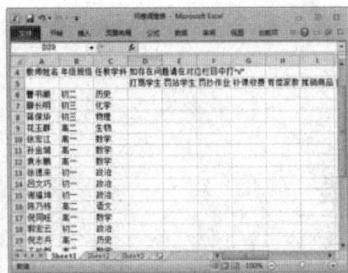

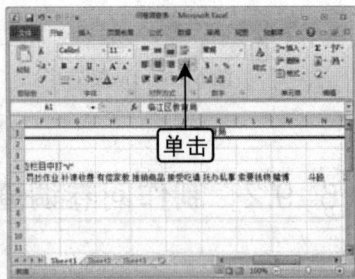

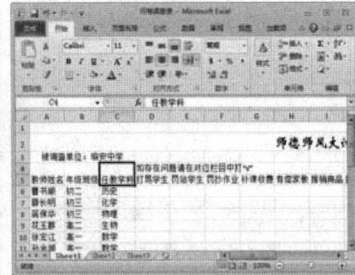

(10) 选中 A2:T2 单元格区域，在"对齐方式"组中单击"合并后居中"按钮，保持单元格的选中状态，将其字体设置为"华文新魏"、字号设置为"18"，如图 6-128 所示。

(11) 选中 P3:T3 单元格区域，在"对齐方式"组中单击"合并后居中"按钮，如图 6-129 所示。

(12) 分别将 A4:A5、B4:B5、C4:C5 单元格区域进行合并，如图 6-130 所示。

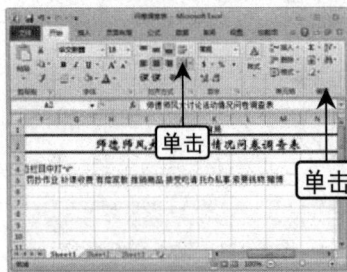

图 6-128　设置文字格式　　　　图 6-129　合并单元格 1　　　　图 6-130　合并单元格 2

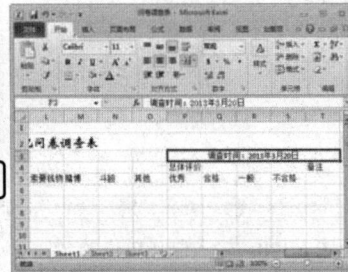

(13) 选中 P4:S4 单元格区域，在"对齐方式"组中单击"合并后居中"按钮，如图 6-131 所示。

(14) 选中 T4:T5 单元格区域，在"对齐方式"组中单击"合并后居中"按钮，如图 6-132 所示。

(15) 选中 A4:T5 单元格区域并右击，在弹出的快捷菜单中选择"设置单元格格式"命令，如图 6-133 所示。

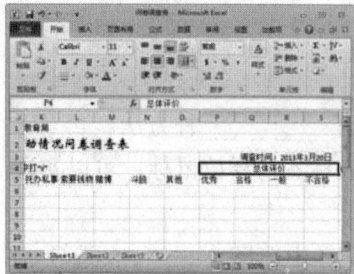

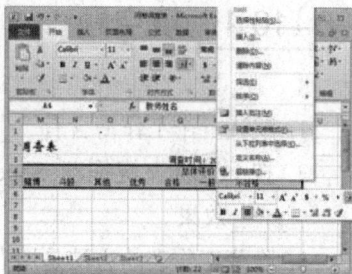

图 6-131　合并单元格 3　　　　图 6-132　合并单元格 4　　　　图 6-133　选择"设置单元格格式"命令

(16) 弹出"设置单元格格式"对话框，打开"对齐"选项卡，在"水平对齐"列表框中选择"居中"选项，在"垂直对齐"列表框中也选择"居中"选项，并选中"自动换行"复选框，单击"确定"按钮，如图 6-134 所示。

(17) 同时选中 B 列至 O 列，将鼠标指向列标线上，当指针变为十字形时按下鼠标向左拖动，重新调整列宽，如图 6-135 所示。

(18) 选中 A1:T30 单元格区域，切换到"开始"选项卡，在"字体"组中单击"边框"下拉按钮，在弹出的下拉列表中选择"粗匣框线"选项，如图 6-136 所示。

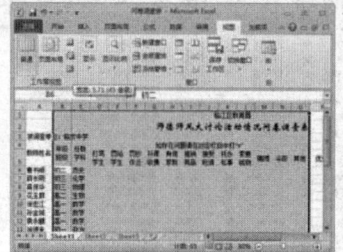

图 6-134　设置对齐方式　　　　图 6-135　调整列宽　　　　图 6-136　设置边框类型

(19) 接着选中 A2:T2 单元格区域，为其填充浅蓝色的底纹，如图 6-137 所示。

(20) 按下 Ctrl+S 组合键保存制作好的工作簿，最终效果如图 6-138 所示。

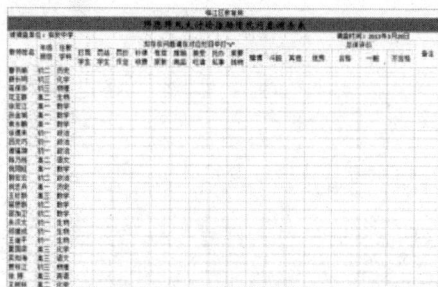

图 6-137　设置底纹颜色　　　　　　图 6-138　最终效果

6.10 习题

6.10.1 填空题

1. 默认一个工作簿含有__________个工作表，新建工作表有__________种方法。

2. 按下鼠标左键拖动 Sheet1 工作表标签至 Sheet3 工作表标签前释放鼠标，可以实现__________效果。

3. 隐藏工作表的方法是用右击__________，在弹出的快捷菜单中选择__________选项。

4. 在单元格中输入文本后，按__________键确认，也可以单击__________确认。按 Tab 键可跳到__________单元格，继续录入内容。

6.10.2 操作题

1. 新建工作簿，将工作表 Sheet1 移动到 Sheet2 工作表的后面。在工作表中实现对列的自动填充，填充的内容为 1~20 的数字。将工作表拆分为左右两部分，调节两部分的大小约为 1:1。

2. 利用本章学习过的知识，制作如图 6-139 所示的学生花名册。

镇江县龙古中学在校学生花名册

2012/2013 学年第二学期　班级：七(3)　班主任：徐永　时间：2013年2月1日

序号	学号	姓名	性别	出生年月	团队员	家长姓名	家庭详细地址	入学时间	外在内借读	变动情况
1	118490012	邱坤龙	男	199705	是	邱全亮	包集镇牌坊村	2013.02		
2	118490013	付娅	女	199804	是	付丽叶	包集镇牌坊村	2013.02		
3	118490019	叶莉莉	女	199702	是	叶兴华	包集镇小集村	2013.02		
4	118490022	邱伟	男	199712	是	邱全献	包集镇牌坊村	2013.02		
5	118490023	崔紫薇	女	199804	是	崔海龙	包集镇牌坊村	2013.02		
6	118490029	叶梦莲	女	199804	是	叶民主	包集镇小集村	2013.02		
7	118490045	姚梦玉	女	199602	是	姚海熙	包集镇金钩村	2013.02		
8	118490050	崔文文	男	199704	是	崔怀忠	包集镇陈圩村	2013.02		
9	118490055	徐涛	男	199802	是	徐帮龄	包集镇大沟村	2013.02		
10	118490058	周坤	男	199504	是	周怀好	包集镇周巷	2013.02		
11	118490062	周儒事	男	199810	是	周启化	包集镇周巷	2013.02		
12	118490065	李乐	男	199809	是	李玉强	包集镇火庙村	2013.02		
13	118490070	严智	男	199901	是	严加路	包集镇大沟村	2013.02		
14	118490077	年雨笑	女	199901	是	年福忠	包集镇大沟村	2013.02		
15	118490078	张智敏	男	199702	是	张加伟	包集镇双河村	2013.02		

图 6-139　学生花名册

计算机 基础与实训教材系列

第7章

公式和函数的运用

在 Excel 中，用户可以使用公式计算电子表格中的各类数据，函数是公式中常用的一种工具。熟悉运用公式和函数，对 Excel 中的数据计算尤为重要。

本章重点

- 输入公式
- 填充公式
- 相对引用
- 求和函数
- 平均值函数

7.1 公式的使用

公式是在工作表中对数据进行分析的等式，使用它可以对工作表的数值进行加、减、乘、除等各种运算。

7.1.1 输入公式

公式是以等号开始的，当在工作表的空白单元格中输入等号时，Excel 就默认用户在进行一个公式的输入。在 Excel 中输入公式与输入文本的方法类似，输入完成后按回车键即可结束输入，并自动得出计算的结果。

【练习7-1】输入公式求和。

(1) 启动 Excel 2010 应用程序，打开"学生期中考试成绩"工作簿。

(2) 选中 F4 单元格，输入公式 "=C4+D4+E4"，如图 7-1 所示。

(3) 输入正确的公式后按 Enter 键即可看到计算的结果，如图 7-2 所示。

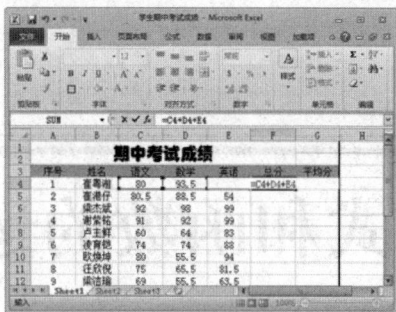

图 7-1　输入公式

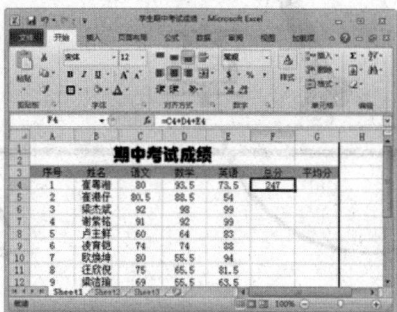

图 7-2　计算的结果

⑦.1.2　复制公式

　　若要在其他单元格中输入与某一单元格中相同的公式，可使用 Excel 2010 的复制公式功能，这样可省去重复输入相同内容的操作。

　　【练习 7-2】复制单元格中的公式。

　　(1) 启动 Excel 2010 应用程序，打开【练习 7-1】制作的 "学生期中考试成绩" 工作簿。

　　(2) 选中 F4 单元格，切换到 "开始" 选项卡，在 "剪贴板" 组中单击 "复制" 按钮，如图 7-3 所示。

　　(3) 接着选中 F5 单元格，在 "剪贴板" 组中单击 "粘贴" 下拉按钮，在弹出的下拉列表中选择 "选择性粘贴" 选项，如图 7-4 所示。

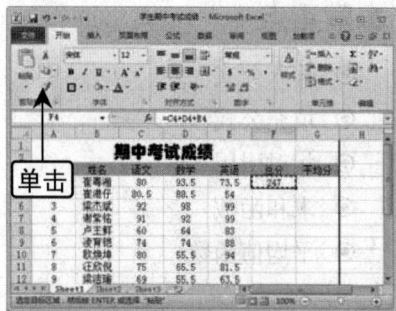

图 7-3　复制公式

　　(4) 弹出 "选择性粘贴" 对话框，选中 "粘贴" 选项组中的 "公式" 单选按钮，单击 "确定" 按钮，如图 7-5 所示。

　　(5) 此时，即可在 F5 单元格中显示计算结果，并且可以看到 F4 单元格中的公式被复制到了 F5 单元格中，如图 7-6 所示。

图 7-4　选择 "选择性粘贴" 选项

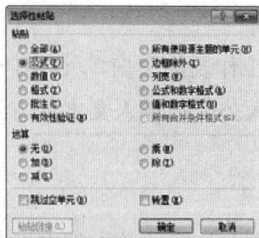

图 7-5　"选择性粘贴" 对话框

图 7-6　粘贴公式后的效果

7.1.3　命名公式

由于公式的表达式一般比较长，如果每一次使用时都要重新输入，难免会出错。为了便于公式的使用和管理，可以给公式命名。

【练习 7-3】为公式命名。

(1) 启动 Excel 2010 应用程序，打开【练习 7-2】制作的"学生期中考试成绩"工作簿。

(2) 选择需要命名公式的单元格 F4，打开"公式"选项卡，在"定义的名称"组中单击"定义名称"下拉按钮，在弹出的下拉列表中选择"定义名称"选项，如图 7-7 所示。

(3) 弹出"新建名称"对话框，输入名称"合计"，在"引用位置"文本框中输入选中单元格中的公式"=C4+D4+E4"，单击"确定"按钮，如图 7-8 所示。

(4) 返回到工作表，选中需要应用公式的单元格 F6，打开"公式"选项卡，在"定义的名称"组中单击"用于公式"下拉按钮，在弹出的下拉列表中选择前面命名的公式名称"合计"，如图 7-9 所示。

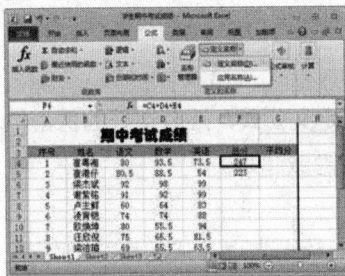

图 7-7　选择"定义名称"选项　　图 7-8　"定义名称"对话框　　图 7-9　选择定义的名称

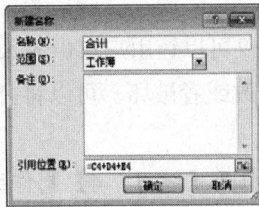

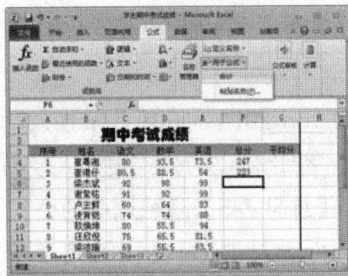

(5) 此时，系统会应用公式自动选择要进行计算的单元格，如图 7-10 所示。

(6) 按 Enter 键，即可计算出结果，如图 7-11 所示。

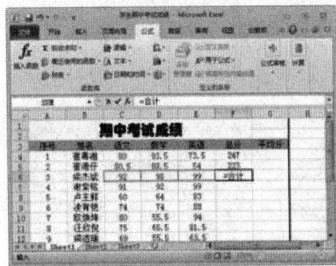

图 7-10　选择要进行计算的单元格　　图 7-11　显示计算出的结果

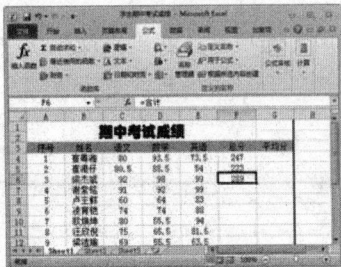

提示

以后如果要运用公式，只需选中待计算的单元格，再在编辑栏中输入"=公式名"，单击"输入"按钮，或直接按 Enter 键，公式即被引用，并在相应的单元格中显示计算值。

7.1.4　填充公式

使用填充公式的功能可以省去每次都要输入公式的麻烦。对于类型相同的计算，Excel 可以自动进行填充计算。

【练习 7-4】为选中的单元格区域填充公式。

(1) 启动 Excel 2010 应用程序，打开【练习 7-3】制作的"学生期中考试成绩"工作簿。

(2) 选中已经计算出总分的 F6 单元格，将鼠标移动到单元格的右下角，按下鼠标左键向下拖动，如图 7-12 所示。

(3) 拖动到 F19 单元格时释放鼠标，即可看到填充后的结果，如图 7-13 所示。

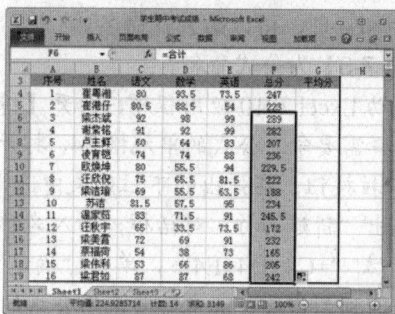

图 7-12　填充公式　　　　　　　图 7-13　填充公式后的效果

7.1.5　隐藏公式

Excel 2010 的功能非常强大，不仅可以让用户自由输入、定义公式，还有很好的保密性。如果不想让自己的公式被别人轻易更改或者破坏，可以将公式隐藏起来。

【练习 7-5】隐藏选中的公式。

(1) 启动 Excel 2010 应用程序，打开【练习 7-4】制作的"学生期中考试成绩"工作簿。

(2) 选中需要隐藏公式的单元格区域 F4:F19 并右击，在弹出的快捷菜单中选择"设置单元格格式"命令，如图 7-14 所示。

(3) 弹出"设置单元格格式"对话框，打开"保护"选项卡，选中"隐藏"复选项，单击"确定"按钮，如图 7-15 所示。

(4) 返回到工作表，打开"审阅"选项卡，在"更改"组中单击"保护工作表"按钮，如图 7-16 所示。

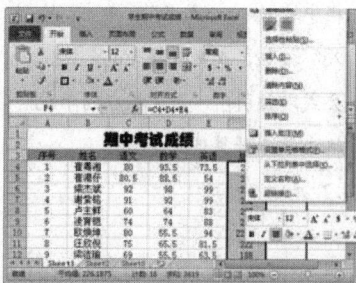

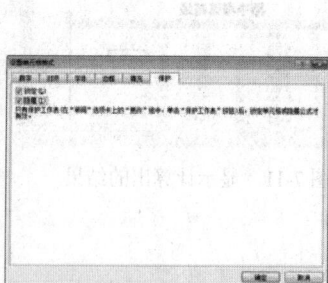

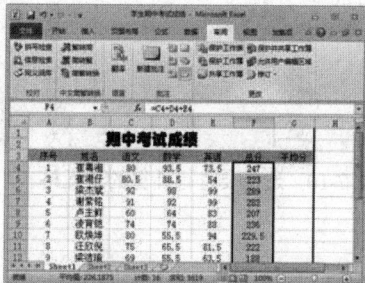

图 7-14　选择"设置单元格格式"命令　图 7-15　选中"隐藏"复选框　图 7-16　单击"保护工作表"按钮

(5) 弹出"保护工作表"对话框，输入要设置的密码，单击"确定"按钮，如图 7-17 所示。

(6) 弹出"确认密码"对话框，再次输入要设置的密码，单击"确定"按钮，如图 7-18 所示。

(7) 返回到工作表，单击隐藏公式后的任意单元格，可以看到在输入栏中不再显示公式，如图 7-19 所示。

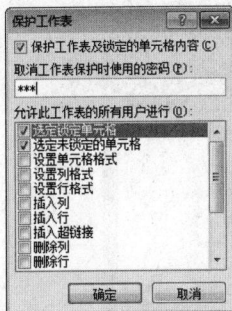

图 7-17 输入要设置的密码　图 7-18 再次输入密码　　　　图 7-19 隐藏公式后的效果

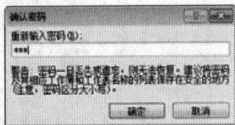

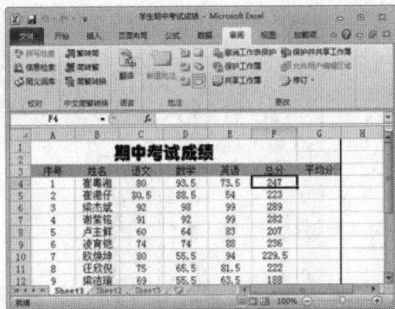

7.2 引用单元格

引用单元格的作用在于标识工作表上单元格或单元格区域，并获取公式中所使用的数值或数据。用户在引用单元格时，可对单元格进行相对引用、绝对引用、混合引用，同时还可以引用其他工作表的数据。

7.2.1 相对引用

相对引用是基于包含公式和单元格引用的单元格相对位置，如果公式所在单元格的位置改变，引用也随之改变。

【练习 7-6】相对引用。

(1) 启动 Excel 2010 应用程序，打开"各型号产品本月销售情况"工作簿。

(2) 首先使用公式进行计算，选中 D3 单元格，输入公式"=B3*C3"，如图 7-20 所示。

(3) 按 Enter 键计算出结果，如图 7-21 所示。

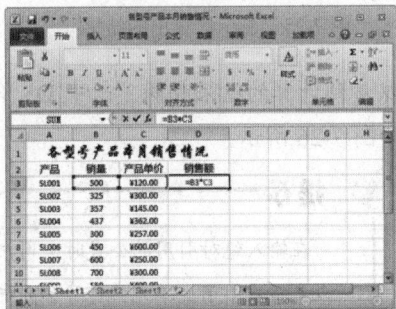

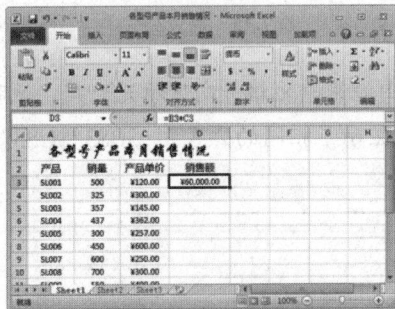

图 7-20 输入公式　　　　　图 7-21 显示计算出的结果

(4) 将鼠标指针置于单元格右下角，然后向下拖动鼠标至 D12 单元格填充公式，如图 7-22 所示。

(5) 双击填充的任意单元格，即可显示使用的公式，此时可以看到其中引用的单元格，如图 7-23 所示。

图 7-22　填充公式　　　　　　　　　　图 7-23　显示单元格中的公式

7.2.2　绝对引用

绝对引用和相对引用不同，绝对引用中单元格不随公式的复制而变化，只要引用的单元格数据不发生变化，复制的公式所计算的结果总是相同的。

【练习 7-7】绝对引用。

(1) 启动 Excel 2010 应用程序，打开"销售汇总表"工作簿。

(2) 选中 D3 单元格，输入公式"=$B$3*$C$3"，如图 7-24 所示。

(3) 按 Enter 键即可看到计算的结果，如图 7-25 所示。

图 7-24　输入公式　　　　　　　　　　图 7-25　显示计算出的结果

(4) 选中结果单元格并向下填充公式，此时可以看到计算的结果相同。选中 D5 单元格时，在编辑栏中显示了相同的公式"=$B$3*$C$3"，如图 7-26 所示。

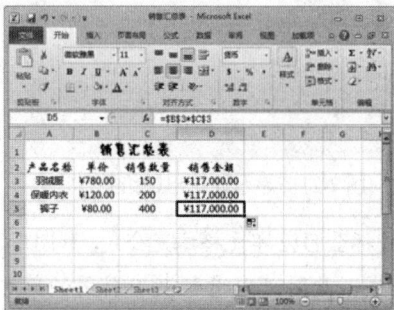

图 7-26　填充公式

提示

在输入绝对引用的公式时，用户可以直接在引用的单元格行号和列标前输入绝对符号，也可以选择需要绝对引用的区域，然后按下 F4 键。

7.2.3 混合引用

单元格的混合引用是在一个单元格地址引用中，既有绝对单元格地址引用，又有相对单元格地址引用。如果公式所在单元格的位置改变，则相对引用改变，而绝对引用不变。

【练习7-8】混合引用。

(1) 启动 Excel 2010 应用程序，打开"销售费用统计表"工作簿。

(2) 在 D3 单元格中输入公式"=C3*$C7"，表示销售数量乘以单件销售费用，公式中的 C7 为相对行绝对列的引用方式，如图 7-27 所示。

(3) 按 Enter 键，此时可以看到在目标单元格中显示了计算的结果，如图 7-28 所示。

(4) 选中计算出结果的 D3 单元格，通过快捷菜单中的"复制"和"粘贴"命令，将其复制到 E4 单元格，此时可以看到公式中绝对引用的 C 列不变，如图 7-29 所示。

| 图 7-27 输入公式 | 图 7-28 显示计算出的结果 | 图 7-29 复制公式 |

提示

如果输入的公式不符合格式或者其他要求，就无法在 Excel 工作表的单元格中显示运算的结果。常见的错误值信息有"####!"、"#DIV/0!"、"#N/A"、"NAME?"等。

7.3 函数的使用

Excel 将具有特定功能的一组公式组合在一起，便产生了函数，它可方便和简化公式的使用。函数一般包括 3 个部分："等号(=)"、"函数"和"参数"。下面将简要介绍几种常用函数的使用方法。

7.3.1 求和函数

求和函数是使用比较频繁的函数之一，下面以求和函数为例详细讲解函数的使用方法。使用求和函数的操作方法如下。

【练习7-9】使用求和函数。

(1) 启动 Excel 2010 应用程序，打开"销售记录表"工作簿。

(2) 选中要求和的 F3 单元格，打开"公式"选项卡，在"函数库"组中单击"插入函数"按钮，如图 7-30 所示。

(3) 弹出"插入函数"对话框，单击选择"SUM"选项，单击"确定"按钮，如图 7-31 所示。

(4) 弹出"函数参数"对话框，单击 Number1 右侧的折叠按钮，如图 7-32 所示。

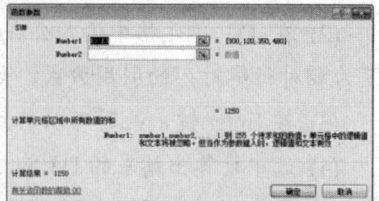

图 7-30　单击"插入函数"按钮　　图 7-31　"插入函数"对话框　　图 7-32　"函数参数"对话框

(5) 返回工作表窗口，单击选择要计算的单元格区域，然后再次单击"设置参数"对话框中的"折叠"按钮，如图 7-33 所示。

(6) 返回到"函数参数"对话框，单击"确定"按钮即可，如图 7-34 所示。

(7) 返回到工作表即可看到使用求和函数计算的合计结果，如图 7-35 所示。

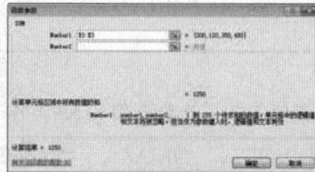

图 7-33　选择单元格区域　　图 7-34　"函数参数"对话框　　图 7-35　显示计算出的结果

(8) 使用自动填充功能计算其他季度的销售总额，如图 7-36 所示。

图 7-36　填充公式

> **提示**
>
> 使用函数后，用户可以对函数进行修改，可以修改函数本身，也可以修改函数引用的数据源。

⑦.3.2　最大值函数

最大值函数是从单元格集合中筛选出最大值，这也是比较常用的函数之一。使用最大值函数的具体操作方法如下。

【练习 7-10】使用最大值函数。

(1) 启动 Excel 2010 应用程序，打开【练习 7-9】制作的"销售记录表"工作簿。

(2) 选择要放置结果的 B7 单元格，打开"公式"选项卡，在"函数库"组中单击"插入函数"按钮，如图 7-37 所示。

图 7-37 单击"插入函数"按钮

(3) 弹出"插入函数"对话框，在"选择函数"列表框中选择 MAX 选项，单击"确定"按钮，如图 7-38 所示。

(4) 弹出"函数参数"对话框，在 Number1 文本框中输入要计算最大的值的单元格区域 B3:B6，单击"确定"按钮，如图 7-39 所示。

(5) 返回到工作表窗口，即可看到为选择的单元格区域求出最大值的结果。使用填充功能可以快速得出各销售部的季度最大销售额，如图 7-40 所示。

图 7-38 "选择函数"对话框

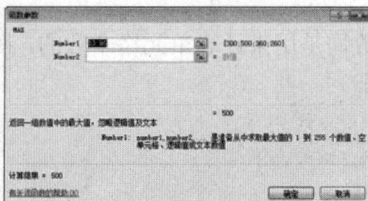
图 7-39 设置单元格区域

图 7-40 显示计算结果

7.3.3 平均值函数

平均值函数是从单元格集合中计算出平均值，这也是比较常用的函数之一。使用平均值函数的具体操作方法如下。

【练习 7-11】使用平均值函数。

(1) 启动 Excel 2010 应用程序，打开【练习 7-10】制作的"销售记录表"工作簿。

(2) 选择要放置结果的 B8 单元格，单击"公式"选项卡，在"函数库"组中单击"插入函数"按钮，如图 7-41 所示。

图 7-41 单击"插入函数"按钮

(3) 弹出"插入函数"对话框，在"选择函数"列表框中选择 AVERAGE 选项，单击"确定"按钮，如图 7-42 所示。

(4) 弹出"函数参数"对话框，在 Number1 文本框中输入要计算平均值的单元格区域 B3:B6，单击"确定"按钮，如图 7-43 所示。

(5) 返回到工作表窗口，即可看到为选择的单元格区域求出平均值的结果。接着使用填充功能得出其他部门和总共的平均销售额，如图 7-44 所示。

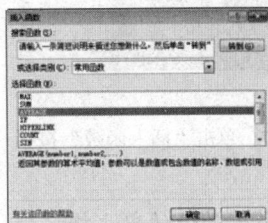

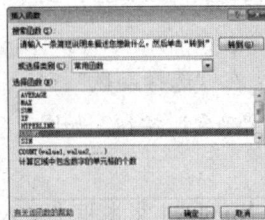

图 7-42　"插入函数"对话框　　图 7-43　"函数参数"对话框　　图 7-44　显示计算结果

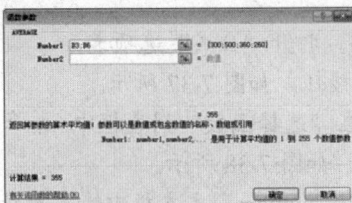

7.3.4　COUNT/COUNTA 函数

COUNT/COUNTA 函数两个函数均是用来计算单元格个数的，在数据表中可用来计算记录个数。其语法为：

COUNT(数值 1,数值 2,…)

COUNTA(数值 1,数值 2,…)

"数值 1，数值 2"是要进行处理的范围参数，最多可达 30 个。

COUNT()是计算所选范围内所有含数值单元格的个数；而 COUNTA()则计算所选范围内所有非空白单元格的个数。

【练习 7-12】使用 COUNT/COUNTA 函数计算单元格个数。

(1) 启动 Excel 2010 应用程序，打开"员工考评成绩"工作簿。

(2) 选中 C12 单元格，打开"公式"选项卡，在"函数库"组中单击"插入函数"按钮，如图 7-45 所示。

(3) 弹出"插入函数"对话框，在"选择函数"列表框中选择 COUNT 选项，单击"确定"按钮，如图 7-46 所示。

(4) 弹出"函数参数"对话框，单击 Number1 右侧的折叠按钮，如图 7-47 所示。

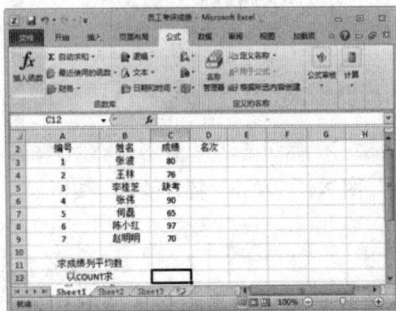

图 7-45　单击"插入函数"按钮　　图 7-46　"插入函数"对话框　　图 7-47　"函数参数"对话框

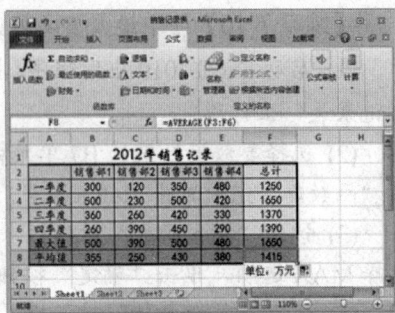

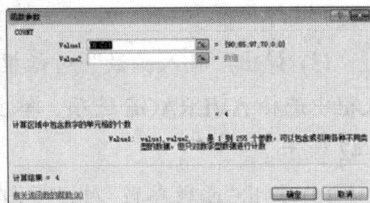

(5) 返回工作表窗口，选择单元格区域 C3:C9，单击"函数参数"对话框中的折叠按钮，如图 7-48 所示。

(6) 返回"函数参数"对话框，单击"确定"按钮，如图 7-49 所示。

(7) 此时，在 C12 单元格中显示了使用 COUNT 函数计算的结果，如图 7-50 所示。

图 7-48 选择单元格区域　　图 7-49 "函数参数"对话框　　图 7-50 显示计算结果

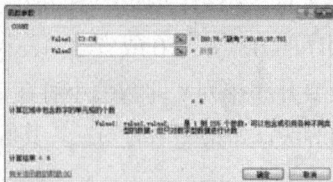

(8) 选中 C13 单元格，在"函数库"组中单击"插入函数"按钮，如图 7-51 所示。

(9) 弹出"插入函数"对话框，在"或选择类别"列表框中选择"全部"选项，然后在"选择函数"列表框中选择 COUNTA 选项，单击"确定"按钮，如图 7-52 所示。

(10) 弹出"函数参数"对话框，在 Number1 文本框中输入单元格区域"C3:C9"，单击"确定"按钮，如图 7-53 所示。

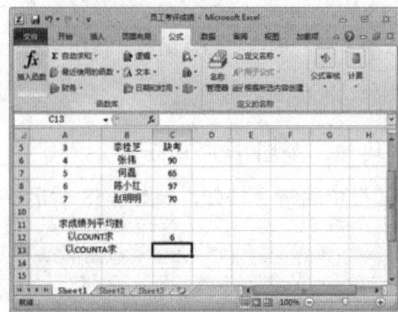

图 7-51 单击"插入函数"按钮　　图 7-52 "插入函数"对话框　　图 7-53 输入单元格区域

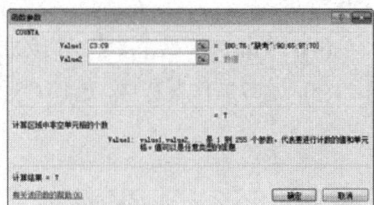

(11) 此时，在 C13 单元格中显示了使用 COUNTA 函数计算的结果，如图 7-54 所示。

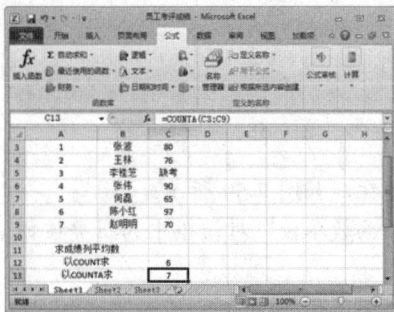

图 7-54 显示计算结果

提示

　　求记录个数，并没限制仅能使用数值列，利用姓名列逐一"点名"算人头，不是更合适吗？但是，此时就只能以 COUNTA()函数来计算；若利用 COUNT()函数其结果将为 0，因为姓名列内没有任何数值。

7.3.5　RANK 函数

有成绩的资料，就常让人联想到排名次的问题。这可以交由 Rank()函数来处理，其语法为：

Rank(数值,范围,顺序)

"数值"是要安排等级的数字(如某人的成绩)。

"范围"是标定要将进行排名次的数值范围(如全班的成绩)，非数值将被忽略。

"顺序"是用来指定排等级顺序的方式，为 0 或省略，表示要降序排列，即数值大者在前，小者在后。反之，若不是 0，则表要升序排列，即数值小者在前，大者在后。

当有同值的情况，会给相同的等级。如第三名有员工，其等级均为 3；且下一位就变成第 5名，而无第 4 名。

【练习 7-13】使用 Rank 函数对成绩进行排名。

(1) 启动 Excel 2010 应用程序，打开"员工考评成绩 2"工作簿。

(2) 选中 D3 单元格，打开"公式"选项卡，在"函数库"组中单击"插入函数"按钮，如图 7-55 所示。

(3) 弹出"插入函数"对话框，在"或选择类别"列表框中选择"全部"选项，然后在"选择函数"列表框中选择 RANK 选项，单击"确定"按钮，如图 7-56 所示。

图 7-55　单击"插入函数"按钮

(4) 弹出"函数参数"对话框，单击 Number 右侧的折叠按钮，如图 7-57 所示。

(5) 返回工作表窗口，选择 C3 单元格，单击"函数参数"对话框中的折叠按钮，如图 7-58 所示。

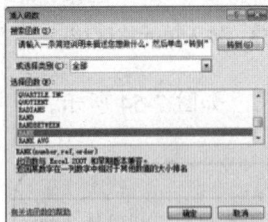

图 7-56　"插入函数"对话框

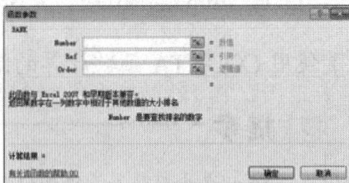

图 7-57　"函数参数"对话框

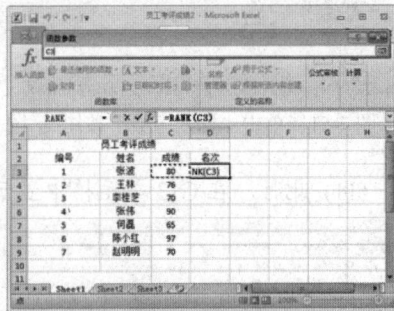

图 7-58　选择单元格

(6) 返回"函数参数"对话框，单击 Ref 右侧的折叠按钮，如图 7-59 所示。

(7) 返回工作表窗口，选择单元格区域 C3:C9，单击"函数参数"对话框中的折叠按钮，如图 7-60 所示。

(8) 返回"函数参数"对话框，单击"确定"按钮，如图 7-61 所示。

(9) 此时，可以看到使用 RANK 函数计算出名次后的结果，如图 7-62 所示。

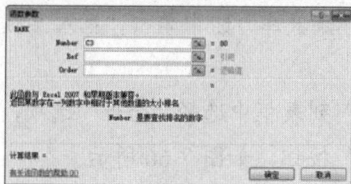

图 7-59　"函数参数"对话框

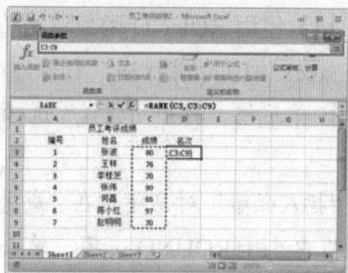

图 7-60　选择单元格区域

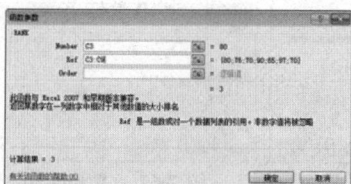

图 7-61　"函数参数"对话框

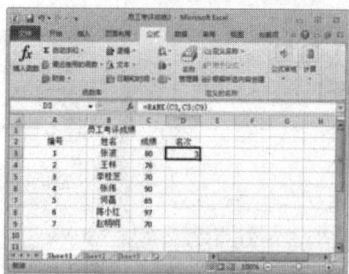

图 7-62　查看计算出的结果

(10) 选中 D4 单元格，输入公式"=RANK(C4,$C$3:$C$9)"，此公式的意思是 C4 单元格在单元格区域 C3:C9 中的名次。其中"$C$3:$C$9"表示绝对引用，如图 7-63 所示。

(11) 按 Enter 键即可计算出排名结果，将鼠标指向单元格 D4 右下角，按下鼠标左键向下拖动至 D9 单元格，为单元格区域 D5:D9 填充名次，如图 7-64 所示。

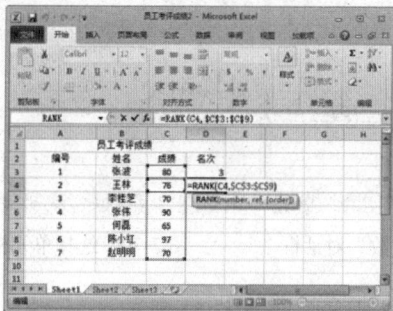

图 7-63　输入公式

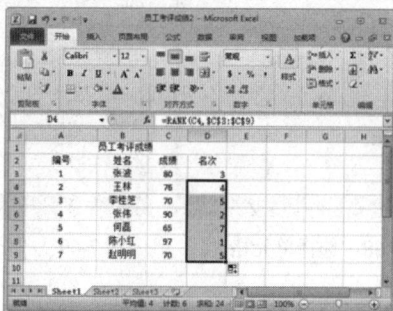

图 7-64　填充公式

7.3.6　ROUND 函数

该函数是一个四舍五入函数。其语法为：

ROUND(数值，小数位数)

"数值"是要进行四舍五入的数字或表达式。"小数位数"是用来指定要由第几位小数以下四舍五入。若为 0，表示整数以下四舍五入。如果小数位数小于 0，数字将被四舍五入到小数点左边的指定位数。

【练习 7-14】使用 ROUND 函数对数值进行四舍五入。

(1) 启动 Excel 2010 应用程序，打开"四舍五入"工作簿。

(2) 选中 B5 单元格，打开"公式"选项卡，在"函数库"组中单击"插入函数"按钮，如图 7-65 所示。

(3) 弹出"插入函数"对话框，在"或选择类别"列表框中选择"全部"选项，然后在"选择函数"列表框中选择 ROUND 选项，单击"确定"按钮，如图 7-66 所示。

(4) 弹出"函数参数"对话框，单击 Number 右侧的折叠按钮，如图 7-67 所示。

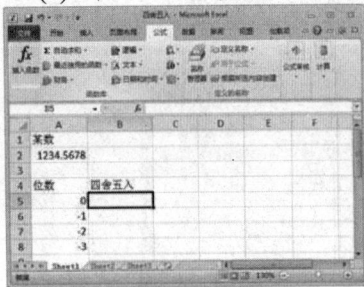

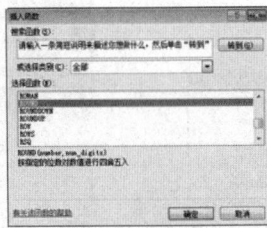

图 7-65　单击"插入函数"按钮　　图 7-66　"插入函数"对话框　　图 7-67　"函数参数"对话框

(5) 单击选择 A1 单元格，然后单击"函数参数"对话框中的折叠按钮，如图 7-68 所示。

(6) 返回到"函数参数"对话框，单击 Num_digits 右侧的折叠按钮，如图 7-69 所示。

(7) 单击选择 A5 单元格，单击"函数参数"对话框中的折叠按钮，如图 7-70 所示。

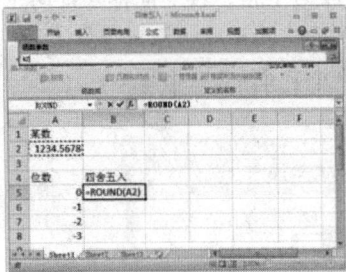

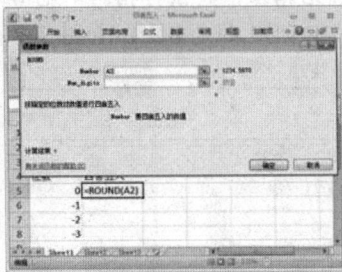

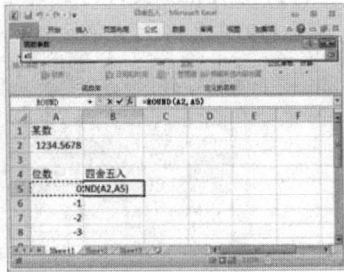

图 7-68　选择单元格　　图 7-69　"函数参数"对话框　　图 7-70　选择单元格

(8) 返回到"函数参数"对话框，单击"确定"按钮，如图 7-71 所示。

(9) 此时，可以看到为 B5 单元格应用 ROUND 函数求四舍五入后的结果，如图 7-72 所示。

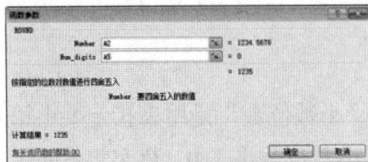

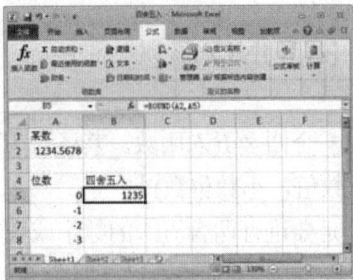

图 7-71　"函数参数"对话框　　图 7-72　查看计算出的结果

(10) 选中 B6 单元格，输入公式"=ROUND($A$2,$A6)"，如图 7-73 所示。

(11) 按 Enter 键即可得到计算出的结果。接着将鼠标指向 B6 单元格右下角，按下鼠标左键向下拖动至 B8 单元格，为单元格区域 B6:B8 填充四舍五入的结果，如图 7-74 所示。

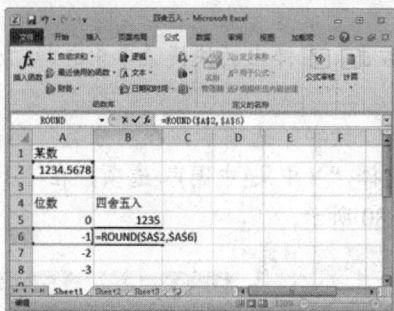

图 7-73　输入公式

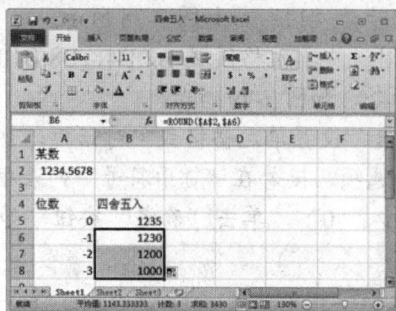

图 7-74　查看计算出的结果

提示

四舍五入与将数据以固定小数位数的格式显示不同。前者将原值改为只留下所指定的小数位数而已(如 12.5 变 13)；而后者只是显示留下所指定的小数位数，但其原值并未改变。

7.4　上机练习

本节上机练习将通过计算房贷月供金额和制作差旅费报销单两个练习，帮助读者进一步加深对本章知识的掌握。

7.4.1　计算房贷月供金额

假设某人贷款购房，房屋总价为 36.6 万，首付了 10 万，分 20 年(即 240 个月)偿还，年利率为 5.2%，现需计算按月偿还的金额。

(1) 启动 Excel 2010 应用程序，新建一个工作簿，将其另存为"购房分期付款计算表"，如图 7-75 所示。

(2) 在单元格区域 A1:A10 中分别输入标题和各项目的名称，如图 7-76 所示。

(3) 接着，在单元格区域 B2:B6 中依次输入各项目的具体数值，如图 7-77 所示。

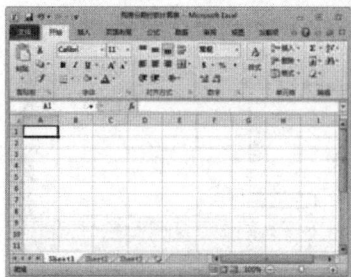

图 7-75　新建工作簿

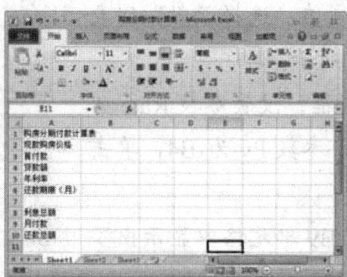

图 7-76　输入标题和项目名称

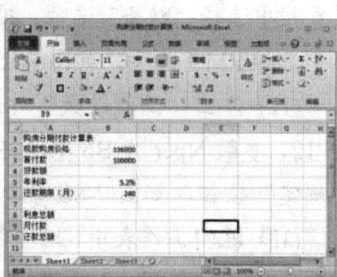

图 7-77　输入具体数值

(4) 选中单元格区域 A1:B10 为其设置较粗的单元格边框，然后将标题字体设置为"华文行楷"、字号为"16"，并将单元格区域 A1:B2 进行合并。接着将单元格字体设置为"微软雅黑"、字号为"11"，如图 7-78 所示。

(5) 同时选中单元格区域 B2:B4、B8:B10 并右击，在弹出的快捷菜单中选择"设置单元格格式"命令，如图 7-79 所示。

(6) 弹出"设置单元格格式"对话框，切换到"数字"选项卡，在"分类"列表框中选择"货币"选项，接着在"货币符号"列表框中选择"¥中文(中国)"选项，在"小数位数"数值框中输入"0"，单击"确定"按钮，如图 7-80 所示。

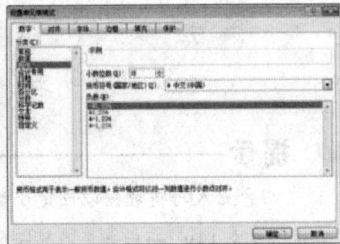

图 7-78　设置单元格格式　　图 7-79　选择"设置单元格格式"命令　　图 7-80　选择单元格格式类型

(7) 此时，可以看到为选中单元格区域设置单元格格式后的效果，如图 7-81 所示。

(8) 选中 B4 单元格，输入公式"=B2-B3"，如图 7-82 所示。

(9) 按 Enter 键即可显示计算出的结果，如图 7-83 所示。

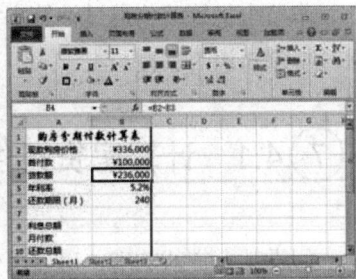

图 7-81　设置单元格格式后的效果　　图 7-82　输入公式　　图 7-83　查看计算出的结果

(10) 选中 B9 单元格，打开"公式"选项卡，在"函数库"组中单击"插入函数"按钮，如图 7-84 所示。

(11) 弹出"插入函数"对话框，在"或选择类型"列表框中选择"财务"选项。接着在"选择函数"列表框中选择 PMT 选项，如图 7-85 所示。

(12) 弹出"函数参数"对话框，设置参数 Rate 为 B5/12、参数 Nper 为 B6 单元格，参数 Pv 为-B4，单击"确定"按钮，如图 7-86 所示。

(13) 返回工作表中，此时在 B9 单元格中显示出了计算出的月供金额，如图 7-87 所示。

图 7-84　单击"插入函数"按钮

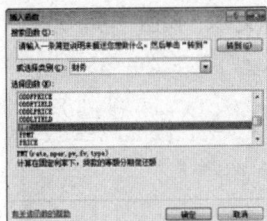

图 7-85 "插入函数"对话框　　　图 7-86 设置参数　　　图 7-87 查看计算出的结果

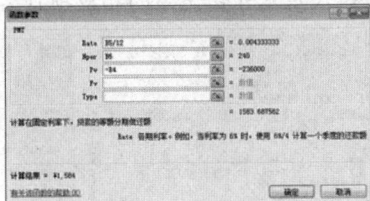

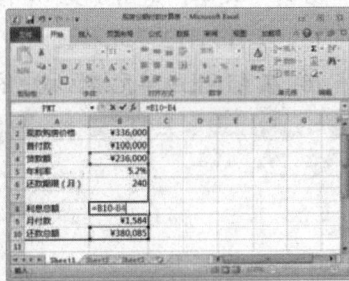

(14) 还款总额等于月付款乘以还款期限，所以选中 B10 单元格，输入公式 "=B9*B6"，如图 7-88 所示。

(15) 按 Enter 键即可显示计算出的结果，如图 7-89 所示。

(16) 利息=还款总额-贷款额，所以在 B8 单元格中输入公式 "=B10-B4"，如图 7-90 所示。

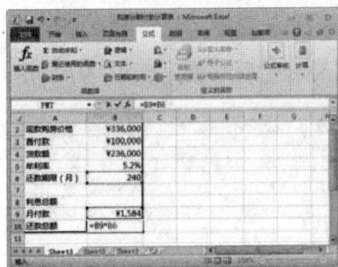

图 7-88 输入公式　　　　图 7-89 查看计算出的结果　　　　图 7-90 输入公式

(17) 按 Enter 键即可显示计算出的结果。按 Ctrl+S 组合键保存制作好的工作表，最终效果如图 7-91 所示。

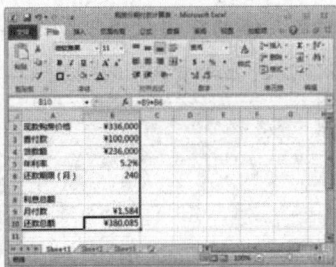

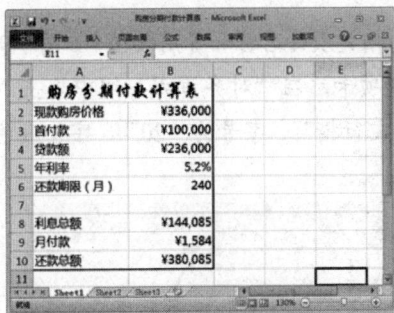

图 7-91 查看计算出的结果

提示

如果用户不清楚需要插入的函数，可以在打开的"插入函数"对话框的"搜索函数"文本框中输入要搜索函数的关键字，然后单击"转到"按钮，系统会自动搜索出符合要求的函数。

7.4.2 制作差旅费报销单

出差人员返回后，一般需要报销出差费用，所以需要制作差旅费报销单，制作时先录入数据，然后设置表格格式，最后使用公式计算报销费用。

(1) 启动 Excel 2010 应用程序，新建一个工作簿，将其另存为"差旅费报销单"，如图 7-92 所示。

(2) 在 A1 单元格中输入标题名称，在 A2:G4 单元格区域中输入表头信息，并将 E3:G3 和 B4:D4 单元格区域进行合并，如图 7-93 所示。

(3) 在 A6:A13 单元格区域中依次输入基本开销记录的相应项目名称文本，如图 7-94 所示。

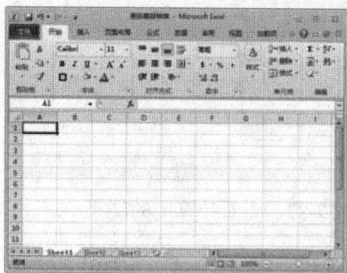

图 7-92　新建工作簿　　　　图 7-93　合并单元格　　　　图 7-94　输入文本 1

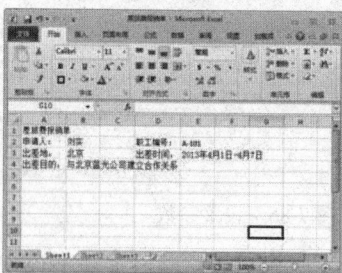

(4) 在 B7:BH 单元格区域中依次输入"星期一"到"星期日"文本，然后在 J7 单元格中输入"合计"文本，如图 7-95 所示。

(5) 在 B8:H12 单元格区域中输入具体的费用数值，如图 7-96 所示。

(6) 在 A15:E19 单元格区域中依次输入"应酬费用"的相关项目名称和费用数值，如图 7-97 所示。

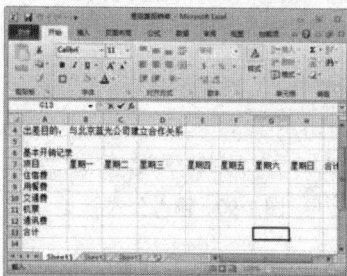

图 7-95　输入文本 2　　　　图 7-96　输入费用数值　　　　图 7-97　输入项目名称和费用数值

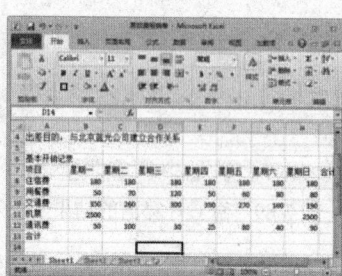

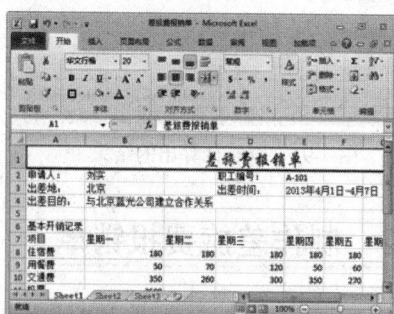

(7) 在 A21:C23 单元格区域中依次输入"总计"的相关项目名称和费用数值，如图 7-98 所示。

(8) 选中 A1:I1 单元格区域，切换到"开始"选项卡，在"对齐方式"组中单击"合并后居中"按钮。接着将标题文本的字体格式设置为"华文行楷"、字号为"20"、字体颜色为"红色"，如图 7-99 所示。

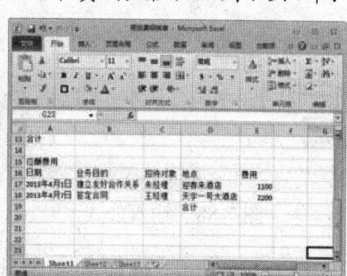

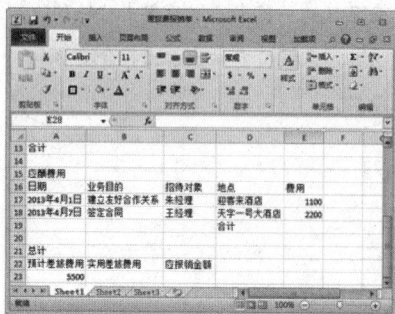

图 7-98　输入项目名称和费用数值　　　　图 7-99　设置标题文本格式

(9) 选中 A6:I23 单元格区域，在"对齐方式"组中单击"居中"按钮，如图 7-100 所示。

(10) 选中 A6:B6 单元格区域，在"对齐方式"组中单击"合并后居中"下拉按钮，在弹出的下拉列表中选择"合并单元格"选项，如图 7-101 所示。

(11) 保持"基本开销记录"文本的选中状态，为其设置字体格式为"文鼎行楷简体"、字号为"16"、字体颜色为"蓝色"，如图 7-102 所示。

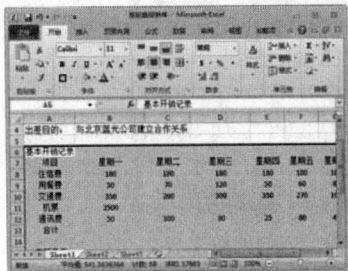

图 7-100　设置对齐方式　　　图 7-101　合并单元格　　　图 7-102　设置字体格式

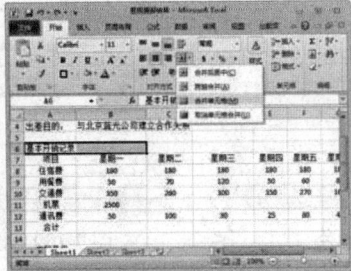

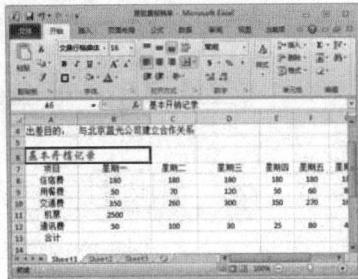

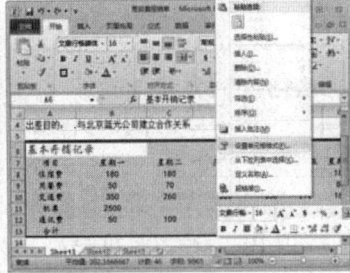

(12) 选中 A6 单元格，在"剪贴板"组中双击"格式刷"按钮，将其格式应用给 A15:B15 和 A21:B21 单元格区域，如图 7-103 所示。

(13) 选中 A7:I13 单元格区域，将其字体格式设置为"楷体"、字号为"11"、居中对齐，如图 7-104 所示。

(14) 选中 A6:I13 单元格区域并右击，在弹出的快捷菜单中选择"设置单元格格式"命令，如图 7-105 所示。

图 7-103　使用格式刷复制格式　　　图 7-104　设置字体格式　　　图 7-105　选择"设置单元格格式"命令

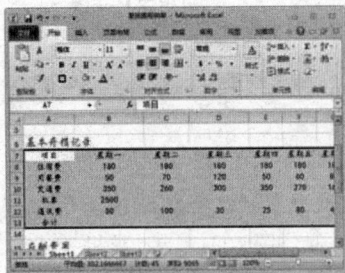

(15) 弹出"设置单元格格式"对话框，打开"边框"选项卡，在"颜色"列表框中选择"绿色"选项，单击粗线条样式，然后单击"外边框"按钮，再单击虚线条样式，单击"内部"按钮，单击"确定"按钮完成设置，如图 7-106 所示。

(16) 返回到工作表，即可看到为选中区域添加边框后的效果，如图 7-107 所示。

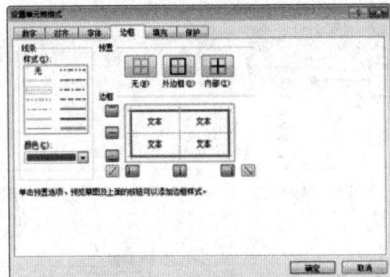

图 7-106　设置边框样式　　　图 7-107　添加边框后的效果

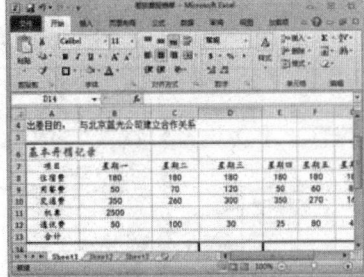

(17) 选中 A7:I7 单元格区域，切换到"开始"选项卡，在"字体"组中单击"填充颜色"

下拉按钮，在弹出的下拉列表中选择"浅绿"选项，如图 7-108 所示。

(18) 此时，即可看到为选中区域设置底纹后的效果，如图 7-109 所示。

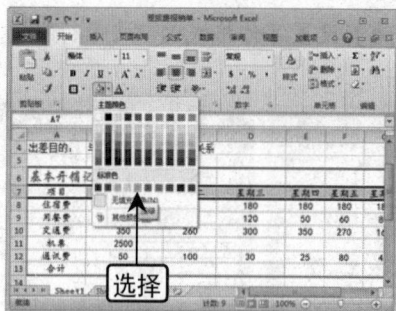

图 7-108　填充颜色

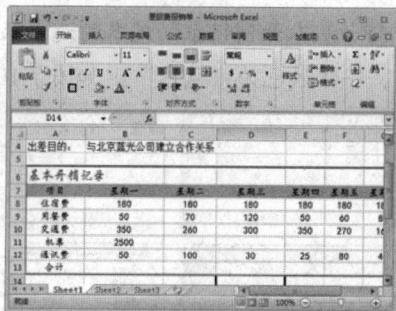

图 7-109　设置底纹后的效果

(19) 使用同样的方法，为"应酬费用"和"总计"两部分设置相同的边框和底纹颜色，如图 7-110 所示。

(20) 选中 I8 单元格，切换到"开始"选项卡，在"编辑"组中单击"自动求和"下拉按钮 Σ，在弹出的下拉列表中选择"求和"命令，如图 7-111 所示。

(21) 此时，系统自动选择要求和的单元格区域。如果单元格选择的正确，按 Enter 键或单击输入栏中的"输入"按钮，如图 7-112 所示。

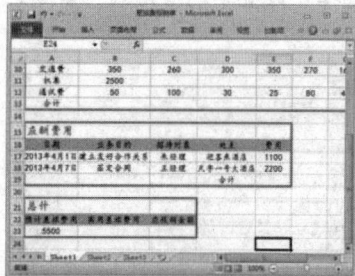

图 7-110　设置边框和底纹

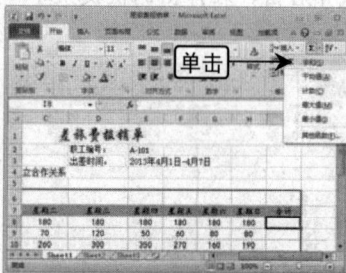

图 7-111　自动求和

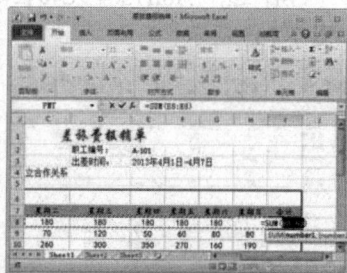

图 7-112　选择单元格区域

(22) 此时，系统会自动计算出合计结果，接着使用填充的方法为 I9:I12 单元格区域填充求和计算，如图 7-113 所示。

(23) 选中 B13 单元格，在"编辑"组中单击"自动求和"下拉按钮 Σ，在弹出的下拉列表中选择"求和"命令，如图 7-114 所示。

(24) 此时，系统自动选择求和区域，如果自动选择的区域不正确，可以拖动选择要求和的 B8:B12 单元格区域，如图 7-115 所示。

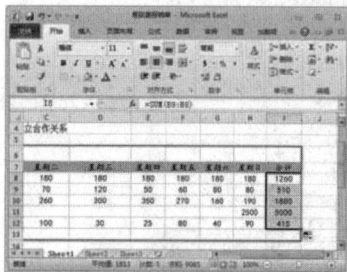

图 7-113　填充求和公式

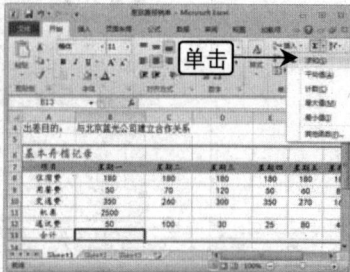

图 7-114　自动求和

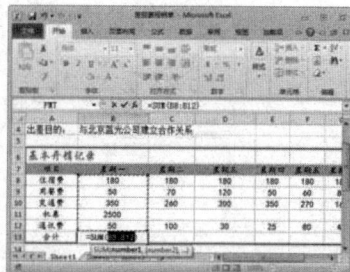

图 7-115　选择单元格区域

(25) 按 Enter 键即可计算出合计结果，使用填充的方法为 C13:I13 单元格区域填充求和计算，如图 7-116 所示。

(26) 选中 E19 单元格，在"编辑"组中单击"自动求和"下拉按钮Σ，在弹出的下拉列表中选择"求和"命令，如图 7-117 所示。

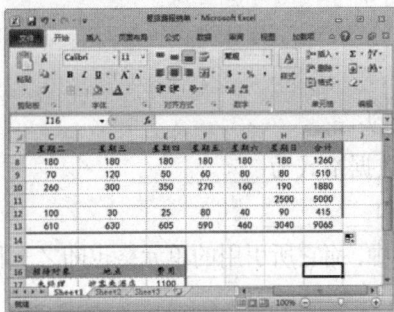

图 7-116　查看计算出的结果

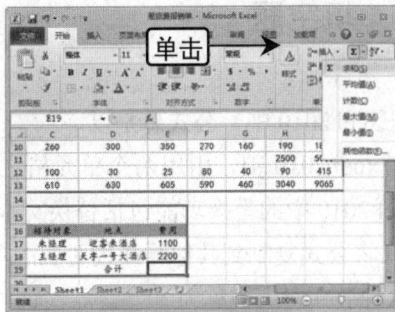

图 7-117　自动求和

(27) 按 Enter 键即会自动显示求和的结果，如图 7-118 所示。

(28) 由于"实际差旅费用=基本开销记录总额+应酬费用总额"，所以在 B23 单元格中输入公式"=I13+E19"，如图 7-119 所示。

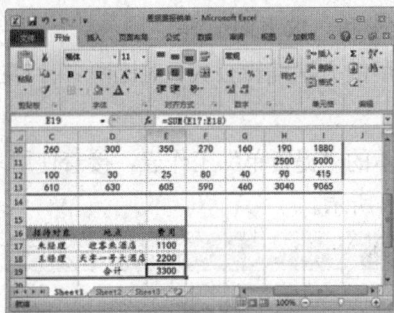

图 7-118　查看计算出的结果

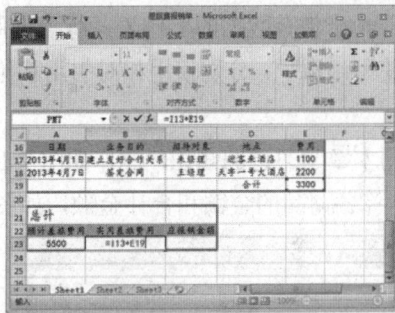

图 7-119　输入公式 1

(29) 按 Enter 键即可得到计算出的结果。由于"应报销金额=实际差旅费用-预支差旅费用"，所以在 C23 单元格中输入公式"=B23-A23"，如图 7-120 所示。

(30) 按 Enter 键即可得到最终的应报销金额。按 Ctrl+S 组合键保存制作好的工作表，最终效果如图 7-121 所示。

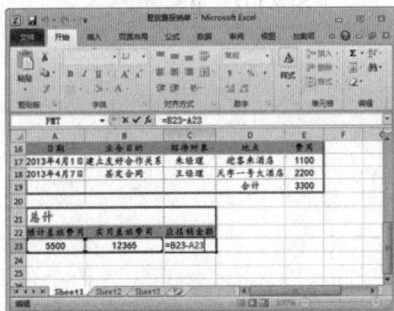

图 7-120　输入公式 2

图 7-121　最终效果

7.5 习题

7.5.1 填空题

1. 在 Excel 2010 中，公式总是以_____开头。

2. 在 Excel 2010 中，引用两个单元格之间的数据格式为_____。

3. Excel 2010 中的替换功能包括替换文本内容和_____。

4. 如果将公式复制到其他行或列对应的单元格中，而它所引用的单元格也随之下移或左移等，那么这种公式引用被称为_____。

5. 在编辑好公式后，如果要确认公式，需要按_____键得到计算结果。

7.5.2 操作题

1. 打开一个带有数据的工作表，练习使用函数求和、求平均值等。

2. 在使用函数中，分别使用相对引用和绝对引用的方法编辑公式，对比两者计算的结果有什么不同。

3. 使用本章学习过的知识，制作如图 7-122 所示的"提货单"工作表，接着使用求乘积和求和公式计算各商品的金额和合计金额，如图 7-123 所示。

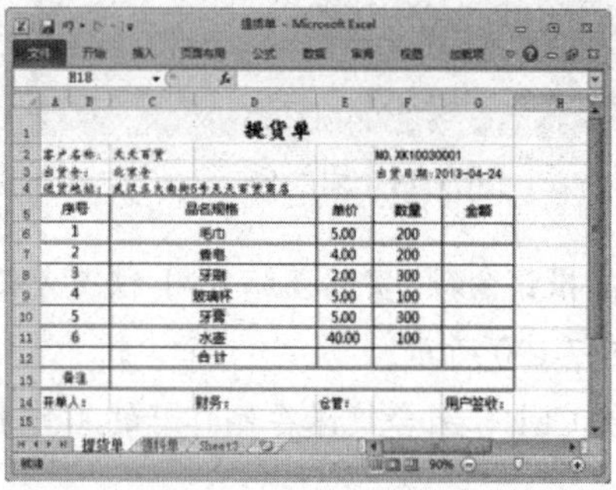

图 7-122　制作"提货单"工作表

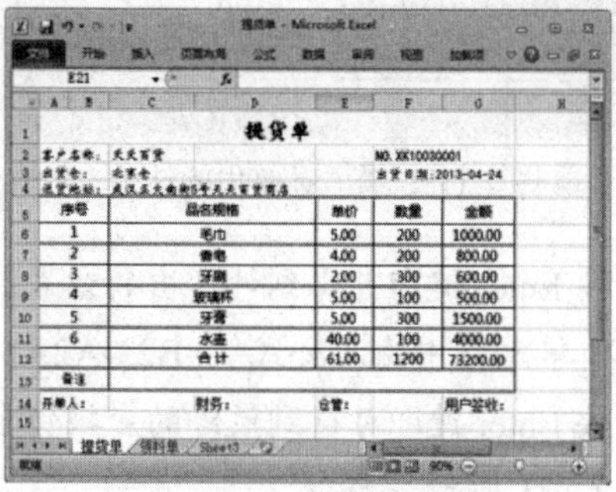

图 7-123　最终效果

第**8**章

数据的处理

学习目标

在日常办公中，难免会对数据进行整理和分析，Excel 2010 为用户提供了强大的分析功能，可以很方便地从工作表中获取相关数据，同时获取数据反映的变化规律，从而为用户使用数据提供决策依据。

本章重点

- ◉ 简单排序
- ◉ 自定义排序
- ◉ 自动筛选
- ◉ 简单分类汇总
- ◉ 设置日期格式
- ◉ 数据有效性

8.1 数据排序

数据排序是对工作表中的数据按行或列，或根据一定的次序重新组织数据的顺序，排序后的数据可以方便查找。

8.1.1 简单排序

简单排序是指只对一行或一列数据进行排序，是比较简单也比较常用的排序方式。具体操作方法如下。

【练习 8-1】对数据进行简单排序。

(1) 启动 Excel 2010 应用程序，打开"销售记录表"工作簿。

(2) 选择"销售金额"列中的任意数据单元格,打开"数据"选项卡,在"排序和筛选"组中单击"升序"按钮↑,如图 8-1 所示。

(3) 经过步骤(2)操作之后,此时可以看到工作表中销售金额数据已经按照升序重新进行了排列,如图 8-2 所示。

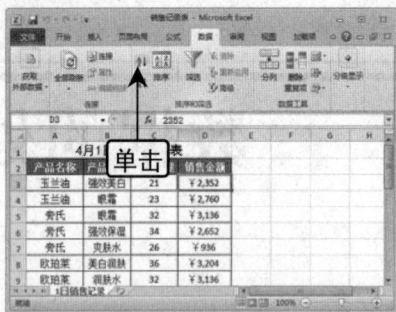

图 8-1 按升序排列

图 8-2 排升序排列后的效果

8.1.2 复杂排序

复杂排序即是按多个关键字对数据进行排序,在"排序"对话框的"主要关键字"和"次要关键字"选项区域中设置排序的条件来实现对数据的复杂排序。

【练习 8-2】对数据进行复杂排序。

(1) 启动 Excel 2010 应用程序,打开【练习 8-1】"销售记录表"工作簿。

(2) 单击"数据"选项卡,在"排序和筛选"组中单击"排序"按钮,如图 8-3 所示。

(3) 弹出"排序"对话框,单击"主要关键字"下拉按钮,在弹出的下拉列表中选择"销售数量"选项,如图 8-4 所示。

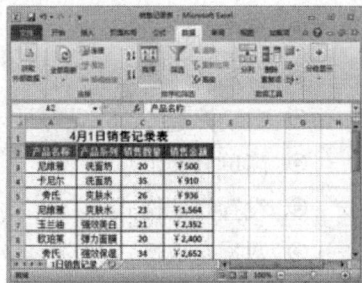

图 8-3 单击"排序"按钮

(4) 单击"添加条件"按钮添加次要关键字,接着单击"次要关键字"下拉按钮,在弹出的下拉列表中选择"销售金额"选项,单击"确定"按钮,如图 8-5 所示。

(5) 经过前面的操作之后可以看到已经对销售数量和销售金额字段进行了排序,如图 8-6 所示。

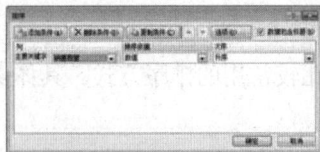

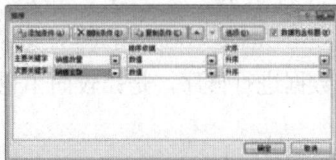

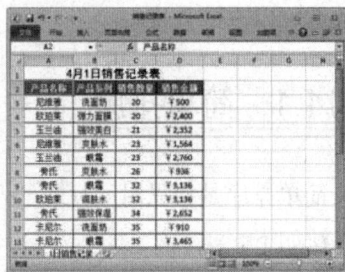

图 8-4 选择主要关键字   图 8-5 选择次要关键字   图 8-6 复杂排序后的效果

8.1.3　自定义排序

Excel 允许对数据进行自定义排序，通过"自定义序列"对话框可对排序的依据进行设置。

【练习 8-3】对数据进行自定义排序。

(1) 启动 Excel 2010 应用程序，打开【练习 8-2】"销售记录表"工作簿。

(2) 单击"数据"选项卡，在"排序和筛选"组中单击"排序"按钮，如图 8-7 所示。

(3) 弹出"排序"对话框，选中"次要关键字"列，单击"删除条件"按钮，如图 8-8 所示。

(4) 单击"主要关键字"下拉按钮，在弹出的下拉列表中选择"产品名称"选项，单击"次序"下拉按钮，在弹出的下拉列表中选择"自定义序列"选项，如图 8-9 所示。

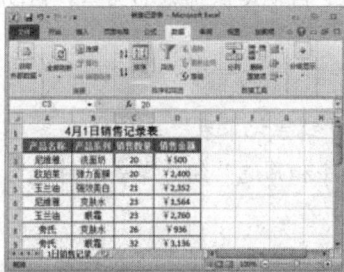

图 8-7　单击"排序"按钮　　　图 8-8　删除条件　　　图 8-9　选择"自定义序列"选项

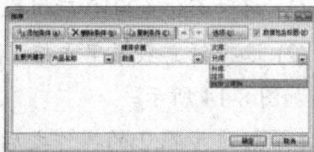

(5) 弹出"自定义序列"对话框，在"输入序列"列表框中输入自定义序列内容，单击"添加"按钮，如图 8-10 所示。

(6) 此时，可以看到在"自定义序列"列表框中显示了输入的序列内容，单击"确定"按钮，如图 8-11 所示。

(7) 返回"排序"对话框中，单击"确定"按钮，如图 8-12 所示。

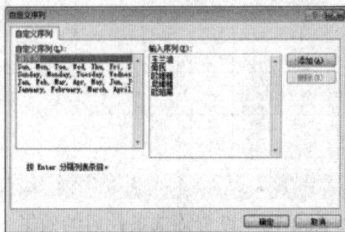

图 8-10　输入自定义序列内容　　　图 8-11　输入序列内容　　　图 8-12　"排序"对话框

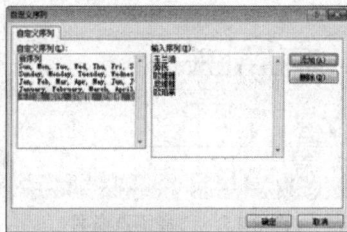

(8) 接着将返回工作表中，此时可以看到已经按自定义序列对销售人员进行了排序，如图 8-13 所示。

图 8-13　自定义排序后的效果

> **提示**
>
> 　　在对数据进行排序时，默认的是按数值进行排序；在对文本数据进行排序时，默认是按文本第 1 个文字的拼音进行排序。

8.2 数据筛选

Excel 的数据筛选功能主要用于将数据清单中满足条件的数据单独显示出来，将不满足条件的数据暂时隐藏。Excel 中常用的数据筛选方式有自动筛选、高级筛选和自定义筛选。

8.2.1 自动筛选

自动筛选是简单条件的筛选，不需要用户设置条件，Excel 自动提供筛选的类型。自动筛选的操作方法如下。

【练习 8-4】对数据进行自动筛选。

(1) 启动 Excel 2010 应用程序，打开【练习 8-3】制作的"销售记录表"工作簿。

(2) 选择任意数据单元格，打开"数据"选项卡，在"排序和筛选"组中单击"筛选"按钮，如图 8-14 所示。

(3) 经过步骤(2)的操作之后，此时可以看到在表格中各字段的右侧显示了下拉按钮，用户可以单击该按钮选择筛选条件。单击"产品名称"下拉按钮，在弹出的下拉列表中取消选择"玉兰油"复选框，单击"确定"按钮，如图 8-15 所示。

(4) 经过步骤(3)的操作之后，此时可以看到工作表中的数据已经进行了筛选，没有显示产品名称为"玉兰油"的相关数据，如图 8-16 所示。

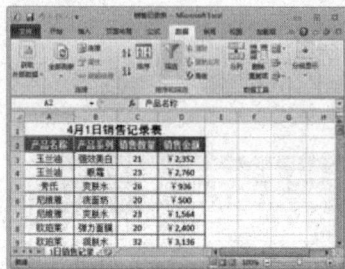

图 8-14　单击"筛选"按钮　　　图 8-15　选择筛选条件　　　图 8-16　设置筛选条件后的效果

(5) 单击"销售金额"下拉按钮，在弹出的下拉列表中选择"数字筛选"|"10 个最大的值"选项，如图 8-17 所示。

(6) 弹出"自动筛选前 10 个"对话框，将默认的 10 项修改为 5 项，单击"确定"按钮，如图 8-18 所示。

(7) 经过前面的操作之后，此时可以看到工作表中的数据已经进行了筛选，只显示最大的前 5 项数据。用户可以看到筛选的结果数据不足 5 项，这是因为最大的前 5 项中的部分数据在前面的筛选中已经隐藏了，如图 8-19 所示。

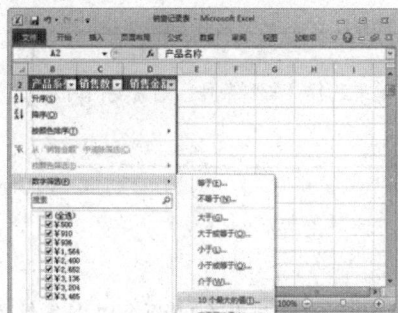

图 8-17 选择筛选条件　　　　图 8-18 设置显示数量　　　　图 8-19 显示筛选后的结果

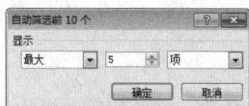

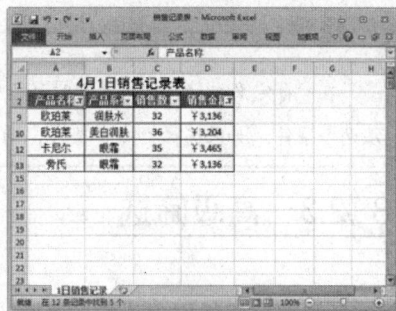

⑧.2.2 自定义筛选

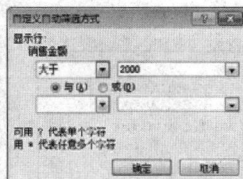

　　自定义筛选提供了多条件自定义的筛选方法，用户可以更加灵活地筛选数据。下面将介绍自定义筛选的方法，具体操作方法如下。

　　【练习 8-5】对数据进行自定义筛选。

　　(1) 启动 Excel 2010 应用程序，打开"销售记录表"工作簿。

　　(2) 选择任意数据单元格，打开"数据"选项卡，在"排序和筛选"组中单击"筛选"按钮，如图 8-20 所示。

　　(3) 进入筛选状态，单击"销售金额"下拉按钮，在弹出的下拉列表中选择"数字筛选"|"自定义筛选"选项，如图 8-21 所示。

图 8-20 单击"筛选"按钮

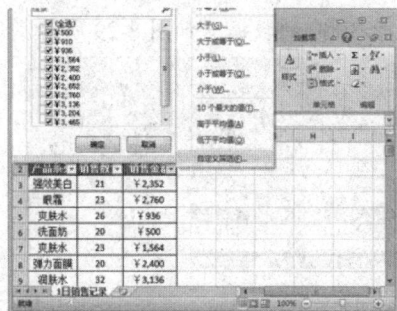

　　(4) 弹出"自定义自动筛选方式"对话框，在"销售金额"选项区域中单击第一个下拉列表框中选择"大于"选项，在其右侧的文本框中输入"2000"，单击"确定"按钮，如图 8-22 所示。

　　(5) 经过前面的操作之后，此时可以看到工作表中的数据已经进行了筛选，只显示了销售金额大于 2000 的数据，如图 8-23 所示。

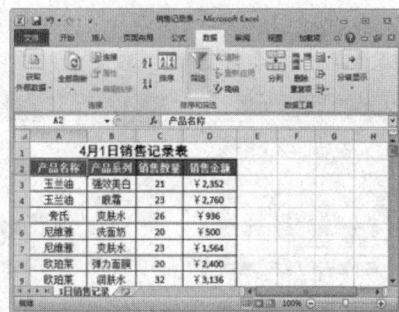

图 8-21 自定义筛选　　　　图 8-22 设置筛选方式　　　　图 8-23 显示筛选后的结果

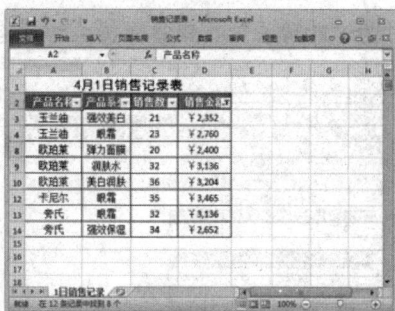

> **提示**
>
> 在"自定义自动筛选方式"对话框中，可以设置两个筛选条件：如果选择"与"条件，则需要同时满足两个条件；如果选择"或"条件，则满足任意一个条件即可。

8.2.3 高级筛选

高级筛选是按用户设定的条件对数据进行筛选，可以筛选出同时满足两个或两个以上条件的数据。下面将介绍自定义筛选的方法，具体操作方法如下。

【练习8-6】对数据进行高级筛选。

(1) 启动 Excel 2010 应用程序，打开"销售记录表"工作簿。

(2) 在表前面插入 3 行，在第 2 行和第 3 行中输入需要的筛选条件，如图 8-24 所示。

(3) 将光标定位到 D3 单元格中，打开"数据"选项卡，在"排序和筛选"组中单击"高级"按钮，如图 8-25 所示。

(4) 弹出"高级筛选"对话框，单击"列表区域"右侧的折叠按钮，选择单元格区域 A5:D17。接着单击"条件区域"右侧的折叠按钮，如图 8-26 所示。

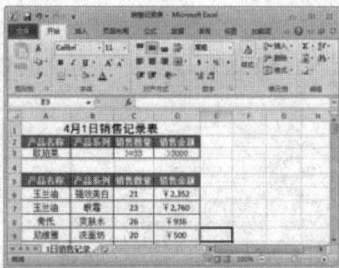

图 8-24 输入筛选条件	图 8-25 单击"高级"按钮	图 8-26 选择单元格区域

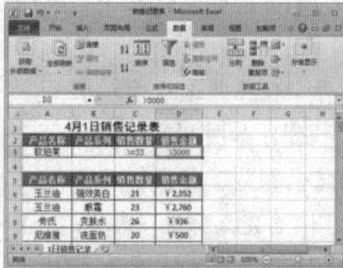

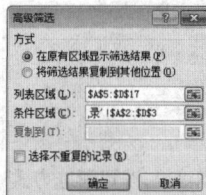

(5) 选择单元格区域 A2:D3，然后单击"高级筛选-条件区域"对话框中的折叠按钮，如图 8-27 所示。

(6) 返回"高级筛选"对话框，单击"确定"按钮，如图 8-28 所示。

(7) 此时，可以看到工作表中的数据已经进行了高级筛选，根据筛选条件，只显示产品名称为"欧珀莱"、销售数据大于或等于 33，以及销售金额大于 3000 的数据，如图 8-29 所示。

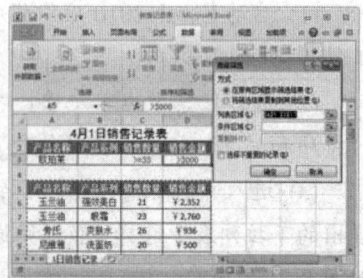

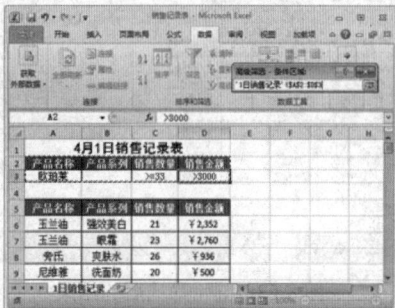

图 8-27 选择单元格区域	图 8-28 "高级筛选"对话框	图 8-29 显示筛选后的结果

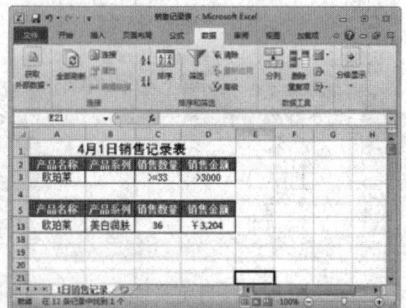

⑧.3　汇总、分级和合并显示数据

分类汇总是对不同的单元格数据进行小计、合计等计算，从而实现对数据的多样统计，汇总后的数据可以根据需要分级查看。

⑧.3.1　简单分类汇总

用户可以使不同类别的数据分区域显示并进行统计，分类汇总前要先对汇总项进行排序操作。具体操作方法如下。

【练习 8-7】对数据进行简单的分类汇总。

(1) 启动 Excel 2010 应用程序，打开"销售记录表"工作簿。

(2) 打开"数据"选项卡，在"分级显示"组中单击"分类汇总"按钮，如图 8-30 所示。

(3) 弹出"分类汇总"对话框，在"分类字段"下拉列表框中选择"产品名称"选项，在"汇总方式"下拉列表框中选择"求和"选项，在"选定汇总项"列表框中选择"销售金额"复选框，单击"确定"按钮，如图 8-31 所示。

(4) 此时，可以看到分类汇总对同名称的产品按销售金额进行了汇总，如图 8-32 所示。

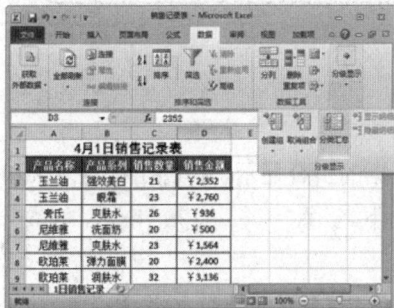

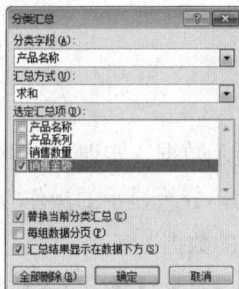

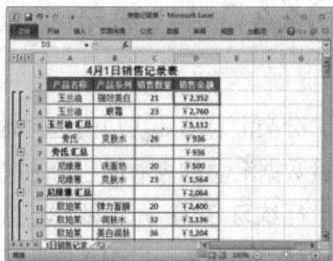

图 8-30　单击"分类汇总"按钮　　图 8-31　"分类汇总"对话框　　图 8-32　分类汇总后的效果

> 💡 **提示**
>
> 用户还可以按 Ctrl+Shift+L 组合键快速进入筛选状态。如果需要取消数据的筛选，则可在"排序和筛选"组中再次单击"筛选"按钮或者按 Ctrl+Shift+L 组合键。

⑧.3.2　复杂分类汇总

前面介绍的是简单分类汇总，如果要实现更复杂的汇总，如对各产品按"产品系列"进行汇总，可以再一次进行汇总操作。具体操作方法如下。

【练习 8-8】对数据进行复杂的分类汇总。

(1) 启动 Excel 2010 应用程序，打开【练习 8-7】制作的"销售记录表"工作簿。

计算机　基础与实训教材系列

(2) 选中数据区域,打开"数据"选项卡,在"分级显示"组中单击"分类汇总"按钮,如图 8-33 所示。

(3) 弹出"分类汇总"对话框,在"分类字段"下拉列表框中选择"产品系列"选项,在"汇总方式"下拉列表框中选择"求和"选项,在"选定汇总项"列表框中选择"销售数量"复选框,单击"确定"按钮,如图 8-34 所示。

(4) 再次分类汇总后,在同样的产品中又对不同的销售数量进行了汇总,如图 8-35 所示。

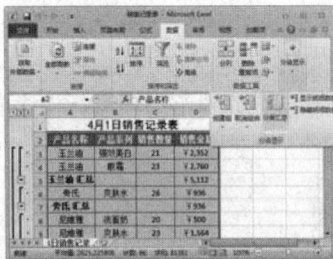

图 8-33 单击"分类汇总"按钮　　图 8-34 "分类汇总"对话框　　图 8-35 复杂分类汇总后的效果

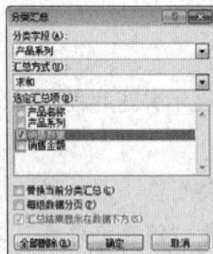

> **提示**
>
> 在以二级形式显示数据之后,数据左侧显示了展开按钮,单击该按钮即可显示该组数据的明细数据,并且展开按钮将变成折叠按钮,再单击折叠按钮可隐藏明细数据。

8.3.3 分级显示

分类汇总后还可以有选择地显示数据,实现不同类型数据的折叠显示。折叠结构对复杂和大量数据汇总的查看是十分方便的。分级显示的操作方法如下。

【练习 8-9】分级显示汇总后的数据。

(1) 启动 Excel 2010 应用程序,打开【练习 8-8】制作的"销售记录表"工作簿。

(2) 分类汇总后工作表左侧出现折叠按钮,单击 ▬ 按钮可以折叠其对应的数据,如图 8-36 所示。

(3) 单击 ➕ 按钮可以展开其对应的数据,如图 8-37 所示。

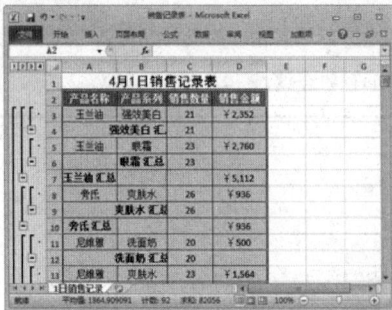

图 8-36 单击折叠按钮　　　　　图 8-37 单击展开按钮

(4) 选中某分类组中任意单元格,打开"数据"选项卡,在"分级显示"组中单击"显示

明细数据"或"隐藏明细数据"按钮也可以显示或隐藏汇总项目，如图 8-38 所示。

（5）用户还可以对汇总的级别进行显示或隐藏操作，单击折叠线上方的数字级别图标，即可隐藏级别，单击折叠线上方的数字"2"，显示 2 级汇总的效果如图 8-39 所示。

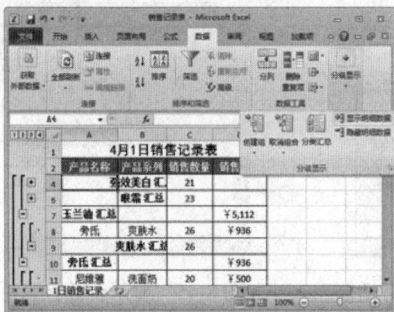

图 8-38　显示或隐藏汇总项目　　　　　图 8-39　显示汇总级别

8.3.4　合并计算

利用 Excel 的合并计算功能，可以对多个工作表中的数据同时进行计算汇总。在合并计算中，计算结果所在工作表称为"目标工作表"，接受合并数据的区域称为"源区域"。

【练习 8-10】对数据进行合并计算。

（1）启动 Excel 2010 应用程序，打开"一季度费用开支统计表"工作簿。

（2）在"费用统计"工作表中选择 B3 单元格，单击"数据"选项卡，在"数据工具"组中单击"合并计算"按钮，如图 8-40 所示。

（3）弹出"合并计算"对话框，在"函数"下拉列表框中选择"求和"选项，单击"引用位置"文本框右侧的折叠按钮，如图 8-41 所示。

（4）切换至"一月份"工作表中，选择 B3:F3 单元格区域，此时在对话框中可以看到引用的数据源区域，单击对话框中的折叠按钮，如图 8-42 所示。

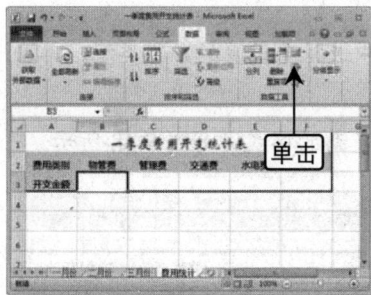

图 8-40　单击"合并计算"按钮　　　图 8-41　"合并计算"对话框　　　图 8-42　选择单元格区域

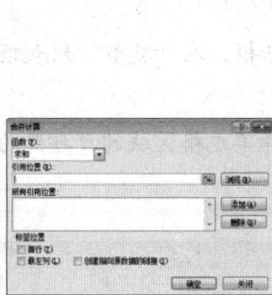

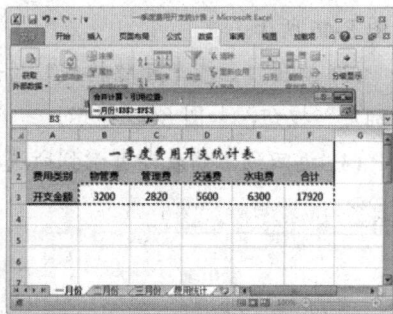

（5）返回"合并计算"对话框，单击"添加"按钮，此时可以看到引用的位置添加到了"所有引用位置"列表框中，如图 8-43 所示。

（6）使用同样的方法，继续添加二月份和三月份工作表中的源区域，引用的单元格位置相同，此时可以在"所有引用位置"列表框中看到引用的区域，单击"确定"按钮，如图 8-44 所示。

(7) 经过前面的操作之后，返回"费用统计"工作表中，可以看到在 B3:F3 单元格区域中显示了合并计算后的结果，如图 8-45 所示。

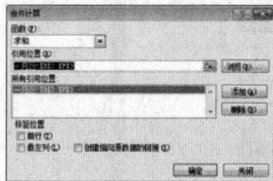

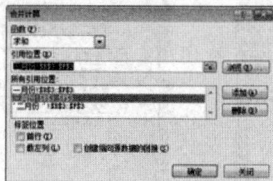

图 8-43　"合并计算"对话框　　　图 8-44　"合并计算"对话框　　　图 8-45　显示合并计算后的结果

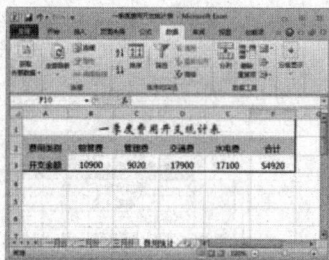

⑧.4　数据格式设置

用户可以根据需要对工作表中数据进行格式设置，如设置日期格式，Excel 2010 提供了多种日期格式。同时，用户还可以限制数据的范围，规范单元格中的数据等。

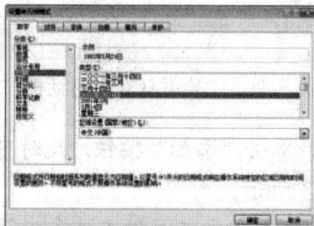

⑧.4.1　设置日期格式

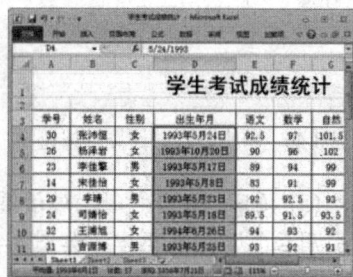

Excel 2010 提供了多种日期数据的格式，用户可以根据需要设置日期格式。具体操作方法如下。

【练习 8-11】对单元格数据设置日期格式。

(1) 启动 Excel 2010 应用程序，打开"学生考试成绩统计"工作簿。

(2) 选中 D4:D40 单元格区域并右击，在弹出的快捷菜单中选择"设置单元格格式"命令，如图 8-46 所示。

(3) 弹出"设置单元格格式"对话框，在"类型"列表框中选择要设置的日期类型，单击"确定"按钮，如图 8-47 所示。

(4) 返回到工作表即可看到所选择单元格区域的日期变为了新的格式，如图 8-48 所示。

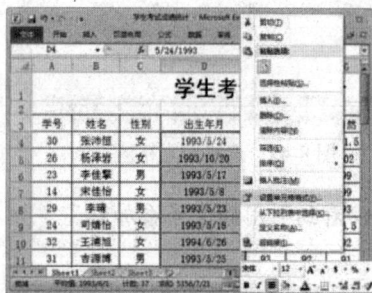

图 8-46　选择"设置单元格格式"命令　　　图 8-47　设置日期格式　　　图 8-48　显示新的日期格式

> **提示**
>
> 在设置日期格式时，默认的区域国家是"中国"，选择不同的国家或地区，在"类型"下拉列表中将会显示选中国家或地区的日期格式。

8.4.2　数据有效性

用户可以通过设置数据有效性保证单元格中的数据符合特定的条件，如商品的价格限定在0~10元之间等。

【练习 8-12】为单元格中的数据设置数据有效性。

(1) 启动 Excel 2010 应用程序，打开"商品零售价格表"工作簿。

(2) 选中 C3:C47 单元格区域，打开"数据"选项卡，在"数据工具"组中单击"数据有效性"下拉按钮，在弹出的下拉列表中选择"数据有效性"选项，如图 8-49 所示。

(3) 弹出"数据有效性"对话框，切换到"设置"选项卡，在"允许"下拉列表框中选择"整数"选项，在"数据"下拉列表框中选择"介于"选项，设置最小值为 0，最大值为 3000，单击"确定"按钮，如图 8-50 所示。

(4) 打开"输入信息"选项卡，选中"选定单元格时显示输入信息"复选框，在"标题"和"输入信息"文本框中输入提示信息，如图 8-51 所示。

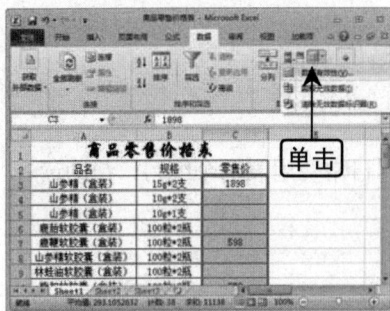

图 8-49　选择"数据有效性"选项　　　图 8-50　设置有效性条件　　　图 8-51　设置提示信息

(5) 打开"出错警告"选项卡，选中"输入无效数据时显示出错警告"复选框，在"样式"下拉列表框中选择"停止"选项，在右侧输入标题和错误提示信息，单击"确定"按钮，如图8-52 所示。

(6) 如果输入不符合要求的数据将会弹出错误提示对话框，如图 8-53 所示。

(7) 重新将数据有效性的数值设置为 0~1000 之间，然后打开"数据"选项卡，在"数据工具"组中单击"数据有效性"下拉按钮，在弹出的下拉列表中选择"圈释无效数据"选项，如图 8-54 所示。

(8) 此时，可以看到当单元格中的数据不符合设置的条件时，Excel 会将其圈释出来，如图8-55 所示。

图 8-52　设置出错警告信息　　　图 8-53　错误提示对话框　　　图 8-54　选择"圈释无效数据"选项

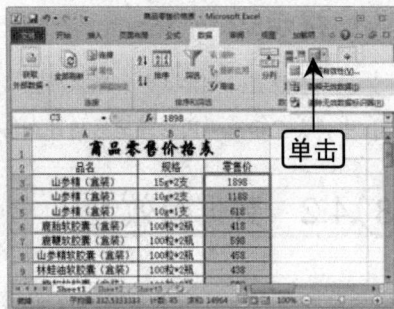

图 8-55　圈释无效数据后的效果

> **提示**
>
> 如果需要删除数据有效性，则打开"数据有效性"对话框，单击"全部清除"按钮，然后单击"确定"按钮。

⑧.5　上机练习

本节上机练习将通过分析食堂一周经营记录表和制作公司日常费用表两个练习，帮助读者进一步加深对本章知识的掌握。

⑧.5.1　分析食堂一周经营记录表

通过本章的学习，相信读者已经了解了如何分析和处理工作表中的数据，下面通过分析食堂一周经营记录表来巩固对本章知识的掌握。

(1) 启动 PowerPoint 2010 应用程序，打开"食堂一周经营记录表"工作簿。选中 H3 单元格，输入公式"=G3-B3-C3-D3-E3-F3"，如图 8-56 所示。

(2) 按 Enter 键显示计算结果，然后将求得的净收入向下填充至 H9 单元格，如图 8-57 所示。

(3) 选中单元格区域 H3:H9，切换到"开始"选项卡，在"样式"组中单击"条件格式"下拉按钮，在弹出的下拉列表中选择"数据条"|"红色数据条"

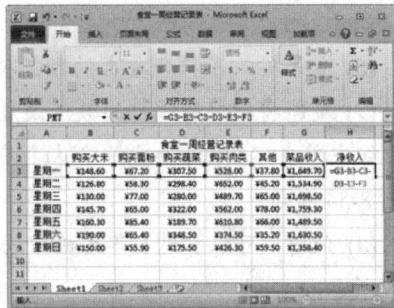

图 8-56　输入公式

选项，如图 8-58 所示。

(4) 此时，选择区域中显示了不同长度的红色数据条，数据条越长，表明净收入越高，反之则越低，如图 8-59 所示。

(5) 接下来对表格数据进行排序，首先选择任意含有数据的单元格，单击"数据"选项卡，在"排序和筛选"组中单击"排序"按钮，如图 8-60 所示。

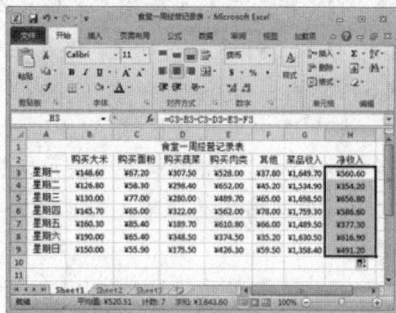

图 8-57　填充单元格

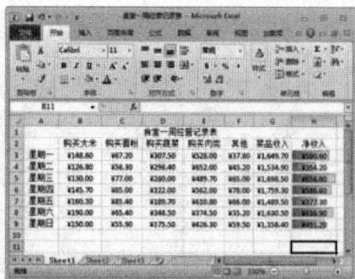

图 8-58　设置数据条　　图 8-59　设置红色数据条后的效果　　图 8-60　单击"排序"按钮

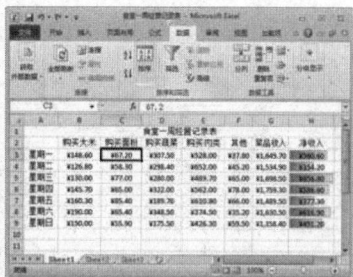

(6) 弹出"排序"对话框，在"主要关键字"下拉列表框中选择排序字段为"净收入"，如图 8-61 所示。

(7) 单击"添加条件"按钮，添加一个次要关键字，在"次要关键字"下拉列表中选择"菜品收入"字段，单击"确定"按钮，如图 8-62 所示。

(8) 返回工作表中，此时可以看到表格中数据按照"净收入"从低到高进行了排列，对于净收入相同的，会再按照"菜品收入"从低到高进行排序，最终效果如图 8-63 所示。

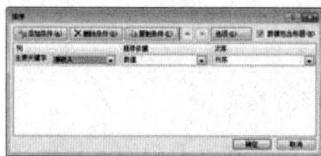

图 8-61　设置关键字　　图 8-62　添加关键字　　图 8-63　最终效果

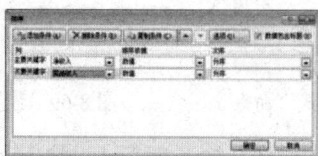

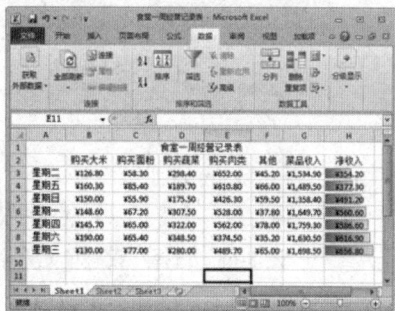

⑧.5.2　制作公司日常费用表

公司日常费用表用于记录公司日常工作中的费用信息，表中需要记录公司各项费用的使用时间、金额等相关内容。本小节将运用设置数据有效性、排序、筛选、分类汇总等功能制作一个完整的公司日常费用表。

(1) 新建一个工作簿，将其另存为"公司日常费用表"。在表格第 1 行输入表标题，接着在第 2 行输入表格项，如图 8-64 所示。

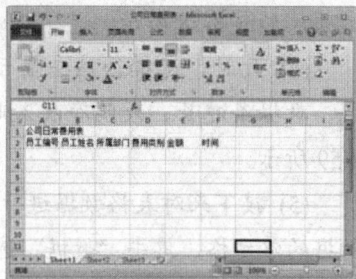

(2) 选中单元格区域 A1:F1，切换到"开始"选项卡，在"对齐方式"组中单击"合并后居中"按钮，在"字体"组中设置其格式为"华文行楷"、字号为"20"，如图 8-65 所示。

图 8-64　输入标题和表格项

(3) 选中单元格区域 A2:F2，为其设置字体格式后"微软雅黑"、字号为"12"，如图 8-66 所示。

(4) 同时选中 A 列至 F 列，调大其列宽，如图 8-67 所示。

图 8-65　设置字体格式　　　图 8-66　设置字体格式　　　图 8-67　调整列宽

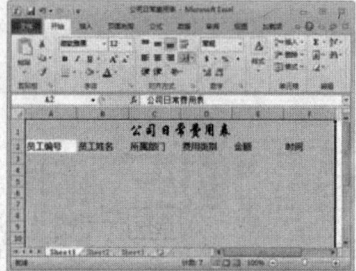

(5) 选中单元格区域 A3:A14 并右击，在弹出的快捷菜单中选择"设置单元格格式"命令，如图 8-68 所示。

(6) 弹出"设置单元格格式"对话框，在"数字"选项卡下选择"分类"列表框中的"自定义"选项，在"类型"文本框中输入数字格式 0000，单击"确定"按钮，如图 8-69 所示。

图 8-68　选择"设置单元格格式"命令　　　图 8-69　设置数字格式

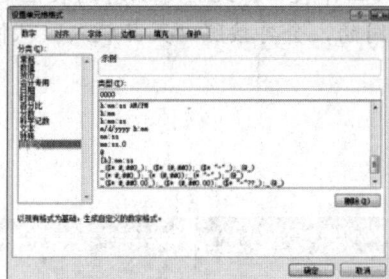

(7) 返回到工作表中，选择 A3 单元格，输入数字 1，按 Enter 键后可以看到输入的数字应用了自定义的数字格式。选择 A3 单元格，向下拖动填充柄，拖至 A14 单元格位置处释放鼠标，单击"自动填充选项"按钮，在弹出的下拉列表中选择"填充序列"单选按钮，如图 8-70 所示。

(8) 在 B3:B14 单元格区域中依次输入各序号相对应的员工姓名，如图 8-71 所示。

(9) 选中单元格区域 C3:C14，打开"数据"选项卡，在"数据工具"组中单击"数据有效性"下拉按钮，在弹出的下拉列表中选择"数据有效性"选项，如图 8-72 所示。

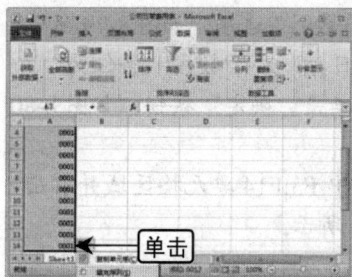

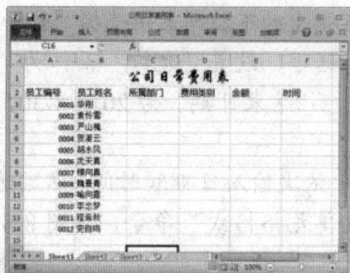

图 8-70 填充序列   图 8-71 输入员工姓名   图 8-72 设置数据有效性

(10) 弹出"数据有效性"对话框，切换到"设置"选项卡，在"允许"下拉列表中选择"序列"选项。在下方的"来源"文本框中输入需要的文本数据，单击"确定"按钮，如图 8-73 所示。

(11) 返回工作表中，单击 C3 单元格右侧的下拉按钮，在弹出的下拉列表中选择需要的选项进行填充，如图 8-74 所示。

(12) 使用同样的方法，继续选择相应的选项对"所属部门"列进行填充，如图 8-75 所示。

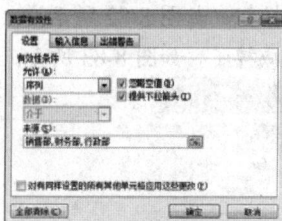

图 8-73 设置有效性条件   图 8-74 填充单元格   图 8-75 填充单元格

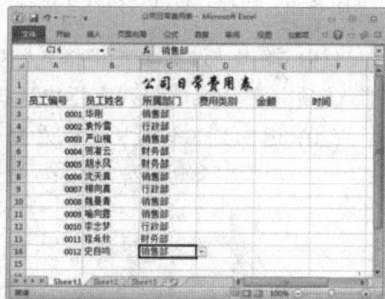

(13) 使用同样的方法，为"费用类别"列设置数据有效性，并分别选择需要的选项对单元格区域 D3:D14 进行填充，如图 8-76 所示。

(14) 在 E3:E14 单元格区域中输入金额数值并右击，在弹出的快捷菜单中选择"设置单元格格式"命令，如图 8-77 所示。

(15) 弹出"设置单元格格式"对话框，在"分类"列表框中选择"货币"选项，在右侧选择中文货币符号，在"小数位数"数值框中输入"2"，单击"确定"按钮，如图 8-78 所示。

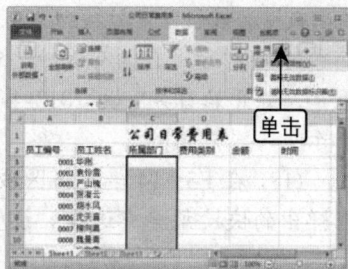

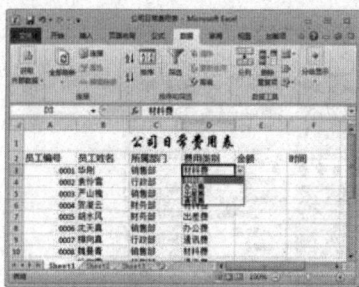

图 8-76 设置数据有效性并填充单元格   图 8-77 选择"设置单元格格式"命令   图 8-78 设置货币格式

(16) 保持单元格区域 F3:F14 的选中状态，打开"数据"选项卡，在"数据工具"组中单击"数据有效性"下拉按钮▣，在弹出的下拉列表中选择"数据有效性"选项，如图 8-79 所示。

(17) 打开"数据有效性"对话框，设置"允许"条件为"日期"，"数据"条件为"介于"，"开始日期"为 2013-4-1，"结束日期"为 2013-4-30，单击"确定"按钮，如图 8-80 所示。

(18) 在 F3:F14 单元格区域中依次输入日期和时间，然后选中 F3:F14 单元格区域并右击，在弹出的快捷菜单中选择"设置单元格格式"命令，如图 8-81 所示。

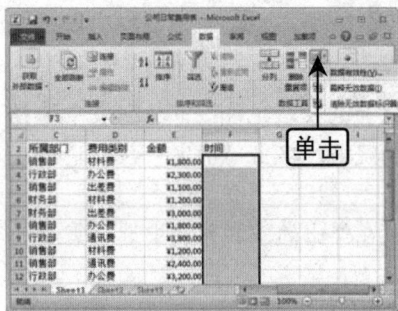

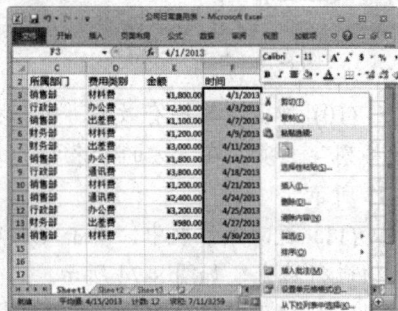

图 8-79　选择"数据有效性"选项　　图 8-80　设置数据有效性　　图 8-81　选择"设置单元格格式"命令

(19) 弹出"设置单元格格式"对话框，切换到"数字"选项卡，在"分类"列表框中选择"日期"选项，在"类型"列表框中选择"3 月 14 日"选项，单击"确定"按钮，如图 8-82 所示。

(20) 返回到工作表，可以看到已经应用的新的日期格式，年份被隐藏掉了，如图 8-83 所示。

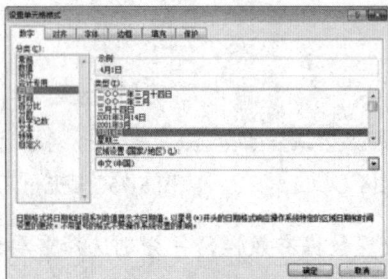

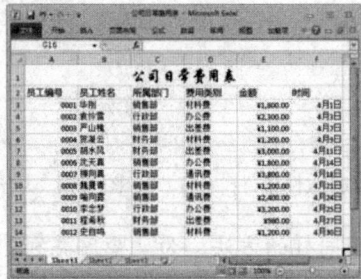

图 8-82　设置日期格式　　　　　图 8-83　设置日期格式后的效果

(21) 选中 A2:F14 单元格区域，切换到"开始"选项卡，在"对齐方式"组中单击"居中"对齐按钮▤，如图 8-84 所示。

(22) 选中 A1:F14 单元格区域并右击，在弹出的快捷菜单中选择"设置单元格格式"命令，如图 8-85 所示。

图 8-84　设置对齐方式　　　　图 8-85　选择"设置单元格格式"命令

(23) 弹出"设置单元格格式"对话框，打开"边框"选项卡，在"颜色"下拉列表中选择"蓝色"选项，在"样式"列表框中选择粗线条样式，单击"外边框"按钮。接着在"样式"列表框中选择细线条样式，然后单击"内部"按钮，最后单击"确定"按钮完成设置，如图 8-86 所示。

(24) 选中 A2:F2 单元格区域，在"字体"组中单击"填充颜色"下拉按钮，在弹出的下拉列表中选择"浅蓝"选项，如图 8-87 所示。

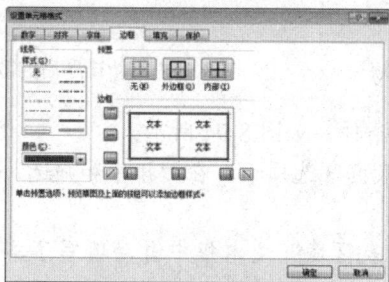

图 8-86 设置边框样式

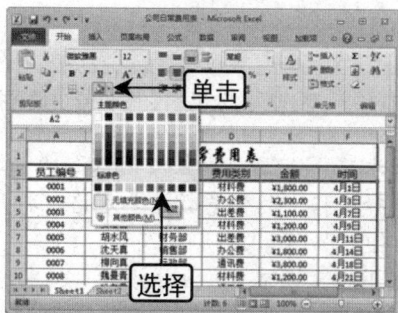

图 8-87 选择填充颜色

(25) 选择任意数据单元格，打开"数据"选项卡，在"排序和筛选"组中单击"排序"按钮，如图 8-88 所示。

(26) 弹出"排序"对话框，单击"主要关键字"下拉按钮，在弹出的下拉列表中选择"所属部门"选项。单击"次序"下拉按钮，在弹出的下拉列表中选择"自定义序列"选项，如图 8-89 所示。

(27) 弹出"自定义序列"对话框，在"输入序列"列表框中输入序列内容，单击"添加"按钮，如图 8-90 所示。

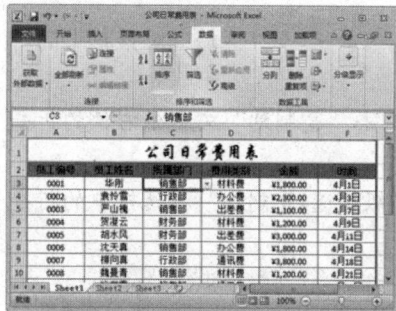

图 8-88 单击"排序"按钮

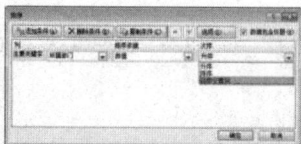

图 8-89 设置主要关键字

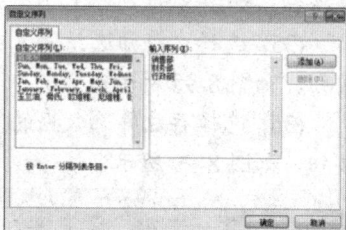

图 8-90 输入自定义序列

(28) 此时可以看到在"自定义序列"列表框中显示了输入的序列，单击"确定"按钮，如图 8-91 所示。

(29) 返回"排序"对话框中，单击"添加条件"按钮，选择次要关键字的字段为"金额"，设置次要关键字的排序次序为"降序"，单击"确定"按钮，如图 8-92 所示。

(30) 经过前面的操作之后返回工作表中，此时可以看到工作表中的数据已经以自定义的所属部门序列进行排序，部门相同的则按金额降序排列，如图 8-93 所示。

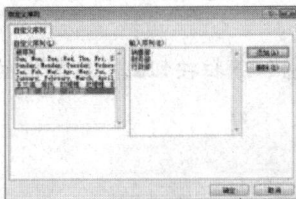
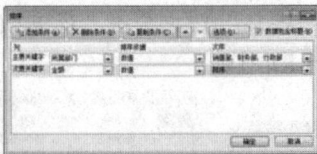
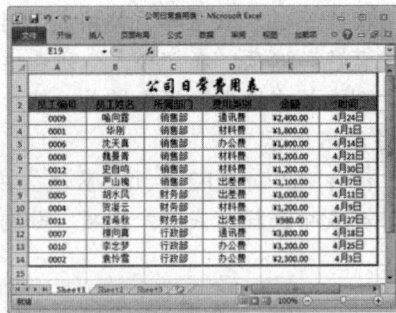

图 8-91 添加自定义序列后的效果　　图 8-92 设置排序次序　　图 8-93 重新排序后的效果

(31) 在表格下方空白位置处输入高级筛选的条件，如图 8-94 所示。

(32) 选择表格中的任意数据单元格，打开"数据"选项卡，在"排序和筛选"组中单击"高级"按钮，如图 8-95 所示。

(33) 弹出"高级筛选"对话框，这时在"列表区域"文本框中自动填写了单元格区域 A2:F14，单击"条件区域"文本框右侧的折叠按钮，如图 8-96 所示。

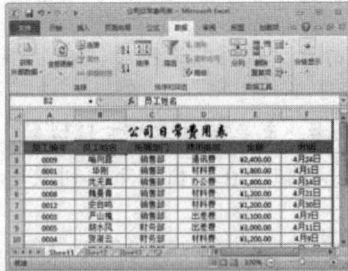
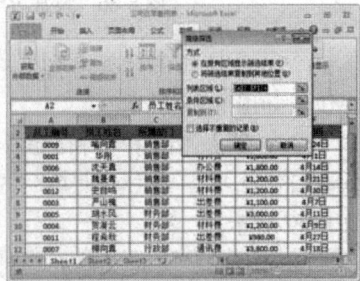

图 8-94 输入筛选条件　　图 8-95 单击"高级"按钮　　图 8-96 选择单元格区域

(34) 选择条件区域单元格区域 A16:B17，然后单击"高级筛选-条件区域"对话框中的折叠按钮，如图 8-97 所示。

(35) 选择"将筛选结果复制到其他位置"单选按钮，单击"复制到"文本框右侧的折叠按钮，如图 8-98 所示。

(36) 选择存放筛选数据的 A19 单元格，然后单击"高级筛选-复制到"对话框中的折叠按钮，如图 8-99 所示。

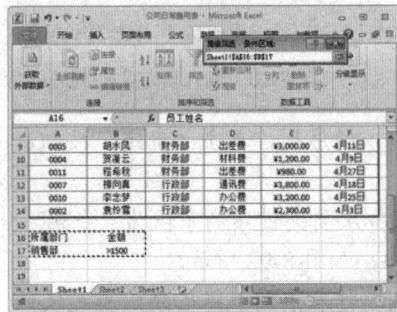

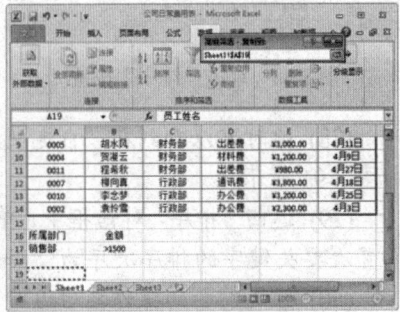

图 8-97 选择单元格区域　　图 8-98 "高级筛选"对话框　　图 8-99 选择单元格

(37) 返回到"高级筛选"对话框，单击"确定"按钮，如图 8-100 所示。

(38) 经过前面的操作之后返回工作表中，此时可以看到在设置的筛选结果放置位置处显示了筛选的结果，如图 8-101 所示。

(39) 选中表格中的任意数据单元格，打开"数据"选项卡，在"分级显示"组中单击"分类汇总"按钮，如图 8-102 所示。

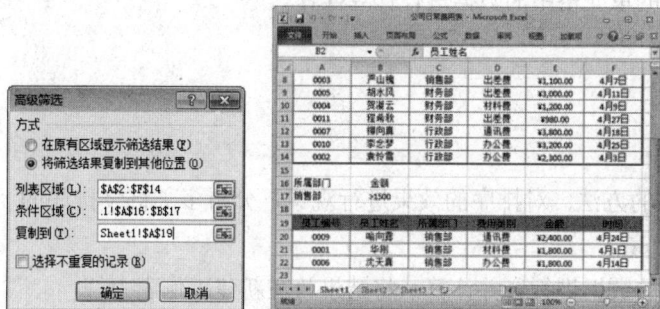

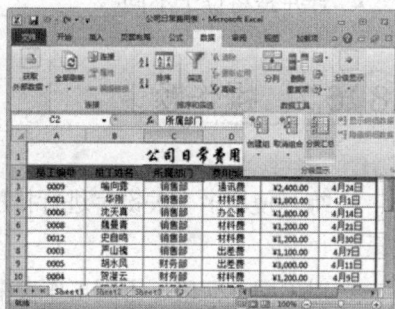

图 8-100　"高级筛选"对话框　　图 8-101　显示筛选结果　　　　图 8-102　单击"分类汇总"按钮

(40) 弹出"分类汇总"对话框，在"分类字段"下拉列表中选择"所属部门"选项，在"汇总方式"下拉列表中选择"求和"选项，在"选定汇总项"列表框中选中"金额"复选框，单击"确定"按钮，如图 8-103 所示。

(41) 经过前面的操作之后返回工作表中，此时可以看到已经以"所属部门"为字段对各部门的金额进行了汇总，如图 8-104 所示。

(42) 单击工作表左侧的数字 2 按钮，此时可以看到工作表中只显示了各部门的相应汇总结果，如图 8-105 所示。

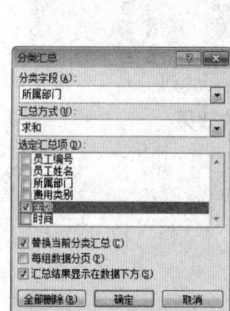

图 8-103　"分类汇总"对话框　　图 8-104　分类汇总后的结果　　　图 8-105　显示两级汇总的结果

8.6　习题

8.6.1　填空题

1. 在 Excel 2010 中，可以对数据按＿＿＿＿＿排列，也可以按＿＿＿＿＿排列。

2. 筛选是只显示符合特定条件记录的操作，Excel 提供了＿＿＿＿＿、＿＿＿＿＿和

_____3 种方式。

3. 用户可以使不同类数据分区域显示并进行统计，分类汇总前需先对汇总项进行_____操作。

4. 合并是将位于不同_____的单元格中的数据进行计算操作。

8.6.2 操作题

1. 练习使用多个关键字进行排序的方法，对排序的效果进行观察，分析多关键字排序的关系。

2. 对不同单元格、不同工作表中的数据进行合并计算，将结果放在新建工作表中。

3. 打开"销售数据分析表"，使用公式计算"差额"列和"增长率"列的数值，如图 8-106 所示。差额=本年销售收入-上年销售收入，增长率=差额/上年销售收入。接着按降序对增长率进行重新排序，如图 8-107 所示。

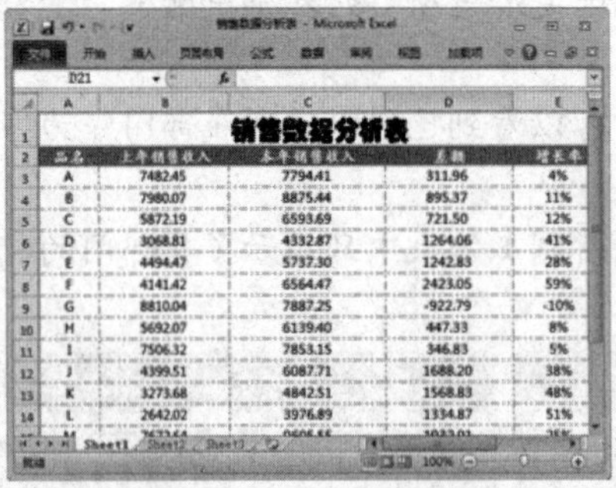

图 8-106　计算差额和增长率

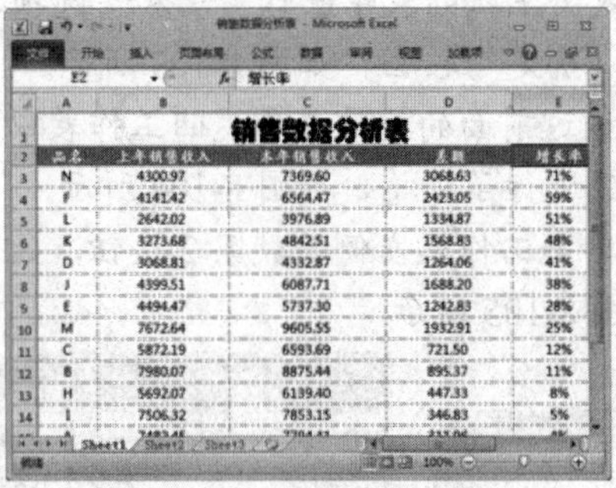

图 8-107　降序排列后的效果

第9章

用图表分析数据

学习目标

图表可以使数据易于理解，更容易体现出数据之间的相互关注，并有助于发现数据的发展趋势。数据透视表具有十分强大的数据重组和数据分析能力，它不仅能够改变数据表的行、列布局，而且能够快速汇总大量数据。也能够基于原数据表创建数据分组，并可对建立的分组进行汇总统计。而数据透视图是利用数据透视的结果制作的图表，数据透视图是与数据透视表相关联的。

本章重点

- 图表的基本操作
- 使用趋势线与误差线分析图表
- 迷你图的使用
- 数据透视表的使用
- 数据透视图的使用

9.1 图表的基本操作

图表是数据的图形化表示。在创建图表前，必须有一些数据。图表本质上是按照工作表中的数据而创建的对象。对象由一个或者多个以图形方式显示的数据系列组成。数据系列的外观取决于选定的图表类型。采用合适的图表类型来显示数据将有助于理解数据。

9.1.1 创建图表

根据工作表中的数据，创建出的图表可以直观地反映出数据间的关系及数据间的规律，下

面介绍创建图表的方法。

【练习 9-1】在工作表中为选中的数据源创建图表。

(1) 启动 Excel 2010 应用程序，打开"企业日常费用图表分析"工作簿。

(2) 打开工作簿，选中单元格区域 B2:G8，如图 9-1 所示。

(3) 打开"插入"选项卡，在"图表"组中单击"折线图"下拉按钮，在弹出的下拉列表中选择"带数据标记的折线图"选项，如图 9-2 所示。

图 9-1　选择单元格区域　　　　图 9-2　选择折线图

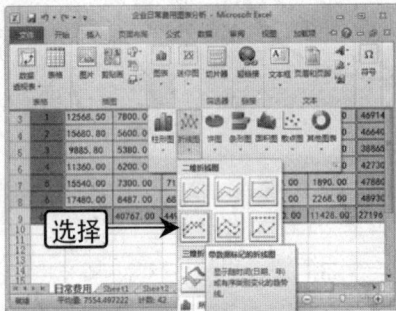

(4) 返回到工作表即可看到插入图表后的效果，如图 9-3 所示。

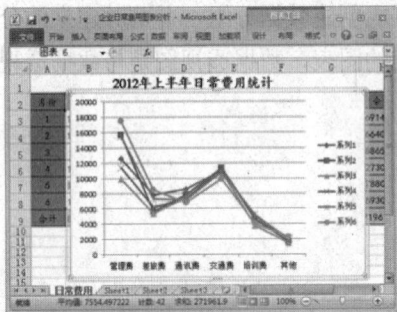

图 9-3　插入图表后的效果

提示

创建好的图表由三部分组成：图表区、绘图表和图例。

9.1.2　更改图表的类型

由于不同的图表类型所能表达的数据信息不同，因此图表的不同应用就需要选择不同的图表类型，用户可以对已经生成的图表修改图表类型，操作方法如下。

【练习 9-2】将折线图更改为柱形图。

(1) 启动 Excel 2010 应用程序，打开【练习 9-1】"企业日常费用图表分析"工作簿。

(2) 选中要更改类型的图表，打开"图表工具"|"设计"选项卡，在"类型"组中单击"更改图表类型"按钮，如图 9-4 所示。

(3) 弹出"更改图表类型"对话框，打开"柱形图"选项卡，接着在右侧选择"簇状圆柱图"选项，单击"确定"按钮，如图 9-5 所示。

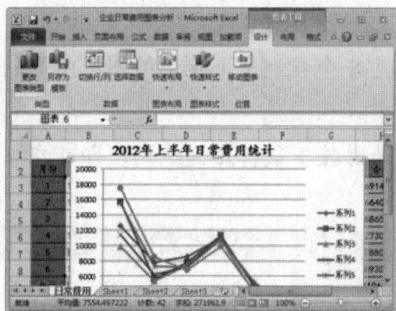

图 9-4 单击 "更改图表类型" 按钮

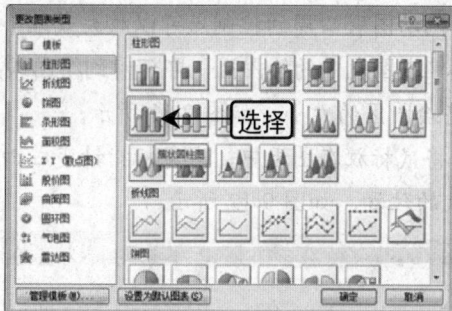

图 9-5 选择图表类型

(4) 返回到工作表即可看到更改图表类型后的效果,如图 9-6 所示。

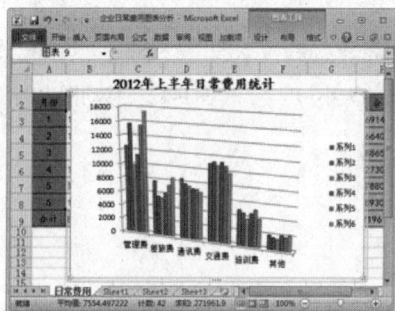

图 9-6 更改图表类型后的效果

> **提示**
>
> 不同的图表类型所需要的数据特征不同,反映的问题以及所应用的对象和范围都有特点,所以选择图表类型是制作图表的首要步骤。

⑨.1.3 调整图表的大小和位置

默认情况下,生成的图表和原有的数据在同一工作表上,用户可以移动图表到其他工作表中,操作方法如下。

【练习 9-3】调整图表的大小和位置。

(1) 启动 Excel 2010 应用程序,打开【练习 9-2】 "企业日常费用图表分析" 工作簿。

(2) 选中图表,打开 "图表工具" | "设计" 选项卡,在 "位置" 组中单击 "移动图表" 按钮,如图 9-7 所示。

(3) 弹出 "移动图表" 对话框,选择 "对象位于" 单选按钮,在右侧的下拉列表中择要移动到的标签名称 "Sheet1" 选项,单击 "确定" 按钮,如图 9-8 所示。

(4) 此时,即可看到图表被移动到了选择的工作表中,如图 9-9 所示。

图 9-7 单击 "移动图表" 按钮

图 9-8 "移动图表" 对话框

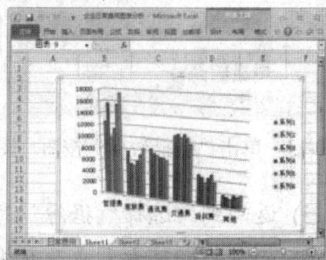

图 9-9 移动图表后的效果

计算机 基础与实训教材系列

(5) 拖动图表四周的控制点可以放大或缩小图表，如图 9-10 所示。

(6) 单击图表中的绘图区，即可看到绘图四周出现 8 个控制点。拖动绘图区四周的控制点即可调整绘图区的大小，如图 9-11 所示。

(7) 将鼠标放在图表中，当鼠标指针变成十字形状时按下鼠标左键拖动，即可在工作表中移动图表的位置，如图 9-12 所示。

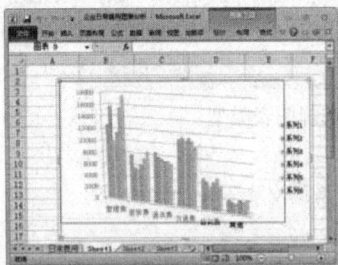

图 9-10　调整图表的大小　　　　图 9-11　调整绘图区的大小　　　　图 9-12　移动图表的位置

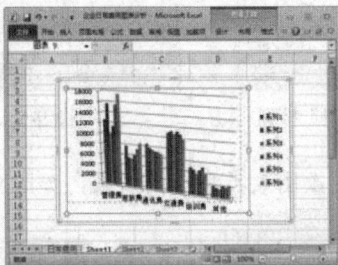

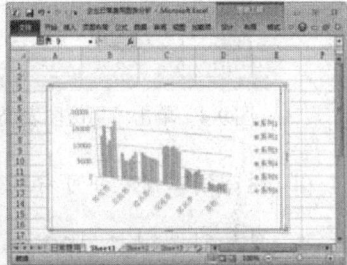

⑨.1.4　更改图表数据

用户可以根据数据变动来对原有的图表更新数据，或者为原有图表添加新的数据项。具体操作方法如下。

【练习 9-4】更改图表中的数据。

(1) 启动 Excel 2010 应用程序，打开【练习 9-3】制作的"企业日常费用图表分析"工作簿。

(2) 选中 Sheet1 工作表中的图表，打开"图表工具"|"设计"选项卡，在"数据"组中单击"选择数据"按钮，如图 9-13 所示。

(3) 弹出"选择数据源"对话框，单击"图表数据区域"右侧的折叠按钮，如图 9-14 所示。

(4) 重新选择数据源 B2:G2 和 B9:G9 单元格区域，然后再次单击"选择数据源"对话框中的折叠按钮，如图 9-15 所示。

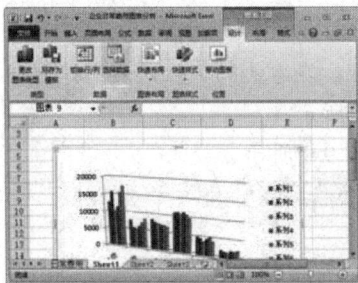

图 9-13　单击"选择数据"按钮　　图 9-14　"选择数据源"对话框　　　图 9-15　选择数据源

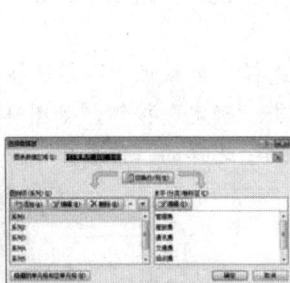

(5) 返回到"选择数据源"对话框，单击"确定"按钮，如图 9-16 所示。

(6) 此时，即可看到更改数据源后的新图表，如图 9-17 所示。

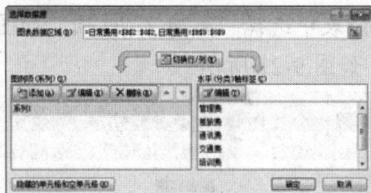

图 9-16　"选择数据源"对话框　　　　图 9-17　更改数据源后的效果

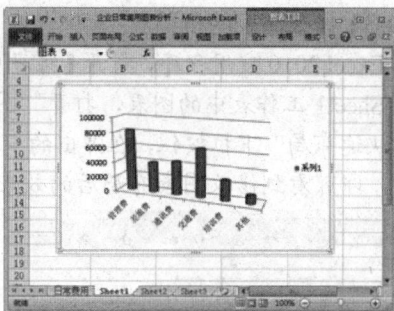

提示

除了设置图表数据外，用户还可以根据实际情况更改图表类型等内容。

9.1.5　修改图表样式

Excel 2010 提供了多种图表样式供用户选择，当制作好图表后，可以直接选择合适的样式应用于图表，快速更改图表的整体外观。

【练习 9-5】修改图表的样式。

(1) 启动 Excel 2010 应用程序，打开【练习 9-4】制作的"企业日常费用图表分析"工作簿。

(2) 选中 Sheet1 工作表中的图表，打开"图表工具"|"设计"选项卡，在"图表样式"组中单击"快速样式"下拉按钮，在弹出的下拉列表中单击选择"样式 4"选项，如图 9-18 所示。

(3) 经过步骤(2)的操作之后，此时可以看到修改图表样式后的效果，如图 9-19 所示。

图 9-18　选择图表样式　　　　图 9-19　修改图表样式后的效果

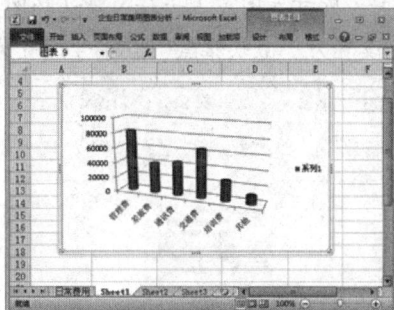

9.1.6　修改图表布局

图表由不同的元素组成，如图表标题、图例和坐标轴等，这些元素构成图表的布局。用户也可以设计更改图表的布局，操作方法如下。

【练习 9-6】修改图表的布局。

(1) 启动 Excel 2010 应用程序，打开【练习 9-5】制作的"企业日常费用图表分析"工作簿。

(2) 选中 Sheet1 工作表中的图表，打开"图表工具"下的"设计"选项卡，单击"图表布局"组中的"快速布局"下拉按钮，在弹出的下拉列表中选择"布局 2"选项，如图 9-20 所示。

(3) 此时，即可看到修改图表布局后的效果，如图 9-21 所示。

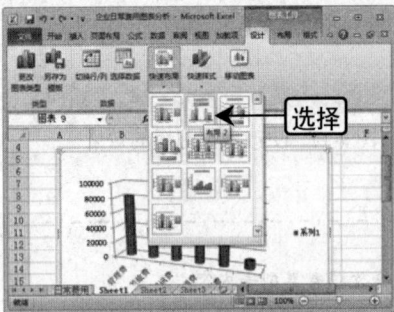

图 9-20　选择图表布局　　　　图 9-21　修改图表布局后的效果

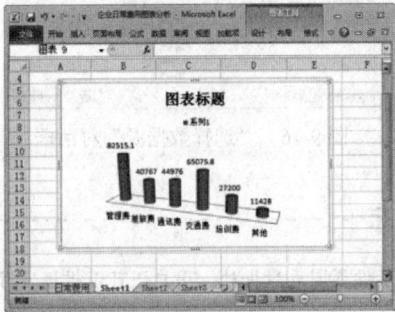

⑨.1.7　设置图表标题

图表标题是图表中的重要元素，是标示图表主题的重要内容。用户可以对图表标题进行设置，操作方法如下。

【练习 9-7】在图表中显示标题并为标题设置文本格式。

(1) 启动 Excel 2010 应用程序，打开【练习 9-6】制作的"企业日常费用图表分析"工作簿。

(2) 选中 Sheet1 工作表中的图表，打开"图表工具"|"布局"选项卡，在"标签"组中单击"图表标题"下拉按钮，在弹出的下拉列表中选择"图表上方"选项，如图 9-22 所示。

(3) 此时，即可在图表上方插入默认的图表标题，删除标题中的文本，重新输入标题文本，并将其字体设置为"微软雅黑"、字号设置为"18"，如图 9-23 所示。

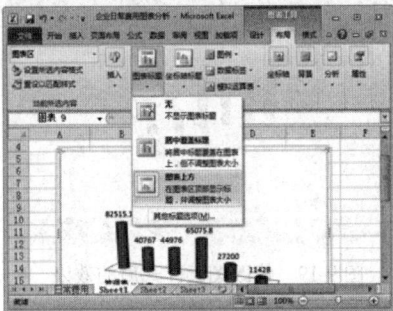

图 9-22　设置图表标题　　　　图 9-23　设置标题文本格式

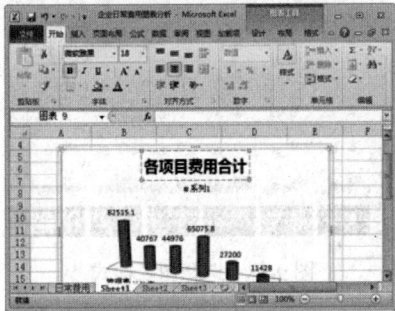

⑨.1.8　设置图表图例

图例是对图表中图形的解释性标注，Excel 2010 能根据用户选择数据源自动设置图例，生成的图例默认显示在图表右侧。用户可以对生成的图例进行修改，操作方法如下。

【练习 9-8】显示图表图例并修改图表图例的名称。

(1) 启动 Excel 2010 应用程序，打开【练习 9-7】制作的"企业日常费用图表分析"工作簿。

(2) 选中 Sheet1 工作表中的图表，打开"图表工具"｜"布局"选项卡，单击"标签"组中的"图例"下拉按钮，在弹出的下拉列表中选择"在左侧显示图例"选项，如图 9-24 所示。

(3) 此时，即可看到图例显示在了图表的左侧。接着修改图例的名称，选中图例并右击，在弹出的快捷菜单中选择"选择数据"命令，如图 9-25 所示。

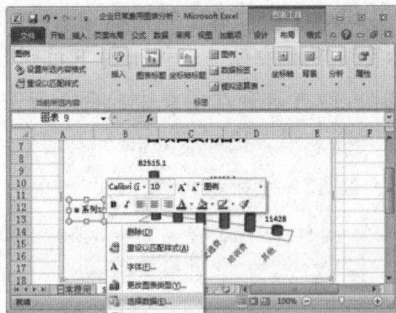

图 9-24　设置图例　　　　　　图 9-25　选择"选择数据"命令

(4) 弹出"选择数据源"对话框，选中"图例项(系列)"列表框中的图例名称"系列 1"，单击"编辑"按钮，如图 9-26 所示。

(5) 弹出"编辑数据系列"对话框，在"系列名称"文本框中重新输入图例名称"合计"文本，单击"确定"按钮，如图 9-27 所示。

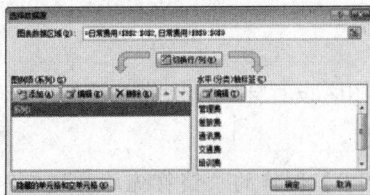

图 9-26　"选择数据源"对话框　　　　图 9-27　"编辑数据系列"对话框

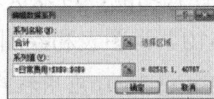

(6) 返回到"选择数据源"对话框，单击"确定"按钮，如图 9-28 所示。

(7) 经过步骤(6)的操作后，即可看到图例已经被更改为了新名称，如图 9-29 所示。

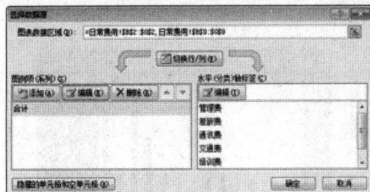

图 9-28　"选择数据源"对话框　　　　图 9-29　更改图例名称后的效果

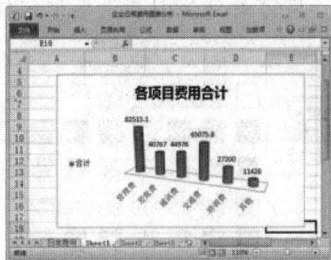

9.1.9 设置数据标签

数据标签是显示在图表元素中的实际值，设置数据标签可以清晰地看到每个数据点的值是多少，设置的方法如下。

【练习9-9】在数据外显示数据标签。

(1) 启动 Excel 2010 应用程序，打开"销售统计表"工作簿。

(2) 选中 Sheet1 工作表中的图表，打开"图表工具"|"布局"选项卡，在"标签"组中单击"数据标签"下拉按钮，在弹出的下拉列表中选择"数据标签外"选项，如图 9-30 所示。

(3) 此时，即可看到在图表中的每个柱形图上方都显示出实际值，如图 9-31 所示。

图 9-30　设置数据标签　　　　图 9-31　显示数据标签后的效果

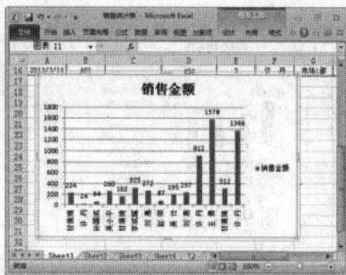

9.1.10 快速设置图表形状样式

使用形状样式功能，可以快速为图表区和绘图区设置样式。操作方法如下。

【练习9-10】为图表和绘图区设置形状样式。

(1) 启动 Excel 2010 应用程序，打开【练习9-9】制作的"销售统计表"工作簿。

(2) 选中 Sheet1 工作表中的图表，打开"图表工具"|"样式"选项卡，单击"形状样式"列表框右侧的下拉按钮，在弹出的下拉列表中单击选择"强力效果-水绿色，强调颜色 5"样式，如图 9-32 所示。

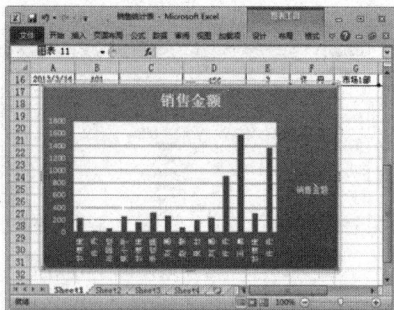

(3) 此时，即可看到为图表设置形状样式后的效果，如图 9-33 所示。

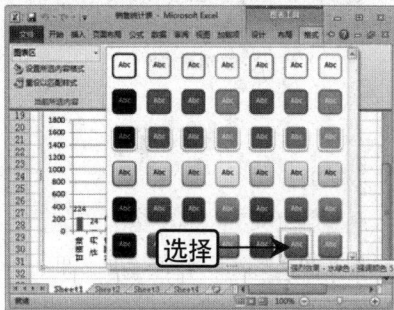

图 9-32　选择形状样式　　　　图 9-33　为图表设置形状样式后的效果

(4) 选中图表中的绘图区，再次单击"形状样式"列表框右侧的下拉按钮，在弹出的下拉列表中选择"细微效果-橙色，强调颜色 6"样式，如图 9-34 所示。

(5) 此时，即可看到为绘图区设置样式后的效果，如图 9-35 所示。

图 9-34　选择形状样式

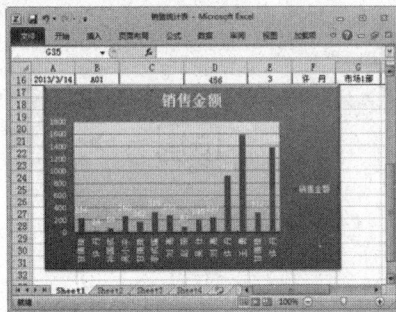

图 9-35　为绘图区设置形状样式后的效果

9.2　使用趋势线与误差线分析图表

图表还有一定的分析预测功能，以便用户能从中发现数据运动规律并预测未来趋势，其中趋势线和误差线分析是一般工作中经常会用的两种分析方法。

9.2.1　添加趋势线

趋势线可以帮助用户更好地观察数据的发展趋势，虽然趋势线与图表中的数据系列有关联，但趋势线并不表示该数据系列的数据。

【练习 9-11】为图表数据添加趋势线。

(1) 启动 Excel 2010 应用程序，打开"销售统计表"工作簿。

(2) 选中图表，打开"图表工具"|"布局"选项卡，在"分析"组中单击"趋势线"下拉按钮，在弹出的下拉列表中选择"指数趋势线"选项，如图 9-36 所示。

(3) 此时，即可看到为选中图表添加趋势线后的效果，如图 9-37 所示。

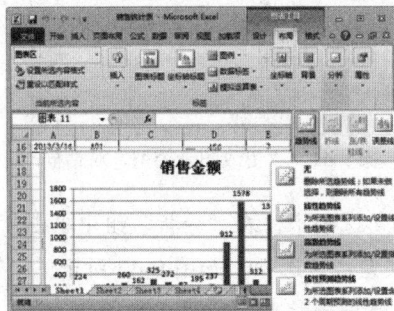

图 9-36　选择"指数趋势线"选项

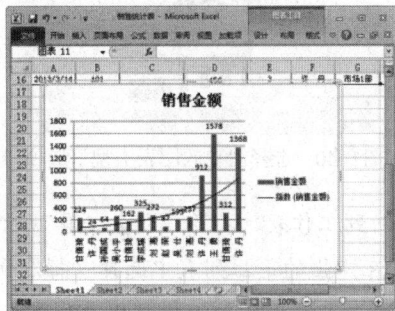

图 9-37　添加趋势线后的效果

(4) 选中添加的趋势线，打开"图表工具"|"格式"选项卡，单击"形状样式"列表框右下角的下拉按钮，在弹出的下拉列表中选择"粗线-强调颜色 6"选项，如图 9-38 所示。

(5) 此时，即可看到为趋势线更改样式后的效果，如图 9-39 所示。

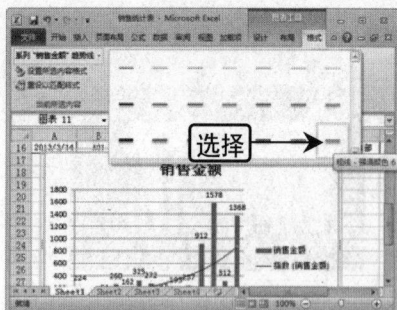

图 9-38　选择形状样式

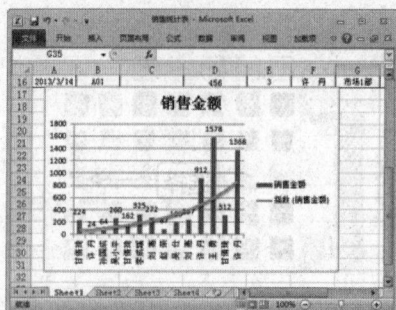

图 9-39　为趋势线更改样式后的效果

⑨.2.2　添加误差线

误差线通常用在统计或科学记数法数据中，误差线显示相对序列中的每个数据标记的潜在误差或不确定度。

【练习 9-12】为图表数据添加误差线。

(1) 启动 Excel 2010 应用程序，打开【练习 9-8】制作的"企业日常费用图表分析"工作簿。

(2) 由于三维柱形图不能添加误差线，所以先将三维柱形图转换成二维柱形图，选中图表，打开"图表工具"|"设计"选项卡，在"类型"组中单击"更改图表类型"选项，如图 9-40 所示。

(3) 弹出"更改图表类型"对话框，在"柱形图"选项组中选择"簇状柱形图"选项，单击"确定"按钮，如图 9-41 所示。

图 9-40　选择"更改图表类型"选项

图 9-41　"更改图表类型"对话框

(4) 返回到工作表，打开"图表工具"|"布局"选项卡，在"分析"组中单击"误差线"下拉按钮，在弹出的下拉列表中选择"标准误差误差线"选项，如图 9-42 所示。

(5) 此时，即可看到为选中数据系列添加误差线后的效果，如图 9-43 所示。

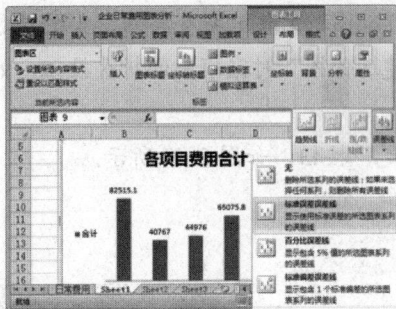

图 9-42　选择"标准误差误差线"选项　　图 9-43　添加误差线后的效果

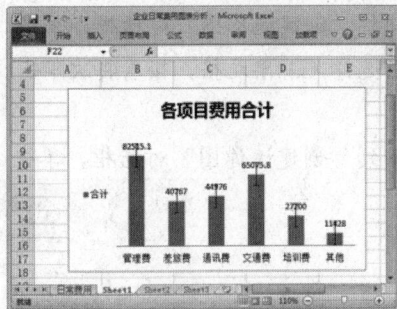

9.3　迷你图的使用

迷你图是 Excel 2010 中的一个新功能，它是工作表单元格中的一个微型图表，可提供数据的直观表示。使用迷你图可以显示数值系列中的趋势，或者可以突出显示最大值和最小值。在数据旁边放置迷你图，可以达到最佳效果。

9.3.1　插入迷你图

虽然行或列中呈现的数据很有用，但很难一眼看出数据的分布形态。通过在数据旁边插入迷你图可为这些数字注释。迷你图可以通过清晰简明的图形表示方法显示相邻数据的趋势，而且迷你图只占有少量空间。

【练习9-13】在表格中插入迷你图。

(1) 启动 Excel 2010 应用程序，打开"一周股票走势"工作簿。

(2) 选择任意数据单元格，打开"插入"选项卡，在"迷你图"组中单击"折线图"按钮，如图 9-44 所示。

(3) 弹出"创建迷你图"对话框，单击"数值范围"右侧的折叠按钮，如图 9-45 所示。

(4) 返回到工作表，单击选择要创建迷你图的单元格区域 B3:F3，然后单击"创建迷你图"对话框中的折叠按钮，如图 9-46 所示。

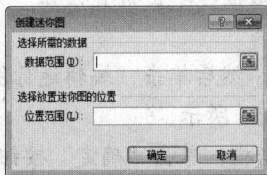

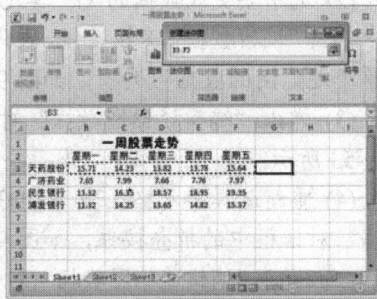

图 9-44　单击"折线图"按钮　　图 9-45　"创建迷你图"对话框　　图 9-46　选择单元格区域

(5) 返回到 "创建迷你图" 对话框，单击 "位置范围" 右侧的折叠按钮，如图 9-47 所示。

(6) 单击选择 G3 单元格，接着再次单击 "创建迷你图" 对话框中的折叠按钮，如图 9-48 所示。

(7) 返回到 "创建迷你图" 对话框，单击 "确定" 按钮，如图 9-49 所示。

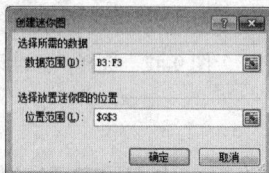

图 9-47　"创建迷你图" 对话框　　　图 9-48　选择单元格　　　图 9-49　"创建迷你图" 对话框

(8) 此时，可以看到在选中的单元格中添加了迷你图，如图 9-50 所示。

(9) 接着，将向下填充迷你图至 G6 单元格，如图 9-51 所示。

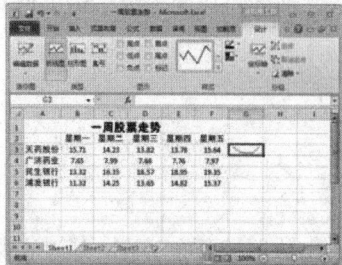

图 9-50　添加迷你图后的效果　　　　图 9-51　填充迷你图

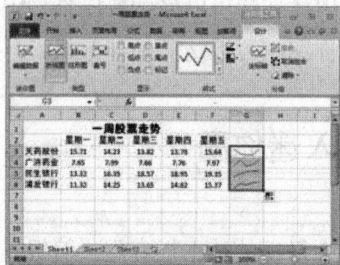

⑨.3.2　更改迷你图数据

迷你图创建完毕后，若用户需要更改创建迷你图的数据范围，可以重新选择创建迷你图的数据区域。

【练习 9-14】更改迷你图数据范围。

(1) 启动 Excel 2010 应用程序，打开【练习 9-13】制作的 "一周股票走势" 工作簿。

(2) 选中要更改数据的 G3 单元格，打开 "迷你图工具" | "设计" 选项卡，在 "迷你图" 组中单击 "编辑数据" 下拉按钮，在弹出的下拉列表中选择 "编辑单个迷你图的数据" 选项，如图 9-52 所示。

(3) 弹出 "编辑迷你图数据" 对话框，单击折叠按钮，如图 9-53 所示。

(4) 重新选择单元格区域 B3:D3，然后单击 "编辑迷你图数据" 对话框中的折叠按钮，如图 9-54 所示。

(5) 返回 "编辑迷你图数据" 对话框，单击 "确定" 按钮，如图 9-55 所示。

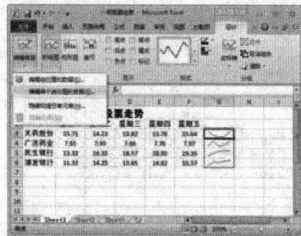

图 9-52　选择 "编辑单个迷你图的数据" 选项

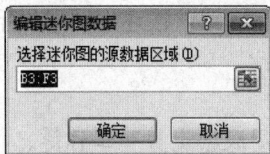

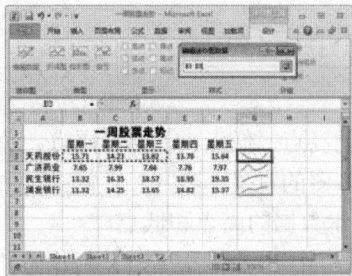

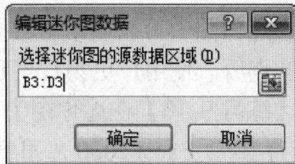

图 9-53　"编辑迷你图数据"对话框　　图 9-54　选择单元格区域　　图 9-55　"编辑迷你图数据"对话框

(6) 此时，即可看到更改迷你图数据后的效果，如图 9-56 所示。

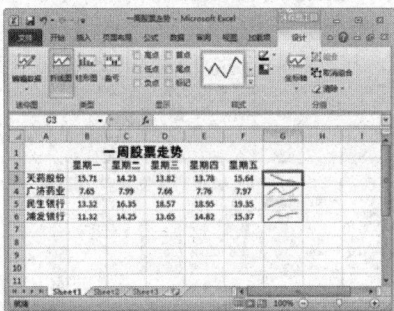

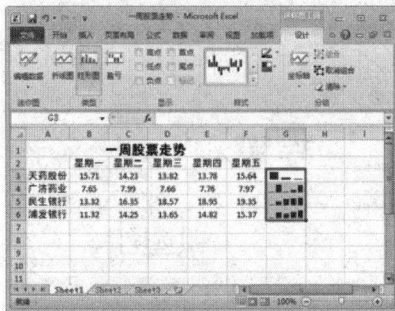

图 9-56　更改迷你图数据后的效果

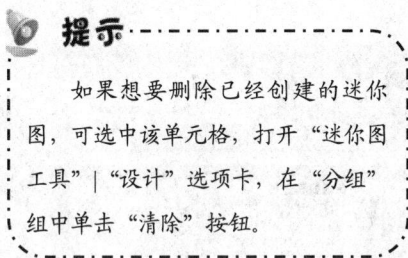

提示

如果想要删除已经创建的迷你图，可选中该单元格，打开"迷你图工具"|"设计"选项卡，在"分组"组中单击"清除"按钮。

⑨.3.3　更改迷你图类型

如同更改图表类型一样，用户也可以根据自己的需要更改迷你图的图表类型，只是迷你图只有 3 种图表类型可以选择。

【练习 9-15】更改迷你图的类型。

(1) 启动 Excel 2010 应用程序，打开【练习 9-14】制作的"一周股票走势"工作簿。

(2) 选中单元格区域 G3:G6，打开"迷你图工具"|"设计"选项卡，在"类型"组中单击"柱形图"按钮，如图 9-57 所示。

(3) 经过步骤(2)的操作之后，此时可以看到选中单元格区域中的迷你图由折线图变成了柱形图，如图 9-58 所示。

图 9-57　单击"柱形图"按钮　　　　　图 9-58　更改迷你图类型后的效果

⑨.3.4　显示迷你图中不同的点

在迷你图中可以显示出数据的高点、低点、首点、尾点、负点和标记。在迷你图中显示出适当的点后，使用户更易观察迷你图的意义。

【练习9-16】在迷你图中显示数据的高点和低点。

(1) 启动 Excel 2010 应用程序，打开【练习9-15】制作的"一周股票走势"工作簿。

(2) 选中单元格区域 G3:G6，打开"迷你图工具"|"设计"选项卡，在"显示"组中选中"高点"和"低点"复选框，如图9-59所示。

(3) 经过步骤(2)的操作之后，此时可以看到迷你图中已经显示了数据的高点和低点，如图9-60所示。

图9-59　选中要显示的点　　　　　图9-60　显示数据的高点和低点后的效果

⑨.3.5　设置迷你图样式

Excel 2010 预设了多种不同的迷你图样式，用户可直接选择喜欢的迷你图样式套用即可，既方便又快捷。

【练习9-17】为迷你图设置样式。

(1) 启动 Excel 2010 应用程序，打开【练习9-16】制作的"一周股票走势"工作簿。

(2) 选中单元格区域 G3:G6，打开"迷你图工具"|"设计"选项卡，单击"样式"列表框中右侧的下拉按钮，在弹出的下拉列表中选择"迷你图样式强调文字颜色2"选项，如图9-61所示。

(3) 经过步骤(2)的操作之后，此时可以看到迷你图的样式已经更改了，如图9-62所示。

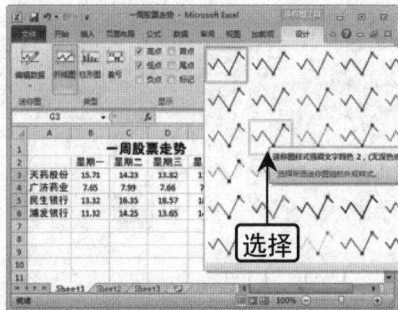

图9-61　选择迷你图样式　　　　　图9-62　更改迷你图样式后的效果

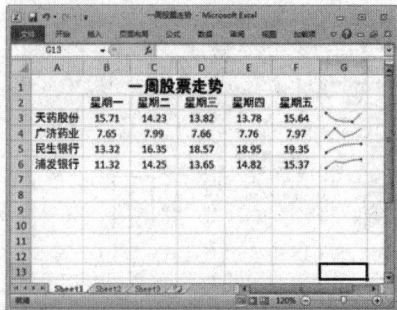

9.4 数据透视表的使用

阅读一个有很多数据的工作表是很不方便的，用户可以根据需要，将这个工作表生成能够显示分类概要信息的数据透视表。数据透视表能够迅速方便地从数据源中提取并计算需要的信息。

9.4.1 创建数据透视表

使用数据透视表不仅可以帮助用户对大量数据进行快速汇总，还可以查看数据源的汇总结果。

【练习 9-18】在工作表中创建数据透视表。

(1) 启动 Excel 2010 应用程序，打开"电器销售记录表"工作簿。

(2) 选中任意单元格，单击"插入"选项，在"表格"组中单击"数据透视表"按钮，如图 9-63 所示。

(3) 弹出"创建数据透视表"对话框，选择"新工作表"单选按钮，然后单击"表/区域"右侧的折叠按钮，如图 9-64 所示。

(4) 返回到工作表，选择单元格区域 A2:D18，接着单击"创建数据透视表"对话框中的折叠按钮，如图 9-65 所示。

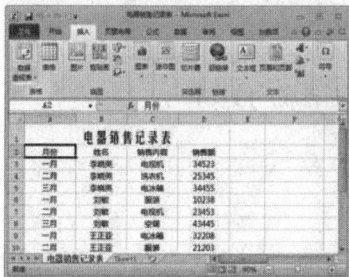

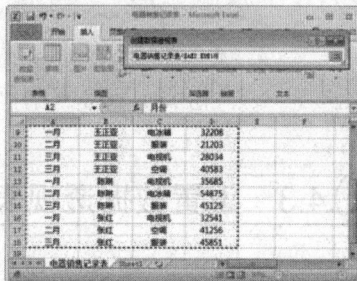

图 9-63 单击"数据透视表"按钮　图 9-64 "创建数据透视表"对话框　图 9-65 选择单元格区域

(5) 返回到"创建数据透视表"对话框，单击"确定"按钮，如图 9-66 所示。

(6) 经过前面的操作之后，切换至 Sheet1 工作表中，此时可以看到该工作表中显示了创建的空数据透视表，如图 9-67 所示。

(7) 在"数据透视表字段列表"窗格的"选择要添加到报表的字段"列表框中选中所有字段，接着将"月份"字段拖拽到"报表筛选"列表框中、将"销售内容"字段拖拽到"列标签"列表框中、将"姓名"字段拖拽到"行标签"列表框中，将"销售额"字段拖拽到"数值"列表框中，如图 9-68 所示。本例的数据透视表创建完成。

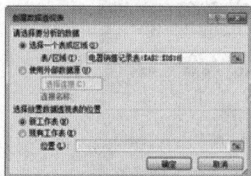

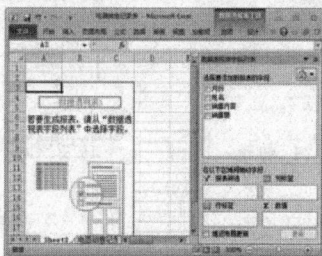

图 9-66 "创建数据透视表"对话框　图 9-67 移动数据透视表后的效果　图 9-68 添加字段到报表中

⑨.4.2 重新排序

用户可以对汇总后的数据进行排序，这是在对原有数据进行汇总的基础上进行操作，具体操作方法如下。

【练习 9-19】在数据透视表中对"总计"项按升序排列。

(1) 启动 Excel 2010 应用程序，打开【练习 9-18】制作的"电器销售记录表"工作簿。

(2) 下面对"总计"项进行排序，选择 G 列中任意含有数据的单元格，打开"数据透视表工具"|"选项"选项卡，在"排序和筛选"组中单击"升序"按钮，如图 9-69 所示。

(3) 经过步骤(2)的操作之后，此时可以看到"总计"列中的数据已经按升序进行了重新排列，如图 9-70 所示。

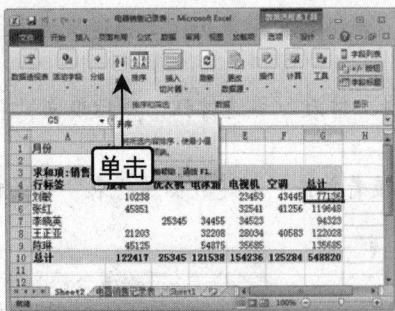

图 9-69 单击"升序"按钮

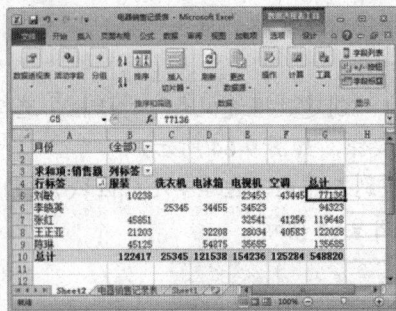

图 9-70 重新排序后的效果

⑨.4.3 设置数据透视表布局

数据透视表的布局不影响数据计算的结果，只是根据需要选择数据的表现形式。Excel 中数据透视表有几种布局，用户可根据需要选择合适的布局。

【练习 9-20】设置数据透视表的布局方式。

(1) 启动 Excel 2010 应用程序，打开【练习 9-19】制作的"电器销售记录表"工作簿。

(2) 选中数据透视表中任意数据单元格，打开"数据透视表工具"|"设计"选项卡，在"布局"组中单击"报表布局"下拉按钮，在弹出的下拉列表中选择"以大纲形式显示"选项，如图 9-71 所示。

(3) 设置数据透视表以大纲形式显示，如图 9-72 所示。

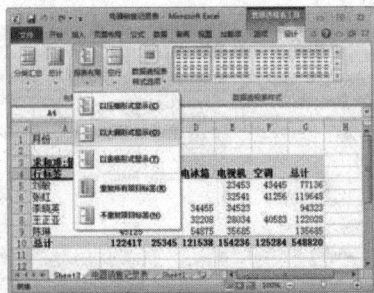

图 9-71 选择"以大纲形式显示"选项

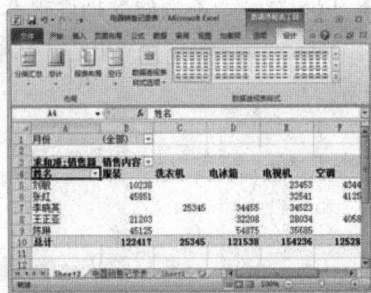

图 9-72 以大纲形式显示的效果

9.4.4 设置数据透视表样式

Excel 中数据透视表的样式和 Word 中表格的样式概念是一样的,同样 Excel 2010 也为数据透视表预设了多种样式,以供用户进行选择。

【练习 9-21】设置数据透视表的样式。

(1) 启动 Excel 2010 应用程序,打开【练习 9-20】制作的"电器销售记录表"工作簿。

(2) 选中数据透视表,打开"数据透视表工具"|"设计"选项卡,在"数据透视表样式"列表框中选择"数据透视表样式中等深浅 2"选项,如图 9-73 所示。

(3) 此时,即可看到应用数据透视表样式后的效果,如图 9-74 所示。

图 9-73 选择数据透视表样式

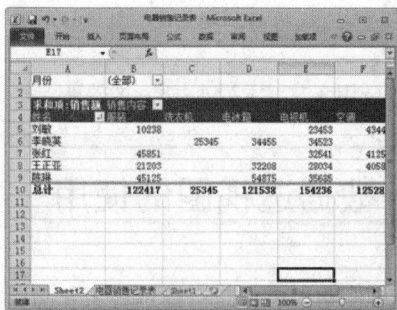

图 9-74 更改数据透视表样式后的效果

9.4.5 使用切片器分析数据

切片器是易于使用的筛选组件,它包含一组按钮,使用户能够快速地筛选数据透视表中的数据,而无须打开下拉列以查找要筛选的项目。

【练习 9-22】在数据透视表中插入切片器并用切片器分析数据。

(1) 启动 Excel 2010 应用程序,打开【练习 9-21】制作的"电器销售记录表"工作簿。

(2) 选中数据透视表中任意数据单元格,打开"插入"选项卡,在"筛选器"组中单击"切片器"按钮,如图 9-75 所示。

(3) 弹出"插入切片器"对话框,选中"姓名"复选框,单击"确定"按钮,如图 9-76 所示。

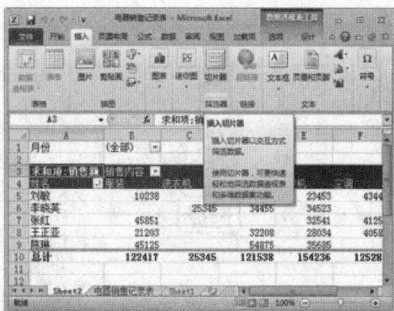

图 9-75 单击"切片器"按钮

图 9-76 "插入切片器"对话框

计算机基础与实训教材系列

(4) 经过前面的操作后，此时可以看到在数据透视表中插入与所选字段相关联的切片器，如图 9-77 所示。

(5) 在切片器中单击需要筛选的字段，如单击"张红"，此时数据表中的数据已经进行了筛选，只显示"张红"的相关记录，如图 9-78 所示。

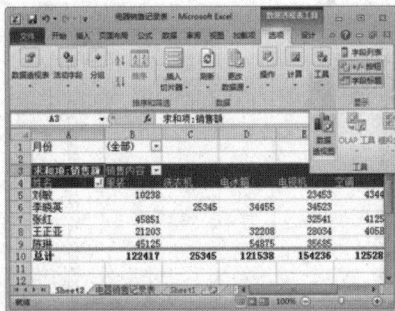

图 9-77　插入切片器后的效果　　　　图 9-78　使用切片器筛选数据

9.5　数据透视图的使用

数据透视图可以看作是数据透视表和图表的结合，它以图形的形式实现数据透视表的功能。

9.5.1　创建数据透视图

数据透视图是对数据透视表数据形象、直观的展示，数据透视图是在数据透视表的基础上对数据的进一步发掘。

【练习 9-23】在工作表中创建数据透视图。

(1) 启动 Excel 2010 应用程序，打开【练习 9-21】制作的"电器销售记录表"工作簿。

(2) 选中数据透视表中任意数据单元格，打开"数据透视表工具"|"选项"选项卡，在"工具"组中单击"数据透视图"按钮，如图 9-79 所示。

(3) 弹出"插入图表"对话框，在"柱形图"选项组中选择"簇状柱形图"选项，单击"确定"按钮，如图 9-80 所示。

图 9-79　单击"数据透视图"按钮　　　　图 9-80　"插入图表"对话框

(4) 经过前面的操作之后返回工作表中，此时可以看到工作表中显示了创建的数据透视图，如图 9-81 所示。

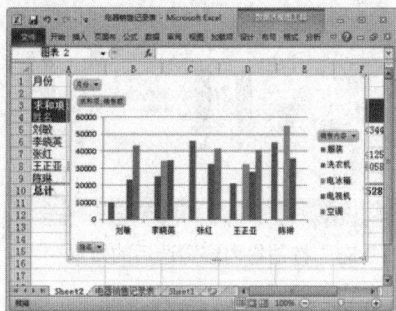

图 9-81　创建数据透视图后的效果

> **提示**
>
> 用户还可以在创建数据透视表的同时创建数据透视图，打开"插入"选项卡，在"表格"组中的"数据透视表"下拉列表中选择"数据透视图"选项即可。

9.5.2　对透视图中数据进行筛选

与数据透视表一样，在数据透视图中也可以进行筛选操作。在数据透视图中显示了很多筛选字段，用户可根据自己的需要筛选出需要的数据。

【练习 9-24】在数据透视图中筛选数据。

(1) 启动 Excel 2010 应用程序，打开【练习 9-23】制作的"电器销售记录表"工作簿。

(2) 单击"月份"下拉按钮，在弹出的下拉列表中选择"一月"选项，单击"确定"按钮，如图 9-82 所示。

(3) 经过步骤(2)的操作之后，此时数据透视图中只显示了一月份所有销售人员的销售情况，如图 9-83 所示。

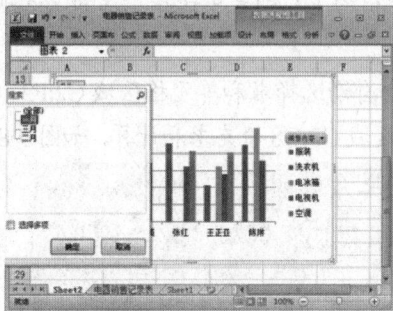

图 9-82　选择要筛选的月份

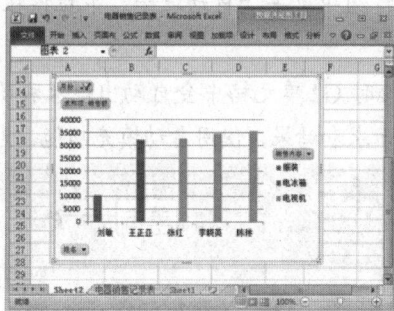

图 9-83　按月份筛选后的效果

(4) 清除步骤(3)的筛选，接着单击"销售内容"下拉按钮，在弹出的下拉列表中只选中"服装"复选框，单击"确定"按钮，如图 9-84 所示。

(5) 经过步骤(4)的操作之后，此时数据透视图中只显示了所有销售人员关于"服装"的销售情况，如图 9-85 所示。

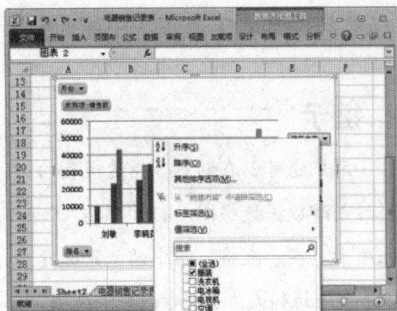

图 9-84　选择要筛选的销售内容

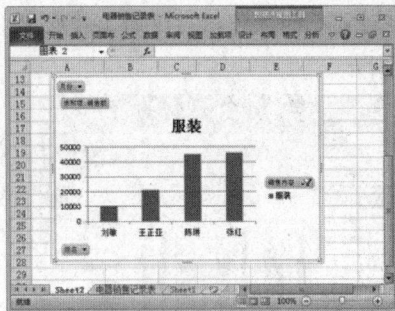

图 9-85　按销售内容筛选后的效果

9.6　上机练习

本节上机练习将通过制作损益表和使用数据透视表和透视图分析员工工资两个练习，帮助读者进一步加深对本章知识的掌握。

9.6.1　制作损益表

损益表又称利润表，是指反映企业在一定会计期的经营成果及其分配情况的会计报表，是一段时间内公司经营业绩的财务记录，反映了这段时间的销售收入、销售成本、经营费用及税收状况。

(1) 打开已经输入基础数据的"损益表"工作簿，选中 G2 单元格，切换到"开始"选项卡，在"编辑"组中单击"自动求和"下拉按钮Σ，在弹出的下拉列表中选择"求和"选项，如图 9-86 所示。

(2) 此时 G2 单元格中会自动出现求和函数，并会自动选择求和单元格区域 C2:F2。按 Enter 键即可显示求和结果。使用自动填充功能，为单元格区域 G3:G8 填充求和计算，如图 9-87 所示。

图 9-86　选择"求和"选项

图 9-87　填充求和计算

(3) 删掉 G3 单元格中的数值"0"，选择 C9 单元格，在"编辑"组中单击"自动求和"下拉按钮Σ，在弹出的下拉列表中选择"求和"选项，如图 9-88 所示。

(4) 此时，系统自动选择求和区域，如果求和区域选择有误，可以手动选择单元格区域 C4:C8，如图 9-89 所示。

图 9-88　选择"求和"选项

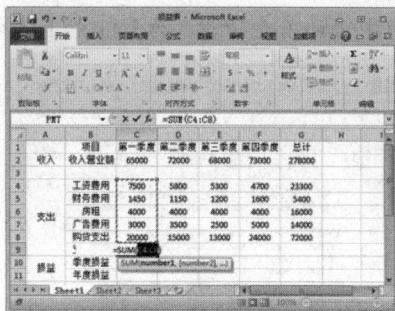

图 9-89　选择单元格区域

(5) 按 Enter 键即可显示求和结果，使用填充功能，为单元格区域 D9:G9 填充求和计算，如图 9-90 所示。

(6) 季度损益等于销售收入减去支出合计，双击 C10 单元格，输入公式"=C2-C9"，如图 9-91 所示。

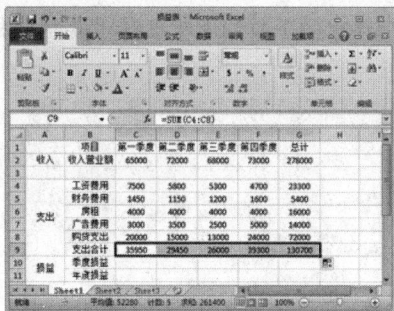

图 9-90　填充求和计算

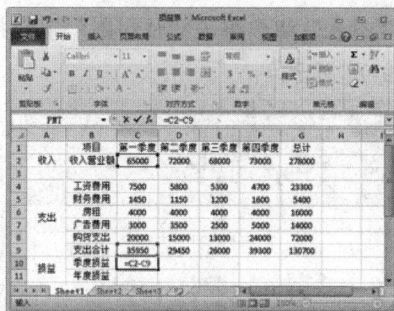

图 9-91　输入公式

(7) 按 Enter 键即可显示计算出的结果。使用自动填充功能计算单元格区域 D10:G10 的季度损益和总计损益，如图 9-92 所示。

(8) 年度损益等于上季度损益加上本季损益。双击 C11 单元格，输入公式"=C10"，如图 9-93 所示。

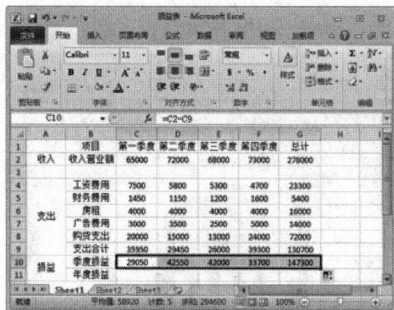

图 9-92　填充数据

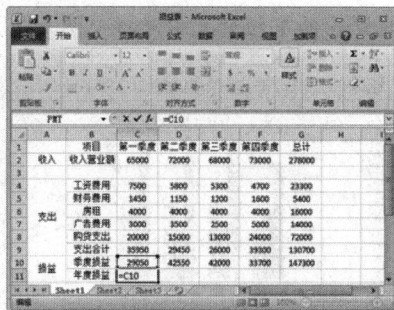

图 9-93　输入公式

计算机基础与实训教材系列

(9) 双击 D11 单元格，输入公式 "=D10+C11"，按 Enter 键即可显示计算的结果，如图 9-94 所示。

(10) 使用自动填充功能，为 E11 和 F11 两个单元格计算出损益金额，如图 9-95 所示。

图 9-94　输入公式

图 9-95　填充数据

(11) 双击 G11 单元格，输入公式 "=F11"，按 Enter 键即可显示最终的年度损益金额，如图 9-96 所示。

(12) 选中单元格区域 B2:F2，按下 Ctrl 键，然后选中单元格区域 B9:F10。单击 "插入" 选项卡，在 "图表" 组中单击 "柱形图" 下拉按钮，在弹出的下拉列表中选择 "簇状圆柱图" 选项，如图 9-97 所示。

图 9-96　输入公式

图 9-97　选择图表类型

(13) 此时，即可看到在工作表中插入图表的效果，如图 9-98 所示。

(14) 选中图表，打开 "图表工具" | "布局" 选项卡，在 "标签" 组中单击 "图表标题" 下拉按钮，在弹出的下拉列表中选择 "图表上方" 选项，如图 9-99 所示。

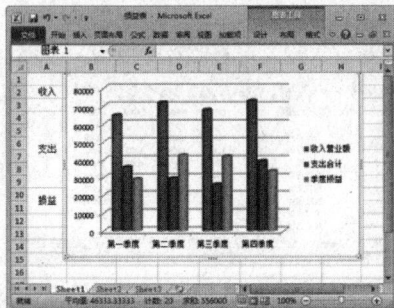

图 9-98　插入图表后的效果

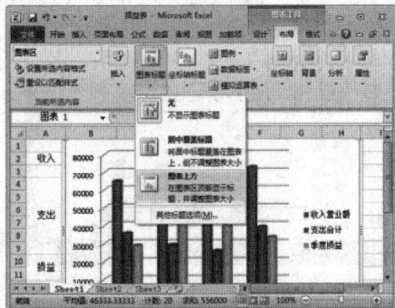

图 9-99　设置图表标题的位置

(15) 此时, 会在图表上方插入默认的标题, 删掉标题中的默认文本, 输入新的标题文本 "季度收支损益对比表", 如图 9-100 所示。

(16) 选中标题文本, 将其字体设置为 "微软雅黑"、字号为 "20"、字体颜色为 "红色", 如图 9-101 所示。

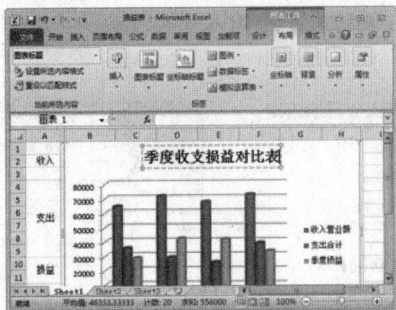

图 9-100　设置标题文本　　　　图 9-101　设置标题文本的格式

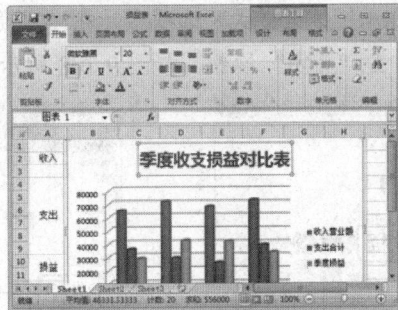

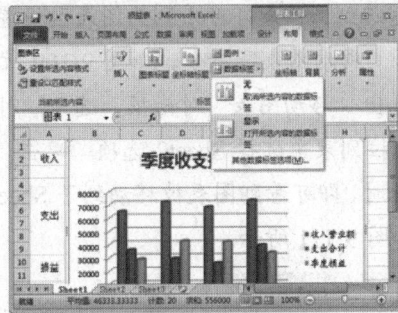

(17) 选中图表右侧的图例, 将其字体设为 "楷体"、字号为 "11", 如图 9-102 所示。

(18) 选中图表, 打开 "图表工具" | "布局" 选项卡, 在 "标签" 组中单击 "数据标签" 下拉按钮, 在弹出的下拉列表中选择 "显示" 选项, 如图 9-103 所示。

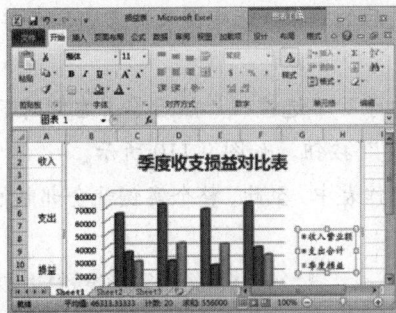

图 9-102　设置图例文本的格式　　　　图 9-103　设置数据标签

(19) 此时, 即可看到在绘图区中看到显示的数据标签, 如图 9-104 所示。

(20) 保持图表的选中状态并右击, 在弹出的快捷菜单中选择 "设置图表区域格式" 命令, 如图 9-105 所示。

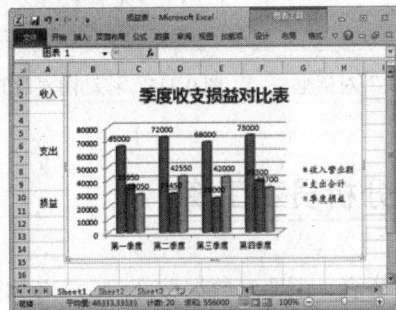

图 9-104　显示数据标签后的效果　　　　图 9-105　选择 "设置图表区域格式" 命令

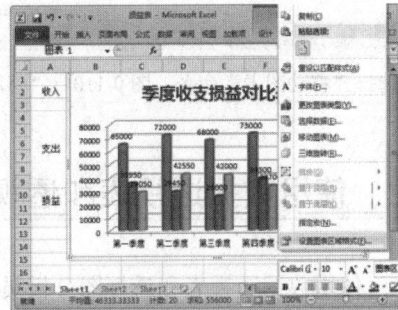

(21) 弹出"设置图表区格式"对话框，选中"填充"选项卡中的"渐变填充"单选按钮，在"预设颜色"下拉列表中选择"雨后初晴"选项，如图 9-106 所示。

(22) 单击"边框颜色"选项卡，选中"实线"单选按钮，在"颜色"下拉列表中选择"绿色"，如图 9-107 所示。

(23) 打开"边框样式"选项卡，在"宽度"右侧的文本中输入"1.5 磅"，选中"圆角"复选框，单击"关闭"按钮，如图 9-108 所示。

图 9-106　设置渐变填充效果　　　图 9-107　选择边框颜色　　　图 9-108　设置边框样式

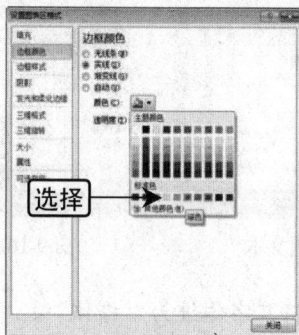

(24) 返回到工作表即可看到为图表区设置格式后的效果。选中图表并右击，在弹出的快捷菜单中选择"移动图表"命令，如图 9-109 所示。

(25) 弹出"移动图表"对话框，选中"对象位于"单选按钮，然后单击右侧的下拉按钮，在弹出的下拉列表中选择 Sheet2 选项，单击"确定"按钮，如图 9-110 所示。

(26) 此时，即可看到图表被移动到了 Sheet2 工作表中。至此，整个实例就全部制作完成了。最终效果如图 9-111 所示。

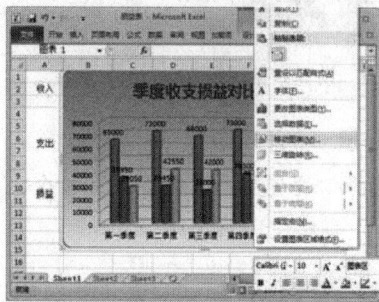

图 9-109　选择"移动图表"命令　　图 9-110　"移动图表"对话框　　图 9-111　移动图表后的效果

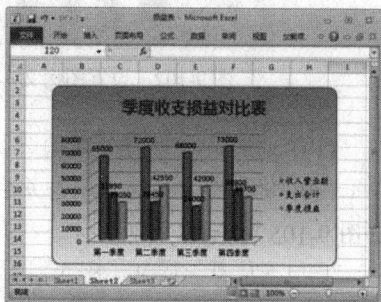

⑨.6.2　使用数据透视表和透视图分析员工工资

下面练习使用数据透视表和透视图分析员工工资表，主要对数据按部门、工资水平进行汇总、筛选。

(1) 打开"员工工资表"工作簿，选择单元格区域 A2:J13，单击"插入"选项卡，在"表格"工具组中单击"数据透视表"按钮，如图 9-112 所示。

(2) 弹出"创建数据透视表"对话框，单击"新工作表"单选按钮，单击"确定"按钮，如图 9-113 所示。

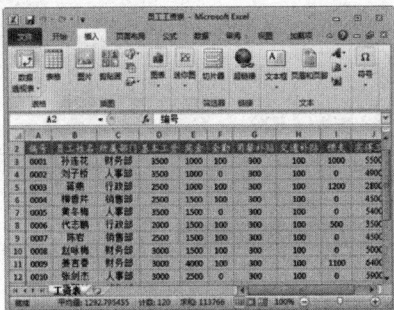

图 9-112 单击"数据透视表"按钮

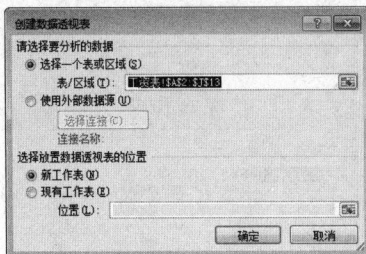

图 9-113 "创建数据透视表"对话框

(3) 此时，可以看到新创建的空数据透视表，将新创建的工作表名称修改为"透视表"，如图 9-114 所示。

(4) 将"选择要添加的报表的字段"列表框中的"所属部门"字段拖动到"报表筛选"列表框中，将"基本工资"字段拖动到"列标签"列表框中，将"员工姓名"拖动到"行标签"中，将"实得工资"字段拖动到"数值"列表框中，如图 9-115 所示。

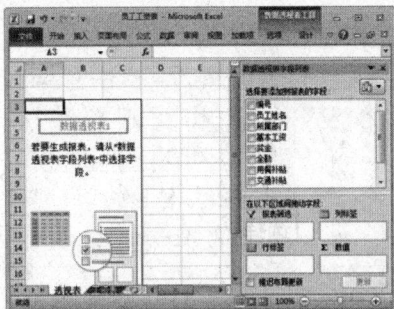

图 9-114 修改工作表名称

图 9-115 添加字段到报表中

(5) 单击"所属部门"右侧的下拉按钮，在弹出的下拉列表中选择"销售部"选项，单击"确定"按钮，如图 9-116 所示。

(6) 此时，在数据透视表只显示了销售部的工资状况，如图 9-117 所示。

图 9-116 选择要筛选的部门

图 9-117 筛选数据后的效果

(7) 打开"设计"选项卡，在"数据透视表样式"列表框中选择"数据透视表样式中等深浅3"选项，如图9-118所示。

(8) 经过步骤(7)的操作之后，此时可以看到数据透视表已经应用了选择的样式，如图9-119所示。

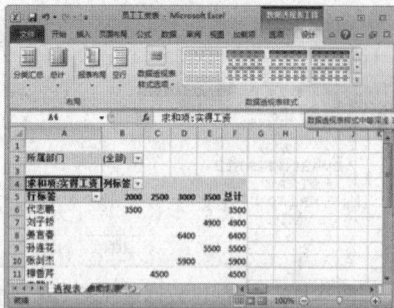

图9-118 选择数据透视表样式　　　图9-119 更改数据透视表样式后的效果

(9) 选中数据透视表中任意数据单元格，打开"选项"选项卡，在"工具"组中单击"数据透视图"按钮，如图9-120所示。

(10) 弹出"插入图表"对话框，打开"柱形图"选项卡，在右侧选择"簇状柱形图"选项，如图9-121所示。

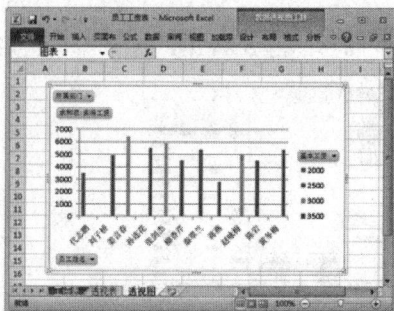

图9-120 单击"数据透视图"按钮　　　图9-121 "插入图表"对话框

(11) 此时，即可看到在透视表工作表中插入了数据透视图，如图9-122所示。

(12) 新建一个工作表，将其重命名为"透视图"，选中透视图，将其剪切到透视图工作表中，如图9-123所示。

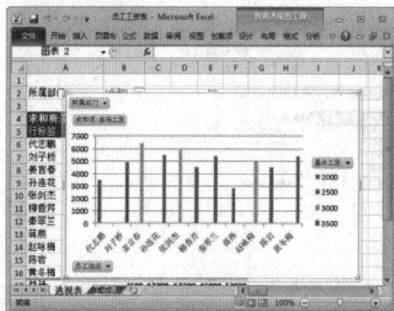

图9-122 插入数据透视图后的效果　　　图9-123 移动数据透视图

(13) 单击透视图中的"基本工资"下拉按钮,在弹出的下拉列表中只选中"3500"复选框,单击"确定"按钮,如图 9-124 所示。

(14) 此时,即可筛选出基本工资等于或大于 3500 元的员工,如图 9-125 所示。

图 9-124 选择要筛选的工资

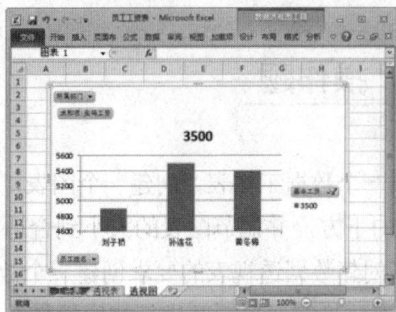

图 9-125 按选中工资筛选后的效果

(15) 清除步骤(14)的筛选,单击"所属部门"下拉按钮,在弹出的下拉列表中选择"人事部"选项,单击"确定"按钮,如图 9-126 所示。

(16) 此时,即可筛选出"人事部"所有员工的工资状况。最终效果如图 9-127 所示。

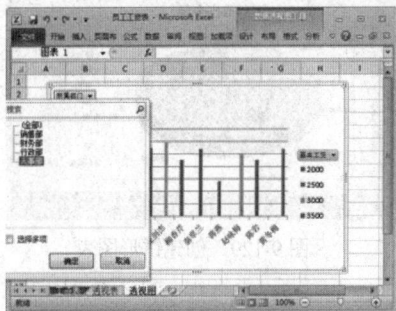

图 9-126 选择要筛选的部门

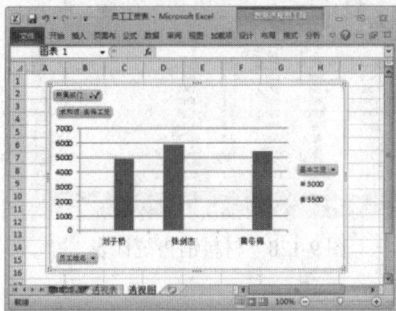

图 9-127 按选中部门筛选后的效果

9.7 习题

9.7.1 填空题

1. Excel 2010 将有关图表制作的相关功能集中到_____选项卡下的_____组中。

2. 在_____情况下,功能区会增加"图表工具"选项卡。

3. 分析数据的趋势可以使用_____或_____。

4. 迷你图是 Excel 2010 中的一个新功能,它是工作表单元格中的一个_____,可提供数据的直观表示。

5. 使用数据透视表不仅可以帮助用户对大量数据进行快速_____,还可以查看数据源的_____。

6. 数据透视图可以看做是_____和_____的结合，它以图形的形式实现数据透视表的功能。

⑨.7.2　操作题

1. 选择一个数据工作表，创建一个图表，要求使用柱状图。接着图表修改为折线图，移动图表到数据的下方，并调节图表的大小到合适的窗口。

2. 按照创建数据透视表的要求创建一个数据透视表，要求汇总方式采用求和。接着对创建的数据透视表更换字段项，并进行排序操作，查看汇总显示的信息。

3. 打开"材料销售统计表"工作簿，如图 9-128 所示。同时选中单元格区域 B2:B11 和 E2:E11，为其创建三维饼形图表，并在图表外侧显示数据标签，最终效果如图 9-129 所示。

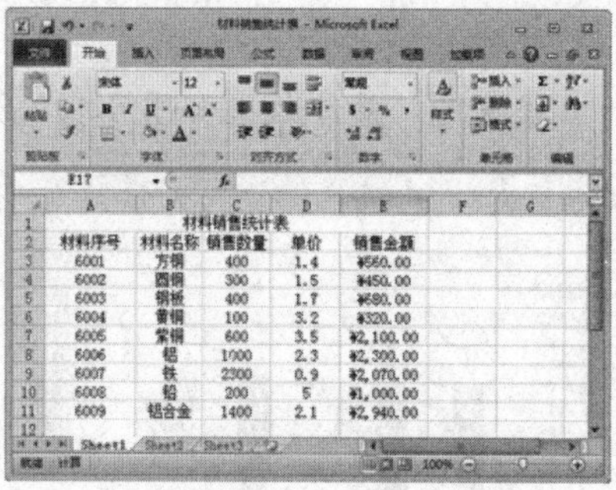

图 9-128　材料销售统计表

图 9-129　创建饼形图表

第10章

PowerPoint 2010 基础操作

学习目标

　　直观明了的演示文稿少不了文字说明，文字是演示文稿中至关重要的组成部分。本章将讲述在幻灯片中添加文本、修饰演示文稿中的文字、设置文字的对齐方式和添加特殊符号的方法。

本章重点

- ◉ PowerPoint 2010 界面介绍
- ◉ 幻灯片的基本操作
- ◉ 幻灯片的视图方式
- ◉ 输入和编辑文本

10.1　PowerPoint 2010 界面介绍

　　PowerPoint 2010 的工作界面由"文件"按钮、快速访问工具栏、标题栏、"窗口操作"按钮、"帮助"按钮、标签、功能区、幻灯片窗格、滚动条、状态栏、"视图"按钮、显示比例等组成，具体分布如图 10-1 所示。

- ◉ "文件"按钮：单击该按钮，在打开的菜单中可以选择对演示文稿执行新建、保存、打印等操作。
- ◉ 快速访问工具栏：该工具栏中集成了多个常用的按钮，默认状态下包括"保存"、"撤销"、"恢复"按钮，用户也可以根据需要进行添加或更改。
- ◉ 标题栏：用于显示演示文稿的标题和类型。
- ◉ "窗口操作"按钮：用于设置窗口的最大化、最小化或关闭操作。

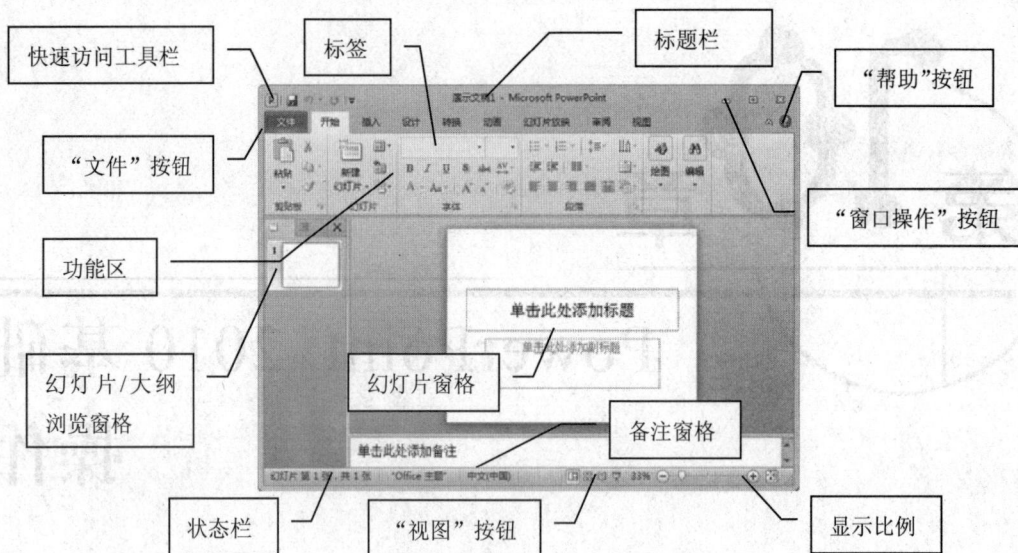

图 10-1　PowerPoint 2010 界面窗口

- ◉ "帮助"按钮：单击可打开相应的 PowerPoint 帮助文件。
- ◉ 标签：单击相应的标签，可以切换至相应的选项卡，不同的选项卡中提供了多种不同的操作设置选项。
- ◉ 功能区：在每个标签对应的选项卡下，功能区中收集了相应的命令，如"开始"选项卡的功能中收集了对字体、段落等内容设置的命令。
- ◉ 幻灯片/大纲浏览窗格：显示幻灯片或幻灯片文本大纲的缩略图。
- ◉ 备注窗格：可用于添加与幻灯片内容相关的注释，供演讲者演示文稿时参考用。
- ◉ 滚动条：拖动滚动条可浏览演示文稿所有幻灯片的内容。
- ◉ 状态栏：显示当前的状态信息，如页数、字数及输入法等信息。
- ◉ "视图"按钮：单击要显示的视图类型按钮即可切换至相应的视图方式下，对文档进行查看。
- ◉ 显示比例：用于设置幻灯片编辑区域的显示比例，用户可以通拖动滑块来进行方便快捷的调整。

10.2　幻灯片的基本操作

要灵活掌握运用 PowerPoint 2010 制作幻灯片，首先要学会 PowerPoint 的基础操作。因此学习制作演示文稿的起点是学习创建、移动、复制等对幻灯片进行操作的技巧。

10.2.1　新建幻灯片

在启动 PowerPoint 2010 后，将默认新建一个名为"演示文稿 1"的演示文稿，其中自动包含一张幻灯片。新建幻灯片有两种方法，一种是新建默认版本的幻灯片，另一种是新建不同版式的幻灯片。

【练习 10-1】在演示文稿中新建幻灯片。

(1) 启动 PowerPoint 2010 应用程序，打开"新建幻灯片"演示文稿。

(2) 在"幻灯片/大纲"浏览窗格中右击，在弹出的快捷菜单中选择"新建幻灯片"命令，如图 10-2 所示。

(3) 此时，即可看到演示文稿中插入了一张"标题和内容"样式的幻灯片，如图 10-3 所示。

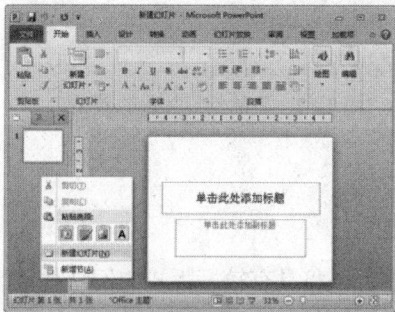

图 10-2　新建幻灯片　　　　　图 10-3　新建幻灯片后的效果

(4) 接着，选中第 2 张幻灯片，切换到"开始"选项卡，在"幻灯片"组中单击"新建幻灯片"下拉按钮，在弹出的下拉列表中选择"两栏内容"选项，如图 10-4 所示。

(5) 此时，即可看到在演示文稿中插入了一张"两栏内容"样式的幻灯片，如图 10-5 所示。

图 10-4　新建幻灯片　　　　　图 10-5　新建幻灯片后的效果

10.2.2　删除幻灯片

对于不需要的幻灯片，用户可以通过多种方法进行删除。具体操作方法如下。

【练习 10-2】删除演示文稿中的幻灯片。

(1) 启动 PowerPoint 2010 应用程序，打开"《马说》课件"演示文稿。

(2) 在"幻灯片/大纲"浏览窗格中选中第 19 张幻灯片并右击，在弹出的快捷菜单中选择"删除幻灯片"命令，如图 10-6 所示。

(3) 此时，即可看到选中的第 19 张幻灯片被删除掉了，如图 10-7 所示。

> 💡 **提示**
>
> 另外，还可以在"幻灯片/大纲"窗格中选中要删除的幻灯片，按 Delete 键即可删除幻灯片。

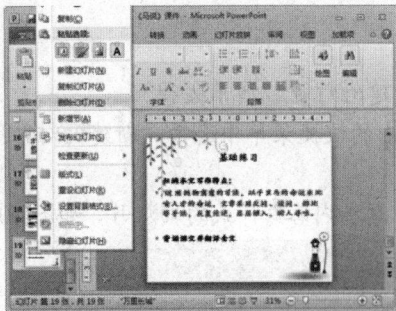

图 10-6　删除幻灯片

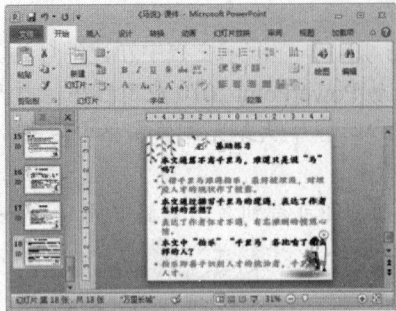

图 10-7　删除幻灯片后的效果

10.2.3　移动和复制幻灯片

用户可以重新调整每一张幻灯片的排列次序，也可以将具有较好版式的幻灯片复制到其他的演示文稿中。

【练习 10-3】在演示文稿中移动和复制幻灯片。

(1) 启动 PowerPoint 2010 应用程序，打开【练习 10-2】制作的"《马说》课件"演示文稿。

(2) 在"幻灯片/大纲"窗格中选中需要移动的幻灯片缩略图，然后按住鼠标左键拖动幻灯片，此时可以看见一条直线跟随鼠标指针移动，如图 10-8 所示。

(3) 拖动到合适的位置释放鼠标左键即可完成幻灯片的移动操作，如图 10-9 所示。

图 10-8　移动幻灯片

图 10-9　移动幻灯片后的效果

(4) 在要复制的幻灯片缩略图上右击，在弹出的快捷菜单中选择"复制幻灯片"命令，如图 10-10 所示。

(5) 此时，即可在该幻灯片之后插入一张具有相同内容和版式的幻灯片，如图 10-11 所示。

图 10-10　复制幻灯片

图 10-11　复制幻灯片后的效果

10.2.4　隐藏幻灯片

　　用户可以将部分幻灯片隐藏起来，隐藏的幻灯片在放映时不会显示，但在编辑过程中是可以看到的。

　　【练习 10-4】在演示文稿中隐藏幻灯片。

　　(1) 启动 PowerPoint 2010 应用程序，打开【练习 10-3】制作的"《马说》课件"演示文稿。

　　(2) 选中需要隐藏的幻灯片，打开"幻灯片放映"选项卡，在"设置"组中单击"隐藏幻灯片"按钮，如图 10-12 所示。

　　(3) 此时，在幻灯片的标题上会出现一条删除斜线，表示该幻灯片已经被隐藏，如图 10-13 所示。

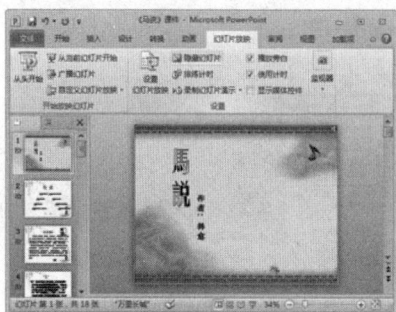

图 10-12　隐藏幻灯片　　　　　　　图 10-13　隐藏幻灯片后的效果

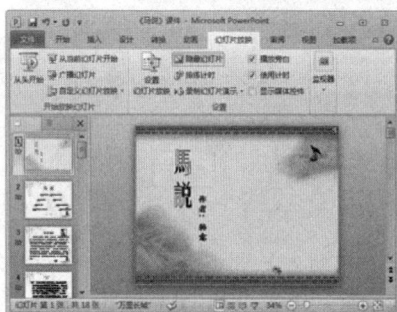

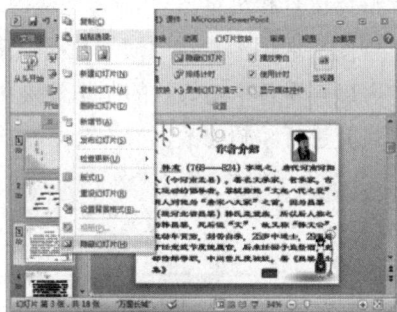

　　(4) 也可以选中需要隐藏的幻灯片并右击，在弹出的快捷菜单中选择"隐藏幻灯片"命令来隐藏幻灯片，如图 10-14 所示。

　　(5) 如果需要取消隐藏，只需选中相应的幻灯片，再次执行"隐藏幻灯片"操作即可，如图 10-15 所示。

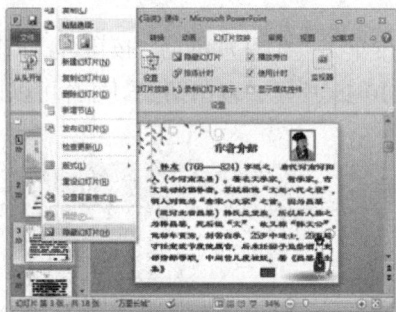

图 10-14　隐藏幻灯片　　　　　　　图 10-15　取消隐藏幻灯片

10.3　幻灯片的视图方式

　　PowerPoint 2010 中有 4 种视图，普通视图、幻灯片浏览视图、备注页视图和幻灯片放映视图，恰当地使用视图将使幻灯片制作更加得心应用。

⑩.3.1 普通视图

普通视图是主要的编辑视图，也是创建或打开演示文稿后的默认视图方式，可用于撰写或设计演示文稿。

打开"视图"选项卡，在"演示文稿视图"组中单击"普通视图"按钮，如图 10-16 所示。打开左窗格中的"大纲"选项卡，可以看到各张幻灯片的文本内容，单击幻灯片列表可以快速跳转到选择的幻灯片，如图 10-17 所示。

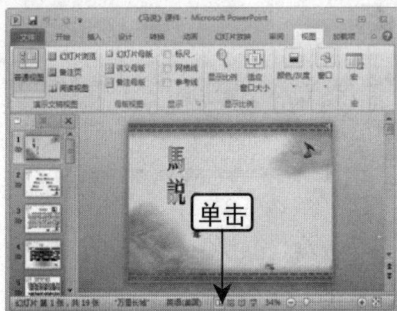

图 10-16 单击"普通视图"按钮

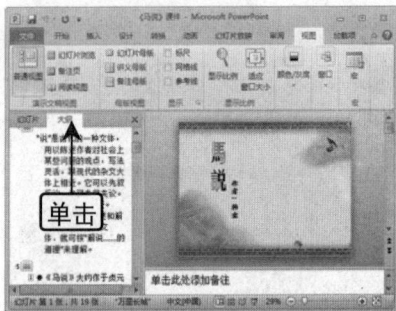

图 10-17 普通视图模式

⑩.3.2 浏览视图

幻灯片浏览视图是以缩略图形式显示幻灯片的视图，主要用于在设计好幻灯片后对整个演示文稿进行整体检查和浏览。

打开"视图"选项卡，在"演示文稿视图"组中单击"幻灯片浏览"按钮，如图 10-18 所示。用户可以查看各个幻灯片的制作效果，如图 10-19 所示。双击某张幻灯片可以切换至普通视图，以对其进行编辑修改。

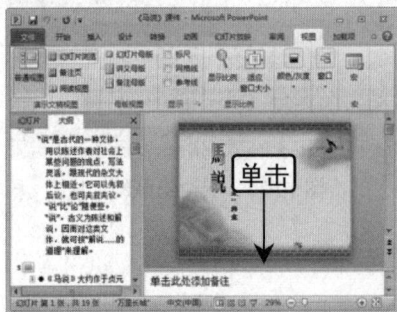

图 10-18 单击"幻灯片浏览"按钮

图 10-19 浏览视图模式

⑩.3.3 阅读视图

在阅读视图中所看到的演示文稿就是观众将看到的效果，其中包括在实际演示中图形、计时、影片、动画效果和切换效果的状态。

打开"视图"选项卡，在"演示文稿视图"组中单击"阅读视图"按钮，如图 10-20 所示。放映幻灯片时，用户可以对幻灯片的放映顺序、动画效果等进行检查，按 Esc 键退出幻灯片放映视图，如图 10-21 所示。

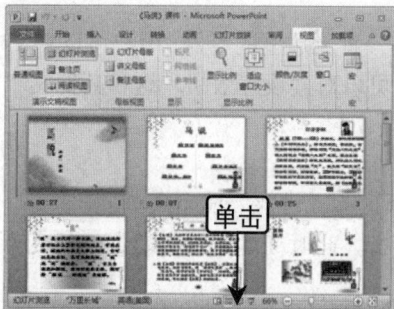

图 10-20 单击"阅读视图"按钮

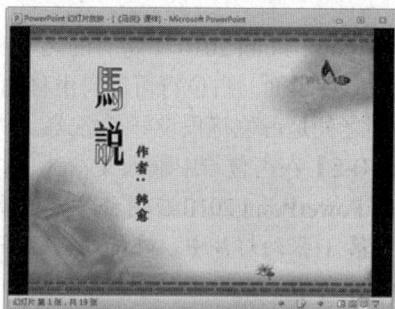

图 10-21 阅读视图模式

⑩.3.4 备注页视图

在备注页视图中，幻灯片窗格下方有一个备注窗格，用户可以在此为幻灯片添加需要的备注内容。在普通视图下备注窗格中只能添加文本内容，而在备注页视图中，用户可在备注中插入图片。

打开"视图"选项卡，在"演示文稿视图"组中单击"备注页"按钮，如图 10-22 所示。切换到备注页视图后，在幻灯片的下方将显示备注内容，用户可以添加、修改备注内容，如图 10-23 所示。

图 10-22 单击"备注页"按钮

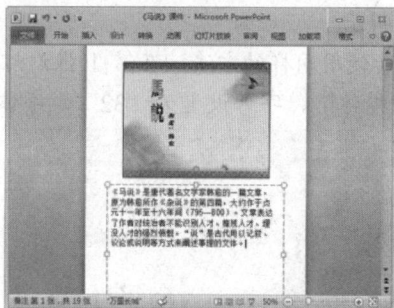

图 10-23 备注页视图模式

10.4 输入和编辑文本

不管是创建空白幻灯片，还是使用模板创建幻灯片，创建之后都要为幻灯片输入新的内容。在幻灯片中输入文本分为两种方式：一是使用占位符，二是使用文本框。

10.4.1 占位符的使用

占位符是 PowerPoint 2010 中特有的元素，它是一种无边框的容器，用户可以将文本、图片、媒体等内容放置在里面。占位符可以自由移动，也可以对其设置效果，这和其他文本框、图形类似，但不同之处是占位符预设好了格式。

【练习 10-5】在占位符中输入文本。

(1) 启动 PowerPoint 2010 应用程序，打开"社区心理讲座"演示文稿。

(2) 选中第 1 张幻灯片中，在标题占位符中单击，此时可以看到标题占位符变为可编辑状态，如图 10-24 所示。

(3) 接着，在标题占位符中输入标题文本，如图 10-25 所示。

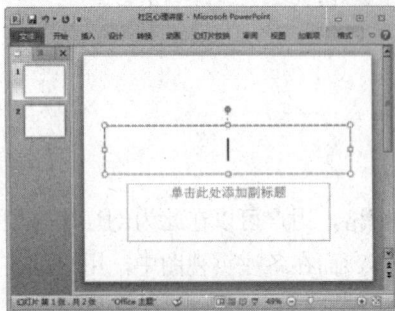

图 10-24　选中标题占位符　　　　图 10-25　输入标题文本

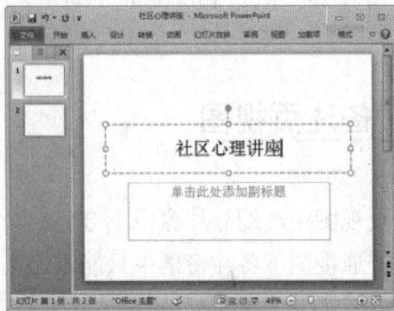

(4) 选中输入的标题文本，切换到"开始"选项卡，在"字体"组中的"字体"下拉列表中选择"隶书"、在"字号"下拉列表中选择"60"，在"颜色"下拉列表中选择"蓝色"，如图 10-26 所示。

(5) 接着使用同样的方法，在第 1 张幻灯片的副标题占位符中输入副标题文本，并将其字体设置为"楷体"、字号设置为"32"、字体颜色设置为"绿色"，如图 10-27 所示。

图 10-26　设置标题字体格式　　　　图 10-27　设置副标题字体格式

⑩.4.2　使用文本框

在 PowerPoint 2010 中使用文本框可以将文字置于任意位置,也可以对文字和文本框进行各种格式设置。

【练习 10-6】在幻灯片中绘制文本框并输入文本。

(1) 启动 PowerPoint 2010 应用程序,打开【练习 10-5】制作的"社区心理讲座"演示文稿。

(2) 选中第 2 张幻灯片,打开"插入"选项卡,在"文本"中单击"文本框"下拉按钮,在弹出的下拉列表中选择"横排文本框"选项,如图 10-28 所示。

(3) 在幻灯片中按下鼠标左键,拖动鼠标绘制一个文本框,绘制完成后释放鼠标左键即可,如图 10-29 所示。

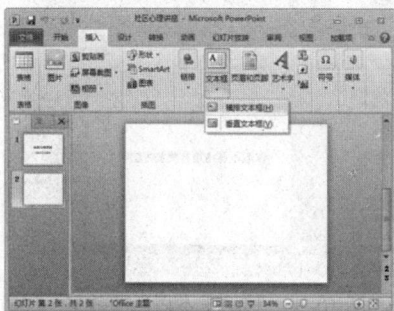

图 10-28　选择"横排文本框"选项　　　　图 10-29　绘制文本框

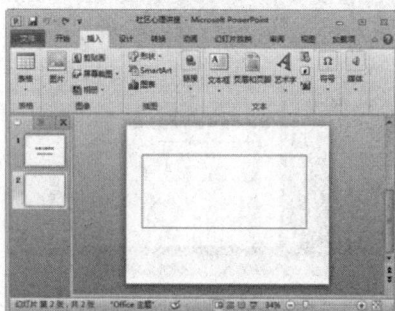

(4) 在文本框中依次输入目录文本,如图 10-30 所示。

(5) 选中目录文本,为其设置如图 10-31 所示的字体格式。

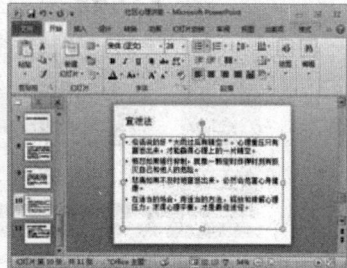

(6) 使用同样的方法再插入 9 张幻灯片,分别在幻灯片中绘制文本框、输入相应的文本,如图 10-32 所示。

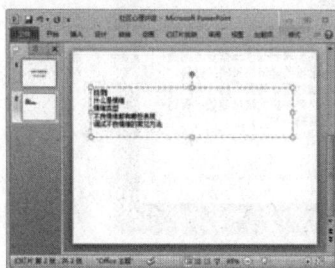

图 10-30　输入目录文本　　　　图 10-31　设置字体格式　　　　图 10-32　插入幻灯片

🔊 **提示**

在移动部分文本时还可以先选中要移动的文本,单击"剪贴板"组中的"剪切"按钮,然后将光标置于文本要移动到的位置,单击"剪贴板"组中的"粘贴"按钮即可。

计算机 基础与实训教材系列

10.4.3 文本的移动

文本的移动是指将文本从一个位置移动到另一个位置。根据不同的需要，可以将文本的移动分为占位符的移动和部分文本的移动两种。

【练习 10-7】在幻灯片中移动文本。

(1) 启动 PowerPoint 2010 应用程序，打开【练习 10-6】制作的"社区心理讲座"演示文稿。

(2) 选中第 7 张幻灯片中的文本框，将鼠标指向文本框，当鼠标指针变为十字状时，按下鼠标左键进行拖动，如图 10-33 所示。

(3) 拖动到合适位置后释放鼠标左键，即可看到文本框的位置被移动了，如图 10-34 所示。

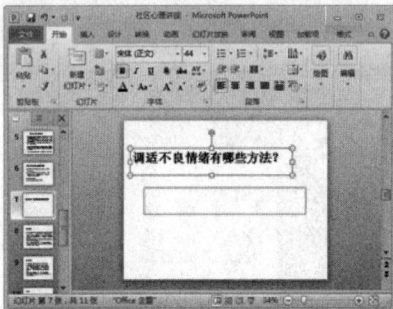

图 10-33　移动文本框　　　　图 10-34　移动文本框后的效果

(4) 选中第 3 张幻灯片，选中内容占位符下方的一段文本，将鼠标指向选中的文本，按下鼠标左键进行拖动，如图 10-35 所示。

(5) 拖动到合适位置后释放鼠标左键，即可移动文本，如图 10-36 所示。

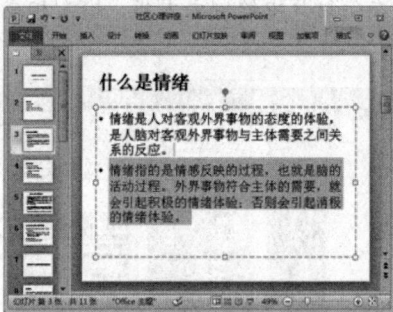

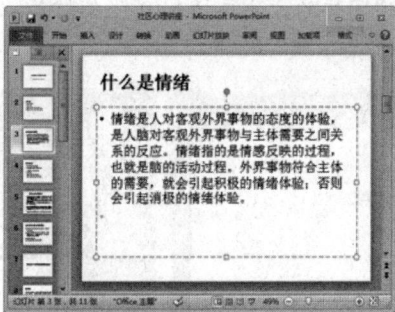

图 10-35　移动文本　　　　图 10-36　移动文本后的效果

10.4.4 设置项目符号和编号

在幻灯片中，项目符号和编号的使用频率远高于 Word 文档，因为幻灯片本身就是用于显示讲解的条目，因此为了更好地展示内容的层次性，最好使用项目符号和编号。

【练习 10-8】为选中的文本设置项目符号和编号。

(1) 启动 PowerPoint 2010 应用程序，打开【练习 10-7】制作的"社区心理讲座"演示文稿。

(2) 选中第 2 张幻灯片中的目录文本，切换到"开始"选项卡，在"段落"组中单击"项目符号"下拉按钮，在弹出的下拉列表中选择"箭头项目符号"选项，如图 10-37 所示。

(3) 此时，即可看到选中的文本添加上了箭头项目符号，如图 10-38 所示。

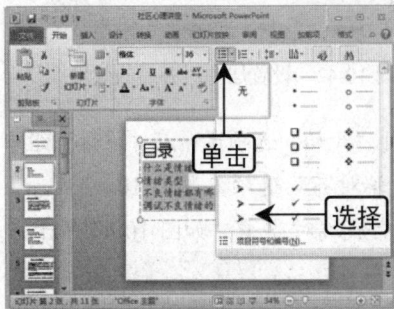

图 10-37　选择项目符号的样式

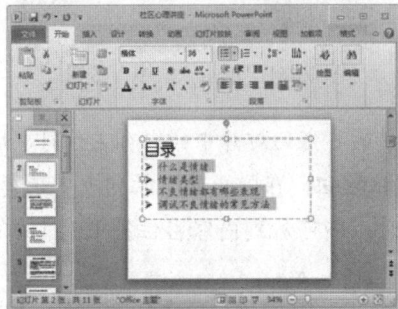

图 10-38　添加项目符号后的效果

(4) 选中第 6 张幻灯片中内容占位符中的文本，在"段落"组中单击"编号"下拉按钮，在弹出的下拉列表中选择"1.2.3."样式的编号，如图 10-39 所示。

(5) 此时，即可看到为选中文本添加编号后的效果，如图 10-40 所示。

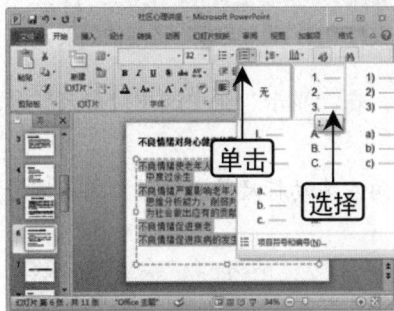

图 10-39　选择编号样式

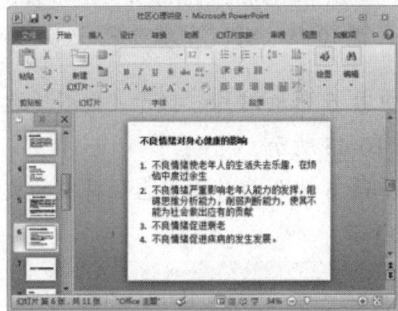

图 10-40　添加编号后的效果

⑩.4.5　设置段落的对齐与缩进

在 PowerPoint 2010 中，设置段落的对齐与缩进格式也就是设置文本框中文本的对齐与缩进。

【练习 10-9】为段落设置对齐方式和首行缩进。

(1) 启动 PowerPoint 2010 应用程序，打开【练习 10-8】制作的"社区心理讲座"演示文稿。

(2) 选中第 4 张幻灯片中的内容占位符，切换到"开始"选项卡，在"段落"组中单击"居中"按钮，如图 10-41 所示。

(3) 此时，即可看到选中占位符中的文本都已经居中对齐了，如图 10-42 所示。

<table>
<tr><td>图 10-41　单击"居中"按钮</td><td>图 10-42　设置居中对齐后的效果</td></tr>
</table>

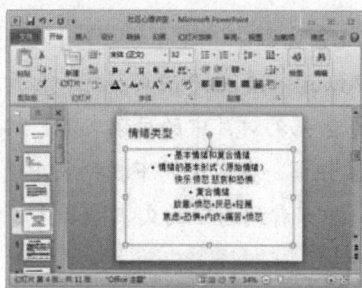

(4) 选中第 6 张幻灯片中的内容占位符，切换到"开始"选项卡，在"段落"组中单击"对齐文本"下拉按钮，在弹出的下拉列表中选择"底端对齐"选项，如图 10-43 所示。

(5) 此时，即可看到内容占位符中的文本已经靠底端对齐了，如图 10-44 所示。

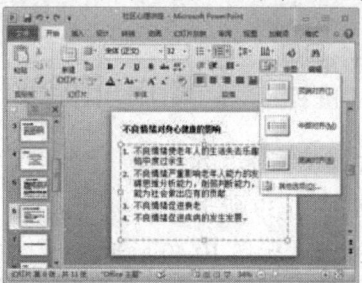

<table>
<tr><td>图 10-43　选择"底端对齐"选项</td><td>图 10-44　设置底端对齐后的效果</td></tr>
</table>

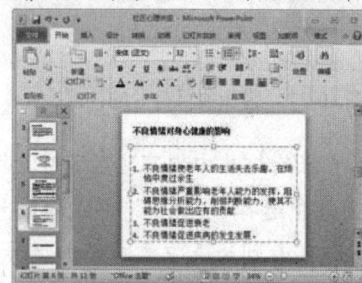

(6) 选中第 5 张幻灯片，打开"视图"选项卡，在"显示"组中选中"标尺"复选框显示标尺，如图 10-45 所示。

(7) 选中第 5 张幻灯片内容占位符中的文本，向右拖动标尺最上方的"首行缩进"滑块，如图 10-46 所示。

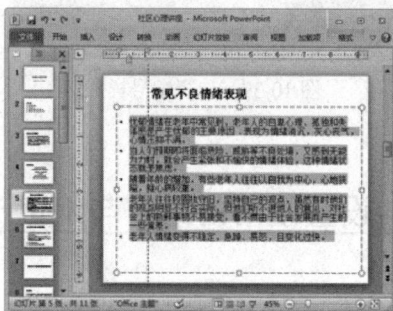

<table>
<tr><td>图 10-45　显示标尺</td><td>图 10-46　拖动"首行缩进"滑块</td></tr>
</table>

(8) 向右拖动到两个字符的时候释放鼠标即可看到为每段首行文本设置缩进后的效果，如图 10-47 所示。

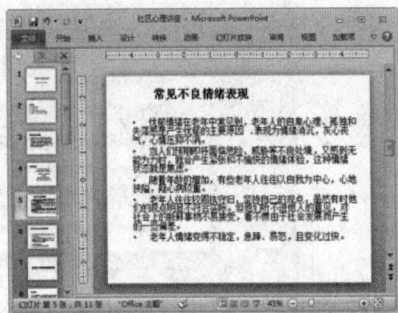

图 10-47　为文本设置首行缩进后的效果

提示

用户也可以单击"段落"组右下角的"对话框启动器"按钮,在弹出的"段落"对话框中打开"缩进和间距"选项卡,然后进行想要的缩进设置。

⑩.4.6　设置行距与段间距

在 PowerPoint 2010 中,用户可以对行距和段间距进行设置。段落的行距是指段落内行与行之间的距离,段间距分为段前间距和段后间距。段前间距是指当前段落与前一段落之间的距离,段后间距是指当前段落与后一段落之间的距离。

【练习 10-10】为选中的文本设置行距和段间距。

(1) 启动 PowerPoint 2010 应用程序,打开【练习 10-9】制作的"社区心理讲座"演示文稿。

(2) 选中第 2 张幻灯片中文本框中的全部文本,切换到"开始"选项卡,在"段落"组中单击"行距"下拉按钮,在弹出的下拉列表中选择"1.5"倍行距选项,如图 10-48 所示。

(3) 此时,所选文本的行距就变成了原来的 1.5 倍,如图 10-49 所示。

图 10-48　选择行距

图 10-49　设置行距后的效果

(4) 选中第 5 张幻灯片内容占位符中的全部文本并右击,在弹出的快捷菜单中选择"段落"命令,如图 10-50 所示。

(5) 弹出"段落"对话框,设置段前间距为"10 磅"、段后间距为"8 磅",单击"确定"按钮,如图 10-51 所示。

(6) 经过步骤(5)的操作之后,此时可以看到段落间距已经发生了改变,如图 10-52 所示。

计算机 基础与实训教材系列

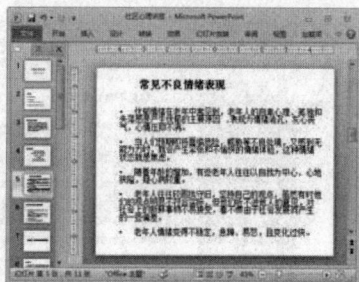

图 10-50 选择"段落"选项　　图 10-51 设置段前间距和段后间距　图 10-52 设置段间距后的效果

提示

在大纲视图下，按下 Ctrl+Home 组合键可以移至页面对象开始处。按下 Ctrl+End 组合键可以移至页面对象结束处。

⑩.5　上机练习

本节上机练习将通过制作公司会议简报和教学课件两个练习，帮助读者进一步加深对本章知识的掌握。

⑩.5.1　制作公司会议简报

制作本例时，首先通过模板创建演示文稿，然后在占位符和文本框中依次输入文本，并为文本设置文字格式。

(1) 启动 PowerPoint 2010 应用程序，单击"开始"按钮，在弹出的菜单中选择"新建"命令，然后在"可用的模板和主题"选项组中单击"PowerPoint 演示文稿和幻灯片"选项，如图 10-53所示。

(2) 接着在展开的子选项组中单击"商务"选项，如图 10-54 所示。

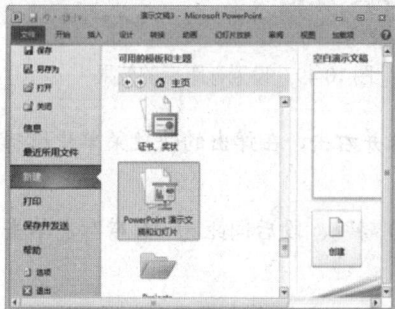

图 10-53 新建演示文稿　　　　　　　　　图 10-54 单击"商务"选项

(3) 接着单击选择"策略推荐演示文稿"选项，然后单击右侧的"下载"按钮，如图 10-55 所示。

(4) 下载成功后会自动新建以"策略推荐演示文稿"为模板的演示文稿，如图 10-56 所示。

图 10-55　单击"下载"按钮

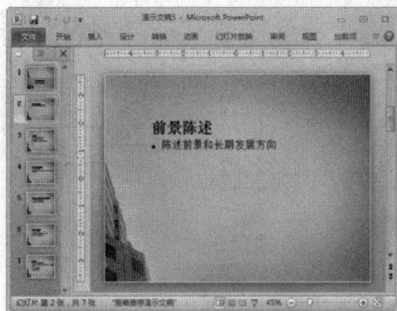

图 10-56　新建演示文稿后的效果

(5) 单击"文件"按钮，在弹出的菜单中选择"另存为"命令，如图 10-57 所示。

(6) 弹出"另存为"对话框，设置文件的保存路径，输入文件名"公司会议简报"，单击"保存"按钮，如图 10-58 所示。

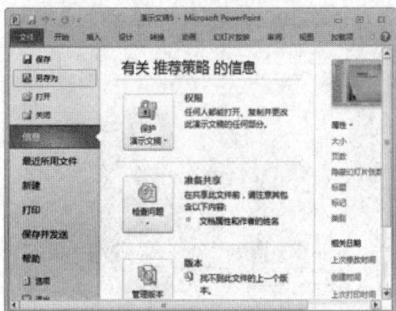

图 10-57　另存为演示文稿

图 10-58　"另存为"对话框

(7) 此时，可看到演示文稿标题栏上的名称已经变成了"公司会议简报"，如图 10-59 所示。

(8) 选中第 1 张幻灯片，删除标题占位符中的默认文本，重新输入标题文本"公司会议简报"，如图 10-60 所示。

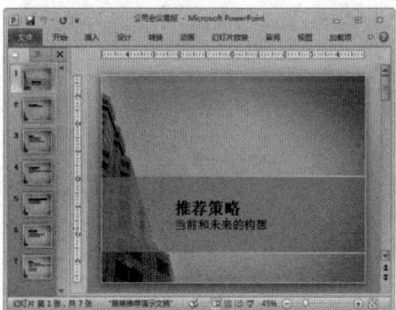

图 10-59　为演示文稿命名后的效果

图 10-60　输入标题文本

(9) 选中输入的标题文本，切换到"开始"选项卡，在"字体"组的"字体"下拉列表中选择"华文琥珀"字体，如图 10-61 所示。

(10) 接着在"字号"下拉列表中选择"66"，如图 10-62 所示。

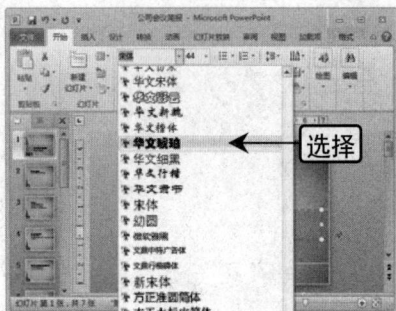

图 10-61　选择字体

图 10-62　选择字号

(11) 接着在"颜色"下拉列表框中选择"红色"，如图 10-63 所示。

(12) 此时，可看到为标题文本设置字体格式后的效果，如图 10-64 所示。

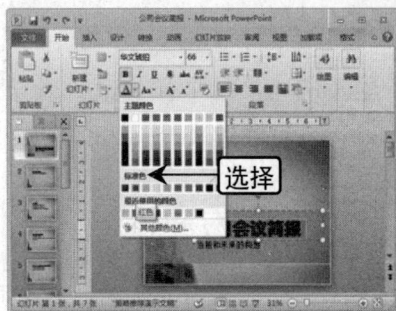

图 10-63　选择字体颜色

图 10-64　设置字体格式后的效果

(13) 接着，在第 1 张幻灯片的副标题占位符中输入副标题文本，并将其字体设置为"楷体"、字号设置为"44"，如图 10-65 所示。

(14) 选中第 2 张幻灯片，分别在标题占位符和内容占位符中输入如图 10-66 所示的文本。

图 10-65　设置副标题文本格式

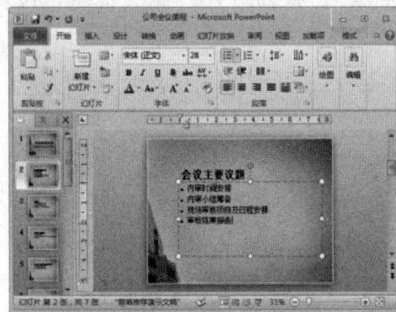

图 10-66　在占位符中输入文本

(15) 选中第 2 张幻灯片内容占位符中的文本，切换到"开始"选项卡，在"段落"组中单击"项目符号"下拉按钮 ，在弹出的下拉列表中选择"项目符号和编号"选项，如图 10-67 所示。

(16) 弹出"项目符号和编号"对话框，单击"自定义"按钮，如图 10-68 所示。

(17) 弹出"符号"对话框，单击选择电话形状的符号，单击"确定"按钮，如图 10-69

所示。

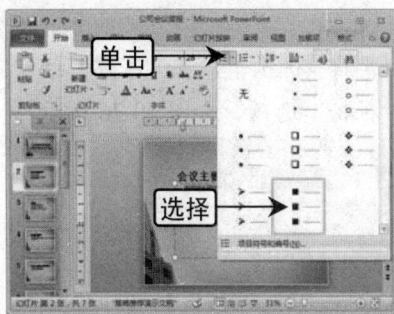

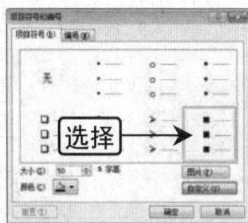

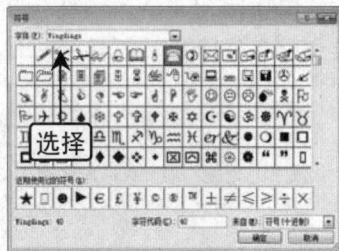

图 10-67　选择"项目符号和编号"选项　图 10-68　"项目符号和编号"对话框　图 10-69　"符号"对话框

(18) 返回到"项目符号和编号"对话框，单击"确定"按钮，如图 10-70 所示。

(19) 此时，可以看到已经为选中的文本设置了电话形状的自定义项目符号，如图 10-71 所示。

(20) 使用同样的方法，在第 3 至第 7 张幻灯片的标题和内容占位符中依次输入相应的文本内容，如图 10-72 所示。

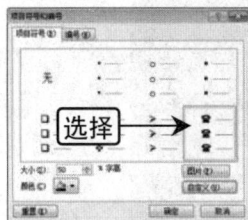

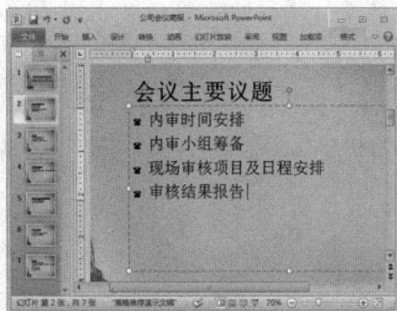

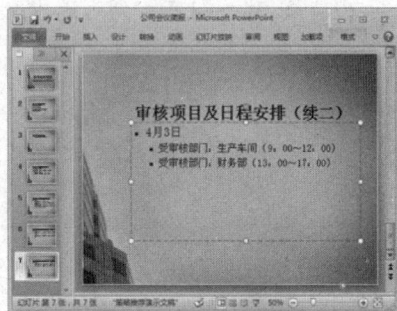

图 10-70　"项目符号和
　　　　　编号"对话框

图 10-71　设置自定义项目符号后的效果

图 10-72　输入文本

(21) 选中第 5 张幻灯片内容占位符中第 2 行至最后一行文本，切换到"开始"选项卡，在"段落"组中单击"编号"下拉按钮，在弹出的下拉列表中选择"1.2.3."样式的编号，如图 10-73 所示。

(22) 经过步骤(21)的操作后，此时即可看到为选中文本设置编号后的效果，如图 10-74 所示。

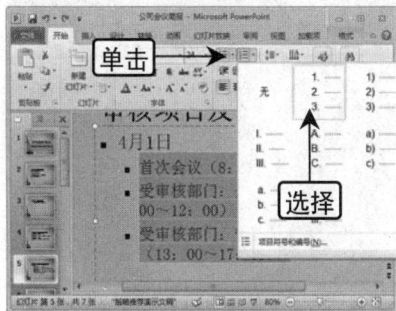

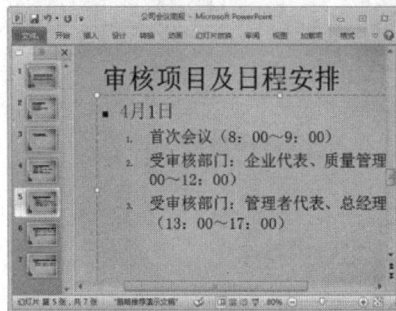

图 10-73　选择编号样式

图 10-74　设置编号后的效果

(23) 使用同样的方法，为第 7 张幻灯片内容占位符中的文本设置半括号的编号样式，如图 10-75 所示。

(24) 选中第 4 张幻灯片内容占位符中的文本，切换到"开始"选项卡，在"字体"组中单击"字符间距"下拉按钮 AV，在弹出的下拉列表中选择"很松"选项，如图 10-76 所示。

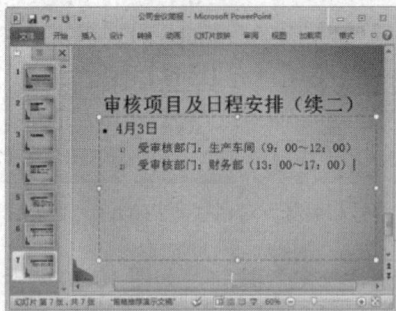

图 10-75　为文本设置编号　　　　图 10-76　设置字符间距

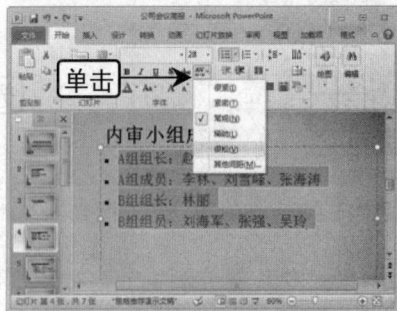

(25) 此时，即可看到设置字符间距后的效果，保持文本的选中状态，在"段落"组中单击"行距"下拉按钮，在弹出的下拉列表中选择"1.5"选项，如图 10-77 所示。

(26) 此时，即可看到为选中文本调整行距后的效果，如图 10-78 所示。

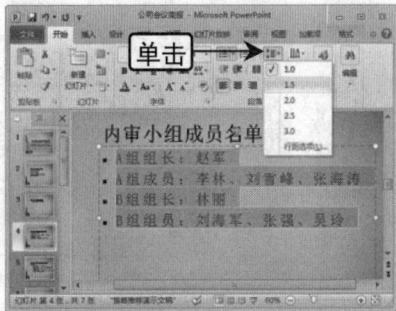

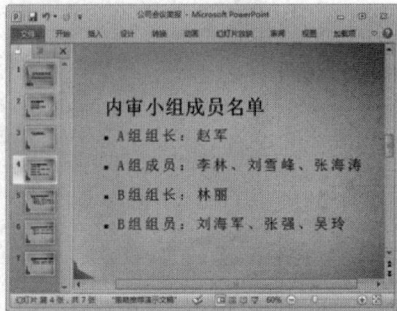

图 10-77　选择行距　　　　　　图 10-78　设置行距后的效果

(27) 选中最后一张幻灯片，切换到"开始"选项卡，在"幻灯片"组中单击"新建幻灯片"下拉按钮，在弹出的下拉列表中选择"空白"选项，如图 10-79 所示。

(28) 接着选中新建的空白幻灯片，打开"插入"选项卡，在"文本"组中单击"文本框"下拉按钮，在弹出的下拉列表中选择"横排文本框"选项，如图 10-80 所示。

图 10-79　新建幻灯片　　　　　图 10-80　选择"横排文本框"选项

(29) 按下鼠标左键在幻灯片中拖动绘制一个横排文本，接着输入文本"谢谢观看"，然后将其字体设置为"方正舒体"、字号设置为"96"、字体颜色设置为"紫色"，并将文本框移动到幻灯片的居中位置处，如图 10-81 所示。

(30) 至此，本例就全部制作完成了。单击快速访问工具栏中的"保存"按钮■保存制作好的演示文稿，最终效果如图 10-82 所示。

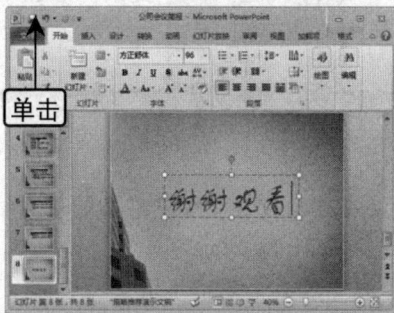

图 10-81　设置文字格式

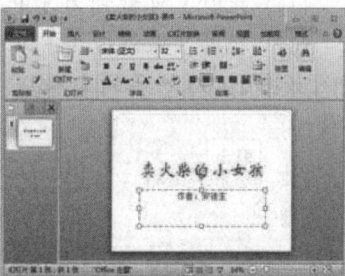

图 10-82　最终效果

⑩.5.2　制作教学课件

教学课件可以帮助学生更好地融入课堂氛围，吸引学生关注课堂教学知识，帮助增进学生对教学知识的理解，从而更好的实现学习目的。

(1) 启动 PowerPoint 2010 应用程序，新建一个演示文稿，并将其另存为"《卖火柴的小女孩》课件"，如图 10-83 所示。

(2) 选中第 1 张幻灯片，在标题占位符中输入标题文本，并将其字体设置为"华文新魏"、字号设置为"72"、字体颜色设置为"绿色"，如图 10-84 所示。

(3) 在副标题占位符中输入作者的姓名，并将其文字颜色设置为"紫色"，如图 10-85 所示。

图 10-83　新建演示文稿　　　图 10-84　设置文字格式　　　图 10-85　设置文字颜色

(4) 切换到"开始"选项卡，在"幻灯片"组中单击"新建幻灯片"下拉按钮，在弹出的下拉列表中选择"标题和内容"选项，如图 10-86 所示。

(5) 新建了一张带有标题和内容占位符的幻灯片，在标题占位符中输入"作者简介"文本，并将其字体设置为"华文新魏"、字号设置为"44"，如图 10-87 所示。

(6) 接着在内容占位符中输入作者简介的详细内容，并将其字体设置为"幼圆"、字号设置为"32",如图 10-88 所示。

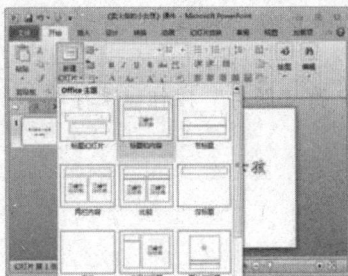

图 10-86　新建幻灯片　　　　图 10-87　设置文字格式　　　　图 10-88　设置文字格式

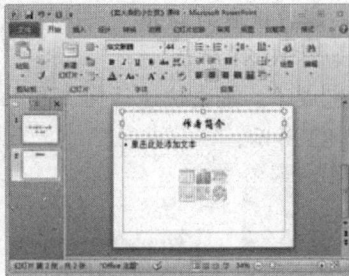

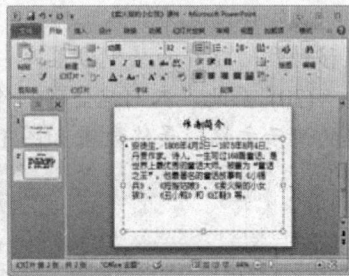

(7) 选中第 2 张幻灯片，切换到"开始"选项卡，在"幻灯片"组中单击"新建幻灯片"下拉按钮，在弹出的下拉列表中选择"空白"选项，如图 10-89 所示。

(8) 选中第 3 张幻灯片，打开"插入"选项卡，在"文本"组中单击"文本框"下拉按钮，在弹出的下拉列表中选择"横排文本框"选项，如图 10-90 所示。

(9) 按下鼠标左键拖动鼠标绘制一个横排文本框，并在文本框内输入如图 10-91 所示的文本。

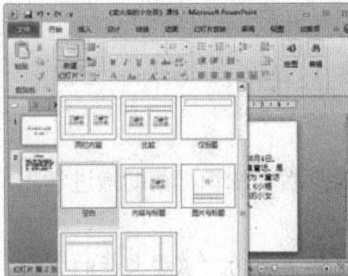

图 10-89　新建幻灯片　　　图 10-90　选择"横排文本框"选项　　　图 10-91　绘制横排文本框

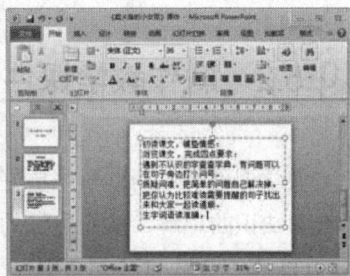

(10) 将文本的前两行字体类型设置为"加粗"，选中后 6 行文本，切换到"开始"选项卡，在"段落"组中单击"编号"下拉按钮，在弹出的下拉列表中选择半括号样式的编号，如图 10-92 所示。

(11) 此时，可看到为选中文本设置编号后的效果，如图 10-93 所示。

(12) 在第 3 张幻灯片下方新建一张空白演示文稿，并在其中绘制一个横排文本框，然后输入如图 10-94 所示的文本。

图 10-92　选择编号样式　　　图 10-93　设置编号后的效果　　　图 10-94　输入文本

(13) 接着新建一个 Word 文档，输入如图 10-95 所示的文本，选中输入的文本，切换到"开始"选项卡，在"字体"组中单击"拼音指南"按钮。

（14）弹出"拼音指南"对话框，在这里可以预览为文字添加拼音后的效果，单击"确定"按钮，如图 10-96 所示。

（15）返回到 Word 文档，选中所有的文本和添加的拼音并右击，在弹出的快捷菜单中选择"复制"命令，如图 10-97 所示。

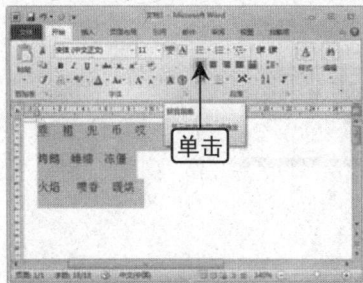

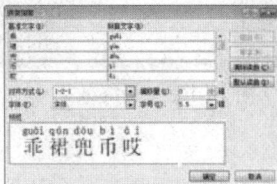

图 10-95　单击"拼音指南"按钮　　图 10-96　"拼音指南"对话框　　图 10-97　复制文本

（16）返回到"《卖火柴的小女孩》课件"演示文稿，将 Word 文档中复制的文本粘贴到第 4 张幻灯片的文本框内，如图 10-98 所示。

（17）在第 4 张幻灯片下方新建一张空白幻灯片，在其中绘制一个横排文本框，输入如图 10-99 所示的文本，选中文本中留下的空白字符，切换到"开始"选项卡，在"字体"组中单击"下划线"按钮 **U**。

（18）此时，可看到为选中的空白字符设置下划线后的效果，如图 10-100 所示。

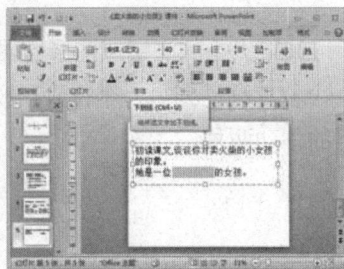

图 10-98　粘贴文本　　图 10-99　设置下划线　　图 10-100　设置下划线后的效果

（19）在第 5 张幻灯片下方插入一张"两栏内容"样式的新幻灯片，并在标题占位符中输入如图 10-101 所示的文本，然后将其字体设置为"华文新魏"、字号设置为"44"。

（20）接着在标题占位符下方的两栏内容占位符中分别输入如图 10-102 所示的文本，并为文本中空白字符设置下划线。

图 10-101　设置文字格式　　　　图 10-102　设置下划线

(21) 按下 Ctrl+S 组合键保存制作完成的教学课件，最终效果如图 10-103 所示。

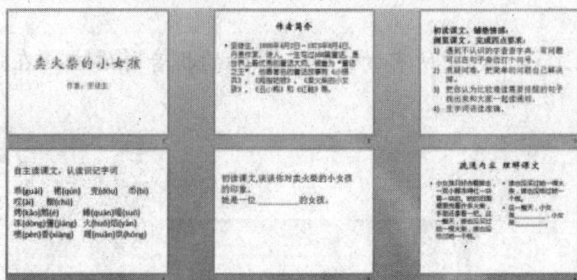

图 10-103　最终效果

10.6　习题

10.6.1　填空题

1. 在演示文稿的编辑中，"撤销"操作对应的快捷键是_____。

2. 幻灯片中占位符的作用是_____。

3._____是一种可移动、可调整大小的文字或图形容器，它与文本占位符非常相似。

4. 文本的移动是指将文本从一个位置移动到另一个位置。根据不同的需要，可以将文本的移动分为_____和_____的移动两种。

10.6.2　操作题

1. 新建一个"凸显"主题的演示文稿，输入标题和副标题文本，并设置标题文字字体为"幼圆"、字号为"54"、字体颜色为"红色"、字型为"加粗"；设置副标题文字字体为"华文行楷"、字号为"36"，字型为"加粗"，字体颜色为"蓝色"，如图 10-104 所示。

2. 添加一张标题和内容的幻灯片，删除幻灯片中的内容占位符，并插入一个垂直文本框，输入如图 10-105 所示的文字。

图 10-104　设置幻灯片中标题和副标题文字

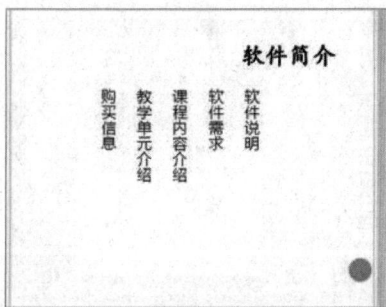

图 10-105　插入文本框并输入文字

第 11 章

幻灯片的美化

学习目标

使用模板创建的演示文稿虽然已经包括了不同的格式设置，但往往并不能满足用户的个性化要求，因此需要用户自己设置幻灯片中各个元素的格式，使用不同的主题样式、颜色、字体、背景等，使幻灯片更加专业、美观。

本章重点

- ⊙ 设置幻灯片背景和主题
- ⊙ 设置幻灯片母版
- ⊙ 为幻灯片插入图形图像
- ⊙ 插入声音和影片
- ⊙ 插入表格和图表

11.1 设置幻灯片背景和主题

PowerPoint 提供了设置背景和主题的功能，使幻灯片具有丰富的色彩和良好的视觉效果。下面将介绍为幻灯片设置背景和主题效果的方法。

11.1.1 为幻灯片设置背景

PowerPoint 提供了为幻灯片设置背景效果的功能，用户可以为幻灯片添加图案、纹理、图片或背景颜色。为幻灯片设置背景的方法如下。

【练习 11-1】为幻灯片设置纯色背景、渐变背景、纹理背景、图片背景。

(1) 启动 PowerPoint 2010 应用程序，打开"电子商务"演示文稿。

(2) 选中第 2 张幻灯片，在任意位置右击，在弹出的快捷菜单中选择"设置背景格式"命令，如图 11-1 所示。

(3) 弹出"设置背景格式"对话框，选中"纯色填充"单选按钮，单击"颜色"下拉按钮，在弹出的下拉列表中选择"绿色"，单击"关闭"按钮，如图 11-2 所示。

(4) 此时，可以看到为第 2 张幻灯片设置"绿色"的背景效果，如图 11-3 所示。

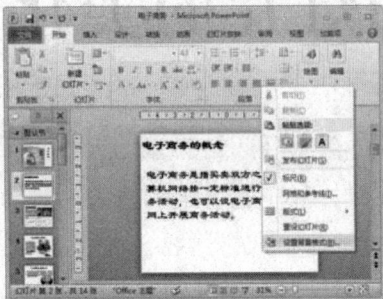

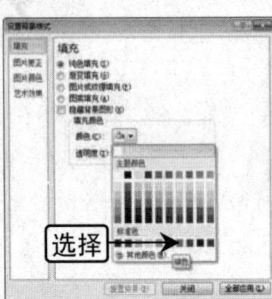

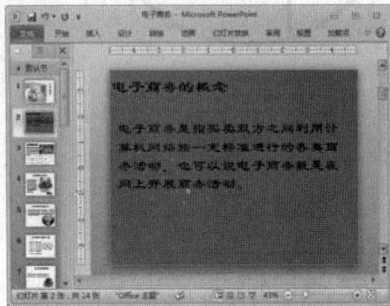

图 11-1　选择"设置背景格式"命令　　图 11-2　选择填充颜色　　图 11-3　设置背景颜色后的效果

(5) 选中第 3 张幻灯片，在任意位置右击，在弹出的快捷菜单中选择"设置背景格式"命令，如图 11-4 所示。

(6) 弹出"设置背景格式"对话框，选中"渐变填充"单选按钮，单击"预设颜色"下拉按钮，在弹出的下拉列表中选择"碧海青天"选项，单击"关闭"按钮，如图 11-5 所示。

(7) 此时，可以看到为第 3 张幻灯片设置渐变填充背景后的效果，如图 11-6 所示。

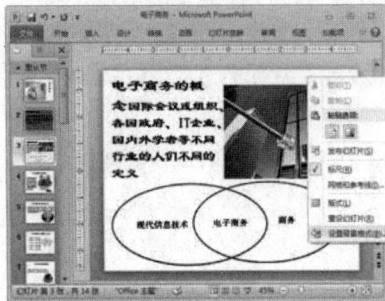

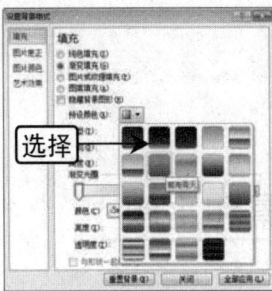

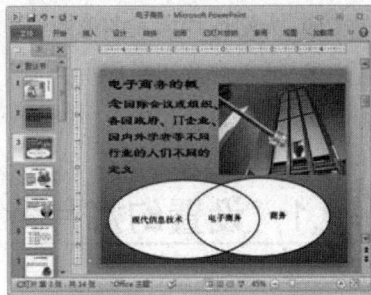

图 11-4　选择"设置背景格式"命令　　图 11-5　选择渐变效果　　图 11-6　设置渐变填充后的效果

(8) 选中第 4 张幻灯片，使用同样的方法打开"设置背景格式"对话框，选中"图片或纹理填充"单选按钮，单击"纹理"下拉按钮，在弹出的下拉列表中选择"画布"选项，单击"关闭"按钮，如图 11-7 所示。

(9) 此时可以看到为第 4 张幻灯片设置纹理背景后的效果，如图 11-8 所示。

(10) 选中第 5 张幻灯片，使用同样的方法打开"设置背景格式"对话框，选中"图片或纹理填充"单选按钮，单击"文件"按钮，如图 11-9 所示。

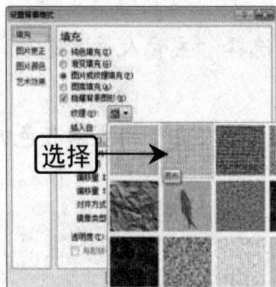

图 11-7　选择纹理图形　　图 11-8　设置纹理填充后的效果　　图 11-9　"设置背景格式"对话框

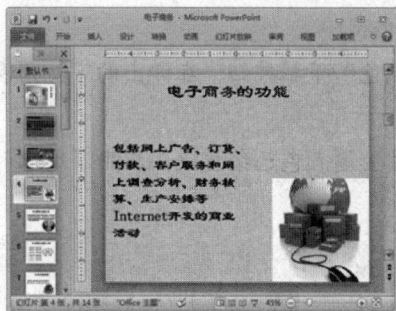

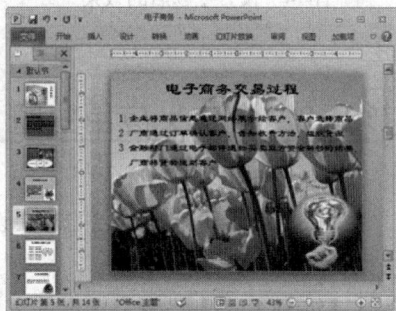

(11) 弹出"插入图片"对话框，选中"郁金香"图片，单击"插入"按钮，如图 11-10 所示。

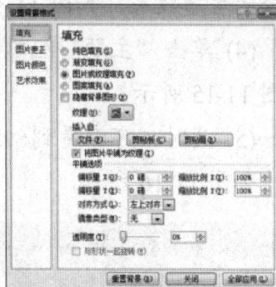

(12) 返回到"设置背景格式"对话框，单击"关闭"按钮，如图 11-11 所示。

(13) 经过步骤(12)的操作，此时可以看到为第 5 张幻灯片设置图片背景后的效果，如图 11-12 所示。

图 11-10　选择要插入的图片　图 11-11　"设置背景格式"对话框　图 11-12　设置图片背景后的效果

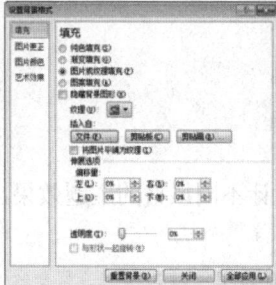

提示

在"设置背景格式"对话框中单击"全部应用"按钮，可以将设置的背景应用到所有的幻灯片中。

11.1.2　使用内置主题效果

PowerPoint 提供了多种内置的主题效果，用户可以直接选择内置的主题效果为演示文稿设置统一的外观。如果对内置的主题效果不满意，还可以配合使用内置的其他主题颜色、主题字体、主题效果等。

【练习 11-2】为演示文稿设置内置的主题效果。

(1) 启动 PowerPoint 2010 应用程序，打开【练习 11-1】制作的"电子商务"演示文稿。

(2) 打开"设计"选项卡，在"主题"下拉列表框中选择"气流"选项，如图 11-13 所示。

(3) 此时，可以看到演示文稿中的幻灯片都应用了所

图 11-13　选择主题样式

选择的主题效果，如图 11-14 所示。

(4) 单击"主题"组中"颜色"下拉按钮，在弹出的下拉列表中选择"主管人员"选项，如图 11-15 所示。

(5) 此时，可以看到幻灯片主题颜色已经更改，应用了所选的"主管人员"的主题颜色效果，如图 11-16 所示。

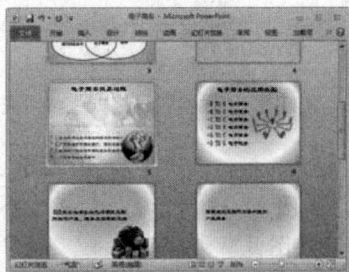

图 11-14　设置主题后的效果　　　图 11-15　选择主题颜色　　　图 11-16　设置主题颜色后的效果

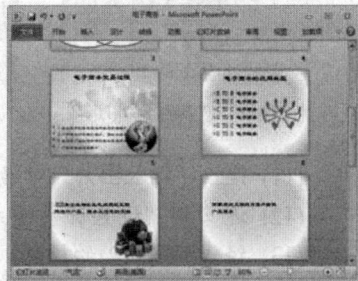

⑪.1.3　自定义应用主题

如果用户希望根据自己的需要设计不同风格的主题效果，则可以自定义应用主题。操作方法如下。

【练习 11-3】设置自定义的主题效果。

(1) 启动 PowerPoint 2010 应用程序，打开【练习 11-2】制作的"电子商务"演示文稿。

(2) 打开"设计"选项卡，在"主题"下拉列表框中选择"角度"选项，如图 11-17 所示。

(3) 此时，可以看到已经为演示文稿应用了"角度"主题样式，如图 11-18 所示。

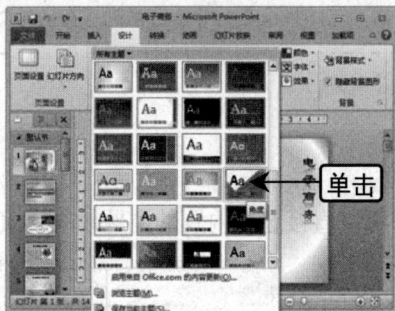

图 11-17　选择主题样式　　　　　图 11-18　设置主题样式后的效果

(4) 单击"主题"组中的"颜色"下拉按钮，在弹出的下拉列表中选择"新建主题颜色"选项，如图 11-19 所示。

(5) 弹出"新建主题颜色"对话框，重新设置主题颜色，在"名称"文本框中输入要设置的名称，单击"保存"按钮，如图 11-20 所示。

(6) 此时，演示文稿即会应用新建的主题颜色，在"颜色"下拉列表中可以看到新建的主题颜色名称，如图 11-21 所示。

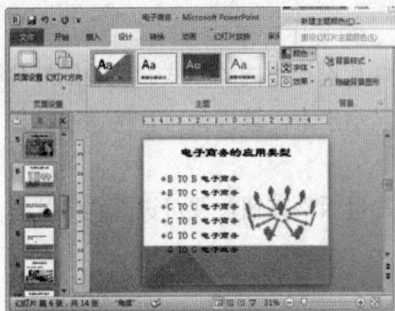

图 11-19 新建主题颜色   图 11-20 设置主题颜色   图 11-21 应用新建主题颜色后的效果

(7) 单击"主题"组中的"字体"下拉按钮,在弹出的下拉列表中选择"新建主题字体"选项,如图 11-22 所示。

(8) 弹出"新建主题字体"对话框,设置西文字体和中文字体,然后在"名称"输入框中输入要设置的字体名称,单击"保存"按钮,如图 11-23 所示。

(9) 此时,演示文稿会应用新建的字体样式,在"字体"下拉列表中可以看到新建的字体名称,如图 11-24 所示。

图 11-22 新建主题字体   图 11-23 设置文字格式   图 11-24 应用新建字体后的效果

11.2 设置幻灯片母版

为了在制作演示文稿时可快速生成相同样式的幻灯片,从而提高工作效率,减少重复输入和设置,可以使用 PowerPoint 的幻灯片母版功能。具有同一背景、标志、标题文本及主要文字格式的幻灯片母版,就像一个存储幻灯片信息的模板,使用它可将其模板信息运用到演示文稿的每张幻灯片中。

11.2.1 幻灯片母版概述

PowerPoint 2010 中的母版类型有 3 种,分别是幻灯片母版、讲义母版和备注母版,它们的作用和视图都不相同。

1. 幻灯片母版

幻灯片母版是制作幻灯片的模板载体，使用它可以为幻灯片设计不同的版式。经过幻灯片母版设计后的幻灯片样式将在"新建幻灯片"下拉列表框中显示出来，这样就可直接调用这种幻灯片样式了。

打开"视图"选项卡，在"母版视图"组中单击"幻灯片母版"按钮，便可进入幻灯片母版视图，如图 11-25 所示。

2. 讲义母版

打开讲义母版视图，可以在其中更改打印设计和版式，如更改打印之前的页面设置和改变幻灯片的方向；定义在讲义母版中显示的幻灯片数量；设置页眉、页脚、日期和页码；编辑主题和设置背景样式。

打开"视图"选项卡，在"母版视图"组中单击"讲义母版"按钮可进入讲义母版视图，如图 11-26 所示。

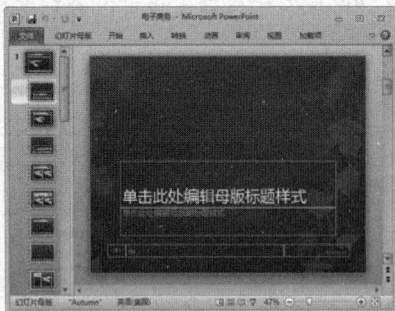

图 11-25　幻灯片母版

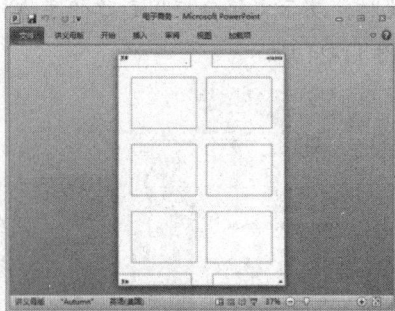

图 11-26　讲义母版

3. 备注母版

若在查看幻灯片内容时需要将幻灯片和备注显示在同一页面中，就可以在备注母版视图中进行查看。与讲义母版相比，备注母版在"占位符"工具栏中多了幻灯片图像和正文两格设置对象。

打开"视图"选项卡，在"母版视图"组中单击"备注母版"按钮，便可进入备注母版视图，如图 11-27 所示。

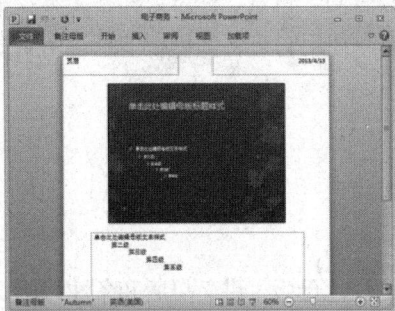

图 11-27　备注母版

> **提示**
>
> 主题效果是线条和填充效果的组合，在单击主题"效果"按钮时，可以在与主题效果名称一起显示的图形中看到用于每组主题效果的线条和填充效果。

11.2.2 编辑幻灯片母版

对母版进行编辑后，将影响所有使用该母版的幻灯片，因此只有需要设置一些使用该幻灯片所共有的元素和样式时，才适宜修改母版。

【练习11-4】插入幻灯片母版和编辑幻灯片母版。

(1) 启动 PowerPoint 2010 应用程序，打开"调查报告"演示文稿。

(2) 用户可以为当前演示文稿添加新的母版，打开"视图"选项卡，在"母版视图"组中单击"幻灯片母版"按钮，如图 11-28 所示。

(3) 在"幻灯片母版"组中单击"插入幻灯片母版"按钮，如图 11-29 所示。

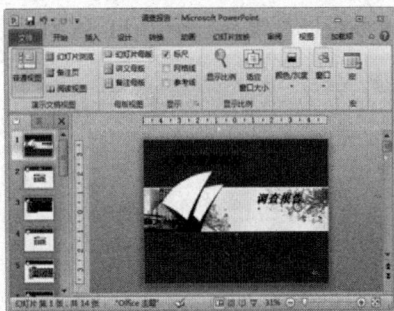

图 11-28 进入幻灯片母版编辑状态

图 11-29 插入幻灯片母版

(4) 此时，将在当前母版下方添加新的母版，用户可以对新添加的母版进行修改，如图 11-30 所示。

(5) 要在当前母版中插入版式，则单击"插入版式"按钮，如图 11-31 所示。

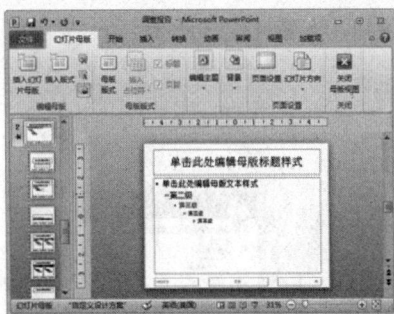

图 11-30 添加新母版的效果

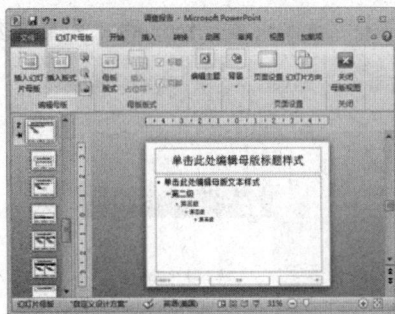

图 11-31 插入版式

(6) 此时，在当前版式的下方添加新的版式，如图 11-32 所示。

(7) 单击"插入占位符"按钮，在弹出的下拉列表中选择"内容(竖体)"选项，如图 11-33 所示。

图 11-32　插入新版式后的效果　　　　　图 11-33　插入占位符

(8) 在幻灯片中拖动鼠标绘制占位符区域，如图 11-34 所示。

(9) 添加占位符后，可以对占位符中默认文字的格式进行设置，如图 11-35 所示。

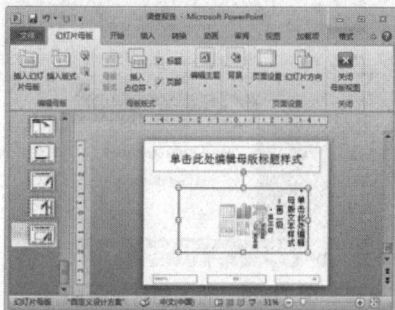

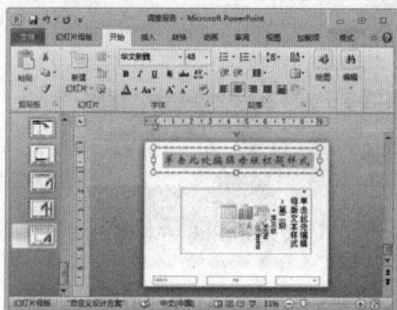

图 11-34　绘制占位符　　　　　图 11-35　设置占位符中的文字格式

(10) 默认情况下是显示标题和页脚的，取消选择"母版版式"组中的"标题"和"页脚"复选框，可隐藏标题和页脚，如图 11-36 所示。

(11) 单击"页面设置"组中的"页面设置"按钮，如图 11-37 所示。

图 11-36　隐藏标题和页脚　　　　　图 11-37　单击"页面设置"按钮

(12) 弹出"页面设置"对话框，在这里可以设置幻灯片大小、方向和编号，设置完成后单击"确定"按钮，如图 11-38 所示。

(13) 如果要退出幻灯片母版的编辑状态，只需要在"关闭"组中单击"关闭母版视图"按钮，如图 11-39 所示。

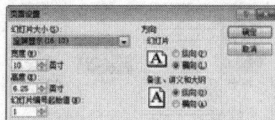

图 11-38 "页面设置"对话框

图 11-39 关闭母版视图

(14) 用户可以将母版中的版式应用于某一张幻灯片。在普通视图中选中要应用版式的第 3 张幻灯片缩略图并右击,在弹出的快捷菜单中选择"版式"|"标题和竖排文字"命令,如图 11-40 所示。

(15) 此时,可以看到选中的幻灯片会应用上选中的版式,如图 11-41 所示。

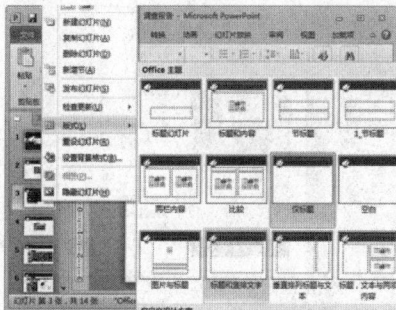

图 11-40 应用母版的版式

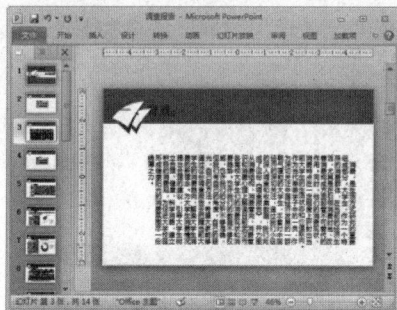

图 11-41 应用选中版式的效果

11.3 为幻灯片插入图形图像

在幻灯片中插入图片,可以使幻灯片图文并茂,也可以让观看者不觉得枯燥。在 PowerPoint 中,不仅可以插入图片,还可以插入剪贴画和 SmartArt 图形,甚至可以自己绘制图形。

11.3.1 插入图片

一般插入图片有两种用途:一是对幻灯片进行美观设计;二是使用图片表现内容。 PowerPoint 2010 支持多种图片格式,插入图片的操作方法如下。

【练习 11-5】在幻灯片中插入图片并设置图片。

(1) 启动 PowerPoint 2010 应用程序,打开"销售培训"演示文稿。

(2) 单击"插入"选项卡,在"图像"组中单击"图片"按钮,如图 11-42 所示。

(3) 弹出"插入图片"对话框,选择"销售培训封面背景"图片,单击"插入"按钮,如

图 11-43 所示。

图 11-42 单击"图片"按钮

图 11-43 选择要插入的图片

(4) 图片插入进来后，拖动图片四周的控制点，重新调整图片的大小，如图 11-44 所示。

(5) 接着选中图片并右击，在弹出的快捷菜单中选择"置于底层"|"置于底层"命令，如图 11-45 所示。

图 11-44 调整图片的大小

图 11-45 将图片置于底层

(6) 此时，可以看到被图片覆盖住的标题文字都显示出来了，如图 11-46 所示。

(7) 选中第 2 张幻灯片，打开"插入"选项卡，在"图像"组中单击"图片"按钮，如图 11-47 所示。

图 11-46 将图片置于底层后的效果

图 11-47 单击"图片"按钮

(8) 弹出"插入图片"对话框，选择"第 2 张幻灯片图片"图片，单击"插入"按钮，如图 11-48 所示。

(9) 图片插入进来后，重新调整图片的大小，并将图片置于底层，如图 11-49 所示。

图 11-48　选择要插入的图片

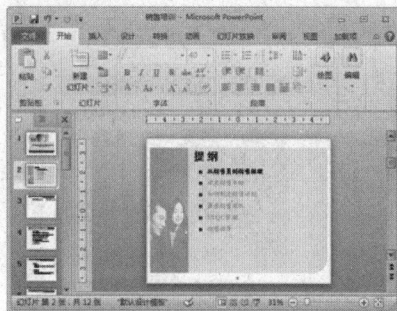

图 11-49　调整图片的大小

(10) 选中第 2 张中的图片，打开"图片工具"|"格式"选项卡，在"图片样式"组中单击"快速样式"下拉按钮，在弹出的下拉列表中选择"棱台矩形"选项，如图 11-50 所示。

(11) 此时，可以看到为图片应用"棱台矩形"样式后的效果，如图 11-51 所示。

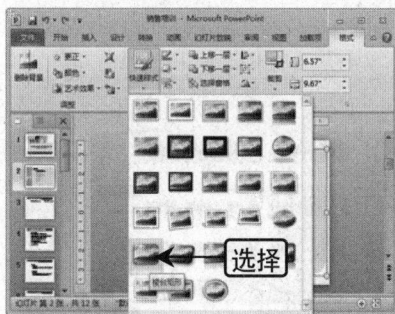

图 11-50　选择图片样式

图 11-51　应用"棱台矩形"样式后的效果

(12) 使用同样的方法，为第 3 张幻灯片插入"独行侠"和"兄弟连"两张图片，如图 11-52 所示。

(13) 选中两张图片，打开"图片工具"|"格式"选项卡，在"排列"组中单击"对齐"下拉按钮，在弹出的下拉列表中选择"顶端对齐"选项，如图 11-53 所示。

图 11-52　插入图片

图 11-53　设置图片对齐方式

(14) 此时，可以看到为两张图片设置顶端对齐后的效果，如图 11-54 所示。

(15) 再次选中第 3 张幻灯片中左边的图片，打开"图片工具"|"格式"选项卡，在"调整"组中单击"颜色"下拉按钮，在弹出的下拉列表中选择"饱和度:400%"选项，如图 11-55 所示。

图 11-54 设置图片对齐后的效果

图 11-55 为图片设置颜色

(16) 此时，可以看到为第 3 张幻灯片左边图片重新设置颜色后的效果，如图 11-56 所示。

(17) 接着选中第 3 张幻灯片右边的图片，打开"图片工具"|"格式"选项卡，在"调整"组中单击"更正"下拉按钮，在弹出的下拉列表中选择"亮度:-40% 对比度:0%(正常)"选项，如图 11-57 所示。

图 11-56 设置颜色后的效果

图 11-57 设置亮度和对比度

(18) 此时，可以看到为第 3 张幻灯片右边图片重新设置亮度和对比度后的效果，如图 11-58 所示。

(19) 接着同时选中第 3 张幻灯片中的两张图片，打开"图片工具"|"格式"选项卡，在"图片样式"组中单击"快速样式"下拉按钮，在弹出的下拉列表中选择"映像圆角矩形"选项，如图 11-59 所示。

图 11-58 设置亮度和对比度后的效果

图 11-59 选择图片样式

(20) 此时，可以看到为两张图片应用"映像圆角矩形"样式后的效果，如图 11-60 所示。

(21) 使用同样的方法，在第 12 张幻灯片中插入"尾页图片"图片，选中插入的图片，打开"图片工具"|"格式"选项卡，在"大小"组中单击"裁剪"下拉按钮，在弹出的下拉列表中选择"裁剪"选项，如图 11-61 所示。

图 11-60　设置图片样式后的效果

图 11-61　选择"裁剪"选项

(22) 这时图片四周会出现 8 个裁剪点，向下拖动图片上方的裁剪点，如图 11-62 所示。

(23) 拖动到合适位置后释放鼠标，然后在幻灯片的任意空白处单击即可完成裁剪，如图 11-63 所示。

图 11-62　裁剪图片

图 11-63　裁剪图片后的效果

(24) 选中第 12 张幻灯片中裁剪后的图片，打开"图片工具"|"格式"选项卡，在"调整"组中单击"删除背景"按钮，如图 11-64 所示。

(25) 这时图片四周出现 8 个控制点，拖动控制点调整要删除背景的图片区域，如图 11-65 所示。

图 11-64　单击"删除背景"按钮

图 11-65　选择要删除背景的区域

(26) 在"优化"组中单击"标记要保留的区域"按钮，然后在图片中要保留的区域上单击添加保留标记。单击"删除标记"按钮，然后在图片中要删除背景的区域上单击添加删除标记，最后单击"保留更改"按钮完成设置，如图 11-66 所示。

(27) 此时，即可看到为图片删除背景后的效果，如图 11-67 所示。

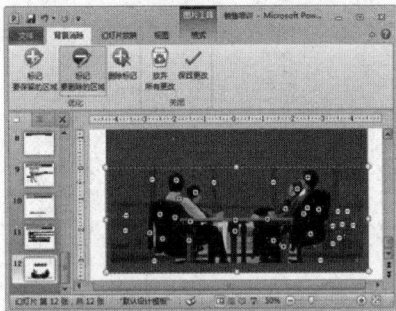

图 11-66 添加保留标记和删除标记

图 11-67 删除背景后的效果

(28) 继续选中第 12 张幻灯片中的图片，打开"图片工具" | "格式"选项卡，在"调整"组中单击"艺术效果"下拉按钮，在弹出的下拉列表中选择"塑封"选项，如图 11-68 所示。

(29) 此时，可以看到为选中图片设置了塑封的艺术效果，如图 11-69 所示。

图 11-68 选择艺术效果

图 11-69 设置艺术效果后的效果

11.3.2 插入剪贴画

剪贴画是 Office 2010 中自带的图片，在所有的 Office 组件中都可以使用，它的种类很多，可满足制作幻灯片的多种需要。插入剪贴画的操作方法如下。

【练习 11-6】在幻灯片中插入剪贴画并设置剪贴画。

(1) 启动 PowerPoint 2010 应用程序，打开【练习 11-5】制作的"销售培训"演示文稿。

(2) 选中第 9 张幻灯片，打开"插入"选项卡，在"图像"组中单击"剪贴画"按钮，如图 11-70 所示。

(3) 弹出"剪贴画"窗格，在"搜索文字"文本框中输入要搜索的文字"箭"，选中"包括 Office.com 内容"复选框，单击"搜索"按钮，如图 11-71 所示。

图 11-70　单击"剪贴画"按钮　　　　　图 11-71　输入要搜索的文字

(4) 搜索出结果后，单击选择要插入的剪贴画图片，如图 11-72 所示。

(5) 此时，可以看到剪贴画已经插入幻灯片中了，拖动剪贴画四周的控制点重新调整剪贴画的大小，如图 11-73 所示。

图 11-72　单击要插入的剪贴画　　　　　图 11-73　调整剪贴画的大小

(6) 重新调整剪贴画大小后将剪贴画拖动到幻灯片的右上角，如图 11-74 所示。

(7) 选中剪贴画，打开"图片工具" | "格式"选项卡，在"排列"组中单击"旋转"下拉按钮，在弹出的下拉列表中选择"水平旋转"选项，如图 11-75 所示。

(8) 此时即可看到剪贴画水平旋转后的效果，如图 11-76 所示。

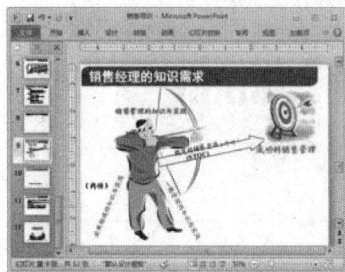

图 11-74　重新摆放剪贴画的位置　　　图 11-75　旋转剪贴画　　　图 11-76　旋转剪贴画后的效果

提示

在使用内置的主题颜色、字体、效果时，如果要将其应用到所有幻灯片中，则右击需要应用的主题颜色或字体、效果，然后在弹出的快捷菜单中选择"应用于所有幻灯片"命令。

⑪.3.3 绘制自选图形

除了可以在插入剪贴画和图片外，在 PowerPoint 2010 中还可以自己绘制图形。PowerPoint 提供了许多简单的几何图形供用户选择，绘制后也能进行格式设置。绘制自选图形的操作方法如下。

【练习 11-7】在幻灯片中绘制自选图形并设置自选图形。

(1) 启动 PowerPoint 2010 应用程序，打开【练习 11-6】制作的"销售培训"演示文稿。

(2) 选中第 8 张幻灯片，打开"插入"选项卡，在"插图"组中单击"形状"下拉按钮，在弹出的下拉列表中选择"矩形"选项，如图 11-77 所示。

(3) 在幻灯片中拖动鼠标绘制一个矩形，如图 11-78 所示。

图 11-77　选择"矩形"选项

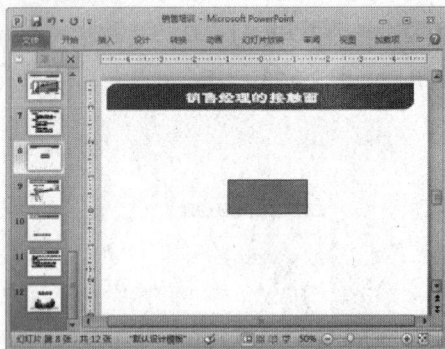

图 11-78　绘制矩形

(4) 选中绘制的矩形，打开"绘图工具"|"格式"选项卡，在"形状样式"组中单击"形状填充"下拉按钮，在弹出的下拉列表中选择"橙色"选项，如图 11-79 所示。

(5) 接着在"形状样式"组中单击"形状轮廓"按钮，在弹出的下拉列表中选择"红色"选项，如图 11-80 所示。

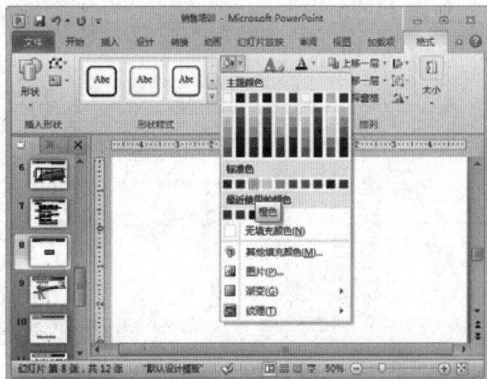

图 11-79　选择填充颜色

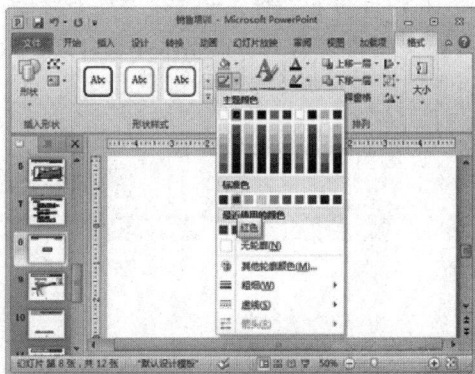

图 11-80　选择轮廓颜色

(6) 此时，可以看到为选中形状重新设置填充颜色和轮廓颜色后的效果，如图 11-81 所示。

(7) 选中矩形并右击，在弹出的快捷菜单中选择"编辑文字"命令，如图 11-82 所示。

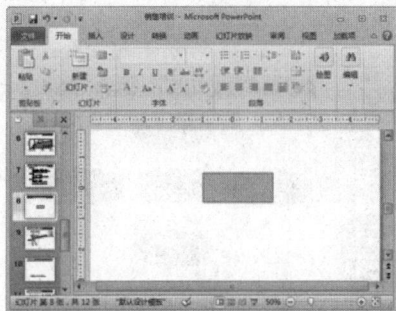

图 11-81 设置填充颜色后的效果

图 11-82 选择"编辑文字"命令

(8) 在矩形内输入"销售经理"文本，切换到"开始"选项卡，在"字体"组中将其字体设置为"华文新魏"、字号设置为"36"，如图 11-83 所示。

(9) 再次打开"插入"选项卡，在"插图"组中单击"形状"下拉按钮，在弹出的下拉列表中选择"椭圆"选项，如图 11-84 所示。

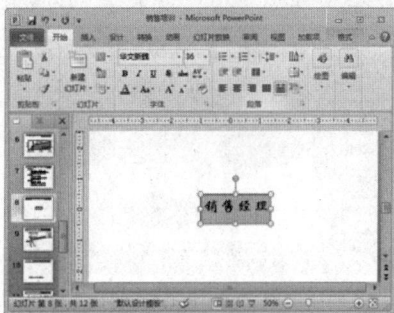

图 11-83 输入文本

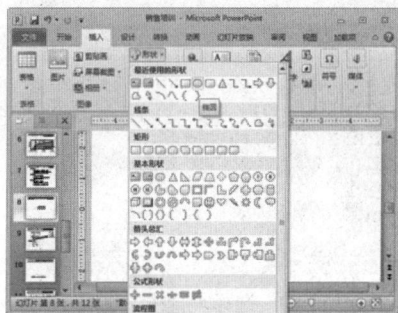

图 11-84 选择"椭圆"选项

(10) 在矩形左侧拖动鼠标绘制一个椭圆形，如图 11-85 所示。

(11) 选中绘制的椭圆形，打开"绘图工具"|"格式"选项卡，在"形状样式"下拉列表框中选择"强力效果-绿色，强调颜色 1"选项，如图 11-86 所示。

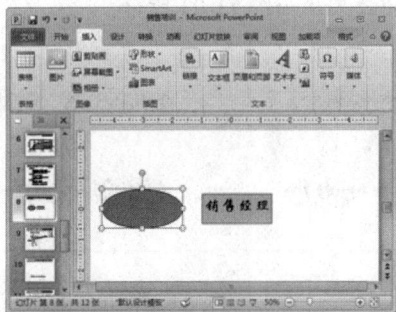

图 11-85 绘制椭圆形

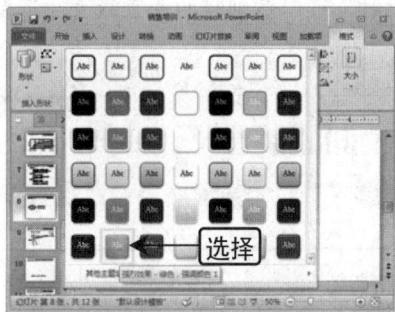

图 11-86 选择形状样式

(12) 为椭圆形设置形状样式后将其复制 3 个，分别摆放在矩形的上方、下方和右侧，如图 11-87 所示。

(13) 使用同样的方法，在 4 个椭圆形中分别输入相应的文本，并将其字体都设置为"华文新魏"，如图 11-88 所示。

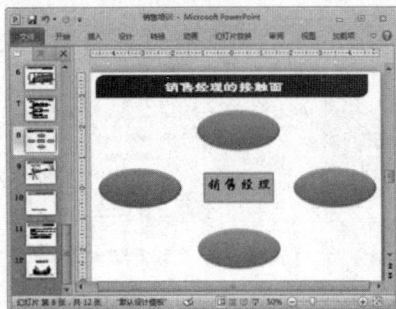
图 11-87　复制椭圆形

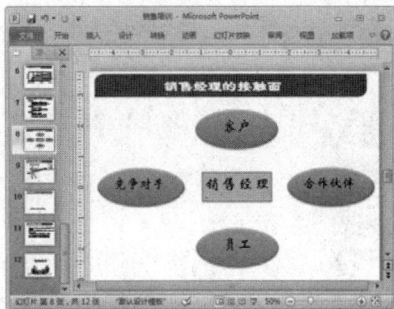
图 11-88　输入文本

(14) 打开"插入"选项卡，在"插图"组中单击"形状"下拉按钮，在弹出的下拉列表中选择"直线"选项，如图 11-89 所示。

(15) 在幻灯片中拖动鼠标绘制两条交叉的直线，连接 4 个椭圆形，如图 11-90 所示。

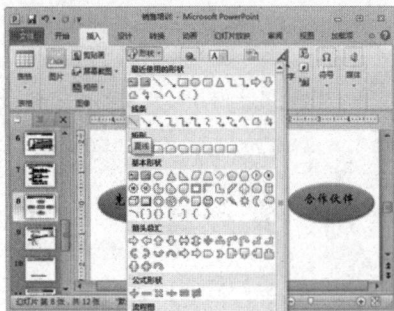
图 11-89　选择"直线"选项

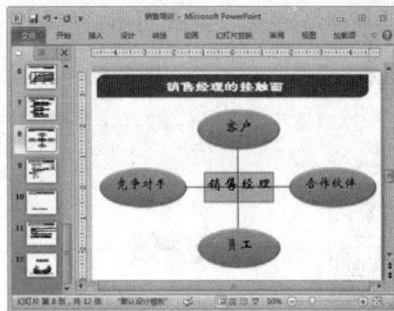
图 11-90　绘制直线

(16) 同时选中两条直线，打开"绘图工具"|"格式"选项卡，在"形状样式"组中单击"形状填充"下拉按钮，在弹出的下拉列表中选择"粗细"|"2.25 磅"选项，如图 11-91 所示。

(17) 保持两条直线的选中状态并右击，在弹出的快捷菜单中选择"置于底层"|"置于底层"命令，如图 11-92 所示。

(18) 此时，可以看到将两条直线置于底层后的效果，如图 11-93 所示。

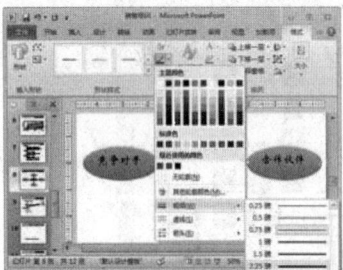
图 11-91　设置线条粗细

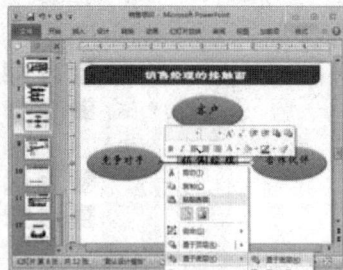
图 11-92　将直线置于底层

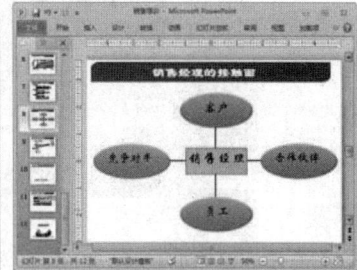
图 11-93　将直线置于底层后的效果

提示

要组合形状、图片或艺术字对象，可选择要组合的对象，然后按下 Ctrl+G 组合键。要取消某个组的组合，可以选择该组，然后按下 Ctrl+Shift+G 组合键。

11.3.4 插入 SmartArt 图形

在幻灯片中，用户可根据需要插入各种类型的 SmartArt 图形，虽然这些 SmartArt 图形的样式有所区别，但其操作方法类似，操作方法如下。

【练习 11-8】在幻灯片中插入 SmartArt 图形并设置 SmartArt 图形。

(1) 启动 PowerPoint 2010 应用程序，打开【练习 11-7】制作的"销售培训"演示文稿。

(2) 选中第 10 张幻灯片，打开"插入"选项卡，在"插图"组中单击 SmartArt 按钮，如图 11-94 所示。

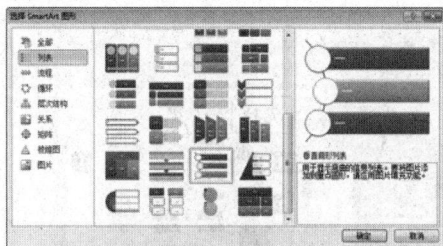

(3) 弹出"选择 SmartArt 图形"对话框，打开"列表"选项卡，在中栏选择"垂直曲形列表"选项，单击"确定"按钮，如图 11-95 所示。

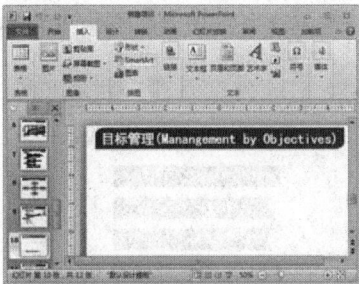

图 11-94　单击 SmartArt 按钮　　　　图 11-95　选择 SmartArt 图形

(4) 此时，可以看到在第 10 张幻灯片中插入了垂直曲形列表样式的 SmartArt 图形，如图 11-96 所示。

(5) 选中 SmartArt 图形，打开"SmartArt 工具"|"设计"选项卡，在"创建图形"组中单击"添加形状"下拉按钮，在弹出的下拉列表中选择"在后面添加形状"选项，如图 11-97 所示。

(6) 此时，可以看到在 SmartArt 图形中下方多了一个相同的形状，如图 11-98 所示。

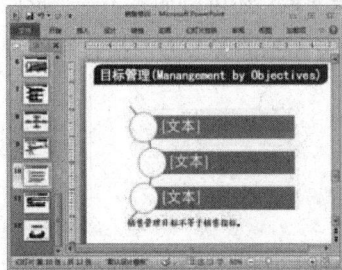

图 11-96　插入 SmartArt 图形后的效果　　图 11-97　添加形状　　图 11-98　添加形状后的效果

(7) 选中 SmartArt 图形，在"创建图形"组中单击"文本窗格"按钮，如图 11-99 所示。

(8) 弹出"在此处输入文字"窗格，在窗格中依次输入每条形状的文本，可以看到输入的文本会同步显示在 SmartArt 图形中，如图 11-100 所示。

(9) 选中 SmartArt 图形，打开"SmartArt 工具"|"设计"选项卡，在"SmartArt 样式"组中单击"更改颜色"下拉按钮，在弹出的下拉列表中选择"彩色填充-强调文字颜色 2"选项，如图 11-101 所示。

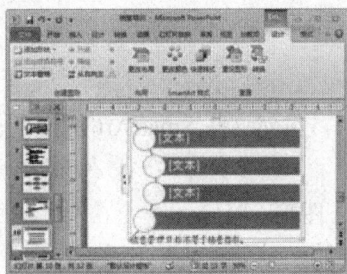

图 11-99　单击"文本窗格"按钮　　图 11-100　在文本窗格中输入文本　　图 11-101　选择形状颜色

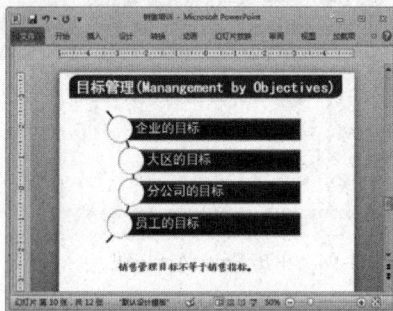

　　(10) 保持 SmartArt 图形为选中状态，接着在"SmartArt 样式"组中单击"快速样式"下拉按钮，在弹出的下拉列表中选择"优雅"选项，如图 11-102 所示。

　　(11) 此时，可以看到为 SmartArt 图形设置颜色和设置样式后的效果，如图 11-103 所示。

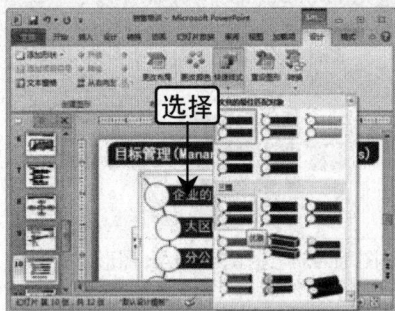

图 11-102　选择形状样式　　　　　　图 11-103　设置颜色和样式后的效果

⑪.4　插入声音和影片

　　使用 PowerPoint 2010 不仅可以制作普通的文字、图形类演示文稿，还可以加入声音、影片等多媒体元素，使演示文稿更加"有声有色"，使观众可以从声音和画面等多方面接收制作者想表达的思想和观点。

⑪.4.1　插入声音

　　在 PowerPoint 2010 中，可以将文件里的声音或音乐添加到幻灯片中，在放映幻灯片的时候即可听到声音，操作方法如下。

　　【练习 11-9】在幻灯片中插入声音并设置声音属性。

　　(1) 启动 PowerPoint 2010 应用程序，打开"手机宣传册"演示文稿。

　　(2) 选中第 1 张幻灯片，打开"插入"选项卡，在"媒体"组中单击"音频"下拉按钮，在弹出的下拉列表中选择"文件中的音频"选项，如图 11-104 所示。

　　(3) 弹出"插入音频"对话框，选择"琵琶语"音频，单击"插入"按钮，如图 11-105 所示。

图 11-104　选择"文件中的音频"选项　　　　图 11-105　选择要插入的音频文件

(4) 此时，可以看到幻灯片中多出一个小喇叭的图标，选中图标会显示播放控制条，单击控制条上的"播放"按钮▶即可开始播放音频，如图 11-106 所示。

(5) 选中小喇叭图标，打开"音频工具"|"播放"选项卡，在"编辑"组中的"淡入"和"淡出"文本框中输入数值"00.50"，意思是淡入和淡出都为 0.5 秒，如图 11-107 所示。

图 11-106　插入音频后的效果　　　　图 11-107　设置淡化持续时间

(6) 接着在"音频选项"组中单击"音量"下拉按钮，在弹出的下拉列表中可以设置声音的大小，如选择"中"选项，如图 11-108 所示。

(7) 选中"放映时隐藏"和"循环播放，直到停止"复选框，在"开始"下拉列表中选择"自动"选项，如图 11-109 所示。

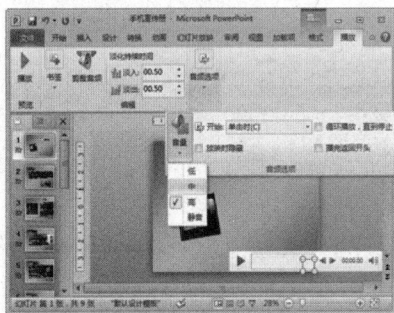

图 11-108　设置音量大小　　　　图 11-109　设置音频选项

提示

双击声音图标可以听到该声音的效果，如果用户需要删除该声音，可以选中该声音图标，然后按 Delete 键删除即可。如果添加了多个声音，则会层叠在一起，并按照添加顺序依次播放。

⑪.4.2　录制旁白

除了可以在幻灯片中插入文件中的声音外，用户还可以自己录制与演示文稿相关的声音，操作方法如下。

【练习 11-10】为幻灯片录制旁白并裁剪旁白。

(1) 启动 PowerPoint 2010 应用程序，打开"手机宣传册"演示文稿。

(2) 选中第 1 张幻灯片，打开"插入"选项卡，单击"媒体"组中的"音频"下拉按钮，在弹出的下拉列表中选择"录制音频"选项，如图 11-110 所示。

(3) 弹出"录音"对话框，输入名称，单击"录音"按钮●开始录制声音，如图 11-111 所示。

(4) 声音录制完成后，单击"停止"按钮■，单击"确定"按钮结束录制，如图 11-112 所示。

图 11-110　选择"录制音频"选项　　图 11-111　"录音"对话框　　图 11-112　"录音"对话框

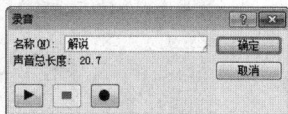

(5) 此时，即可看到录制的声音插入到了幻灯片中，如图 11-113 所示。

(6) 选中录制的声音，打开"音频工具"|"播放"选项卡，在"编辑"组中单击"剪裁音频"按钮，如图 11-114 所示。

(7) 弹出"剪裁音频"对话框，拖动开始滑块和结束滑块设置剪裁的范围，然后单击"确定"按钮即可完成剪裁，如图 11-115 所示。

图 11-113　插入录制声音后的效果　　图 11-114　单击"剪裁音频"按钮　　图 11-115　剪裁音频

11.4.3 插入影片

在幻灯片中还可以插入影片剪辑，用户可以根据需要设置影片的播放属性，操作方法如下。

【练习 11-11】在幻灯片中插入影片并设置影片。

(1) 启动 PowerPoint 2010 应用程序，打开"手机宣传册"演示文稿。

(2) 选中需要插入影片的幻灯片，打开"插入"选项卡，在"媒体"组中单击"视频"下拉按钮，在弹出的下拉列表中选择"文件中的视频"选项，如图 11-116 所示。

(3) 弹出"插入视频文件"对话框，选中"手机宣传视频"视频文件，单击"插入"按钮，如图 11-117 所示。

图 11-116 选择"文件中的视频"选项　　　图 11-117 选择要插入的视频文件

(4) 此时，即将视频插入到幻灯片中了，如图 11-118 所示。

(5) 拖动视频四周的控制点调整视频的尺寸大小，如图 11-119 所示。

图 11-118 插入视频后的效果　　　图 11-119 调整视频的尺寸

(6) 选中视频文件，打开"视频工具"|"格式"选项卡，在"视频样式"组中单击"视频样式"下拉按钮，在弹出的下拉列表中选择一种"外部阴影矩形"样式，如图 11-120 所示。

(7) 此时，即可看到应用视频样式后的效果，如图 11-121 所示。

图 11-120　选择视频样式

图 11-121　应用视频样式后的效果

(8) 保持视频的选中状态，在"调整"组中单击"更正"下拉按钮，在弹出的下拉列表中选择"亮度:+20% 对比度:0%(正常)"选项，如图 11-122 所示。

(9) 此时，可以看到为选中视频调整亮度和对比度后的效果，如图 11-123 所示。

图 11-122　设置亮度和对比度

图 11-123　调整亮度和对比度后的效果

(10) 保持视频的选中状态，在"调整"组中单击"颜色"下拉按钮，在弹出的下拉列表中选择"水绿色，强调文字颜色 1 深色"选项，如图 11-124 所示。

(11) 此时，可以看到为选中视频重新着色后的效果，如图 11-125 所示。

图 11-124　设置视频颜色

图 11-125　为视频重新着色后的效果

(12) 保持视频文件的选中状态，打开"视频工具"|"播放"选项卡，在"编辑"组中单击"剪辑视频"按钮，如图 11-126 所示。

(13) 弹出"剪辑视频"对话框，拖动开始滑块和结束滑块设置剪裁的范围，然后单击"确定"按钮即可完成剪裁，如图 11-127 所示。

图 11-126　单击"剪辑视频"按钮　　　　图 11-127　"剪辑视频"对话框

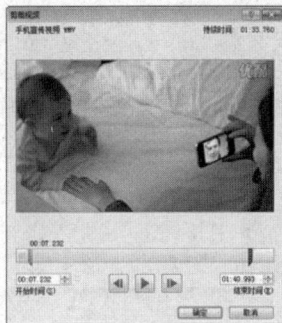

11.5　插入表格和图表

在 PowerPoint 2010 中，用户还可以制作表格和图表型的幻灯片，使用表格可以有条理、清晰地表达各种数据。使用图表可以更加直观地分析数据，使数据更加明显。

11.5.1　插入表格

如果需要在演示文稿中添加有规律的数据，可以使用表格来完成。在幻灯片中插入表格的操作方法如下。

【练习 11-12】在幻灯片中插入表格并美化表格。

(1) 启动 PowerPoint 2010 应用程序，打开"耗材销售情况"演示文稿。

(2) 选中第 2 张幻灯片，在"表格"组中单击"表格"下拉按钮，在弹出的下拉列表中选择 4 列 8 行的表格范围，如图 11-128 所示。

(3) 此时，即可看到在表格中插入了 4 列 8 行的表格，如图 11-129 所示。

图 11-128　选择表格范围　　　　图 11-129　插入表格后的效果

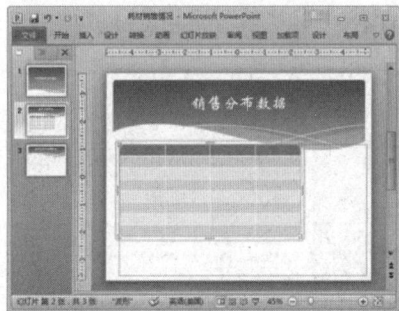

(4) 在表格中依次输入项目标题和相应的数据，如图 11-130 所示。

(5) 选中表格中的全部文本，切换到"开始"选项卡，在"段落"组中单击"居中"按钮 ，如图 11-131 所示。

图 11-130　在表格中输入文本

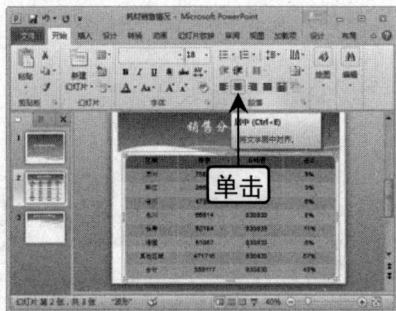

图 11-131　单击"居中"按钮

(6) 保持全部文本的选中状态，打开"表格工具"|"布局"选项卡，在"对齐方式"组中单击"垂直居中"按钮，如图 11-132 所示。

(7) 此时，即可看到为表格内的文本设置垂直居中对齐的效果，如图 11-133 所示。

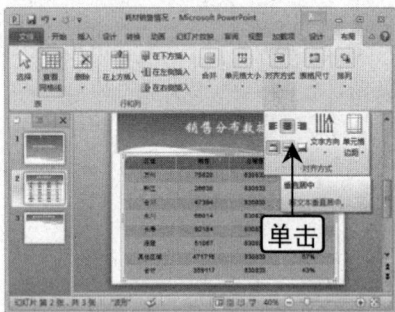

图 11-132　单击"垂直居中"按钮

图 11-133　设置垂直居中对齐的效果

(8) 保持表格内全部文本的选中状态，切换到"开始"选项卡，将其字体设置为"楷体"，如图 11-134 所示。

(9) 选中整个表格，打开"表格工具"|"设计"选项卡，在"表格样式"下拉列表中选择"主题样式 2-强调 1"选项，如图 11-135 所示。

图 11-134　设置文字格式

图 11-135　选择表格样式

(10) 此时，可以看到为选中表格设置样式后的效果，如图 11-136 所示。

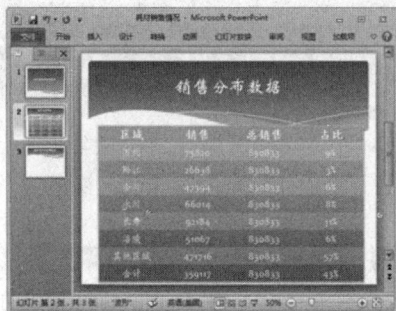

图 11-136　设置表格样式后的效果

11.5.2　插入图表

如果需要在演示文稿中添加有规律的数据，可以使用表格来完成。在幻灯片中插入表格的操作方法如下。

【练习 11-13】在幻灯片中插入图表并设置图表。

(1) 启动 PowerPoint 2010 应用程序，打开【练习 11-12】制作的"耗材销售情况"演示文稿。

(2) 选中第 3 张幻灯片，打开"插入"选项卡，在"插图"组中单击"图表"按钮，如图 11-137 所示。

(3) 弹出"插入图表"对话框，打开"饼图"选项卡，在右侧选择"分离型三维饼图"选项，单击"确定"按钮，如图 11-138 所示。

(4) 弹出图表数据编辑工作簿，删除工作表中默认的数据，如图 11-139 所示。

图 11-137　单击"图表"按钮

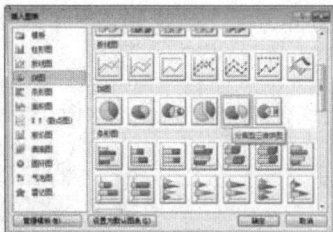

图 11-138　选择图表样式

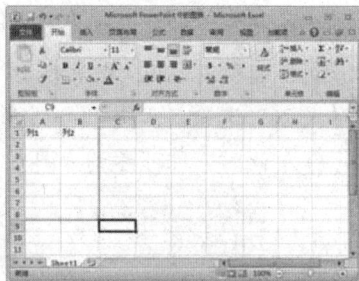

图 11-139　图表数据编辑工作表

(5) 返回到演示文稿中，选中第 2 张幻灯片表格中前两列除最后一行外的全部文本和数据并右击，在弹出的快捷菜单中选择"复制"选项，如图 11-140 所示。

(6) 返回到 Excel 工作簿中，切换到"开始"选项卡，在"剪贴板"组中单击"粘贴"按钮，将复制的数据粘贴进来，如图 11-141 所示。

(7) 关闭工作簿，返回到第 3 张幻灯片，即可看到插入的饼形图表，拖动图表四周的控制点调整图表的大小，如图 11-142 所示。

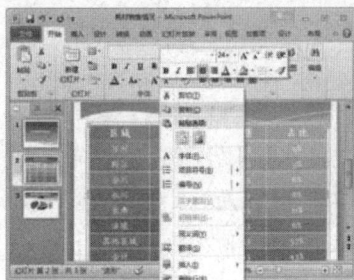

图 11-140　复制数据　　　　　　　图 11-141　粘贴数据　　　　　　　图 11-142　调整图表的大小

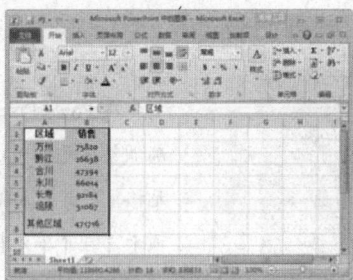

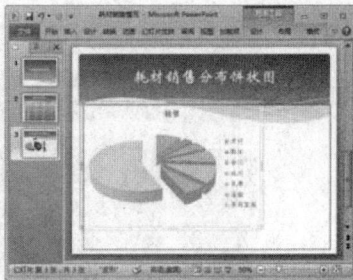

(8) 选中图表，打开"图表工具"|"布局"选项卡，在"标签"组中单击"图表标签"下拉按钮，在弹出的下拉列表中选择"无"选项，如图 11-143 所示。

(9) 保持图表为选中状态，在"标签"组中单击"数据标签"下拉按钮，在弹出的下拉列表中选择"数据标签内"选项，如图 11-144 所示。

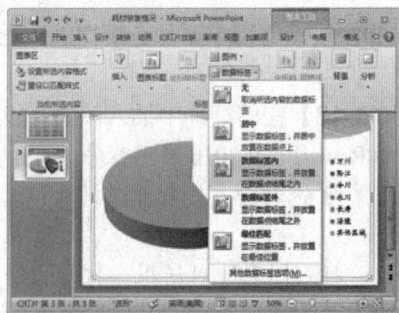

图 11-143　取消显示图表标签　　　　　　　　　图 11-144　显示数据标签

(10) 此时，即可看到在图表内显示了数据标签。保持图表为选中状态，打开"图表工具"|"设计"选项卡，在"图表布局"组中单击"快速样式"下拉按钮，在弹出的下拉列表中选择"样式 26"选项，如图 11-145 所示。

(11) 此时，即可看到为图表更改样式后的效果，如图 11-146 所示。

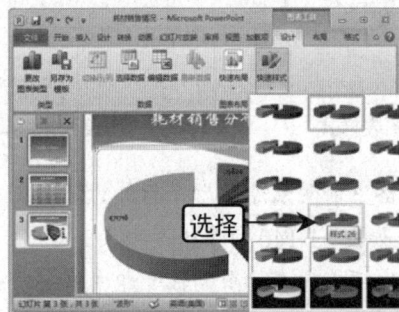

图 11-145　选择图表样式　　　　　　　　　图 11-146　设置图表样式后的效果

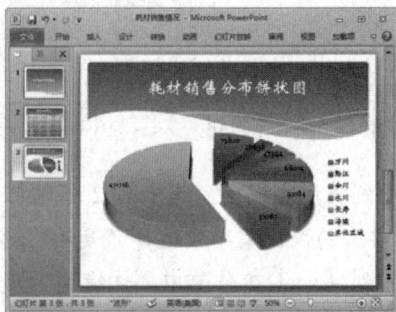

11.6　上机练习

本节上机练习将通过制作公司产品宣传册和楼盘推广计划两个练习，帮助读者进一步加深对本章知识的掌握。

11.6.1　制作公司产品宣传册

下面将介绍使用 PowerPoint 2010 提供的相册功能来制作公司产品的宣传册。使用相册功能不仅可以制作个人电子相册，还可以制作各类产品展示等。在 PowerPoint 2010 中，用户可以创建相册，然后应用丰富多彩的主题使之更加美观和实用。

(1) 启动 PowerPoint 2010 应用程序，新建一个演示文稿，打开"插入"选项卡，在"图像"组中单击"相册"按钮，如图 11-147 所示。

(2) 弹出"相册"对话框，单击"文件/磁盘"按钮，如图 11-148 所示。

(3) 弹出"插入新图片"对话框，同时选中"产品宣传册"文件夹下的 14 张图片，单击"插入"按钮，如图 11-149 所示。

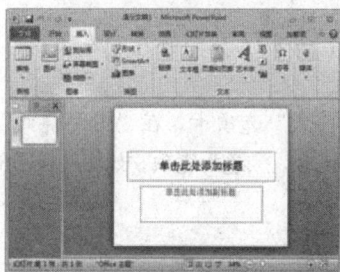

图 11-147　单击"相册"按钮　　图 11-148　"相册"对话框　　图 11-149　选择要插入的图片

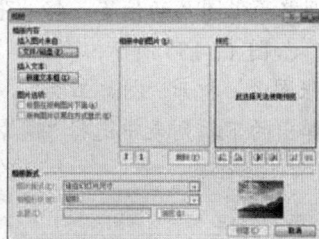

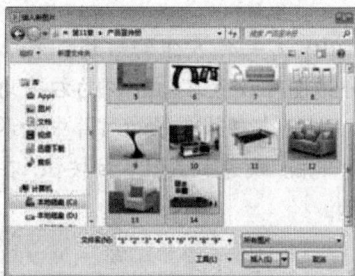

(4) 返回到"相册"对话框，在"相册版式"选项组下的"图片版式"下拉列表中选择"2 张图片"选项，在"相框形状"下拉列表中选择"居中矩形阴影"选项，单击"创建"按钮，如图 11-150 所示。

(5) 此时，可以看到已经创建完成的相册，每张幻灯片中有 2 张图片，首页显示的是相册的标题和副标题，如图 11-151 所示。

(6) 选中任意一张幻灯片，打开"设计"选项卡，在"主题"下拉列表中选择"凸显"选项，如图 11-152 所示。

图 11-150　设置相册版式　　图 11-151　查看创建的相册　　图 11-152　选择主题

(7) 此时，可以看到为相册应用了"凸显"样式的主题效果，选中第 1 张幻灯片，删除标题占位符中默认的文本，重新输入"产品宣传册"文本，切换到"开始"选项卡，将其字体设

置为"华文行楷"、字号设置为"66"、字型设置为"加粗"。选中标题占位符,在"段落"组中单击"分散对齐"按钮 ▤,如图 11-153 所示。

(8) 接着在副标题占位符中输入公司名称,并将其字体设置为"微软雅黑"、字号设置为"40"、对齐方式设置为"居中"对齐,如图 11-154 所示。

图 11-153　设置标题格式　　　　　　　图 11-154　设置副标题格式

(9) 选中第 5 张幻灯片,重新调整两张图片的位置,将一张图片放置在幻灯片的左上角,另一张图片放置在幻灯片的右下角,如图 11-155 所示。

(10) 选中第 3 张幻灯片中的两张图片,打开"图片工具"|"格式"选项卡,在"图片样式"组中单击"快速样式"下拉按钮,在弹出的下拉列表中选择"映像棱台,黑色"选项,如图 11-156 所示。

图 11-155　调整图片的位置　　　　　　图 11-156　选择图片样式

(11) 经过步骤(10)的操作,可以看到为选中图片设置样式后的效果,如图 11-157 所示。

(12) 选中第 7 张幻灯片中的两张图片,打开"图片工具"|"格式"选项卡,在"调整"组中单击"颜色"下拉按钮,在弹出的下拉列表中选择"冰蓝,强调文字颜色 5 浅色"选项,如图 11-158 所示。

图 11-157　设置图片样式后的效果　　　　图 11-158　选择图片颜色

(13) 经过步骤(12)的操作,可以看到为选中图片重新着色后的效果,如图 11-159 所示。

(14) 至此,"产品宣传册"演示文稿就制作完成了,单击"文件"按钮,在展开的菜单中选择"保存"选项,如图 11-160 所示。

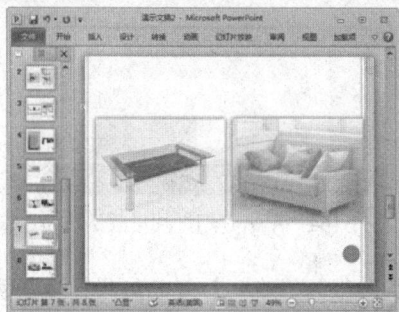

图 11-159　为图片重新着色后的效果

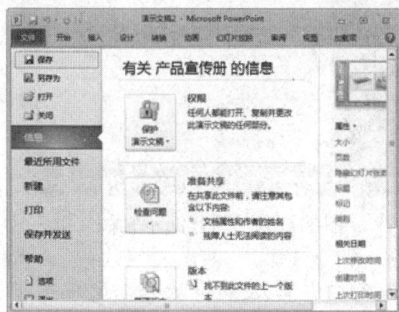

图 11-160　保存演示文稿

(15) 弹出"另存为"对话框,选择文件要保存的路径,输入文件名"产品宣传册",单击"保存"按钮,如图 11-161 所示。本例最终效果如图 11-162 所示。

图 11-161　"另存为"对话框

图 11-162　最终效果

11.6.2　制作楼盘推广计划

房地产公司在销售一个楼盘之前,都会做一些推广规划。楼盘推广规划可以提高楼盘的市场竞争力,帮助公司达到快速销售的目的。本例整体风格将以红色为主,文字配合图片,以剪贴画为点缀,自选图形和 SmartArt 图形穿插其中。

(1) 启动 PowerPoint 2010 应用程序,新建一个演示文稿,并将其另存为"楼盘推广计划",如图 11-163 所示。

(2) 打开"视图"选项卡,在"母版视图"组中单击"幻灯片母版"按钮,如图 11-164所示。

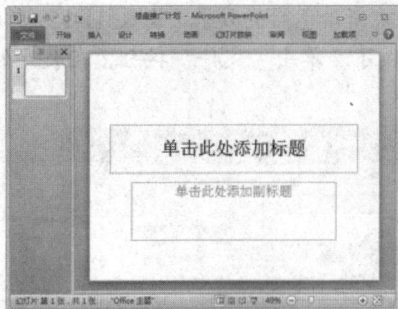
图 11-163　新建演示文稿

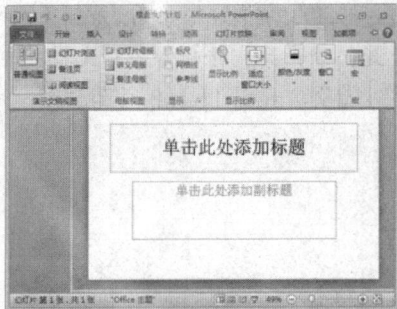
图 11-164　单击"幻灯片母版"按钮

(3) 进入幻灯片母版编辑状态，选中第 1 张母版幻灯片，在幻灯片的编辑区域任意空白处右击，在弹出的快捷菜单中选择"设置背景格式"命令，如图 11-165 所示。

(4) 弹出"设置背景格式"对话框，选择"填充"选项卡下的"图片或纹理填充"单选按钮，单击"文件"按钮，如图 11-166 所示。

(5) 弹出"插入图片"对话框，选择"背景"图片，单击"插入"按钮，如图 11-167 所示。

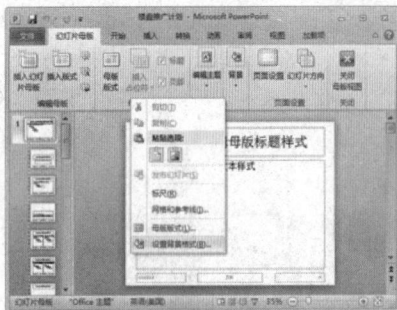
图 11-165　选择"设置背景格式"命令

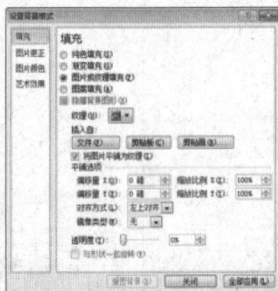
图 11-166　"设置背景格式"对话框

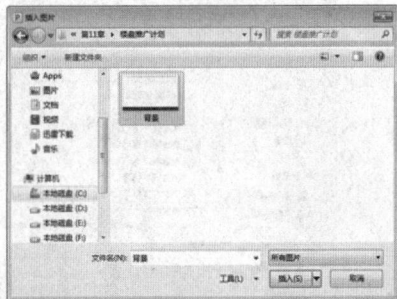
图 11-167　选择要插入的图片

(6) 返回到"设置背景格式"对话框，单击"关闭"按钮，如图 11-168 所示。

(7) 为母版设置背景图片后，接着在第 1 张母版幻灯片右下角的位置绘制一个横排文本框，输入公司的名称，并将其字体设置为"华文行楷"、字号设置为"18"、字体颜色设置为"白色"，如图 11-169 所示。

(8) 关闭幻灯片母版的编辑状态，返回到普通视图下，打开"开始"选项卡，在"幻灯片"组中单击"新建幻灯片"下拉按钮，在弹出的下拉列表中选择"空白"选项，如图 11-170 所示。

图 11-168　"设置背景格式"对话框

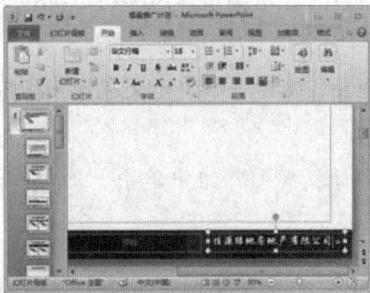
图 11-169　绘制文本框

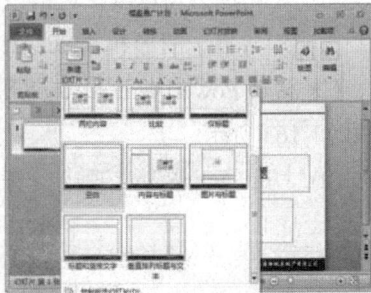
图 11-170　新建幻灯片

(9) 在"幻灯片/大纲"窗格中选中新建的第 2 张幻灯片缩略图并右击，在弹出的快捷菜单中选择"复制"命令，如图 11-171 所示。

(10) 接着在"剪贴板"组中单击 12 次"粘贴"按钮，第 2 张幻灯片复制 12 张，如图 11-172所示。

图 11-171 复制幻灯片

图 11-172 粘贴幻灯片

(11) 选中第 1 张幻灯片，在标题占位符中输入标题文本，并将其字体设置为"微软雅黑"、字号设置为"44"、字型设置为"加粗"，如图 11-173 所示。

(12) 接着在第 1 张幻灯片的副标题占位符中输入制作日期，并将其字体设置为"华文行楷"、字号设置为"32"，如图 11-174 所示。

图 11-173 设置标题格式

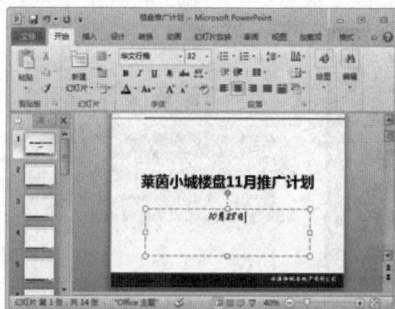

图 11-174 设置副标题格式

(13) 选中第 2 张幻灯片，切换到"开始"选项卡，在"幻灯片"组中单击"幻灯片版式"下拉按钮，在弹出的下拉列表中选择"标题和内容"选项，如图 11-175 所示。

(14) 此时，可以看到已经将第 2 张幻灯片更改为"标题和内容"的版式，如图 11-176 所示。

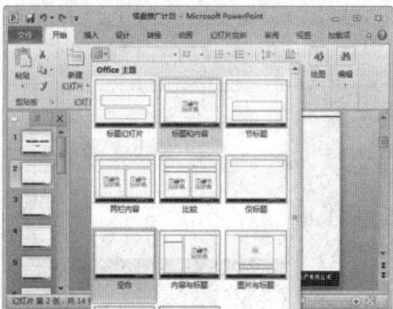

图 11-175 选择幻灯片版式

图 11-176 更改幻灯片版式后的效果

(15) 在第 2 张幻灯片的标题占位符输入标题文本，将其字体设置为 "微软雅黑"、字号设置为 "44"、字型设置为 "加粗"。在内容占位符中输入相应的内容，并将其字体设置为 "微软雅黑"、字号设置为 "24"，如图 11-177 所示。

(16) 打开 "视图" 选项卡，在 "显示" 组中选中 "标尺" 复选框显示标尺，如图 11-178 所示。

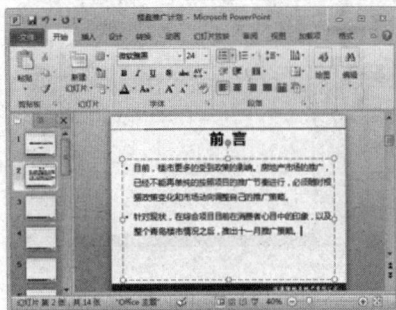

图 11-177　在占位符中输入文本

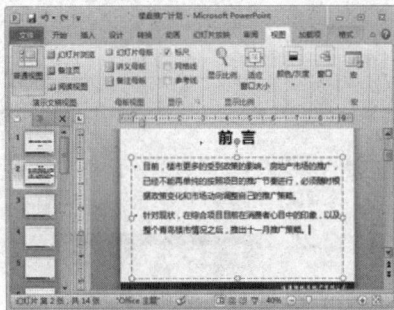

图 11-178　显示标尺

(17) 选中第 2 张幻灯片内容占位符中的全部文本，向右拖动标尺上的首行缩进滑块，拖动到两个字符的时候释放鼠标，即可看到为选中文本设置首行缩进的效果，如图 11-179 所示。

(18) 使用同样的方法，在其他幻灯片中输入文本，并为其设置文字格式，如图 11-180 所示。

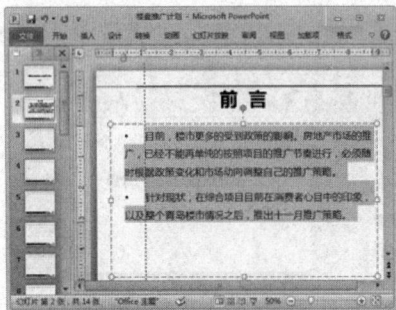

图 11-179　设置首行缩进

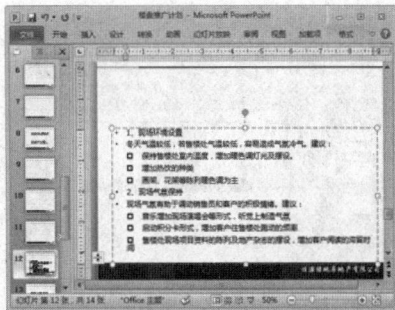

图 11-180　输入文本并设置文字格式

(19) 选中第 3 张幻灯片，打开 "插入" 选项卡，在 "插图" 组中单击 "形状" 下拉按钮，在弹出的下拉列表中选择 "矩形" 选项，如图 11-181 所示。

(20) 在幻灯片中拖动鼠标绘制一个矩形，如图 11-182 所示。

图 11-181　选择 "矩形" 选项

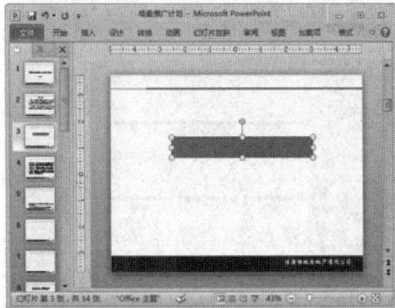

图 11-182　绘制矩形

(21) 选中绘制的矩形，打开"绘图工具"|"格式"选项卡，在"形状样式"组中单击"形状填充"下拉按钮，在弹出的下拉列表中选择"紫色"选项，如图 11-183 所示。

(22) 保持矩形为选中状态，在"形状样式"组中单击"形状轮廓"下拉按钮，在弹出的下拉列表中选择"无轮廓"选项，如图 11-184 所示。

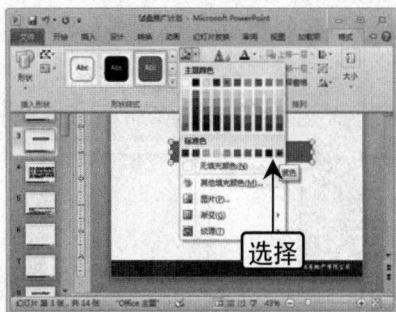

图 11-183　选择填充颜色　　　　　图 11-184　选择轮廓颜色

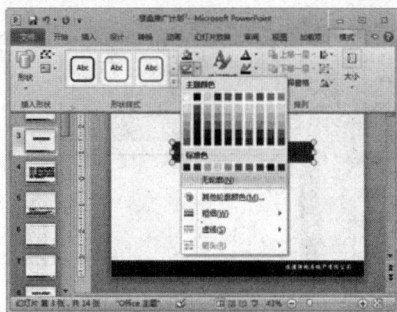

(23) 保持矩形的选中状态并右击，在弹出的快捷菜单中选择"编辑文字"命令，如图 11-185 所示。

(24) 这时矩形变为可编辑状态，在其中输入文本，并将其字体设置为"微软雅黑"、将其字号设置为"28"、字型设置为"加粗"，如图 11-186 所示。

图 11-185　选择"编辑文字"命令　　　　图 11-186　设置文字格式

(25) 将第 3 张幻灯片中的矩形复制到第 11 张幻灯片中，修改第 11 张幻灯片中矩形内的文本，如图 11-187 所示。

(26) 选中第 6 张幻灯片，打开"插入"选项卡，在"插图"组中单击"形状"下拉按钮，在弹出的下拉列表中选择"圆角矩形"选项，如图 11-188 所示。

图 11-187　复制矩形　　　　　图 11-188　选择"圆角矩形"选项

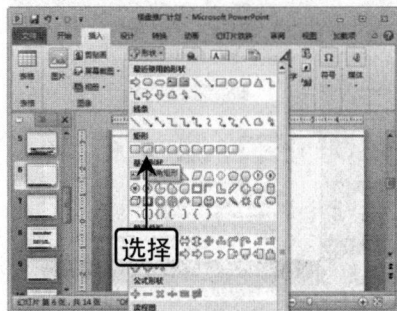

(27) 在第 6 张幻灯片左上方拖动鼠标绘制一个圆角矩形，将其填充为深红色，并取消其轮廓，如图 11-189 所示。

(28) 在圆角矩形中输入"销售策略"文本，并将其字体设置为"微软雅黑"、字号设置为"28"、字型设置为"加粗"，如图 11-190 所示。

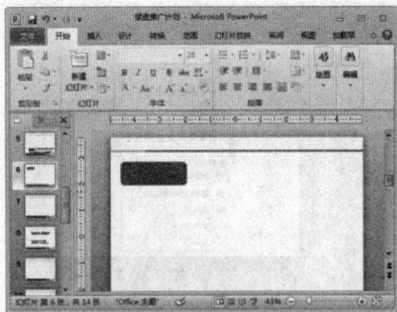

图 11-189　绘制圆角矩形

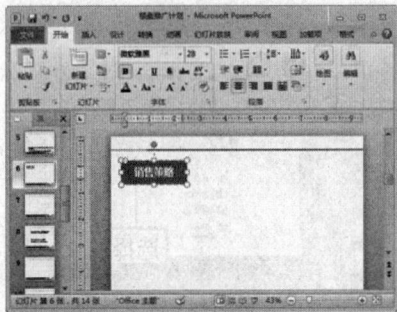

图 11-190　设置文字格式

(29) 将第 6 张幻灯片中的圆角矩形复制一个粘贴到第 7 张幻灯片中，并修改第 7 张幻灯片圆角矩形中的文本，如图 11-191 所示。

(30) 将第 6 张幻灯片中的圆角矩形再复制一个粘贴到第 9 张幻灯片中，重新调整第 9 张幻灯片中圆角矩形的宽度和高度，并修改圆角矩形中的文本，如图 11-192 所示。

图 11-191　复制圆角矩形

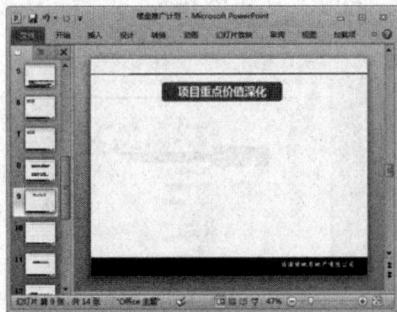

图 11-192　调整圆角矩形的宽度和高度

(31) 将第 9 张幻灯片中的圆角矩形复制一个粘贴到第 12 张幻灯片，并修改第 12 张幻灯片圆角矩形中的文本，如图 11-193 所示。

(32) 选中第 8 张幻灯片，打开"插入"选项卡，在"插图"组中单击"形状"下拉按钮，在弹出的下拉列表中选择"左弧形箭头"选项，如图 11-194 所示。

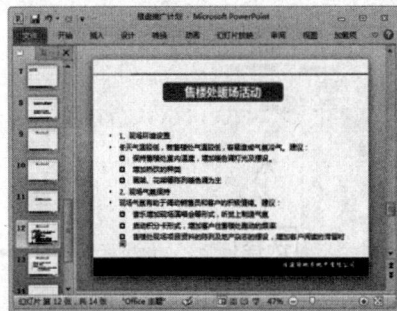

图 11-193　复制圆角矩形

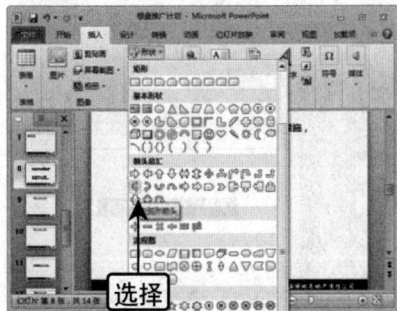

图 11-194　选择"左弧形箭头"选项

(33) 在幻灯片中拖动鼠标绘制一个左弧形箭头形状，将其填充为红色，并取消轮廓，如图 11-195 所示。

(34) 在第 6 张幻灯片中绘制两个圆角矩形，如图 11-196 所示。

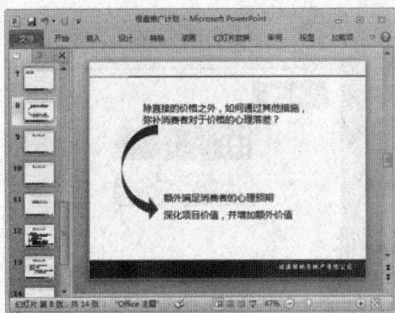

图 11-195　绘制左弧形箭头形状

图 11-196　绘制圆角矩形

(35) 选中第 6 张幻灯片上方的圆角矩形，打开"绘图工具"|"格式"选项卡，在"形状样式"列表框中选择"强调效果-黑色，强调颜色 4"选项，如图 11-197 所示。

(36) 接着选中下方的圆角矩形，在"形状样式"列表框中选择"强烈效果-橄榄色，强调颜色 3"选项，如图 11-198 所示。

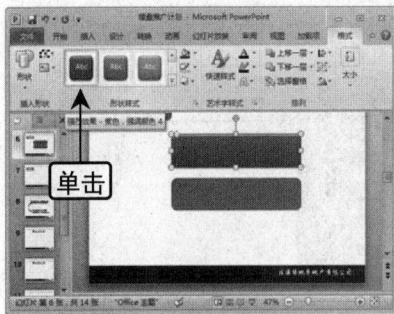

图 11-197　选择形状样式

图 11-198　选择形状样式

(37) 接着打开"插入"选项卡，在"插图"组中单击"形状"下拉列表，在弹出的下拉列表中选择"椭圆"选项，如图 11-199 所示。

(38) 在第 6 张幻灯片上方的圆角矩形中按住 Shift 键并拖动鼠标绘制一个小圆形，然后将绘制的圆形填充为白色，并取消其轮廓，如图 11-200 所示。

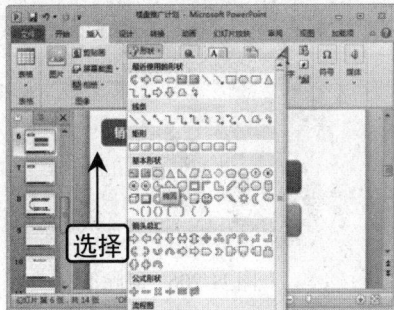

图 11-199　选择"椭圆"选项

图 11-200　绘制圆形

计算机 基础与实训教材系列

(39) 将小圆形复制 8 个，按 3 个一行进行摆放，同时选中 9 个小圆形并右击，在弹出的快捷菜单中选择"组合"|"组合"命令，如图 11-201 所示。

(40) 将组合后的 9 个圆形复制一个摆放在下方的圆角矩形内，如图 11-202 所示。

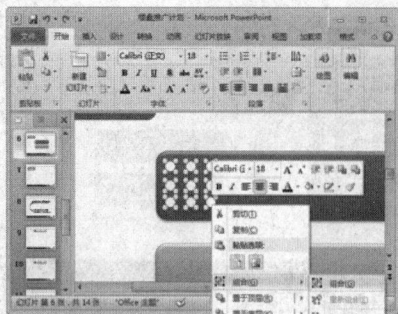

图 11-201　组合图形　　　　　图 11-202　复制组合的圆形

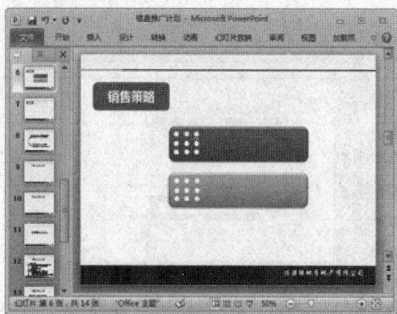

(41) 接着在第 6 张幻灯片正中的两个圆角矩形内输入相应的文本，并为其设置文字格式，如图 11-203 所示。

(42) 选中第 7 张幻灯片，打开"插入"选项卡，在"插图"组中单击 SmartArt 按钮，如图 11-204 所示。

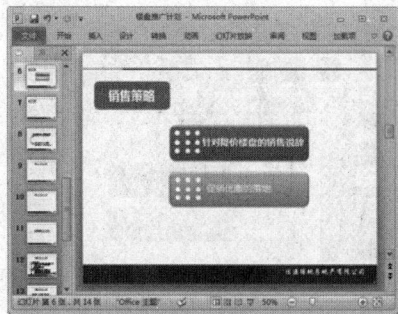

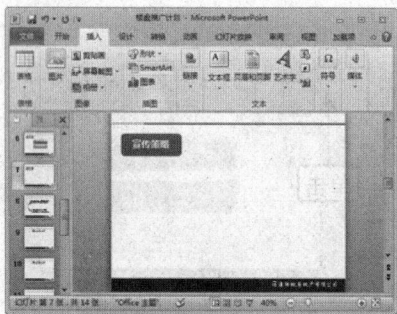

图 11- 203　输入文本　　　　　图 11-204　单击 SmartArt 按钮

(43) 弹出"选择 SmartArt 图形"对话框，选择"列表"选项组下的"垂直 V 形列表"选项，单击"确定"按钮，如图 11-205 所示。

(44) 此时，可以看到在第 7 张幻灯片中插入了垂直 V 形列表样式的 SmartArt 图形，选中 SmartArt 图形中任意一个形状，按下键盘上的 Dclctc 键将其删除，如图 11-206 所示。

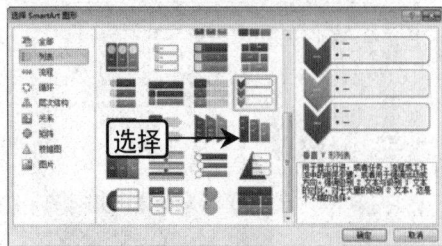

图 11-205　选择要插入的图形　　　　　图 11-206　删除形状

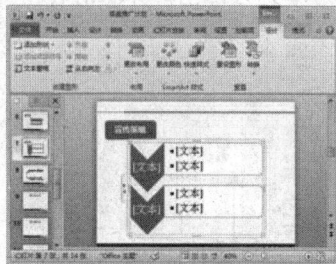

(45) 选中 SmartArt 图形，打开"SmartArt 工具"|"设计"选项卡，在"SmartArt 样式"

组中单击"更改颜色"下拉按钮，在弹出的下拉列表中选择"彩色范围-强调文字颜色 2 至 3"选项，如图 11-207 所示。

(46) 保持 SmartArt 图形为选中状态，在"SmartArt 样式"组中单击"快速样式"下拉按钮，在弹出的下拉列表中选择"优雅"选项，如图 11-208 所示。

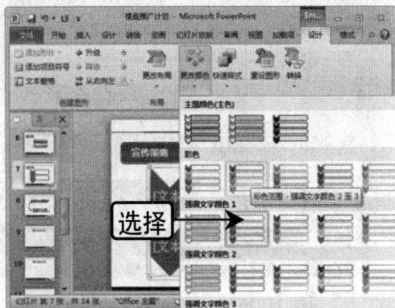

图 11-207　选择图形颜色

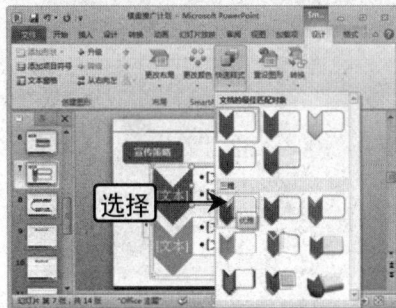

图 11-208　选择图形样式

(47) 此时，可以看到为选中 SmartArt 图形更改颜色和设置样式后的效果，接着使用同样的方法，在 SmartArt 图形中输入相应的文本，并为其设置文字格式，如图 11-209 所示。

(48) 选中第 9 张幻灯片，打开"插入"选项卡，在"插图"组中单击 SmartArt 按钮，如图 11-210 所示。

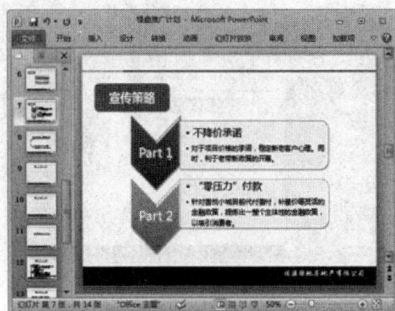

图 11-209　更改颜色和样式后的效果

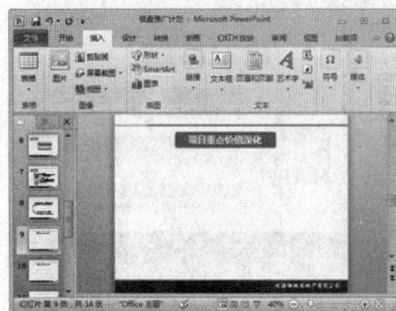

图 11-210　单击 SmartArt 按钮

(49) 弹出"选择 SmartArt 图形"对话框，选择"流程"选项组下的"分段流程"选项，单击"确定"按钮，如图 11-211 所示。

(50) 此时，可以看到选中的 SmartArt 图形被插入到了第 9 张幻灯片中，接着 SmartArt 图形移动到幻灯片的右侧，如图 11-212 所示。

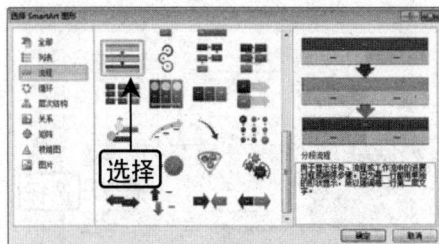

图 11-211　选择要插入的图形

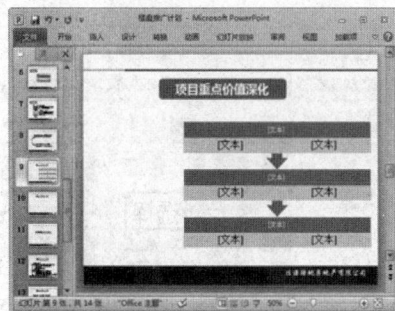

图 11-212　插入选中图形后的效果

(51) 打开"插入"选项卡，在"插图"组中单击"形状"下拉按钮，在弹出的下拉列表中选择"右箭头"选项，如图 11-213 所示。

(52) 在第 9 张幻灯片左侧拖动鼠标绘制一个右箭头图形，如图 11-214 所示。

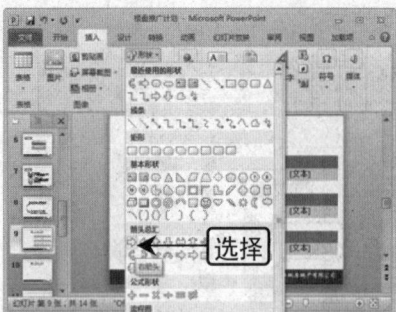

图 11-213　选择"右箭头"选项

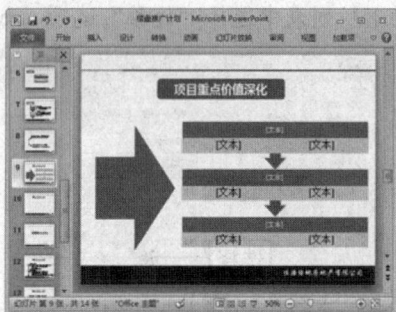

图 11-214　绘制右箭头图形

(53) 在右箭头图形和 SmartArt 图形中分别输入相应的文本，并为其设置文字格式，如图 11-215 所示。

(54) 选中第 10 张幻灯片，打开"插入"选项卡，在"插图"组中单击 SmartArt 按钮，如图 11-216 所示。

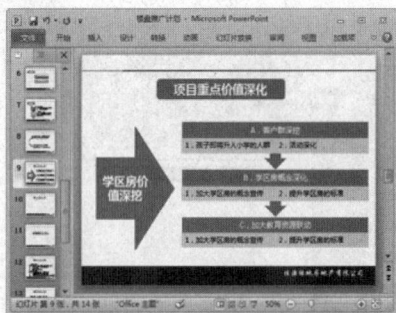

图 11-215　在图形中输入文本

图 11-216　单击 SmartArt 按钮

(55) 弹出"选择 SmartArt 图形"对话框，选择"列表"选项组中的"垂直重点列表"选项，单击"确定"按钮，如图 11-217 所示。

(56) 将 SmartArt 图形插入到幻灯片中后，将其选中，打开"SmartArt 工具"|"设计"选项卡，在"SmartArt 样式"组中单击"快速样式"下拉按钮，在弹出的下拉列表中选择"砖块场景"选项，如图 11-218 所示。

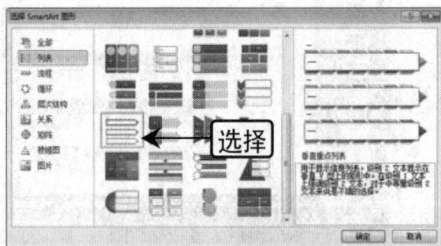

图 11-217　选择要插入的形状

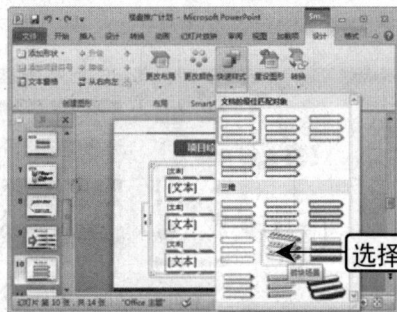

图 11-218　选择图形样式

(57) 此时，可以看到为选中 SmartArt 图形设置三维样式后的效果，接着在 SmartArt 图形的各个形状中依次输入相应的文本，并为其设置文字格式，如图 11-219 所示。

(58) 选中第 5 张幻灯片，打开"插入"选项卡，在"文本"组中单击"艺术字"下拉按钮，在弹出的下拉列表中选择"填充-红色，强调文字颜色 2，暖色粗糙棱台"选项，如图 11-220 所示。

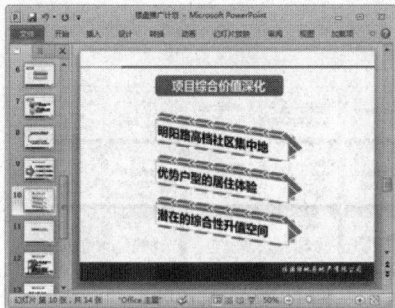

图 11-219 设置三维样式后的效果

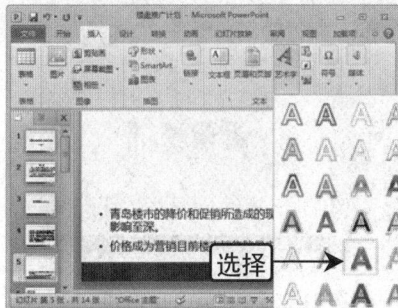

图 11-220 选择艺术字样式

(59) 在幻灯片中插入艺术字后，删除艺术字文本框中默认的文本，重新输入"降价！"文本，将其字体设置为"经典粗圆简"、字号设置为"54"，如图 11-221 所示。

(60) 选中艺术字，打开"绘图工具"|"格式"选项卡，在"艺术字样式"组中单击"文字效果"下拉按钮，在弹出的下拉列表中选择"发光"|"红色，11pt 发光，强调文字颜色 2"选项，如图 11-222 所示。

图 11-221 设置文字格式

图 11-222 设置文字效果

(61) 将第 5 张幻灯片中的艺术字复制一个摆放在不同的位置，然后再复制两个，将其文本修改为"促销！"，并将其摆放在不同的位置，如图 11-223 所示。

(62) 选中最后一张幻灯片，打开"插入"选项卡，在"文本"组中单击"艺术字"下拉按钮，在弹出的下拉列表中选择"填充-蓝色，强调文字颜色 1，塑料棱台，映像"选项，如图 11-224 所示。

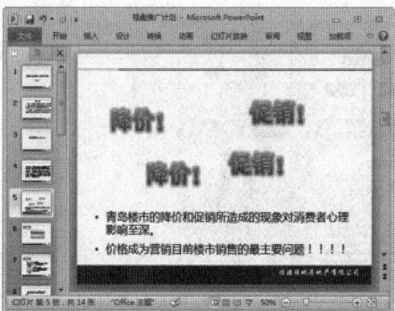

图 11-223 复制艺术字

图 11-224 选择艺术字样式

(63) 插入艺术字后，修改默认的文本为"谢谢观看"，并将其字体设置为"华文行楷"、字号设置为"88"，如图 11-225 所示。

(64) 至此，"楼盘推广计划"演示文稿就制作完成了。按下 Ctrl+S 组合键保存制作完成的演示文稿，最终效果如图 11-226 所示。

图 11-225　设置文字格式

图 11-226　最终效果

11.7　习题

11.7.1　填空题

1. PowerPoint 中有 3 种母版样式：_____、_____和_____。
2. 一般情况下，插入图片有两种用途：一是对幻灯片进行_____；二是使用图片_____。
3. 使用 PowerPoint 2010 不仅可以制作普通的文字、图形类演示文稿，还可以加入声音、_____等多媒体元素。
4. 在 PowerPoint 2010 中插入图表时，会自动弹出_____用于编辑图表中的数据。

11.7.2　操作题

1. 打开一个演示文稿，对其中的各个幻灯片设置颜色、背景和字体等格式。
2. 制作如图 11-227 所示的"年终工作总结"演示文稿，在制作时主要用到自选图形的绘制和组合，以及 SmartArt 图形的应用等知识。

图 11-227　"年终工作总结"演示文稿

第12章

为幻灯片添加动画

学习目标

为了使幻灯片演示文稿显得更富有活力，更具吸引力，用户可以为幻灯片添加动画效果，以使在添加幻灯片趣味性和可视性的基础上加强其视觉效果和专业性。

本章重点

- ◉ 设置预定义动画
- ◉ 设置自定义动画
- ◉ 对象动画效果高级设置
- ◉ 设置幻灯片的切换效果

12.1 设置预定义动画

新建幻灯片并在其中编辑好各个对象后，可为各对象依次设置动画。如果用户对设置动画的方法不太了解，可使用快速设置动画的方法进行设置。

12.1.1 设置对象的进入效果

对象的进入效果是指设置幻灯片放映过程中对象进入放映界面时的效果，具体的设置方法如下。

【练习 12-1】对选中对象设置进入动画效果。

(1) 启动 PowerPoint 2010 应用程序，打开"企业文化"演示文稿。

(2) 选中第 1 张幻灯片中的标题占位符，打开"动画"选项卡，在"高级动画"组中单击"添加动画"下拉按钮，在弹出的下拉列表中选择"进入"选项组下的"飞入"选项，如图 12-1 所示。

(3) 此时，已经为标题占位符添加了"飞入"的动画效果，接着在"动画"组中单击"效果选项"下拉按钮，在弹出的下拉列表中选择"自左侧"选项，表示动画从左侧飞入到幻灯片中，如图 12-2 所示。

图 12-1 选择进入效果

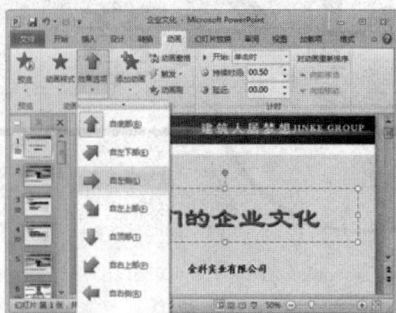

图 12-2 设置效果选项

(4) 接着在"计时"组中的"开始"下拉列表中选择"与上一动画同时"选项，在"持续时间"数值框中输入"01.00"，表示动画的持续时间为 1 秒，如图 12-3 所示。

(5) 接着，选中第 1 张幻灯片中的副标题占位符，打开"动画"选项卡，在"高级动画"组中单击"添加动画"下拉按钮，在弹出的下拉列表中选择"更多进入效果"选项，如图 12-4 所示。

图 12-3 设置计时选项

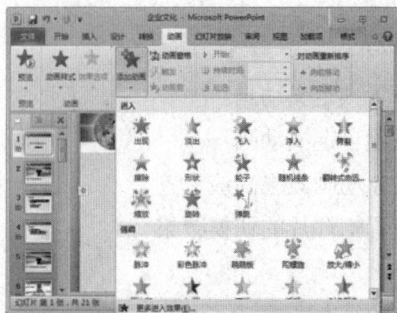

图 12-4 选择"更多进入效果"选项

(6) 弹出"添加进入效果"对话框，选择"华丽型"选项组下的"空翻"选项，单击"确定"按钮，如图 12-5 所示。

(7) 为副标题占位符添加动画之后，接着在"计时"组中的"开始"下拉列表中选择"上一动画之后"选项，在"持续时间"数值框中输入"01.00"，如图 12-6 所示。

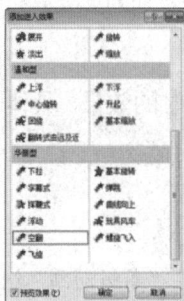

图 12-5 选择进入效果

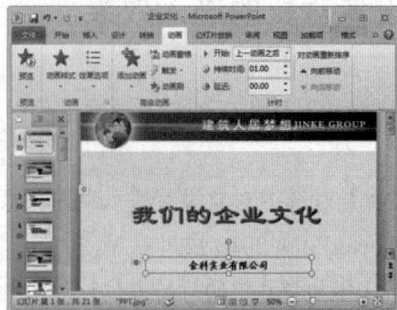

图 12-6 设置计时选项

⑫.1.2 设置对象的强调效果

用户可以为对象设置强调效果,以增加幻灯片中对象的表现力,具体的设置方法如下。

【练习 12-2】对选中对象设置进入动画效果。

(1) 启动 PowerPoint 2010 应用程序,打开【练习 12-1】制作的"企业文化"演示文稿。

(2) 选中第 3 张幻灯片中的内容占位符,打开"动画"选项卡,在"高级动画"组中单击"添加动画"下拉按钮,在弹出的下拉列表中选择"强调"选项组下的"陀螺旋"选项,如图 12-7 所示。

(3) 此时即为选中的占位符添加了强调动画,单击"预览"按钮可以预览动画效果,在"动画"组中单击"效果选项"下拉按钮,在弹出的下拉列表中选择"按段落"选项,意思是按段落进行动画强调,如图 12-8 所示。

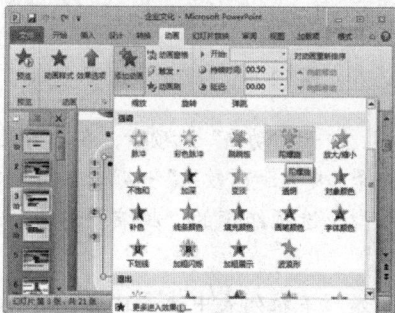

图 12-7 添加强调效果

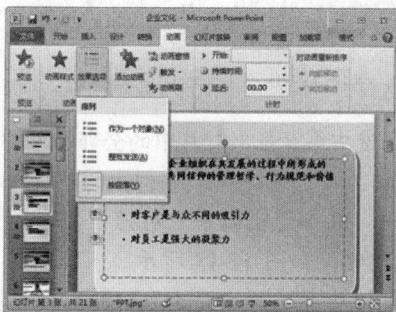

图 12-8 设置效果选项

计算机基础与实训教材系列

(4) 接着在"计时"组中的"开始"列表框中选择"上一动画之后"选项,在"持续时间"数值框中输入"02.00",如图 12-9 所示。

图 12-9 设置计时选项

> **提示**
>
> 在"添加进入效果"对话框、"添加强调效果"对话框或"添加退出效果"对话框中选中"预览效果"复选框,设置动画后将自动在当前窗口中播放该动画。

⑫.1.3 设置对象的退出效果

对象的退出效果是指设置幻灯片放映过程中对象退出的放映界面时的效果,具体的设置方法如下。

【练习 12-3】对选中对象设置进入动画效果。

(1) 启动 PowerPoint 2010 应用程序，打开【练习 12-2】制作的"企业文化"演示文稿。

(2) 选中第 7 张幻灯片中的标题占位符，打开"动画"选项卡，在"高级动画"组中单击"添加动画"下拉按钮，在弹出的下拉列表中选择"退出"选项组下的"擦除"选项，如图 12-10 所示。

(3) 接着在"动画"组中单击"效果选项"下拉按钮，在弹出的下拉列表中选择"自顶部"选项，如图 12-11 所示。

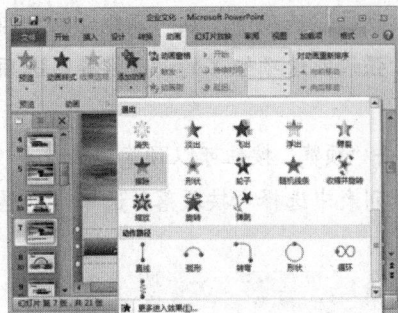

图 12-10 选择退出效果   图 12-11 设置效果选项

(4) 同时选中第 8 张幻灯片中的全部图形的文本框，打开"动画"选项卡，在"高级动画"组中单击"添加动画"下拉按钮，在弹出的下拉列表中选择"更多退出效果"选项，如图 12-12 所示。

(5) 弹出"添加退出效果"对话框，选择"温和型"选项组下的"收缩并旋转"选项，单击"确定"按钮，如图 12-13 所示。

(6) 添加退出动画之后，在"计时"组中的"开始"下拉列表中选择"上一动画之后"选项，在"持续时间"数值框中输入"02.00"，如图 12-14 所示。

图 12-12 选择"更多退出效果"选项   图 12-13 选择退出效果   图 12-14 设置计时选项

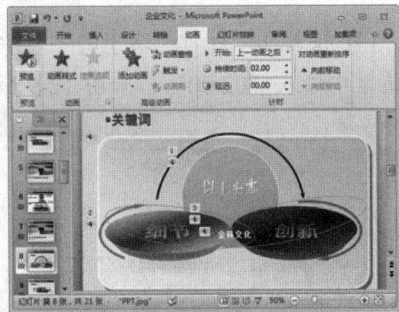

> **提示**
>
> 对幻灯片中的每一个对象都可以设置多种不同的动画效果，用户可以反复设置动画效果，为其添加多种动画。

⑫.2 设置自定义动画

用户除了设置幻灯片的"进入"、"退出"和"强调"动画效果之外，还要制作出更丰富多样的动画效果。此时，可以自定义其他动画。

⑫.2.1 应用动作路径

动作路径动画是幻灯片自定义动画的一种表现方式，选择某种路径动画效果后，对象将沿指定的路径进行运动。

【练习 12-4】对选中对象设置进入动画效果。

(1) 启动 PowerPoint 2010 应用程序，打开【练习 12-3】制作的"企业文化"演示文稿。

(2) 选中第 9 张幻灯片上方的文本占位符，打开"动画"选项卡，在"高级动画"组中单击"添加动画"下拉按钮，在弹出的下拉列表中选择"动作路径"选项组下的"循环"选项，如图 12-15 所示。

(3) 此时，在幻灯片中会显示动画的动作路径，拖动动作路径四周的控制点可以对动作路径进行调整。在"动画"组中单击"效果选项"下拉按钮，在弹出的下拉列表中选择"反复循环"选项，如图 12-16 所示。

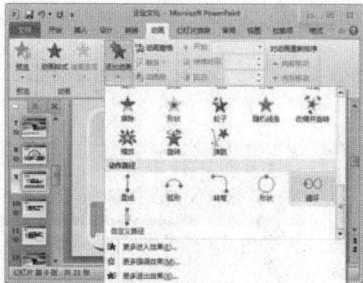

图 12-15 选择动作路径

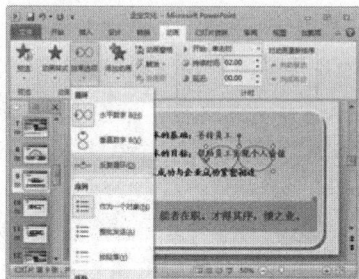

图 12-16 设置效果选项

(4) 此时，可以看到动作路径改变了。接着选中第 9 张幻灯片下方的横卷形图形，在"高级动画"组中单击"添加动画"下拉按钮，在弹出的下拉列表中选择"其他动作路径"选项，如图 12-17 所示。

(5) 弹出"添加动作路径"对话框，选择"直线和曲线"选项组下的"弯弯曲曲"选项，单击"确定"按钮，如图 12-18 所示。

(6) 此时，可以看到在幻灯片中添加了弯弯曲曲的动作路径，单击"预览"组中的"预览"按钮可以预览添加的动画效果，如图 12-19 所示。

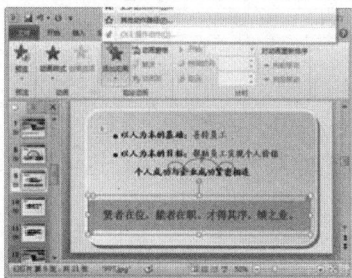

图 12-17 选择"其他动作路径"选项　　图 12-18 选择动作路径　　　　图 12-19 预览动画效果

> **提示**
>
> 为对象添加动画效果后，其左侧将显示相应的数字，如1、2、3等。它们表示对象的放映次序。1表示单击鼠标后放映，2则表示双击鼠标后放映，依次类推。一般添加动画对象的数字越小，表示放映时间越早。

⑫.2.2　自定义动作路径

如果用户对预设的动作路径不满意，也可以根据自己的需要绘制动作路径，具体的操作方法如下。

【练习 12-5】 对选中对象设置进入动画效果。

(1) 启动 PowerPoint 2010 应用程序，打开【练习 12-4】制作的"企业文化"演示文稿。

(2) 选中第 12 张幻灯片中的图片，打开"动画"选项卡，在"高级动画"组中单击"添加动画"下拉按钮，在弹出的下拉列表中选择"动作路径"选项组下的"自定义路径"选项，如图 12-20 所示。

(3) 在幻灯片按下鼠标左键拖动鼠标绘制自定义路径，绘制完成后按 Esc 键结束绘制，此时即可看到绘制的自定义路径，如图 12-21 所示。

图 12-20　选择"自定义路径"选项　　　　图 12-21　绘制自定义路径

> **提示**
>
> 在动作路径的两边各有一个不同颜色的三角形，绿色三角形代表动画开始点的标志，红色三角形代表动画结束点的标志。

⑫.2.3　更改、删除动画效果

如果用户对已经设置好的动画效果不满意，可以重新设置或删除某种动画效果，也可以改变动画效果的先后顺序。

【练习 12-6】 对选中对象设置进入动画效果。

(1) 启动 PowerPoint 2010 应用程序，打开【练习 12-5】制作的"企业文化"演示文稿。

(2) 选中第 1 张幻灯片中的副标题占位符，打开"动画"选项卡，在"动画"组中单击"动画样式"下拉按钮,在弹出的下拉列表中选择"进入"选项组下的"翻远式由远及近"选项,如图 12-22 所示。

(3) 单击"预览"按钮,即可看到已经将原来的"随机线条"动画效果更改为"翻转式由远及近"的动画效果。接着在"高级动画"组中单击"动画窗格"按钮,如图 12-23 所示。

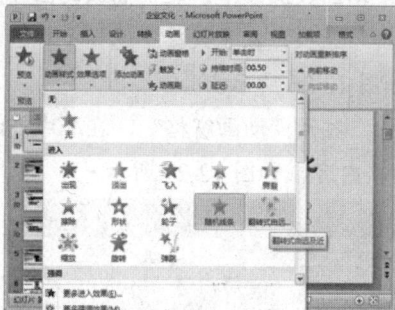

图 12-22　选择进入效果

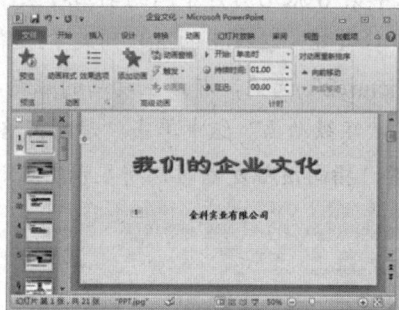

图 12-23　显示动画窗格

(4) 打开动画窗格,在动画窗格的动画列表框中选中要删除动画的选项并右击,在弹出的快捷菜单中选择"删除"命令,如图 12-24 所示。

(5) 此时,可以看到选中的动画从动画列表中删除掉了,如图 12-25 所示。

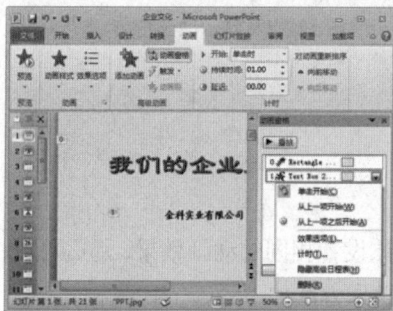

图 12-24　删除动画

图 12-25　删除动画后的效果

提示

若要同时删除多个动画效果,只需按住 Ctrl 键,然后选择多个动画后再删除即可。

12.3　对象动画效果高级设置

PowerPoint 2010 增强了动画效果高级设置选项,如设置动画触发器、使用"动画刷"复制动画、设置动画计时选项、重新排序动画等。用户可以为对象动画效果进行更高级的设置。

12.3.1　设置动画触发器

动画触发器是指产生设置动画的动作,如单击某个对象时产生该动画。下面将介绍设置动画触发器的方法，具体操作方法如下。

【**练习 12-7**】对选中对象设置进入动画效果。

(1) 启动 PowerPoint 2010 应用程序，打开【练习 12-6】制作的"企业文化"演示文稿。

(2) 选中第 6 张幻灯片中间的动画对象，打开"动画"选项卡，在"高级动画"组中单击"触发"下拉按钮，在弹出的下拉列表中选择"单击"选项，在子菜单中选择要单击的对象，如选择"Picture2"选项，即产生动画的触发器，如图 12-26 所示。

(3) 在"高级动画"组中单击"动画窗格"按钮，打开"动画窗格"，在其中可以看到设置的触发器，指向该触发器时，将显示单击时的动画内容，如图 12-27 所示。

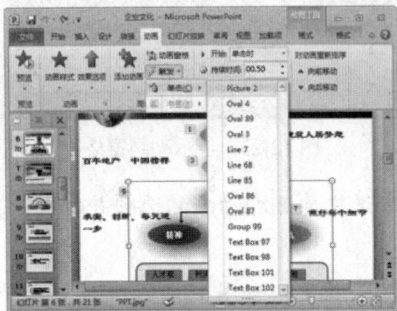

图 12-26　选择触发器　　　　　　　　　　图 12-27　显示动画内容

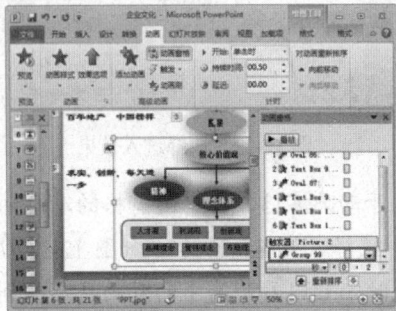

12.3.2　使用"动画刷"复制动画

在 PowerPoint 2010 中，如果用户需要为其他对象设置相同的动画效果，那么可以在设置了一个对象后通过"动画刷"功能来复制动画，具体操作方法如下。

【**练习 12-8**】对选中对象设置进入动画效果。

(1) 启动 PowerPoint 2010 应用程序，打开【练习 12-7】制作的"企业文化"演示文稿。

(2) 选中第 1 张幻灯片中的标题占位符，打开"动画"选项卡，在"高级动画"组中单击"动画刷"按钮，如图 12-28 所示。

(3) 这时鼠标指针变为刷子形状，在副标题占位符上单击即可将标题占位符的动画效果应用给副标题占位符，如图 12-29 所示。

图 12-28　单击"动画刷"按钮　　　　　　　图 12-29　复制动画

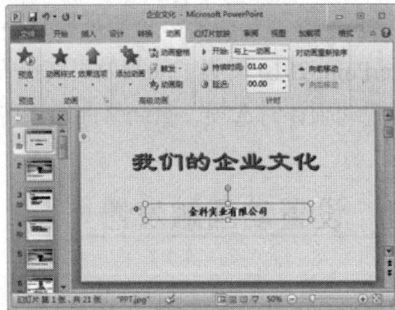

12.3.3　设置动画计时选项

用户还可以设置动画计时选项，如开始时间、持续时间、延迟时间等，具体操作方法如下。

【练习 12-9】对选中对象设置进入动画效果。

(1) 启动 PowerPoint 2010 应用程序，打开【练习 12-8】制作的"企业文化"演示文稿。

(2) 选中第 9 张幻灯片，在动画窗格的动画列表框中选中第 1 个动画选项，并单击其右侧的下拉按钮，在弹出的下拉列表中选择"计时"选项，如图 12-30 所示。

(3) 弹出动画名称对话框，打开"计时"选项卡，在"延迟"数值框中输入"1"，在"期间"下拉列表中选择"慢速(3 秒)"选项，单击"确定"按钮，如图 12-31 所示。

图 12-30　选择"计时"选项　　图 12-31　设置动画计时

提示

选择的动画不同，默认的播放速度也不相同，但都可根据需要进行设置。添加的动画效果不同，设置效果选项时，打开的对话框也不相同，对话框的名称为添加的动画效果的名称。

12.3.4　重新排序动画

如果一张幻灯片中设置了多个动画对象，那么还可以重新排序动画，即调整各动画出现的顺序，具体操作方法如下。

【练习 12-10】对选中对象设置进入动画效果。

(1) 启动 PowerPoint 2010 应用程序，打开【练习 12-9】制作的"企业文化"演示文稿。

(2) 选中第 9 张幻灯片，打开动画窗格，选中动画列表框中第 2 个动画选项，打开"动画"选项卡，在"计时"组中单击"向前移动"按钮，如图 12-32 所示。

(3) 此时，可以看到选中的动画向前移动了一位，如图 12-33 所示。

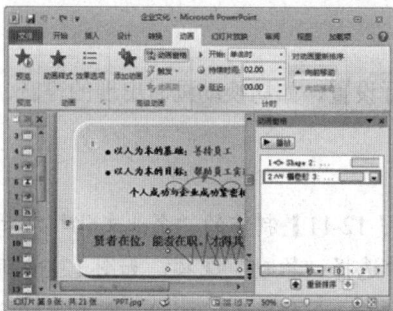

图 12-32　移动动画　　图 12-33　向前移动动画后的效果

⑫.4 设置幻灯片的切换效果

幻灯片的切换效果是指两张连续的幻灯片之间的过滤效果，也就是从前面一张幻灯片转到下一张幻灯片时要呈现的样貌。

⑫.4.1 添加切换效果

为方便设置幻灯片切换效果，PowerPoint 2010 为幻灯片切换提供了多种预设的方案，应用切换效果的具体操作方法如下。

【练习 12-11】对选中对象设置进入动画效果。

(1) 启动 PowerPoint 2010 应用程序，打开【练习 12-10】制作的"企业文化"演示文稿。

(2) 选中第 1 张幻灯片，打开"转换"选项卡，在"切换到此幻灯片"组中单击"切换方案"下拉按钮，在弹出的下拉列表中选择"细微型"选项组下的"推进"选项，如图 12-34 所示。

(3) 此时，即为第 1 张幻灯片添加了推进的切换效果，在"切换到此幻灯片"组中单击"效果选项"下拉按钮，在弹出的下拉列表中选择"自左侧"选项，表示动画从左至右推进，如图 12-35 所示。

图 12-34　选择切换效果

图 12-35　设置效果选项

⑫.4.2 设置切换动画计时选项

设置幻灯片切换动画后，还可以对动画选项进行设置，如切换动画时出现的声音、持续时间、换片方式等。

【练习 12-12】对选中对象设置进入动画效果。

(1) 启动 PowerPoint 2010 应用程序，打开【练习 12-11】制作的"企业文化"演示文稿。

(2) 接着在"计时"组中的"声音"下拉列表中选择"推动"选项，如图 12-36 所示。

(3) 取消"单击鼠标时"复选框的选中状态，单击"全部应用"按钮，即可将切换效果应用到所有的幻灯片中，如图 12-37 所示。

图 12-36　选择切换时播放的声音

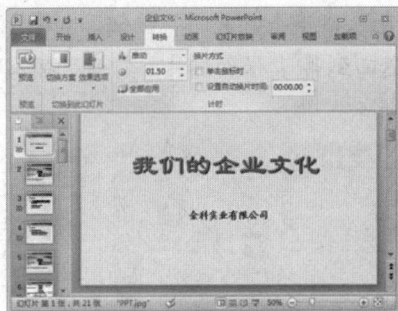

图 12-37　设置换片方式

⑫.5　上机练习

本节上机练习将通过制作卷轴动画效果和制作工作报告两个练习，帮助读者进一步加深对本章知识的掌握。

⑫.5.1　制作卷轴动画效果

本例要实现的动画效果是卷轴首先从右至左拉开，然后毛笔飞入卷轴中从左至右写下"老字号秀中国"几个字，书写完毕后毛笔从右侧飞出。

(1) 启动 PowerPoint 2010 应用程序，新建一个演示文稿，将其保存为"卷轴动画效果"，如图 12-38 所示。

(2) 打开"设计"选项卡，在"页面设置"组中单击"页面设置"按钮，如图 12-39 所示。

(3) 弹出"页面设置"对话框，在"幻灯片大小"下拉列表中选择"全屏显示(16:9)"选项，单击"确定"按钮，如图 12-40 所示。

图 12-38　新建演示文稿

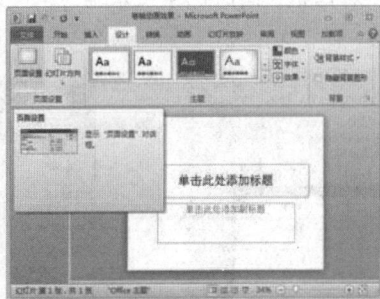

图 12-39　单击"页面设置"按钮

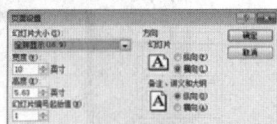

图 12-40　设置幻灯片大小

(4) 返回到第 1 张幻灯片，在任意空白处右击，在弹出的快捷菜单中选择"设置背景格式"命令，如图 12-41 所示。

(5) 弹出"设置背景格式"对话框，选中"纯色填充"单选按钮，在"颜色"下拉列表中选择"黑色",单击"关闭"按钮,如图 12-42 所示。

(6) 返回到第 1 张幻灯片,打开"插入"选项卡,在"图像"组中单击"图片"按钮,如图 12-43 所示。

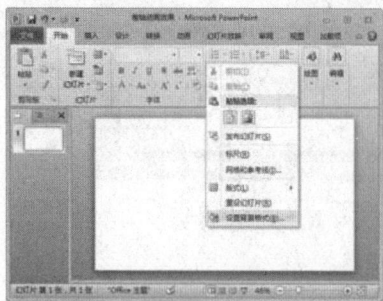

图 12-41　选择"设置背景格式"命令　　图 12-42　选择填充颜色　　图 12-43　单击"图片"按钮

(7) 弹出"插入图片"对话框,选中"背景"图片,单击"插入"按钮,如图 12-44 所示。

(8) "背景"图片插入进来后,调整图片的大小,使图片与幻灯片的大小一致,如图 12-45 所示。

图 12-44　选择要插入的图片　　　　　图 12-45　调整图片的大小

(9) 接着在"图像"组中再次单击"图片"按钮,如图 12-46 所示。

(10) 弹出"插入图片"对话框,同时选中"卷轴"、"文字"以及"毛笔"图片,单击"插入"按钮,如图 12-47 所示。

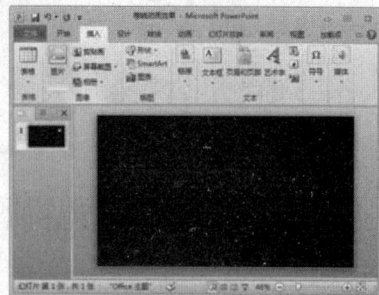

图 12-46　单击"图片"按钮　　　　　图 12-47　选择要插入的图片

(11) 在幻灯片中重新摆放插入的 3 张图片,如图 12-48 所示。

(12) 打开"动画"选项卡,在"高级动画"组中单击"动画窗格"显示动画窗格,如图 12-49 所示。

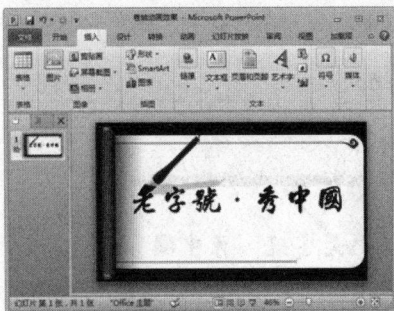

图 12-48 摆放图片的位置

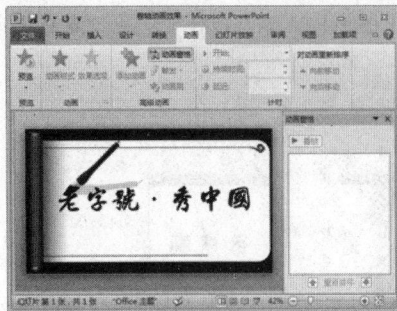

图 12-49 显示动画窗格

(13) 选中"卷轴"图片,打开"动画"选项卡,在"高级动画"组中单击"添加动画"下拉按钮,在弹出的下拉列表中选择"进入"选项组下的"飞入"选项,如图 12-50 所示。

(14) 为"卷轴"图片添加飞入动画效果后,在"动画"组中单击"效果选项"下拉按钮,在弹出的下拉列表中选择"自右侧"选项,如图 12-51 所示。

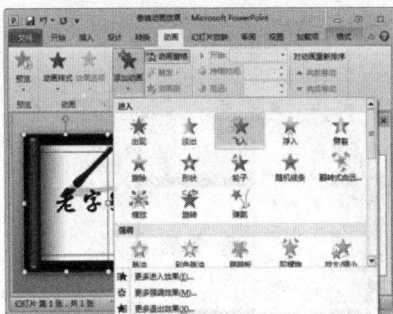

图 12-50 选择进入效果

图 12-51 设置效果选项

(15) 接着在"计时"组中的"开始"下拉列表中选择"上一动画之后"选项,在"持续时间"右侧的数值框中输入"03.00",如图 12-52 所示。

(16) 选中"背景"图片,打开"动画"选项卡,在"高级动画"组中单击"添加动画"下拉按钮,在弹出的下拉列表中选择"进入"选项组下的"擦除"选项,如图 12-53 所示。

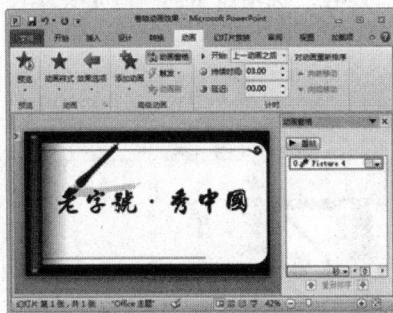

图 12-52 设置计时选项

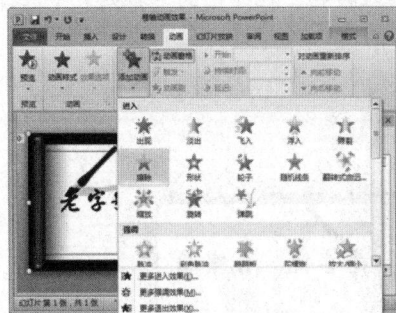

图 12-53 选择进入效果

(17) 为"背景"图片添加擦除动画后,在"动画"组中单击"效果选项"下拉按钮,在弹

计算机 基础与实训教材系列

出的下拉列表中选择"自右侧"选项，如图 12-54 所示。

(18) 接着在"计时"组中的"开始"下拉列表中选择"与上一动画同时"选项，在"持续时间"数值框中输入"03.00"，在"延迟"数值框中输入"00.25"，如图 12-55 所示。

图 12-54　设置效果选项

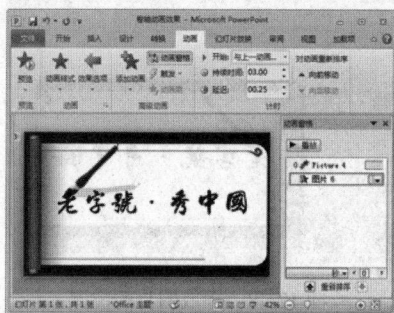

图 12-55　设置计时选项

(19) 选中"毛笔"图片，打开"动画"选项卡，在"高级动画"组中单击"添加动画"下拉按钮，在弹出的下拉列表中选择"进入"选项组下的"飞入"选项，如图 12-56 所示。

(20) 接着在"动画"组中单击"效果选项"下拉按钮，在弹出的下拉列表中选择"自底部"选项，如图 12-57 所示。

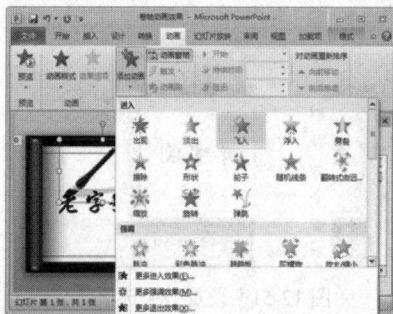

图 12-56　选择进入效果

图 12-57　设置效果选项

(21) 在"计时"组中的"开始"下拉列表中选择"上一动画之后"选项，如图 12-58 所示。

(22) 保持"毛笔"图片的选中状态，打开"动画"选项卡，在"高级动画"组中单击"添加动画"下拉按钮，在弹出的下拉列表中选择"动作路径"选项组下的"自定义路径"选项，如图 12-59 所示。

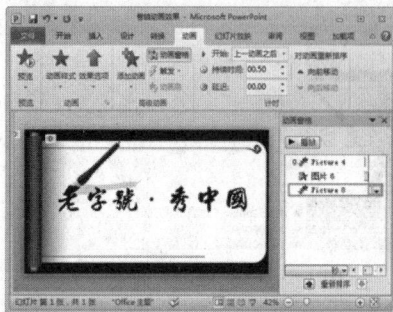

图 12-58　设置开始方式

图 12-59　选择"自定义路径"选项

(23) 在幻灯片中按下鼠标左键临摹"文字"图片中的"老字号秀中国"6 个字，书写完成后，单击"预览"按钮预览效果，如果毛笔图片的路径没有文字对齐，可以调整绘制路径的位置，使其移动的路径与文字对齐，如图 12-60 所示。

(24) 接着在"计时"组中的"开始"下拉列表中选择"上一动画之后"选项，在"持续时间"数值框中输入"05.00"，如图 12-61 所示。

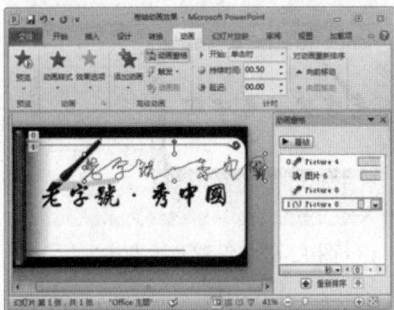

图 12-60 绘制自定义动作路径

图 12-61 设置计时选项

(25) 选中"文字"图片，打开"动画"选项卡，在"高级动画"组中单击"添加动画"下拉按钮，在弹出的下拉列表中选择"进入"选项组下的"擦除"选项，如图 12-62 所示。

(26) 接着在"动画"组中单击"效果选项"下拉按钮，在弹出的下拉列表中选择"自左侧"选项，如图 12-63 所示。

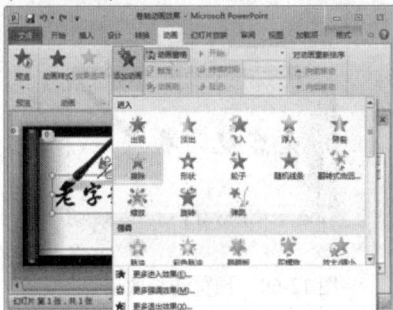

图 12-62 选择进入效果

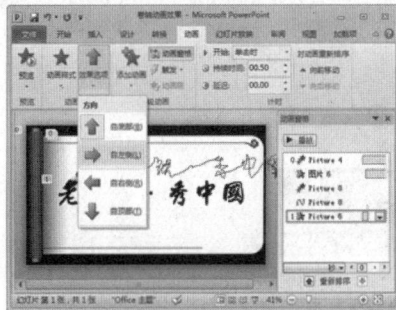

图 12-63 设置效果选项

(27) 在"计时"组中的"开始"下拉列表中选择"与上一动画同时"选项，在"持续时间"数值框中输入"05.00"，如图 12-64 所示。

(28) 选中"毛笔"图片，打开"动画"选项卡，在"高级动画"组中单击"添加动画"下拉按钮，在弹出的下拉列表中选择"退出"选项组下的"飞出"选项，如图 12-65 所示。

图 12-64 设置计时选项

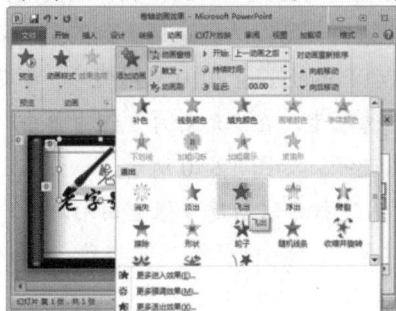

图 12-65 选择退出效果

(29) 接着在"动画"组中单击"效果选项"下拉按钮，在弹出的下拉列表中选择"到右侧"选项，如图 12-66 所示。

(30) 在"计时"组中的"开始"下拉列表中选择"上一动画之后"选项，如图 12-67 所示。

图 12-66　设置效果选项　　　　　　　　图 12-67　设置开始方式

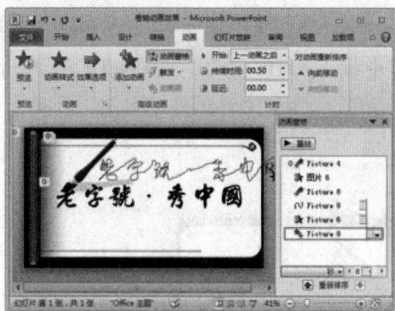

(31) 至此，整个卷轴的动画效果就制作完成了，在动画窗格中可以查看到每个动画的时间安排，按下 Ctrl+S 组合键保存制作完成的演示文稿，如图 12-68 所示。

(32) 打开"动画"选项卡，在"预览"组中单击"预览"按钮，预览动画效果，如图 12-69 所示。

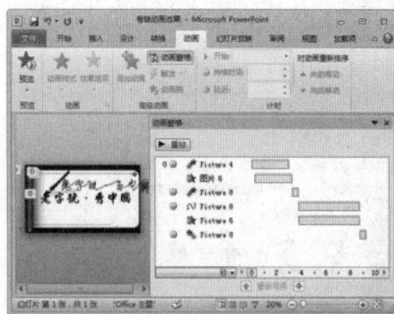

图 12-68　保存演示文稿　　　　　　　　图 12-69　预览动画效果

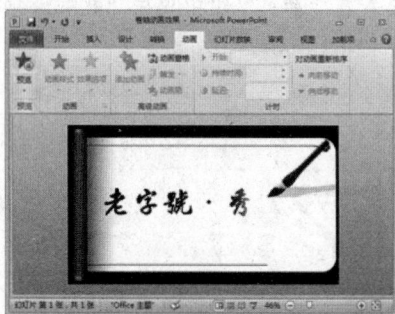

12.5.2　制作工作报告

本例将使用自选图形和图片制作出简洁美观的"工作报告"演示文稿，将不同的自选图形进行恰当的组合，可以达到意想不到的美观效果。

(1) 启动 PowerPoint 2010 应用程序，新建一个演示文稿，将其另存为"工作报告"。切换到"开始"选项卡，在"幻灯片"组中单击"新建幻灯片"下拉按钮，在弹出的下拉列表中选择"空白"选项，如图 12-70 所示。

(2) 使用这种方法新建 9 张空白幻灯片，如图 12-71 所示。

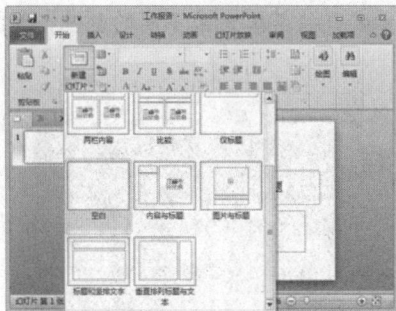

图 12-70　新建演示文稿

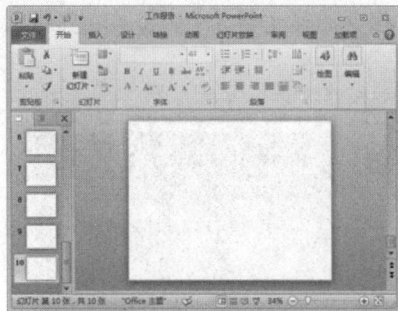

图 12-71　新建幻灯片

(3) 选中第 1 张幻灯片，在幻灯片窗格的任意空白处右击，在弹出的快捷菜单中选择"设置背景格式"命令，如图 12-72 所示。

(4) 弹出"设置背景格式"对话框，选中"渐变填充"单选按钮，将"渐变光圈"选项组下的左右两个颜色块设置为"黑色"，中间的色块设置为"蓝色"，单击"关闭"按钮，如图 12-73 所示。

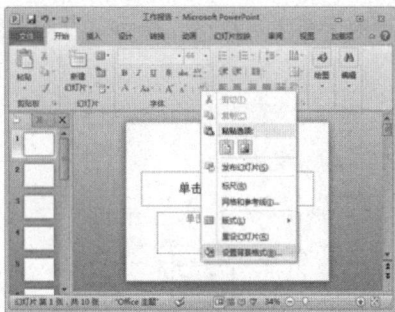

图 12-72　选择"设置背景格式"选项

图 12-73　设置渐变颜色

(5) 返回到第 1 张幻灯片，在标题占位符中输入演示文稿的名称，在副标题占位符中输入作者的姓名，并重新调整标题占位符和副标题占位符的位置，如图 12-74 所示。

(6) 在标题占位符下方绘制一条直线，并将其填充为"白色"，如图 12-75 所示。

图 12-74　输入文本

图 12-75　绘制直线

(7) 在直线左侧绘制一个较小的圆形，将其填充为"橙色"，并取消其轮廓，如图 12-76 所示。

(8) 将橙色圆形复制 5 个，将其在直线上依次摆放，并将其填充为不同的颜色，如图 12-77 所示。

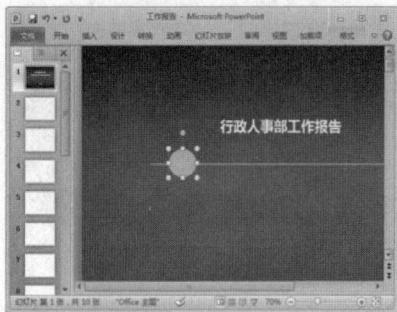

图 12-76　绘制圆形　　　　　　　　　　图 12-77　复制圆形

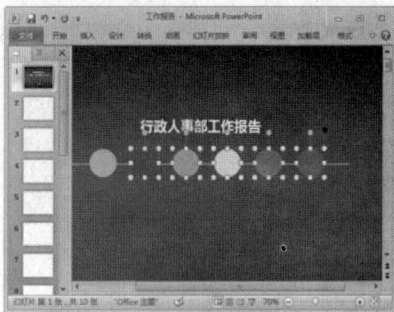

(9) 在副标题占位符左侧绘制一条直线，将其线条样式设置为虚线下的短划线样式。选中直线并右击，在弹出的快捷菜单中选择"设置形状格式"选项，如图 12-78 所示。

(10) 弹出"设置形状格式"对话框，打开"线型"选项卡，在"箭头设置"选项组下单击"后缀大小"下拉按钮，在弹出的下拉列表中选择"圆型箭头"选项，单击"关闭"按钮，如图 12-79 所示。

图 12-78　绘制直线　　　　　　　　图 12-79　"设置形状格式"对话框

(11) 此时，可以看到为直线后端设置圆型箭头后的效果，如图 12-80 所示。

(12) 将直线复制一个摆放在副标题占位符的右侧，并将其水平翻转，如图 12-81 所示。

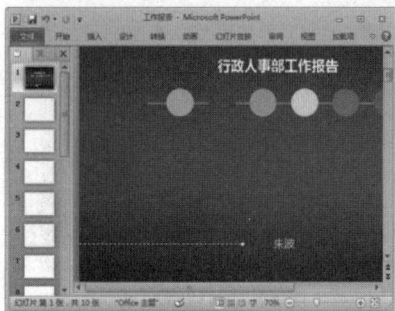

图 12-80　设置圆型箭头后的效果　　　　　图 12-81　复制直线

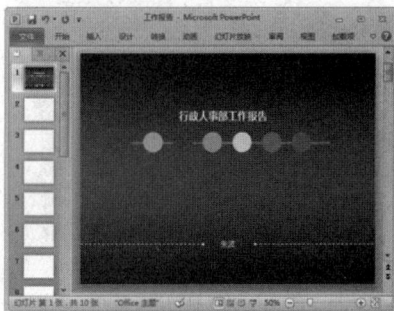

(13) 选中第 2 张幻灯片，在幻灯片左上角绘制一个矩形，将其填充为"蓝色"，并取消其

轮廓，然后在矩形内输入"目录"文本，将其字体设置为"微软雅黑"、字号设置为"36"，如图 12-82 所示。

(14) 接着在第 2 张幻灯片中绘制 4 条直线，按如图 12-83 所示的位置进行摆放，并将 4 条直线的颜色都设置为浅灰色。

图 12-82　绘制矩形

图 12-83　绘制直线

(15) 选中第 2 张幻灯片，打开"插入"选项卡，在"插图"组中单击"形状"下拉按钮，在弹出的下拉列表中选择"弧形"选项，如图 12-84 所示。

(16) 在幻灯片中拖动鼠标绘制一个 3/4 圆大小的弧形，如图 12-85 所示。

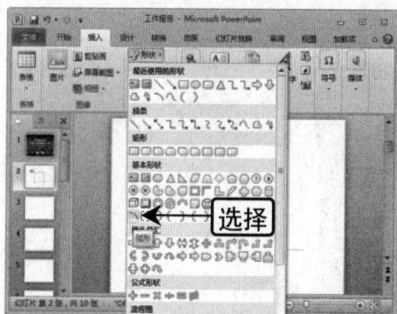

图 12-84　选择"弧形"选项

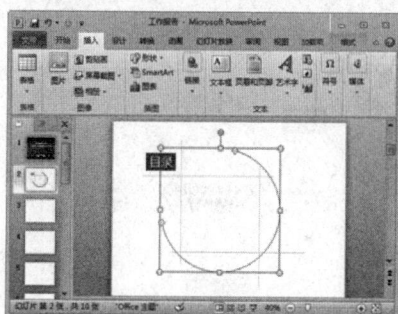

图 12-85　绘制弧形

(17) 接着将绘制的弧形线条样式设置为虚线下的短划线样式，并将其线条颜色更改为浅灰色，如图 12-86 所示。

(18) 在 4 条浅灰色线条围成的矩形正中绘制一个矩形，如图 12-87 所示。

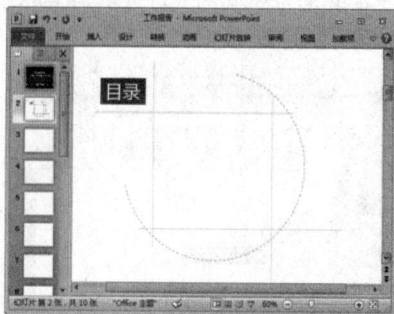

图 12-86　设置弧形线条样式

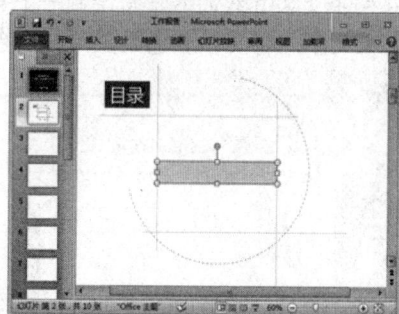

图 12-87　绘制矩形

计算机 基础与实训教材系列

(19) 将绘制的矩形填充为浅灰色，并取消其轮廓，然后在矩形中输入如图 12-88 所示的文字。

(20) 在弧形上方绘制一个椭圆，将其填充为浅灰色，并取消其轮廓，然后在其中输入如图 12-89 所示的文字。

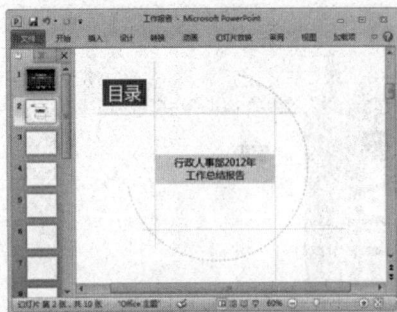

图 12-88　为矩形填充颜色

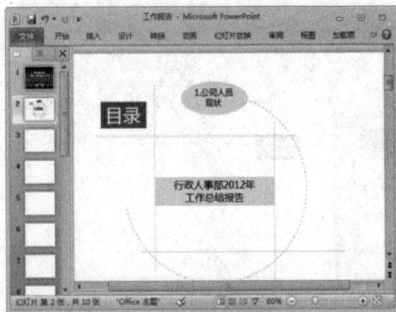

图 12-89　绘制椭圆

(21) 将椭圆复制 3 个，分别摆放在弧形的左侧、下方和右侧，并修改 3 个椭圆中的文字，如图 12-90 所示。

(22) 选中第 3 张幻灯片，在其中绘制两条交叉的直线，并将其线条颜色设置为浅灰色，如图 12-91 所示。

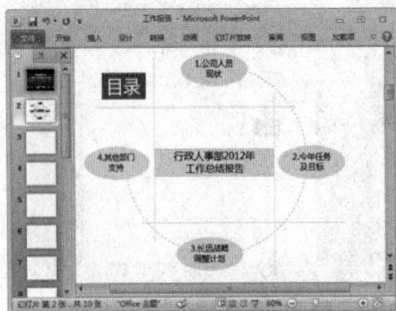

图 12-90　复制椭圆

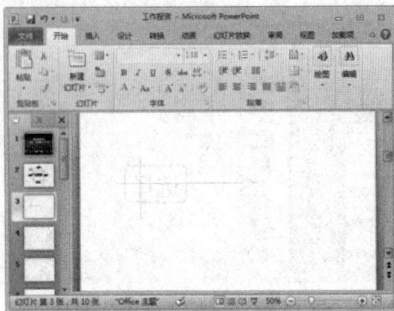

图 12-91　绘制直线

(23) 在两条交叉直线的左上角绘制一个文本框，在文本内输入数字 "1"，将其字体设置为 Serif Black、字号设置为 "138"、字体颜色为 "浅灰色"，如图 12-92 所示。

(24) 在两条交叉直线的右下角绘制一个矩形，将其填充为 "蓝色"，并取消其轮廓，然后在矩形内输入文字，将文字颜色设置为 "白色"，如图 12-93 所示。

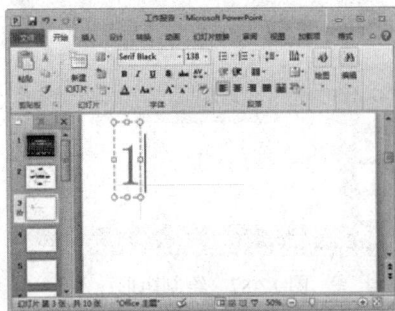

图 12-92　绘制文本框

图 12-93　绘制矩形

(25) 选中第 3 张幻灯片，打开"插入"选项卡，在"图像"组中单击"图片"按钮，如图 12-94 所示。

(26) 弹出"插入图片"对话框，选中"石头"图片，单击"插入"按钮，如图 12-95 所示。

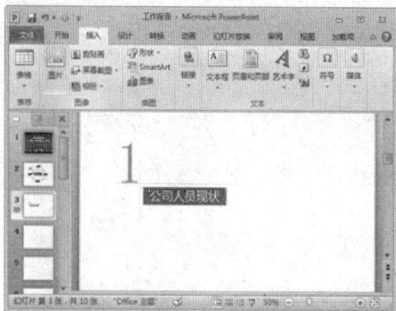

图 12-94　单击"图片"按钮

图 12-95　选择要插入的图片

(27) 选中的"石头"图片插入到幻灯片中后，将图片拖动到幻灯片的右侧，如图 12-96 所示。

(28) 使用同样的方法，在第 5、7、9 张幻灯片绘制相同的数字目录，然后分别插入相应的图片，并调整图片的位置，如图 12-97 所示。

图 12-96　调整图片的位置

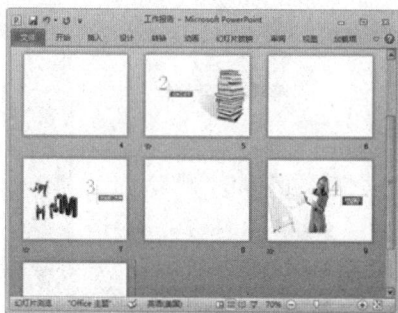

图 12-97　制作数字目录和插入图片

(29) 选中第 4 张幻灯片，在幻灯片上方绘制一个矩形，将其填充为"蓝色"，并取消其轮廓。然后在矩形内输入如图 12-98 所示的文字，并将文字颜色设置为"白色"。

(30) 将第 2 张幻灯片中的椭圆复制一个到第 4 张幻灯片中，修改椭圆的文字，如图 12-99 所示。

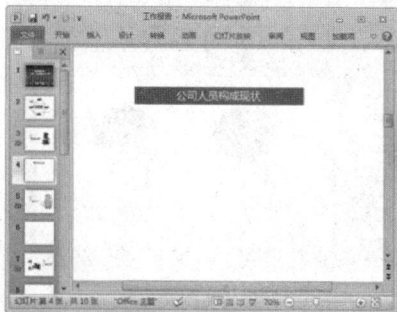

图 12-98　绘制矩形

图 12-99　绘制椭圆

(31) 将第4张幻灯片中的椭圆复制7个，并分别修改7个椭圆内的文字，然后将其按如图 12-100 所示的位置进行摆放。

(32) 绘制5个箭头形状，并将填充为灰色，并按如图 12-101 所示的位置进行摆放。

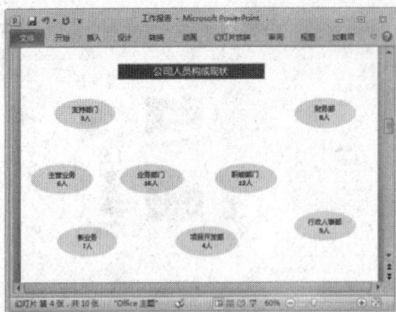

图 12-100　复制椭圆

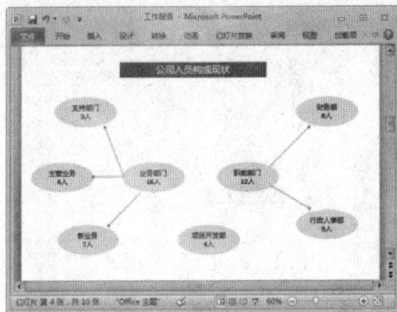

图 12-101　绘制箭头

(33) 接着，在第 4 张幻灯片下方绘制两条直线，将直线颜色设置为蓝色，按如图 12-102 所示的位置进行摆放，在直线右侧插入"笔"图片。

(34) 在第6张幻灯片上方插入"沉思"和"书写"两张图片，并调整图片的大小，如图 12-103 所示。

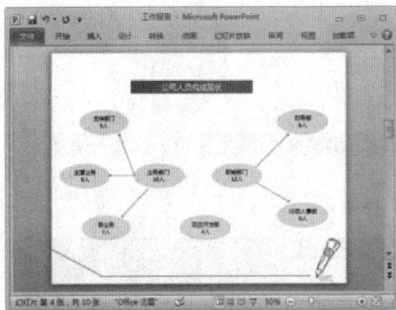

图 12-102　绘制直线和插入图片

图 12-103　插入图片

(35) 同时选中两张图片，打开"图片工具"|"格式"选项卡，在"图片样式"组中单击"快速样式"下拉按钮，在弹出的下拉列表中选择"柔化边缘椭圆"选项，如图 12-104 所示。

(36) 接着，在两张图片的外侧各绘制一个文本框，并输入如图 12-105 所示的文本。

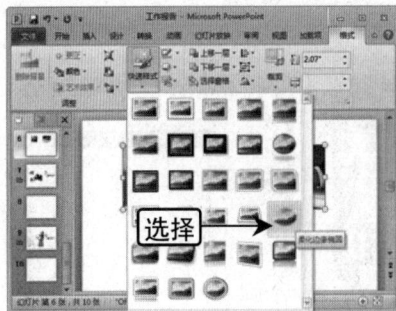

图 12-104　选择图片样式

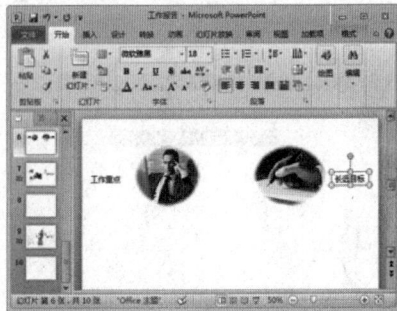

图 12-105　绘制文本框

(37) 将第 2 张幻灯片中的椭圆复制一个到第 6 张幻灯片左下方，重新调整椭圆的高度，并修改椭圆内的文字，如图 12-106 所示。

(38) 将第 2 张幻灯片中的椭圆再复制两个到第 6 张幻灯片右下方，重新调整椭圆的宽度，并修改椭圆内的文字，如图 12-107 所示。

图 12-106　复制椭圆

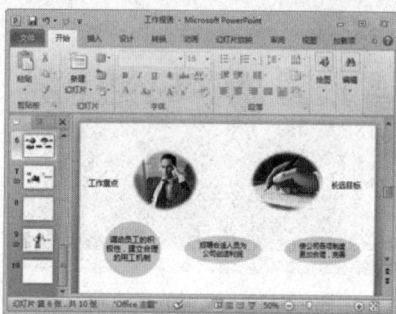

图 12-107　复制椭圆

(39) 将第 4 张幻灯片下方的两条蓝色直线和"笔"图片复制到第 6 张幻灯片的下方，如图 12-108 所示。

(40) 接着，在两条蓝色直线下方绘制 4 个文本框，分别输入如图 12-109 所示的文本。

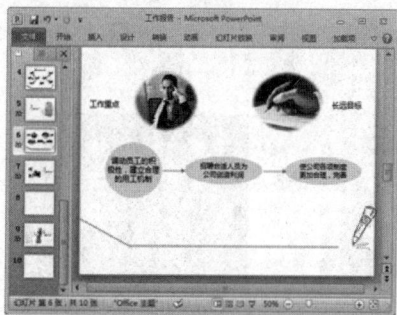

图 12-108　复制直线和图片

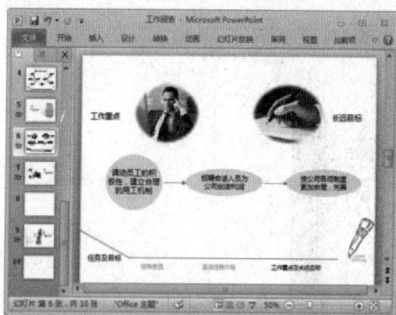

图 12-109　绘制文本框

(41) 使用同样的方法制作第 8 张和第 10 张幻灯片，如图 12-110 所示。

(42) 选中第 1 张幻灯片，打开"转换"选项卡，在"切换到此幻灯片"组中单击"切换方案"下拉按钮，在弹出的下拉列表中选择"华丽型"选项组下的"棋盘"选项，如图 12-111 所示。

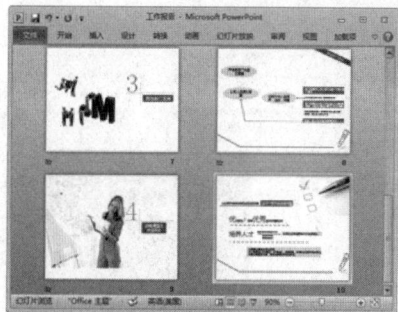

图 12-110　制作幻灯片

图 12-111　选择切换动画

(43) 接着，在"切换到此幻灯片"组中单击"效果选项"下拉按钮，在弹出的下拉列表中选择"自顶部"选项，如图 12-112 所示。

(44) 在"计时"组中的"声音"下拉列表中选择"微风"选项，在"持续时间"数值框中输入"02.00"，然后单击"全部应用"按钮，如图 12-113 所示。

图 12-112　设置效果选项

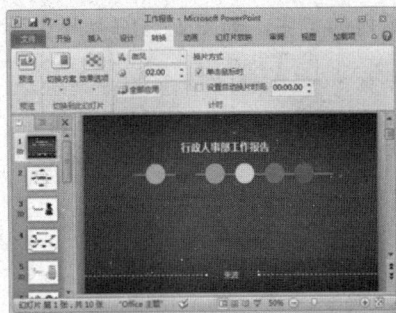

图 12-113　设置计时选项

(45) 选中第 1 张幻灯片中的标题占位符，打开"动画"选项卡，在"高级动画"组中单击"添加动画"下拉按钮，在弹出的下拉列表中选择"进入"选项组下的"飞入"选项，如图 12-114 所示。

(46) 接着，在"动画"组中单击"效果选项"下拉按钮，在弹出的下拉列表中选择"自左侧"选项，如图 12-115 所示。

图 12-114　选择进入效果

图 12-115　设置效果选项

(47) 选中第 1 张幻灯片中的 6 个圆形，打开"动画"选项卡，在"高级动画"组中单击"添加动画"下拉按钮，在弹出的下拉列表中选择"进入"选项组下的"轮子"选项，如图 12-116 所示。

(48) 在"动画"组中单击"效果选项"下拉按钮，在弹出的下拉列表中选择"8 轮辐图案"选项，如图 12-117 所示。

图 12-116　选择进入效果

图 12-117　设置效果选项

(49) 选中第 1 张幻灯片 6 个圆形下方的直线，打开"动画"选项卡，在"高级动画"组中单击"添加动画"下拉按钮，在弹出的下拉列表中选择"进入"选项组下的"飞入"选项，如图 12-118 所示。

(50) 在"动画"组中单击"效果选项"下拉按钮，在弹出的下拉列表中选择"自左侧"选项，如图 12-119 所示。

图 12-118 选择进入效果   图 12-119 设置效果选项

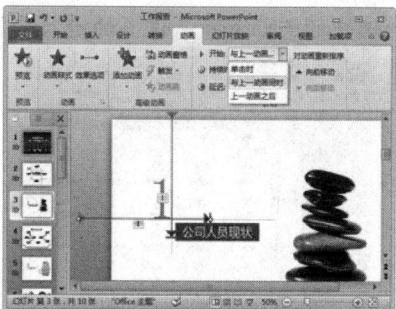

(51) 选中第 3 张幻灯片竖向的直线，打开"动画"选项卡，在"高级动画"组中单击"添加动画"下拉按钮，在弹出的下拉列表中选择"动作路径"选项组下的"直线"选项，如图 12-120 所示。

(52) 此时，即可看到为直线添加动作路径后的效果，如图 12-121 所示。

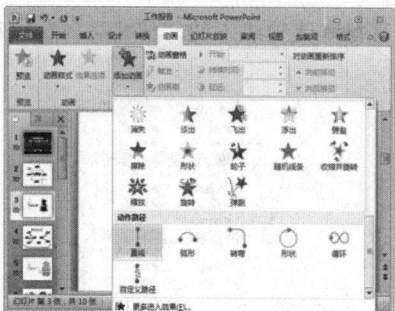

图 12-120 选择动作路径   图 12-121 添加动作路径后的效果

(53) 使用同样的方法，为第 3 张幻灯片中横向的直线也添加"直线"动作路径，然后在"动画"组中单击"效果选项"下拉按钮，在弹出的下拉列表中选择"右"选项，此时可以看到竖向的动作路径变为了横向，如图 12-122 所示。

(54) 保持横向动作路径的选中状态，在"计时"组中的"开始"下拉列表中选择"与上一动画同时"选项，如图 12-123 所示。

图 12-122 设置效果选项   图 12-123 设置开始方式

计算机 基础与实训教材系列

(55) 选中第 3 张幻灯片中的"石头"图片，打开"动画"选项卡，在"高级动画"组中单击"添加动画"下拉按钮，在弹出的下拉列表中选择"强调"选项组下的"跷跷板"选项，如图 12-124 所示。

(56) 为"石头"图片添加强调动画后，在"计时"组中的"开始"下拉列表中选择"上一动画之后"选项，如图 12-125 所示。

图 12-124　选择强调效果　　　　图 12-125　设置开始方式

(57) 同时选中第 4 张幻灯片中的全部椭圆和箭头，打开"开始"选项卡，在"高级动画"组中单击"添加动画"下拉按钮，在弹出的下拉列表中选择"更多进入效果"选项，如图 12-126 所示。

(58) 弹出"添加进入效果"对话框，选择"华丽型"选项组下的"螺旋飞入"选项，单击"确定"按钮，如图 12-127 所示。

图 12-126　选择"更多进入效果"选项　　　　图 12-127　选择进入效果

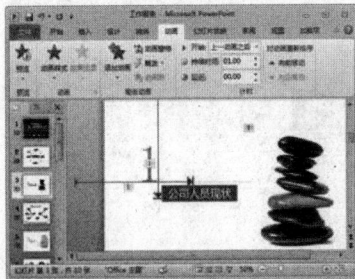

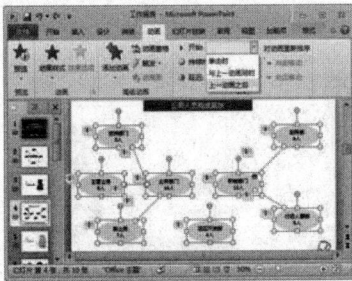

(59) 保持椭圆和箭头的选中状态，再次单击"添加动画"下拉按钮，在弹出的下拉列表中选择"强调"选项组下的"放大/缩小"选项，如图 12-128 所示。

(60) 在"计时"组的"开始"下拉列表中选择"上一动画之后"选项。单击"预览"按钮即可看到为选中的椭圆和箭头设置的进入和强调动画，如图 12-129 所示。

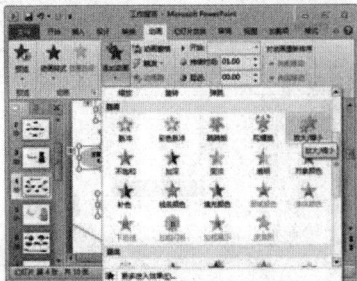

图 12-128　选择强调效果　　　　图 12-129　设置开始方式

(61) 选中第 4 张幻灯片左下角的直线，打开"动画"选项卡，在"高级动画"组中单击"添加动画"下拉按钮，在弹出的下拉列表中选择"进入"选项组下的"擦除"选项，如图 12-130 所示。

(62) 接着，在"动画"组中单击"效果选项"下拉按钮，在弹出的下拉列表中选择"自左侧"选项，并在"计时"组中的"开始"下拉列表中选择"上一动画之后"选项，如图 12-131 所示。

图 12-130　选择进入效果

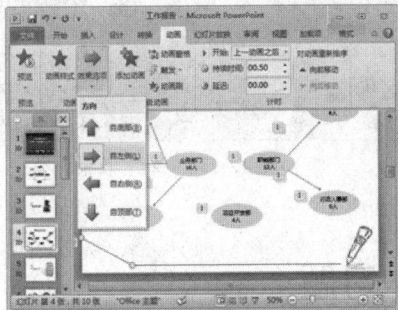
图 12-131　设置效果选项

(63) 接着，为第 4 张幻灯片下方的另一条直线也设置同样的动画的效果，如图 12-132 所示。

(64) 选中第 4 张幻灯片右下角的"笔"图片，打开"动画"选项卡，在"高级动画"组中单击"添加动画"下拉按钮，在弹出的下拉列表中选择"进入"选项组下的"翻转式由远及近"选项，如图 12-133 所示。

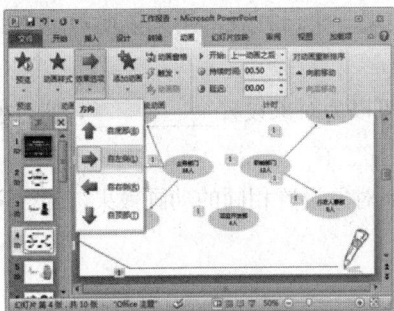
图 12-132　设置动画效果

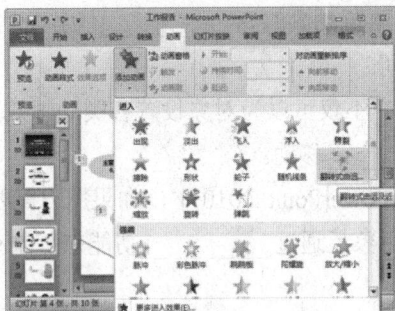
图 12-133　选择进入效果

(65) 在"计时"组中的"开始"下拉列表中选择"上一动画之后"选项，如图 12-134 所示。

(66) 使用同样的方法，为其他中的各元素添加动画效果，如图 12-135 所示。

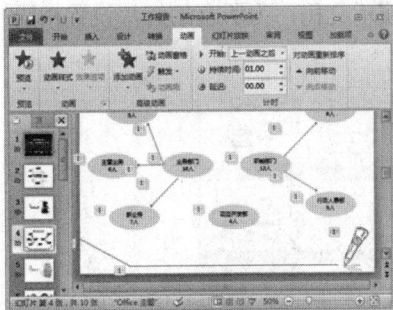
图 12-134　设置开始方式

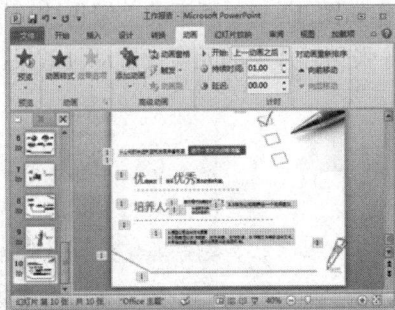
图 12-135　添加动画效果

(67) 至此，"工作报告"演示文稿就制作完成了，最终效果如图 12-136 所示。

图 12-136　最终效果

提示

在动画窗格中选择要调整的动画选项，按住鼠标左键不放进行拖动，此时有一条黑色的横线随之移动，当横线移动到需要的目标位置时释放鼠标，也可以调整动画的播放顺序。

⑫.6　习题

⑫.6.1　填空题

1.＿＿＿＿＿＿是指预定义好的动画，用户可以用它来设置幻灯片中各个对象的动画效果。

2. 在预览动画时，＿＿＿＿＿＿任务窗格中会出现一个日程表，用来说明每一个动画效果所用的时间。

3. 用户不仅可以为对象设置各类动画效果，还可以为对象设置＿＿＿＿＿＿，使对象按照设定的＿＿＿＿＿＿移动。

4. 在 PowerPoint 2010 中，如果用户需要为其他对象设置相同的动画效果，那么可以在设置了一个对象后通过＿＿＿＿＿＿功能来复制动画。

⑫.6.2　操作题

1. 打开一个演示文稿，为幻灯片中的元素设置动画效果，并为各个幻灯片之间设置切换效果。

2. 制作如图 12-137 所示的"销售技巧培训"演示文稿，为所有幻灯片设置相同的切换效果，并为各张幻灯片中的元素设置动画效果。

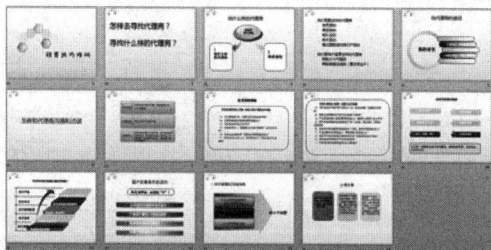

图 12-137　销售技巧培训

第13章

幻灯片的放映与发布

制作完演示文稿后，用户可以根据需要设置放映的方式。PowerPoint 2010 提供了强大的网上发布功能，用户可以将演示文稿广播到网上，使其他同户可以同步观看，也可以将演示文稿创建为 PDF 文档或是视频。

本章重点

- ⊙ 设置放映类型
- ⊙ 排练计时
- ⊙ 放映幻灯片
- ⊙ 打包演示文稿
- ⊙ 广播幻灯片

13.1 设置和放映演示文稿

制作完幻灯片后，在放映幻灯片之前，用户还需要对其进行一些设置，这些设置包括选择幻灯片的放映方式、调整幻灯片的放映顺序、设置每一张幻灯片的放映时间等。

13.1.1 设置放映类型

幻灯片放映类型包括演讲者放映(全屏幕)、观众自行浏览(窗口)和在展台浏览(全屏幕)3 种方式，它们适合在不同的场合下使用。设置放映类型的操作方法如下。

【练习 13-1】设置幻灯片的放映类型。

(1) 启动 PowerPoint 2010 应用程序，打开"菜谱"演示文稿。

(2) 打开"幻灯片放映"选项卡，在"设置"组中单击"设置幻灯片放映"按钮，如图 13-1 所示。

(3) 弹出"设置放映方式"对话框，选中"观众自行浏览(窗口)"单选按钮，选中"放映时不加旁白"复选框，如图 13-2 所示。

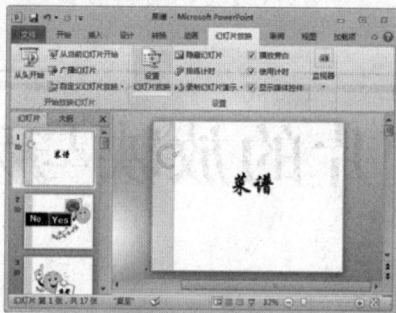

图 13-1　单击"设置幻灯片放映"按钮

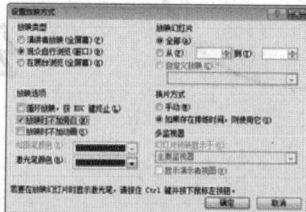

图 13-2　设置放映方式

(4) 选中"从**到**"单选按钮，设置放映范围，选中"换片方式"下的"手动"单选按钮，单击"确定"按钮，如图 13-3 所示。

(5) 完成放映方式的设置后，按 F5 键放映幻灯片观看设置放映方式后的效果，如图 13-4 所示。

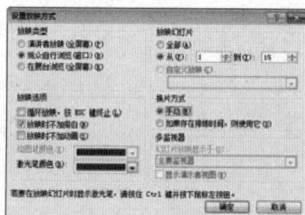

图 13-3　设置放映范围

图 13-4　放映幻灯片

⑬.1.2　排练计时

使用排练计时可以为每一张幻灯片中的对象设置具体的放映时间，开始放映演示文稿时，就可按设置好的时间和顺序进行放映，而无须用户单击，从而实现演示文稿的自动放映。

【练习 13-2】设置各张幻灯片的排练计时。

(1) 启动 PowerPoint 2010 应用程序，打开【练习 13-1】制作的"菜谱"演示文稿。

(2) 打开"幻灯片放映"选项卡，在"设置"组中单击"排练计时"按钮，如图 13-5 所示。

(3) 进入放映排练状态，幻灯片将全屏放映，同时打开"录制"工具栏并自动为该幻灯片计时，此时可单击或按 Enter 键放映下一个对象，如图 13-6 所示。

图 13-5　单击"排练计时"按钮

图 13-6　全屏放映幻灯片

(4) 单击鼠标左键或单击"录制"栏中的"右箭头"按钮切换到第 2 张幻灯片后，"录制"栏中的时间又将从头开始为该张幻灯片的放映进行计时，如图 13-7 所示。

(5) 按照同样的方法，对演示文稿中的每张幻灯片放映时间进行计时，放映完毕后将打开提示对话框，提示总共的排练计时时间，并询问是否保留幻灯片的排练时间，单击"是"按钮进行保存，如图 13-8 所示。

图 13-7　录制排练时间

图 13-8　提示对话框

(6) PowerPoint 自动切换到"幻灯片浏览"视图中，并在每张幻灯片的左下角显示放映该张幻灯片所需的时间，如图 13-9 所示。

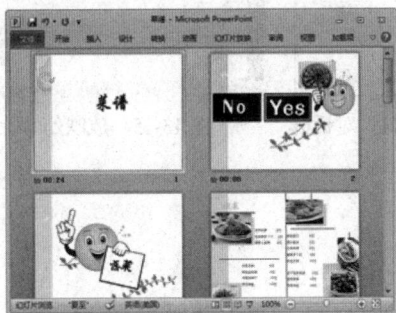

图 13-9　查看排练计时

提示

设置排练计时后，如果在"设置放映方式"对话框的"换片方式"栏中选中"如果存在排练时间，则使用它"单选按钮，放映演示文稿时则会按照排练时间自动放映。

(13).1.3 自定义放映

自定义放映是指选择演示文稿中的某些幻灯片作为当前要放映的内容，并将其保存为一个名称，这样用户任何时候都可选择只放映这些幻灯片，这主要用于大型演示文稿中的幻灯片放映。

【练习 13-3】设置幻灯片的自定义放映。

(1) 启动 PowerPoint 2010 应用程序，打开"菜谱"演示文稿。

(2) 打开"幻灯片放映"选项卡，在"开始放映幻灯片"组中单击"自定义幻灯片放映"按钮，在弹出的下拉列表中选择"自定义放映"选项，如图 13-10 所示。

(3) 弹出"自定义放映"对话框，单击"新建"按钮，如图 13-11 所示。

(4) 弹出"定义自定义放映"对话框，在左侧列表框中按住 Ctrl 键单击选中要放映的幻灯片名称，单击"添加"按钮，如图 13-12 所示。

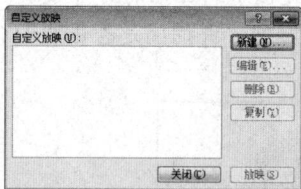

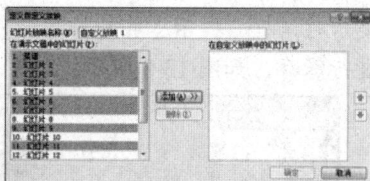

图 13-10　选择"自定义放映"选项　　图 13-11　"自定义放映"对话框　　图 13-12　选择要放映的幻灯片

(5) 在对话框顶端输入放映名称，在"在自定义放映中的幻灯片"列表框中选中要移动的幻灯片，单击右侧的"上移"和"下移"按钮可以调整幻灯片的放映顺序，单击"确定"按钮完成设置，如图 13-13 所示。

(6) 返回到"自定义放映"对话框，单击"放映"按钮，如图 13-14 所示。

(7) 此时，即可开始放映自定义添加的幻灯片，如图 13-15 所示。

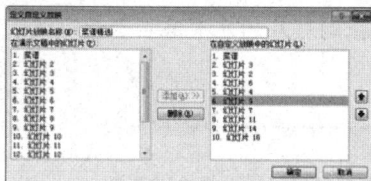

图 13-13　调整放映顺序　　图 13-14　"自定义放映"对话框　　图 13-15　放映幻灯片

(13).1.4 放映幻灯片

放映幻灯片的方式有多种，如 13.1.3 节中介绍的自定义放映，还包括从头开始放映、从当前幻灯片开始放映等。当需要退出幻灯片放映时，按下 Esc 键即可。

【**练习 13-4**】从头开始放映幻灯片和从当前幻灯片开始放映。

(1) 启动 PowerPoint 2010 应用程序，打开"菜谱"演示文稿。

(2) 如果希望从第 1 张幻灯片开始放映，可以打开"幻灯片放映"选项卡，在"开始放映幻灯片"组中单击"从头开始"按钮，如图 13-16 所示。

(3) 此时，立即进入幻灯片放映视图，从第 1 张幻灯片开始依次对幻灯片进行放映，如图 13-17 所示。

图 13-16 单击"从头开始"按钮

图 13-17 从头开始放映幻灯片

(4) 如果希望从当前选择的第 6 张幻灯片开始放映，可以打开"幻灯片放映"选项卡，在"开始放映幻灯片"组中单击"从当前幻灯片开始"按钮，如图 13-18 所示。

(5) 此时，进入幻灯片放映视图，幻灯片以全屏方式从当前幻灯片开始放映，如图 13-19 所示。

图 13-18 单击"从当前幻灯片开始"按钮

图 13-19 从当前幻灯片开始放映

13.1.5 控制幻灯片的放映过程

在放映幻灯片时，用户可以从当前幻灯片切换至上一张或下一张幻灯片，也可以直接从当前幻灯片跳转到另一张幻灯片。下面将介绍如何在幻灯片放映过程中切换和定位幻灯片。

【**练习 13-5**】控制幻灯片的放映过程。

(1) 启动 PowerPoint 2010 应用程序，打开"菜谱"演示文稿。

(2) 进入幻灯片放映视图，在幻灯片页面中右击，在弹出的快捷菜单中选择"下一张"命令，如图 13-20 所示。

(3) 在幻灯片页面中右击，在弹出的快捷菜单中选择"定位至幻灯片"命令，在子菜单中选择要定位到的幻灯片序号即可，如图 13-21 所示。

(4) 如果需要结束幻灯片的放映退出放映视图，则在幻灯片页面中右击，在弹出的快捷菜单中选择"结束放映"命令，如图 13-22 所示。

图 13-20　放映下一张幻灯片　　　图 13-21　定位幻灯片　　　图 13-22　退出幻灯片放映

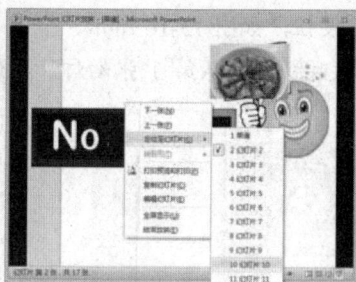

提示

按 F5 键可以立刻从头开始放映幻灯片，按下 Shift+F5 组合键可以从当前幻灯片开始放映。

13.1.6　使用画笔

在幻灯片的放映过程中，用户可以使用画笔在幻灯片上进行圈注、勾画和书写等操作，具体的操作方法如下。

【练习 13-6】使用画笔在幻灯片上进行圈注和书写。

(1) 启动 PowerPoint 2010 应用程序，打开"菜谱"演示文稿。

(2) 打开"幻灯片放映"选项卡，在"开始放映幻灯片"组中单击"从当前幻灯片开始"按钮，如图 13-23 所示。

(3) 开始放映当前的幻灯片，在放映页面中右击，在弹出的快捷菜单中选择"指针选项"|"荧光笔"命令，如图 13-24 所示。

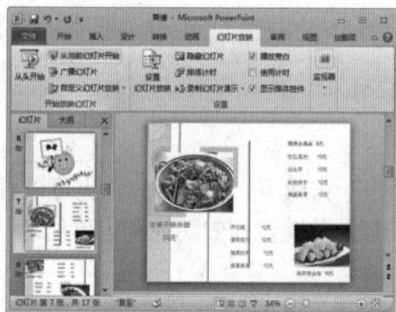

图 13-23　单击"从当前幻灯片开始"按钮　　　图 13-24　选择荧光笔

(4) 接着再次右击，在弹出的快捷菜单中选择"指针选项"|"墨迹颜色"命令，在展开的

子列表中选择"红色",如图 13-25 所示。

(5) 这时鼠标指针变成红色的矩形,在幻灯片上进行圈注、勾画和书写等操作,如图 13-26 所示。

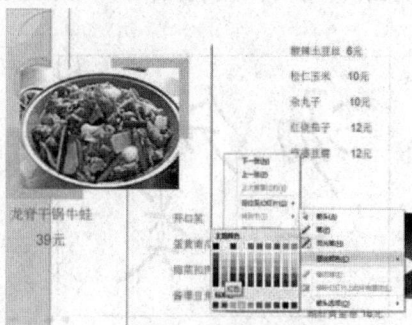

图 13-25 选择墨迹颜色   图 13-26 在幻灯片上书写

(6) 在书写的过程中,如果需要对书写内容进行修改,可以在幻灯片的任意位置处右击,在弹出的快捷菜单中选择"指针选项"|"橡皮擦"命令,然后进行擦除并修改,如图 13-27 所示。

(7) 书写完成后按 Esc 键结束放映,系统会弹出询问对话框,询问是否保留墨迹注释,这里单击"保留"按钮,如图 13-28 所示。

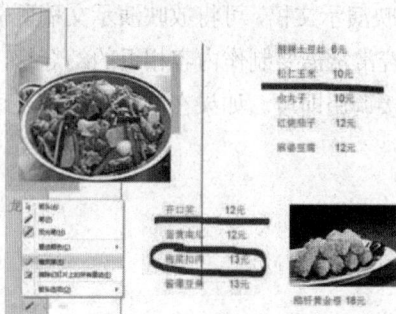

图 13-27 擦除书写内容   图 13-28 提示对话框

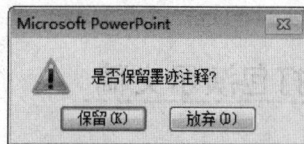

提示

在幻灯片的放映过程中,如果需要更改指针的样式,则在放映界面的任意位置处右击,然后在弹出的快捷菜单中选择"指针选项"命令,在展示的子菜单中选择需要的指针样式。在放映幻灯片的过程中,按键盘上需要定位的幻灯片编辑的数字键,再按 Enter 键即可快速切换到该张幻灯片中。

13.1.7 模拟黑板功能

在幻灯片的放映过程中,用户可能会遇到一些与演示文稿相关但没有出现在演示文稿中的问题,这时可以隐藏幻灯片的内容,然后在全黑的屏幕上讲述,这就是模拟黑板的功能。

【练习 13-7】把放映的幻灯片变成白屏并在上面书写。

(1) 启动 PowerPoint 2010 应用程序,打开"菜谱"演示文稿。

(2) 进入幻灯片的放映视图，在幻灯片的任意位置处右击，在弹出的快捷菜单中选择"屏幕" | "白屏"命令，如图 13-29 所示。

(3) 当屏幕变成白屏时，用户就可以在屏幕上进行圈注、勾画和书写等操作，如图 13-30 所示。

图 13-29　选择白屏

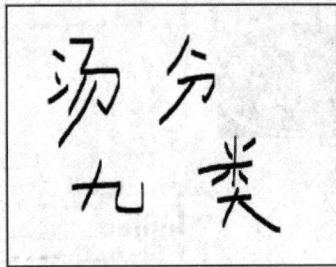

图 13-30　在屏幕上书写

⑬.2　打包和发布演示文稿

为了能在没有安装 PowerPoint 的计算机中放映演示文稿，可将放映演示文稿所需的文件打包成 CD，在其他计算机中打开即可进行放映。若常常需要制作内容相近的幻灯片，可以将这些常用到的幻灯片发布到幻灯片库中，需要时直接调用即可。如果在网上观看，还可以将演示文稿发布到 Web 上。

⑬.2.1　打包演示文稿

在实际应用过程中，用户可能需要将演示文稿放到其他计算机上进行演示，而要进行演示的计算机上并没有安装 PowerPoint 2010，此时最好的方法就是将演示文稿打包。

【练习 13-8】打包演示文稿。

(1) 启动 PowerPoint 2010 应用程序，打开"菜谱"演示文稿。

(2) 单击"文件"按钮，在展开的列表中选择"保存并发送"选项，如图 13-31 所示。

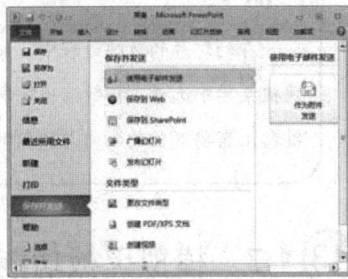

图 13-31　选择"保存并发送"选项

(3) 选择"文件类型"选项组中的"将演示文稿打包成 CD"选项，然后单击右侧的"打包成 CD"按钮，如图 13-32 所示。

(4) 弹出"打包成 CD"对话框，单击"选项"按钮，如图 13-33 所示。

(5) 弹出"选项"对话框，选中"链接的文件"和"嵌入的 TrueType 字体"复选框，单击"确定"按钮，如图 13-34 所示。

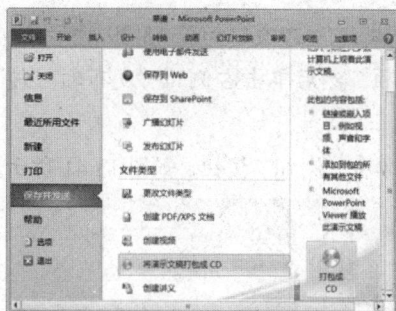

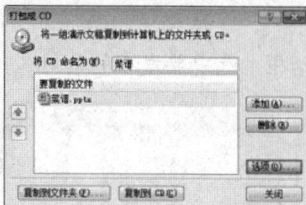

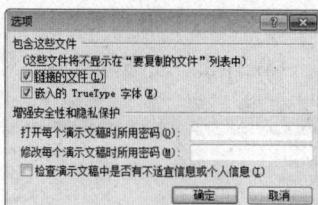

图 13-32　单击"打包成 CD"按钮　　图 13-33　"打包成 CD"对话框　　图 13-34　"选项"对话框

(6) 返回到"打包成 CD"对话框，单击"复制到文件夹"按钮，如图 13-35 所示。

(7) 弹出"复制到文件夹"对话框，在"文件夹名称"文本框中输入文件夹的名称，单击"浏览"按钮，选择打包后文件的保存位置，然后单击"确定"按钮，如图 13-36 所示。

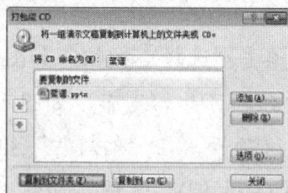

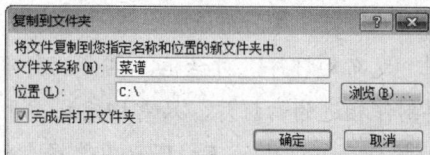

图 13-35　"打包成 CD"对话框　　　　图 13-36　"复制到文件夹"对话框

(8) 弹出提示对话框，单击"是"按钮，如图 13-37 所示。

(9) 打包完成后，用户可以打开保存打包文件的文件夹，在该文件夹中双击演示文稿名称即可开始放映，如图 13-38 所示。

图 13-37　提示对话框　　　　　　　图 13-38　放映打包的演示文稿

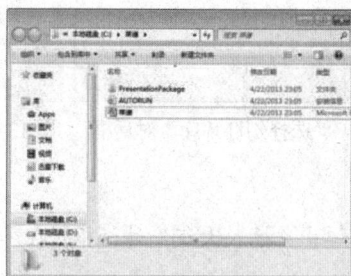

13.2.2　发布幻灯片

PowerPoint 2010 中提供了一个存储幻灯片的数据库，可以将幻灯片发布到幻灯片库，也可以从幻灯片库添加幻灯片到演示文稿。在需要制作内容相近的幻灯片时，直接调用可以节约更多的时间。

【练习 13-9】将幻灯片发布到库中。

(1) 启动 PowerPoint 2010 应用程序，打开"菜谱"演示文稿。

(2) 单击"文件"按钮，在展开的列表中选择"保存并发送"选项，如图 13-39 所示。

(3) 选择"保存并发送"选项组中的"发布幻灯片"选项，然后单击右侧的"发布幻灯片"按钮，如图 13-40 所示。

(4) 弹出"发布幻灯片"对话框，选中要发布的幻灯片，单击"浏览"按钮，如图 13-41 所示。

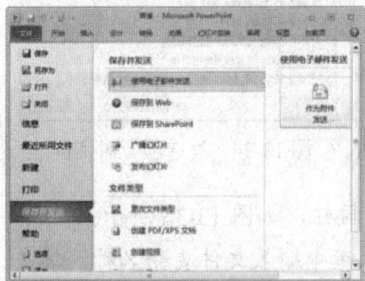

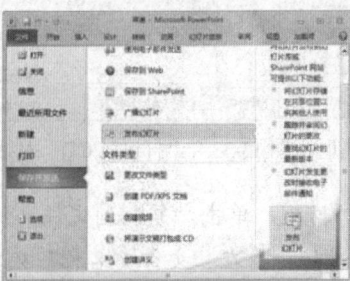

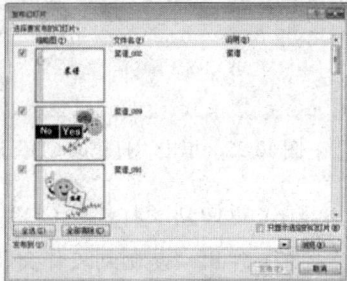

图 13-39 选择"保存并发送"选项 图 13-40 单击"发布幻灯片"按钮 图 13-41 "发布幻灯片"对话框

(5) 弹出"选择幻灯片库"对话框，选择保存位置，单击"选择"按钮，如图 13-42 所示。

(6) 返回到"发布幻灯片"对话框，单击"发布"按钮即可开始发布，如图 13-43 所示。

(7) 如果要制作相近的幻灯片，只需切换到"开始"选项卡，在"幻灯片"组中单击"新建幻灯片"下拉按钮，在弹出的下拉列表中选择"幻灯片(从大纲)"选项，如图 13-44 所示。

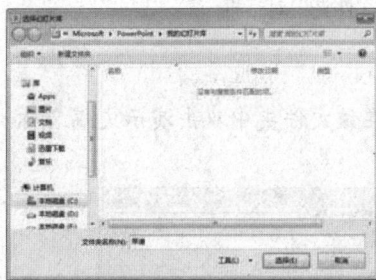

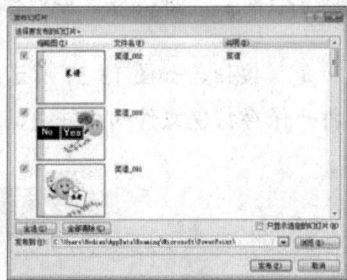

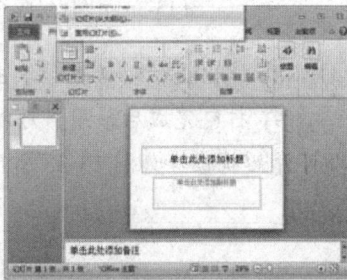

图 13-42 "选择幻灯片库"对话框 图 13-43 "发布幻灯片"对话框 图 13-44 选择"幻灯片(从大纲)"选项

(8) 弹出"插入大纲"对话框，在库中选择要调用的幻灯片，单击"插入"按钮，如图 13-45 所示。

(9) 返回到幻灯片即可看到将选中幻灯片调用到当前演示文稿中的效果，如图 13-46 所示。

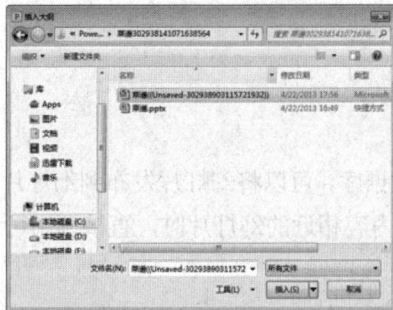

图 13-45 "插入大纲"对话框 图 13-46 调用发布幻灯片的效果

13.2.3　广播幻灯片

用户还可以将演示文稿创建为广播幻灯片让其他人共享，即创建一个任何人都可以使用的链接，通过该链接可以直接观看幻灯片的放映。

【练习 13-10】将幻灯片广播到网上与其他人共享。

(1) 启动 PowerPoint 2010 应用程序，打开"菜谱"演示文稿。

(2) 单击"文件"按钮，在展开的列表中选择"保存并发送"选项，如图 13-47 所示。

(3) 选择"保存并发送"选项组中的"广播幻灯片"选项，然后单击右侧的"广播幻灯片"按钮，如图 13-48 所示。

(4) 弹出"广播幻灯片"对话框，单击"启动广播"按钮，如图 13-49 所示。

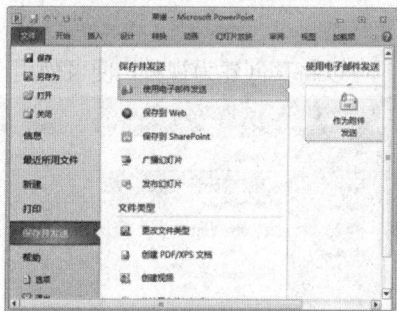

图 13-47　选择"保存并发送"选项　　　图 13-48　单击"广播幻灯片"按钮　　　图 13-49　单击"启动广播"按钮

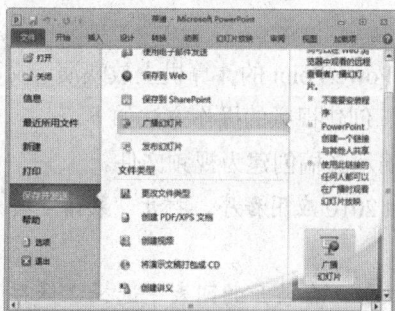

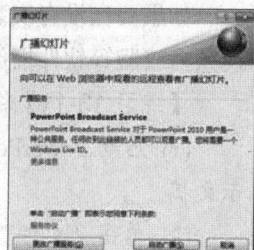

(5) 在弹出的对话框中输入微软账号的邮箱地址和密码，单击"确定"按钮，如图 13-50 所示。

(6) 登录成功后，单击"复制链接"选项，然后单击"开始放映幻灯片"按钮，如图 13-51 所示。

(7) 将复制的链接地址发给观众，对方在浏览器中打开链接即可同步观看放映，如图 13-52 所示。

图 13-50　登录微软账号　　　图 13-51　复制链接　　　图 13-52　同步观看放映

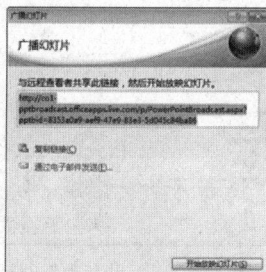

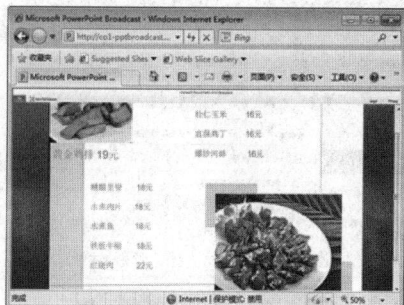

(8) 放映结束后，单击"结束广播"按钮，如图 13-53 所示。

(9) 弹出提示对话框，单击"结束广播"按钮。此时，观众在浏览器中放映的演示文稿也会同步结束放映，如图 13-54 所示。

图 13-53　结束广播

图 13-54　提示对话框

13.2.4　将演示文稿创建为视频

如果要在没有安装 PowerPoint 的计算机上放映演示文稿，可以将其创建为视频，便可使用视频播放器等软件播放。创建视频的操作方法如下。

【练习 13-11】将演示文稿创建为视频文件。

(1) 启动 PowerPoint 2010 应用程序，打开"菜谱"演示文稿。

(2) 单击"文件"按钮，在展开的列表中选择"保存并发送"选项，如图 13-55 所示。

(3) 选择"文件类型"选项组中的"创建视频"选项，在右侧选择要创建的视频的清晰度，设置放映每张幻灯片的秒数，然后单击"创建视频"按钮，如图 13-56 所示。

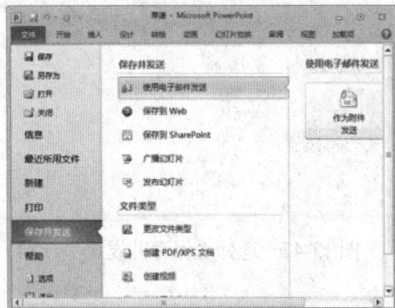

图 13-55　选择"保存并发送"选项

(4) 弹出"另存为"对话框，选择视频保存的位置，单击"保存"按钮，如图 13-57 所示。

(5) 视频创建完成后，双击视频文件即可在视频播放软件中进行播放，如图 13-58 所示。

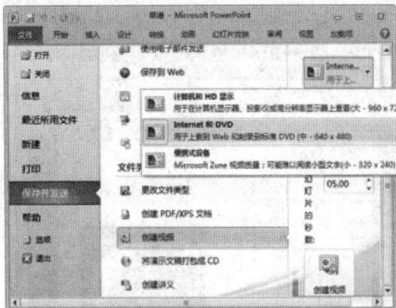

图 13-56　单击"创建视频"按钮

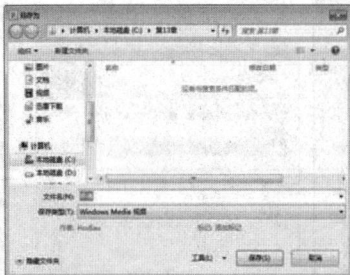

图 13-57　"另存为"对话框

图 13-58　放映创建的视频

13.2.5　将演示文稿创建为 PDF 文档

如果需要阅读 PowerPoint，可以将其创建成 PDF 文档，具体的操作方法如下。

【练习 13-12】将演示文稿创建为 PDF 文档。

(1) 启动 PowerPoint 2010 应用程序，打开"菜谱"演示文稿。

(2) 单击"文件"按钮，在展开的列表中选择"保存并发送"选项，如图 13-59 所示。

(3) 选择"文件类型"选项组中的"创建 PDF/XPS 文档"选项，然后单击右侧的"创建 PDF/XPS"按钮，如图 13-60 所示。

图 13-59　选择"保存并发送"选项

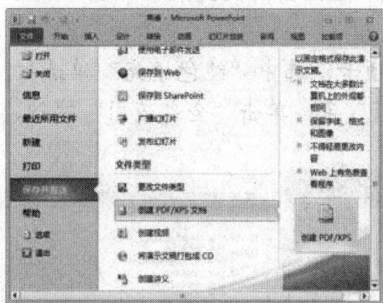

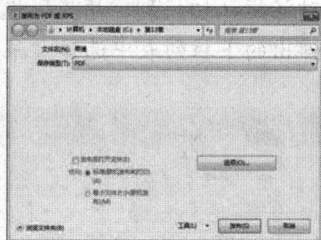

(4) 弹出"发布为 PDF 或 XPS"对话框，选择文件保存位置，选择保存类型为 PDF，单击"发布"按钮，如图 13-61 所示。

(5) 发布成功后，双击 PDF 文件名即可在 PDF 阅读软件中打开，如图 13-62 所示。

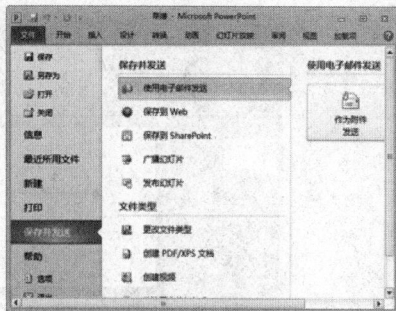

图 13-60　单击"创建 PDF/XPS"按钮 图 13-61　"发布为 PDF 或 XPS" 图 13-62　在 PDF 阅读软件中打开
　　　　　　　　　　　　　　　　　　对话框

⑬.3　上机练习

本节上机练习将通过制作商业企划书和制作灯笼摇雪花飘的动画效果两个练习，帮助读者进一步加深对本章知识的掌握。

⑬.3.1　制作商业企划书

为了使公司的产品能得到更好的推广，以促进销售、提高产量，常常需要制作不同的商业企划书。在本例中，将为读者介绍如何制作一个产品推广企划书，在制作时，首先需要分别对企业的市场定位，经营方式等内容进行分析，然后创建相应的图表来表达销售数据与宣传力度之间的关系。

(1) 启动 PowerPoint 2010 应用程序，新建一个演示文稿，将其另存为"商业企划书"，如图 13-63 所示。

(2) 切换到"开始"选项卡，在"幻灯片"组中单击"新建幻灯片"下拉按钮，在弹出的下拉列表中选择"仅标题"选项，如图 13-64 所示。

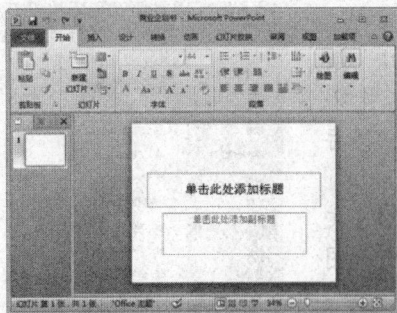

图 13-63　新建演示文稿

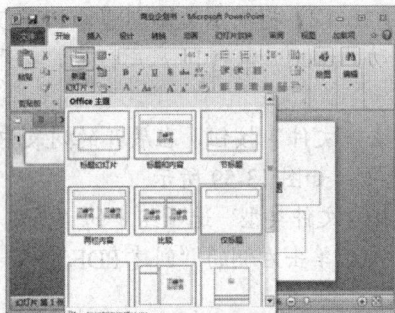

图 13-64　新建幻灯片

(3) 将新建的仅标题样式的幻灯片复制 3 张，如图 13-65 所示。

(4) 选中第 1 张幻灯片，在幻灯片编辑区的任意位置右击，在弹出的快捷菜单中选择"设置背景格式"命令，如图 13-66 所示。

(5) 弹出"设置背景格式"对话框，切换到"填充"选项卡，选中"纯色填充"单选按钮，单击"颜色"下拉按钮，在弹出的下拉列表中选择"深蓝"色，单击"全部应用"按钮，如图 13-67 所示。

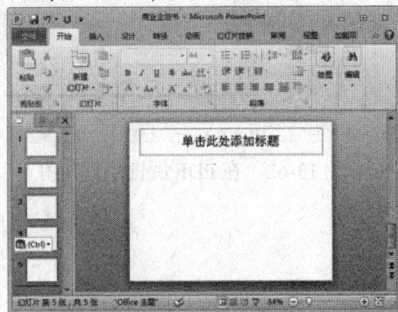

图 13-65　复制幻灯片

图 13-66　选择"设置背景格式"命令

图 13-67　设置填充颜色

(6) 返回到第 1 张幻灯片，选中标题占位符并右击，在弹出的快捷菜单中选择"设置形状样式"命令，如图 13-68 所示。

(7) 弹出"设置形状格式"对话框，切换到"填充"选项卡，选中"渐变填充"单选按钮，在"预设颜色"下拉列表中选择"雨后初晴"选项，接着在"方向"下拉列表中选择"线性向左"选项，单击"关闭"按钮，如图 13-69 所示。

(8) 返回到第 1 张幻灯片，在标题占位符中输入标题"商业企划书"，将其字体设置为"隶书"、字号设置为"80"，如图 13-70 所示。

图 13-68　选择"设置形状样式"选项

图 13-69　设置渐变颜色

图 13-70　输入标题

(9) 接着，在副标题占位符中输入公司的名称，在公司名称之前插入一个破折号，将副标题文本字体设置为"华文行楷"、字号设置为"40"，如图 13-71 所示。

(10) 选中第 2 张幻灯片，在标题占位符中输入标题名称，将字体设置为"华文行楷"、字号设置为"44"，如图 13-72 所示。

图 13-71　输入副标题

图 13-72　输入标题名称

(11) 使用同样的方法，在第 2 张和第 3 张幻灯片的标题占位符中输入标题名称，并为其设置相同的文字格式，如图 13-73 所示。

(12) 选中第 2 张幻灯片，打开"插入"选项卡，在"表格"组中单击"表格"下拉按钮，在弹出的下拉列表中选择"插入表格"选项，如图 13-74 所示。

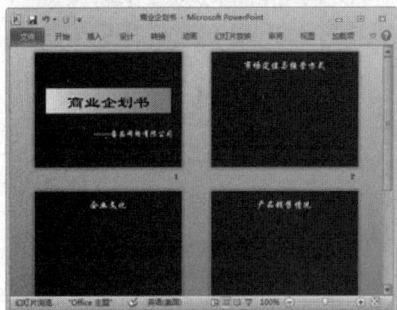

图 13-73　输入标题名称

图 13-74　选择"插入表格"选项

(13) 弹出"插入表格"对话框，设置列数为"5"、设置行数为"3"，单击"确定"按钮，如图 13-75 所示。

(14) 此时，即可看到在第 2 张幻灯片中插入了 5 列 3 行的表格，重新调整表格的大小，如图 13-76 所示。

图 13-75　"插入表格"对话框

图 13-76　调整表格的大小

(15) 同时选中表格第 1 行的后 4 个单元格并右击，在弹出的快捷菜单中选择"合并单元格"命令，如图 13-77 所示。

(16) 接着同时选中第 1 列的后两个单元格并右击，在弹出的快捷菜单中选择"合并单元格"命令，如图 13-78 所示。

图 13-77　合并单元格 1

图 13-78　合并单元格 2

(17) 接着，在各单元格中依次输入相应的文本，如图 13-79 所示。

(18) 选中表格中的所有的文本，切换到"开始"选项卡，在"段落"组中单击"居中"按钮，如图 13-80 所示。

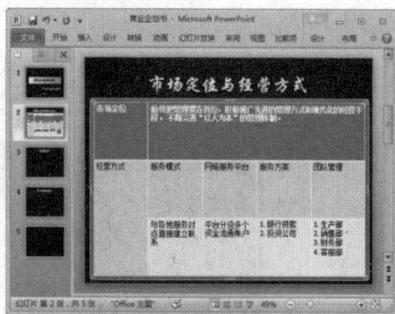

图 13-79　输入文本

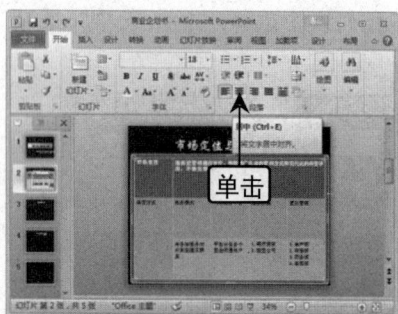

图 13-80　设置居中对齐

(19) 保持表格内全部文本的选中状态，打开"表格工具"|"布局"选项卡，在"对齐方式"组中单击"垂直居中"按钮，如图 13-81 所示。

(20) 此时，可以看到为表格内文本设置垂直居中对齐后的效果，如图 13-82 所示。

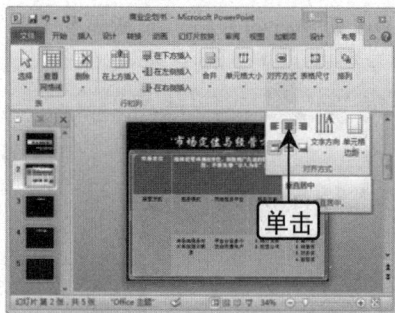

图 13-81　设置垂直居中对齐

图 13-82　设置垂直居中对齐后的效果

(21) 选中表格，打开"表格工具"|"设计"选项卡，在"表格样式"组中单击"效果"

下拉按钮，在弹出的下拉列表中选择"单元格凹凸效果"|"圆"选项，如图 13-83 所示。

(22) 此时，可以看到为表格设置凹凸后的效果，如图 13-84 所示。

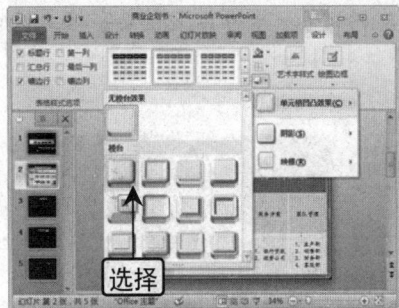

图 13-83　设置表格样式　　　　　图 13-84　设置表格样式后的效果

(23) 选中第 3 张幻灯片，打开"插入"选项卡，在"插图"组中单击 SmartArt 按钮，如图 13-85 所示。

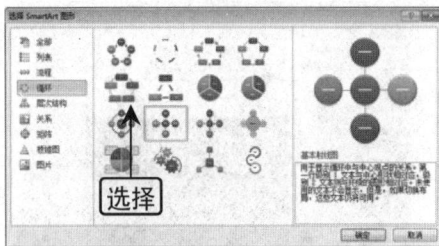

(24) 弹出"选择 SmartArt 图形"对话框，选择"循环"选项卡下的"基本射线图"选项，单击"确定"按钮，如图 13-86 所示。

图 13-85　单击 SmartArt 按钮　　　　图 13-86　"选择 SmartArt 图形"对话框

(25) 选中插入的 SmartArt 图形中左边的形状，打开"SmartArt 工具"|"设计"选项，在"创建图形"组中单击"添加形状"下拉按钮，在弹出的下拉列表中选择"在后面添加形状"选项，如图 13-87 所示。

(26) 选中整个 SmartArt 图形，在"SmartArt 样式"组中单击"更改颜色"下拉按钮，然后在弹出的下拉列表中选择"强调文字颜色 1"选项组下的"彩色范围-强调文字颜色 2 至 3"选项，如图 13-88 所示。

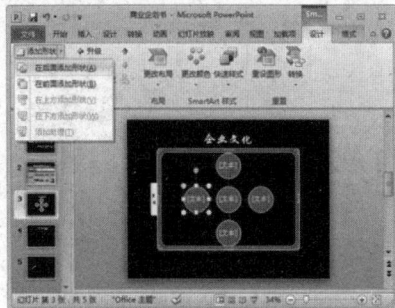

图 13-87　添加形状　　　　　　　　图 13-88　更改颜色

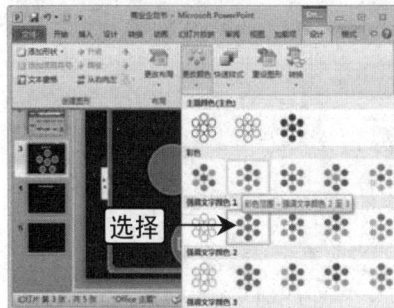

(27) 保持 SmartArt 图形的选中状态，在 "SmartArt 样式" 组中单击 "快速样式" 下拉按钮，然后在弹出的下拉列表中选择 "强烈效果" 选项，如图 13-89 所示。

(28) 在 SmartArt 图形的各形状中依次输入相应的文本，并为其设置文字格式，如图 13-90 所示。

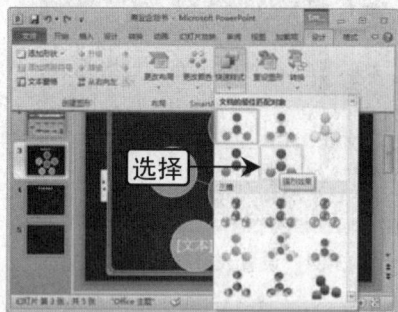

图 13-89　设置 SmartArt 样式

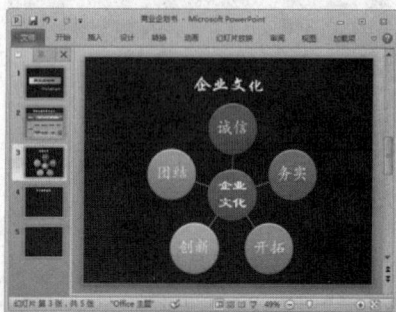

图 13-90　输入文本

(29) 选中第 4 张幻灯片，打开 "插入" 选项卡，在 "插图" 组中单击 "图表" 按钮，如图 13-91 所示。

(30) 弹出 "插入图表" 对话框，选择 "柱形图" 选项卡下的 "簇状圆柱图" 选项，单击 "确定" 按钮，如图 13-92 所示。

图 13-91　单击 "图表" 按钮

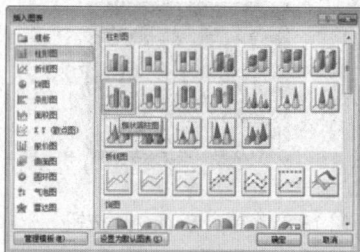

图 13-92　选择图表样式

(31) 弹出图表编辑工作簿，删除工作簿中默认的数据，然后重新输入要显示在图表中的数据，如图 13-93 所示。

(32) 关闭图表编辑工作簿，返回到第 4 张幻灯片，可以看到已经插入的图表，如图 13-94 所示。

图 13-93　编辑图表工作簿

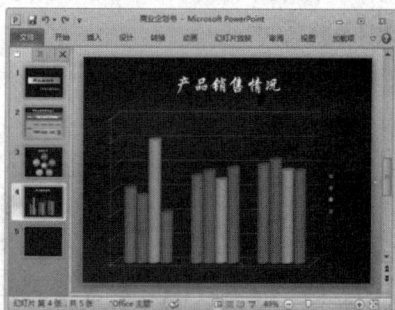

图 13-94　插入图表后的效果

(33) 将图例文字和坐标轴文字的文字颜色设置为"白色"。然后在幻灯片右下角绘制一个文本框，输入"单位：万"文本，如图 13-95 所示。

(34) 选中最后一张幻灯片，打开"插入"选项卡，在"文本"组中单击"艺术字"下拉按钮，在弹出的下拉列表中选择"填充-橙色，强调文字颜色 6，渐变轮廓-强调文字颜色 6"选项，如图 13-96 所示。

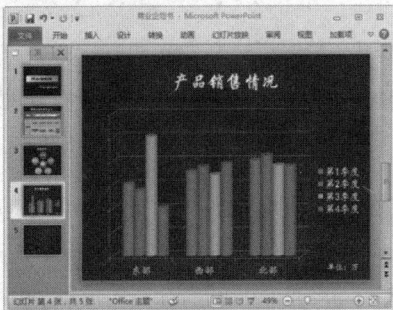

图 13-95　设置图例和坐标轴文字颜色

图 13-96　插入艺术字

(35) 在幻灯片中插入艺术字后，选择艺术字文本框内的默认文字，将其修改为文本"谢谢观看"，并将其字体设置为"华文行楷"、字号设置为"88"，如图 13-97 所示。

(36) 选中第 1 张幻灯片，打开"转换"选项卡，在"切换到此幻灯片"组中单击"切换方案"下拉按钮，在弹出的下拉列表中选择"华丽型"选项组下的"门"选项，如图 13-98 所示。

图 13-97　设置艺术字格式

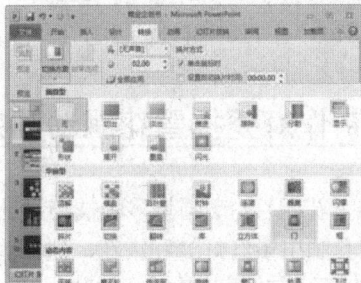

图 13-98　添加转换效果

(37) 在"计时"组中的"声音"下拉列表中选择"风声"选项，单击"全部应用"按钮，如图 13-99 所示。

(38) 单击"文件"按钮，在展开的列表中选择"保存并发送"选项，如图 13-100 所示。

(39) 接着选择"文件类型"选项组下的"创建 PDF/XPS 文档"选项，然后单击右侧的"创建 PDF/XPS"按钮，如图 13-101 所示。

(40) 弹出"发布为 PDF 或 XPS"对话框，选择文件要保存的路径，输入文件名，单击"发布"按钮，如图 13-102 所示。

图 13-99　设置声音

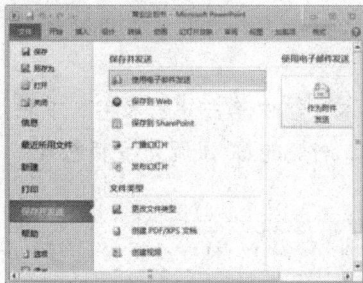

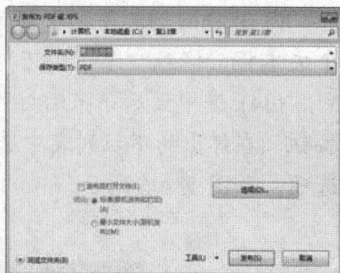

图 13-100　选择"保存并发送"选项　图 13-101　单击"创建 PDF/XPS"　图 13-102　"发布为 PDF 或 XPS"
按钮　　　　　　　　　　　　　　对话框

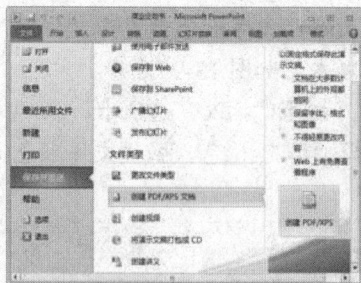

(41) 发布成功后，双击创建的 PDF 文件，即可在 PDF 阅读软件中打开，如图 13-103 所示。

(42) 按 Ctrl+S 组合键保存制作完成的演示文稿，最后效果如图 13-104 所示。

图 13-103　在 PDF 阅读软件中打开

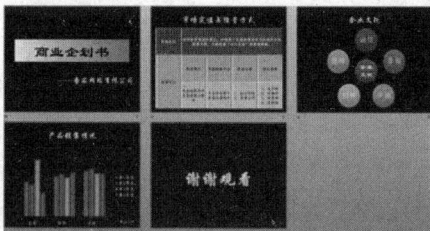

图 13-104　最终效果

13.3.2　制作灯笼摇雪花飘动画效果

"灯笼摇雪花飘"的动画集多种技巧设计而成，是一个比较复杂的自定义动画。在制作时，首先用形状工具画出了红灯笼和雪花，然后为灯笼设置动画让其在挂钩上不停地摇摆，最后为雪花应用自定义路径动画使其循环放映。

(1) 启动 PowerPoint 2010 应用程序，新建一个演示文稿，并将其重命名为"灯笼摇雪花飘"。接着将背景颜色设置为"水绿色"，如图 13-105 所示。

(2) 打开"插入"选项卡，在"插图"组中单击"形状"下拉按钮，在弹出的下拉列表中选择"曲线"选项，如图 13-106 所示。

图 13-105　新建演示文稿

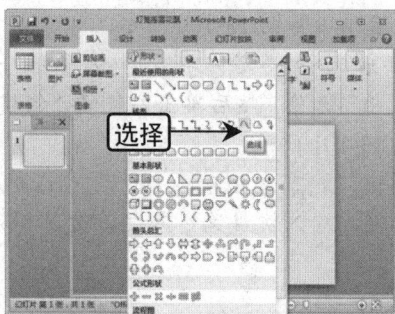

图 13-106　选择"曲线"选项

(3) 在幻灯片中拖动鼠标绘制两条如图 13-107 所示的曲线。

(4) 在幻灯片中绘制一个矩形，将其填充为"黄色"、将轮廓设置为"红色"。接着将矩形复制一个，如图 13-108 所示。

(5) 在矩形下方绘制一条曲线，将其线条设置为"黄色"，然后将其复制 6 条，在矩形下方依次放置，如图 13-109 所示。

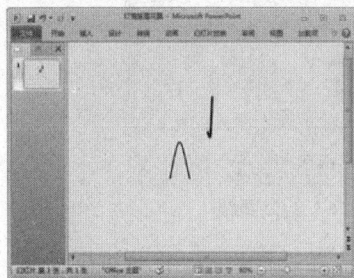

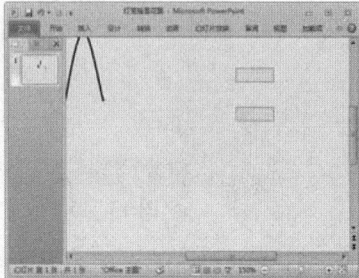

图 13-107　绘制曲线　　　　图 13-108　绘制矩形　　　　图 13-109　绘制曲线

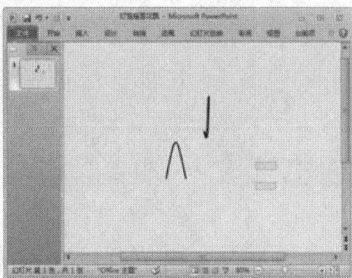

(6) 绘制一个圆形 ，将其填充为"红色"，轮廓线设置为"黄色"，如图 13-110 所示。

(7) 将红色圆形复制两个：一个拉长，一个调窄。效果如图 13-111 所示。

(8) 将一个黄色的矩形放置在灯笼线状的曲线下方，将拉长的红色椭圆形放在黄色矩形下方，如图 13-112 所示。

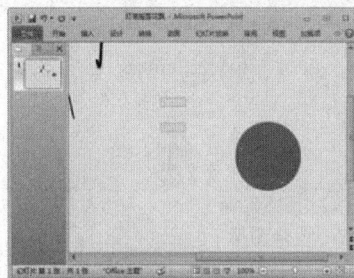

图 13-110　给制圆形　　　　图 13-111　复制圆形　　　　图 13-112　放置图形

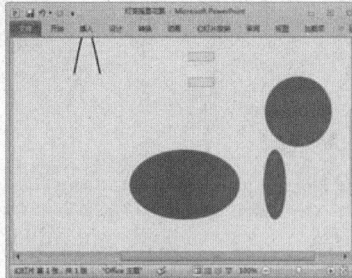

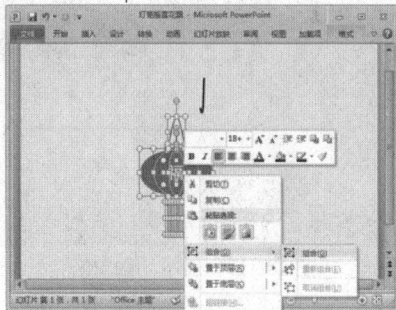

(9) 将圆形放置在拉长的椭圆中，然后将调窄的椭圆放在圆形中间，接着将 7 条黄色曲线以及其上方的黄色矩形放置在红色椭圆的下方，使其组合成灯笼的形状，如图 13-113 所示。

(10) 在灯笼正中间绘制一个文本框，输入"福"字，并将其文字颜色设置为"黄色"。选中灯笼的全部形状并右击，在弹出的快捷菜单中选择"组合"|"组合"命令，如图 13-114 所示。

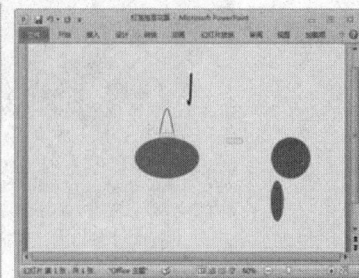

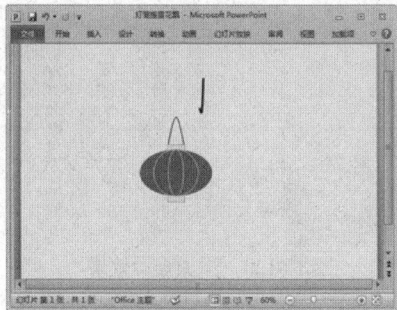

图 13-113　放置图形　　　　　　　图 13-114　组合图形

(11) 将组合后的灯笼图形放置在挂钩形状的下方，如图 13-115 所示。

(12) 接着绘制 1 条长直线，8 条短直线，并将其线条颜色设置为"白色"，然后将其形状进行调整，并将其组合，如图 13-116 所示。

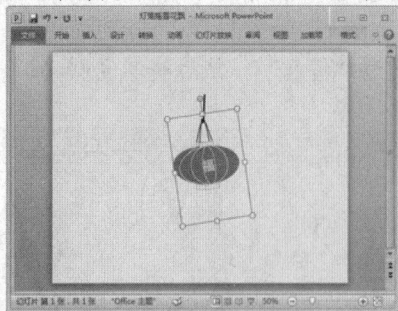

图 13-115　放置图形　　　　　　　　　　图 13-116　绘制直线

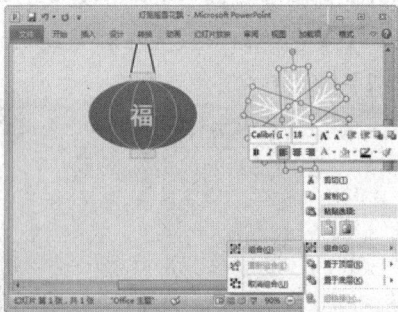

(13) 将组合后的直线复制两个，然后按如图 13-117 所示的位置进行放置，将其组合成雪花的形状。

(14) 选中组成雪花的所有形状并右击，在弹出的快捷菜单中选择"组合"|"组合"命令，如图 13-118 所示。

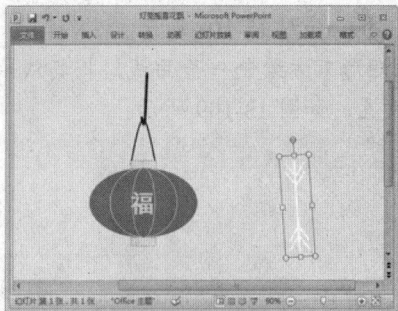

图 13-117　复制直线　　　　　　　　　　图 13-118　组合图形

(15) 打开"动画"选项卡，在"高级动画"组中单击"动画窗格"按钮，显示动画窗格，如图 13-119 所示。

(16) 选中灯笼形状，在"高级动画"组中单击"添加动画"下拉按钮，在弹出的下拉列表中选择"强调"选项组下的"跷跷板"选项，如图 13-120 所示。

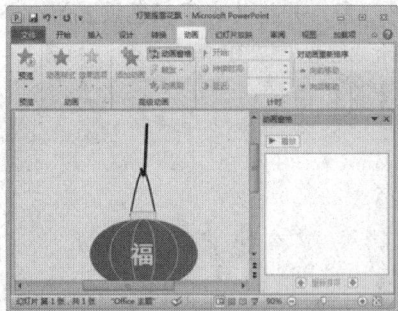

图 13-119　显示动画窗格　　　　　　　　图 13-120　添加强调效果

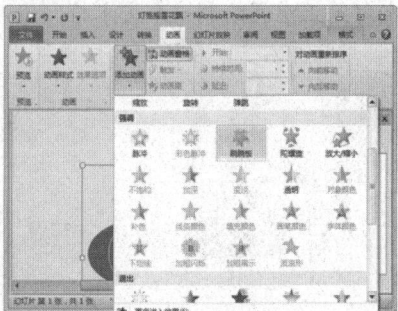

(17) 在"动画窗格"中选中为灯笼设置的动画并右击，在弹出的快捷菜单中选择"计时"命令，如图 13-121 所示。

(18) 弹出"跷跷板"对话框，打开"计时"选项卡，在"开始"下拉列表中选择"上一动画之后"选项；在"期间"下拉列表中选择"中速(2 秒)"选项；在"重复"下拉列表中选择"直到幻灯片末尾"选项，单击"确定"按钮，如图 13-122 所示。

(19) 缩小雪花图形的大小，将其移动到幻灯片的上方，然后将其选中，在"高级动画"组中单击"添加动画"下拉按钮，在弹出的下拉列表中选择"动作路径"选项组下的"自定义路径"选项，如图 13-123 所示。

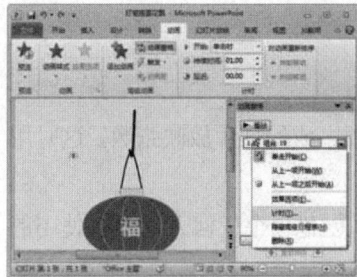

图 13-121　选择"计时"命令　　图 13-122　设置计时选项　　图 13-123　添加自定义路径

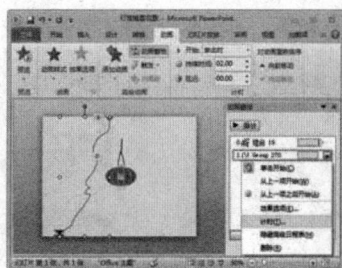

(20) 在幻灯片中按下鼠标左键拖动鼠标绘制自定义路径，如图 13-124 所示。

(21) 在"动画窗格"中选中为雪花图形添加的自定义路径动画并右击，在弹出的快捷菜单中选择"计时"命令，如图 13-125 所示。

(22) 弹出"自定义路径"对话框，打开"计时"选项卡，在"开始"下拉列表中选择"与上一动画同时"选项；在"期间"下拉列表中选择"非常慢(5 秒)"选项；在"重复"下拉列表中选择"直到幻灯片末尾"选项，单击"确定"按钮，如图 13-126 所示。

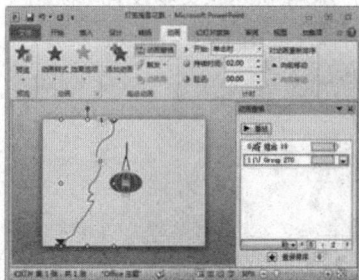

图 13-124　绘制自定义路径　　图 13-125　选择"计时"命令　　图 13-126　设置计时选项

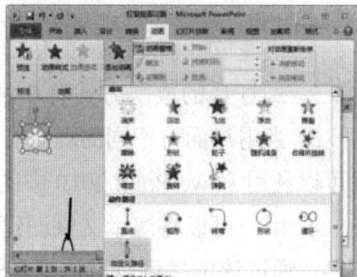

(23) 将雪花图形复制多个，分别为其设置自定义路径动画，并为其设置相同的计时效果。按下 Ctrl+S 组合键保存制作好的演示文稿，打开"幻灯片放映"选项卡，在"开始放映幻灯片"组中单击"从头开始"按钮，如图 13-127 所示。

(24) 此时，即可开始播放灯笼摇雪花飘的动画，最终效果如图 13-128 所示。

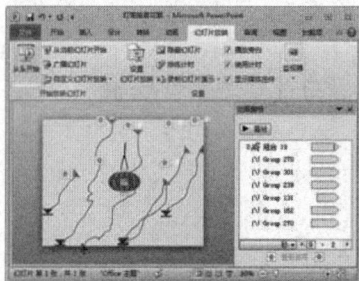

图 13-127　复制雪花图形　　　　　图 13-128　最终效果

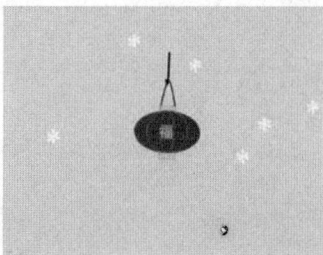

⑬.4 习题

⑬.4.1 填空题

1. 快速放映演示文稿的快捷键是_____。

2. 幻灯片的放映方式有 3 种：_____、_____和_____。

3. 当用户面对不同的观众时，可能需要设置幻灯片的放映顺序或幻灯片放映张数，这时用户可以利用 PowerPoint 2010 中的_____来进行设置。

4. 用户可以将演示文稿创建为_____与其他人共享，即创建一个任何人都可以使用的链接，通过该链接可以直接观看幻灯片的放映。

⑬.4.2 操作题

1. 打开一个演示文稿，分别采用不同的方法从头开始放映幻灯片、从当前页开始放映幻灯片、非全屏放映幻灯片等。

2. 制作"新年快乐"动画效果，首先将多个雪花组合成一个图形，并将其复制一个，然后分别为其设置"直线"动作路径动画，使其从上往下飘落，然后为"新年快乐"文本设置"淡出"动画，如图 13-129 所示。制作完成后，按 F5 键放映制作完成的动画，如图 13-130 所示。

图 13-129 设置动画效果

图 13-130 放映幻灯片

第14章

综 合 实 例

学习目标

使用 Office 2010 可以制作各种类型的文档、表格以及演示文稿。本章将使用 Office 2010 各方面的知识制作产品使用说明书文档、销售记录与分析表以及数码产品展示演示文稿，通过对它们的制作，提高实际运用 Office 的综合能力，并进一步熟悉各种相关操作。

本章重点

- ◉ 设置文档样式
- ◉ 自动筛选数据
- ◉ 使用订货单填写信息
- ◉ 设置幻灯片背景
- ◉ 制作放映按钮

14.1 制作产品使用说明书

产品使用说明书是向人们简要介绍产品使用过程中注意事项的一种手册类型的应用文体。本章将以制作平板电脑使用说明书为例，讲解 Word 中各项功能的运用，如插入艺术字、制作目录等。

14.1.1 制作说明书的封面

在制作产品使用说明书时，要先制作一个封面，用于产品对象以及产品特征的说明。下面向用户讲解如何制作一个简洁明了的说明书封面，具体的操作步骤如下。

(1) 新建一个 Word 文档，将其另存为名称"产品使用说明书"，如图 14-1 所示。

(2) 在文档的首行输入文本"Android 时尚平板电脑",并将其字体设置为"微软雅黑",字号为"26",如图 14-2 所示。

图 14-1　新建 Word 文档　　　　　　　图 14-2　输入文本

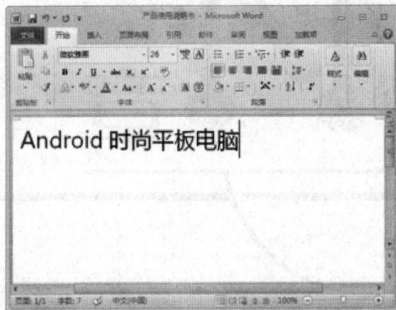

(3) 将光标定位到第 2 行,打开"插入"选项卡,在"文本"工具组中单击"艺术字"下拉按钮,在弹出的下拉列表中选择"填充-红色,强调文字颜色 2,粗糙棱台"选项,如图 14-3 所示。

(4) 此时文档中插入选中的艺术字,删除提示框中的默认的提示文本,输入文本"产品使用说明书",并将其字体设置为"华文行楷"、字号设置为"48",如图 14-4 所示。

图 14-3　插入艺术字　　　　　　　图 14-4　输入艺术字文本

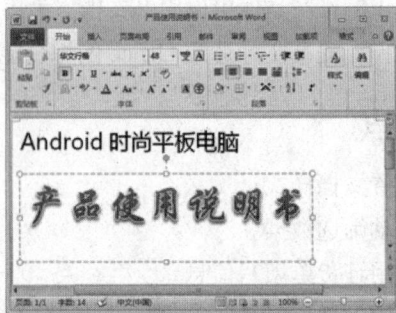

(5) 选中艺术字文本框,打开"绘图工具"|"格式"选项卡,在"文本"工具组中单击"文字方向"下拉按钮,在弹出的下拉列表中选择"垂直"选项,如图 14-5 所示。

(6) 这时可以看到艺术字变成了垂直方向,将其拖动到文档的中心位置,如图 14-6 所示。

图 14-5　设置文字方向　　　　　　　图 14-6　调整艺术字的位置

(7) 将光标定位到文档的最后一行,输入一个破折号,然后输入文本"优雅出众,品质卓

越"，并将其字体设置为"方正舒体"，字号设置为"26"，如图 14-7 所示。

图 14-7 输入文本

提示

通过调窄文本的宽度，并拉高文本框的高度，也可以将文本框的文本变为垂直方向。

14.1.2 设置样式

接下来在文档中输入说明书的主体内容，在输入内容时，为每个标题设置级别格式，可以方便后面生成目录，具体的操作步骤如下。

(1) 切换到"开始"选项卡，在"样式"列表框中选中"正文"样式并右击，在弹出的下拉列表中选择"修改"选项，如图 14-8 所示。

(2) 弹出"修改样式"对话框，在"格式"选项组中设置西文字体为 Arial、字号为"12"，如图 14-9 所示。

(3) 接着设置中文字体为"宋体"、字号为"12"，如图 14-10 所示。

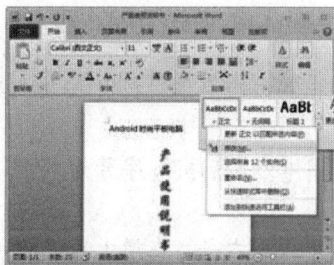

图 14-8 修改正文样式

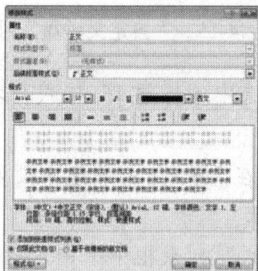

图 14-9 设置西文字体

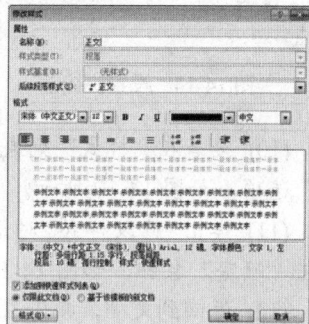

图 14-10 设置中文字体

(4) 单击"格式"按钮，在弹出的下拉列表中选择"段落"选项，如图 14-11 所示。

(5) 弹出"段落"对话框，切换到"缩进和间距"选项卡，在"缩进"选项组中的"特殊格式"下拉列表框中选择"首行缩进"选项，在"磅值"下拉列表框中选择"2 字符"选项。单击"间距"选项组中的"段前"数值框右侧的微调按钮，将数值设置为"0.5 行"，将"段后"数值设置为"12 磅"，单击"确定"按钮，如图 14-12 所示。

(6) 返回"修改样式"对话框，单击"格式"按钮，在弹出的下拉列表中选择"快捷键"选项，如图 14-13 所示。

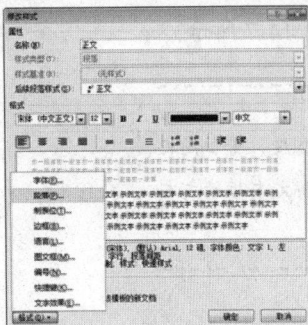

图 14-11　选择"段落"选项　　　图 14-12　设置段落缩进和间距　　　图 14-13　选择"快捷键"选项

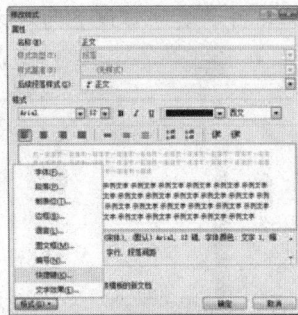

(7) 弹出"自定义键盘"对话框，将光标定位到"请按新快捷键"下的文本框内，按下要设置的快捷键，如按下 Alt+1 组合键，单击"指定"按钮，如图 14-14 所示。

(8) 此时可以看到设置的快捷键添加到了"当前快捷键"列表框中，单击"关闭"按钮结束设置，如图 14-15 所示。

(9) 返回到"修改样式"对话框，单击"确定"按钮，如图 14-16 所示。

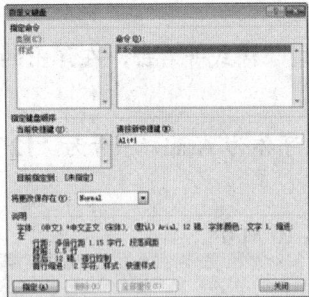

图 14-14　设置快捷键　　　图 14-15　"自定义键盘"对话框　　　图 14-16　"修改样式"对话框

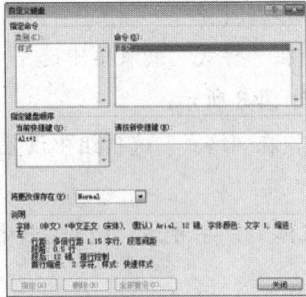

(10) 接着在"样式"列表框中选中"标题 1"样式并右击，在弹出的下拉列表中选择"修改"选项，如图 14-17 所示。

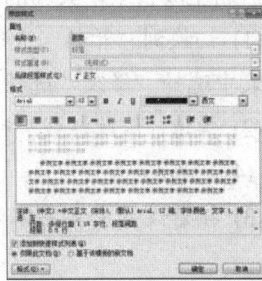

(11) 弹出"修改样式"对话框，在"格式"选项组中设置中文字体为"楷体"、字号为"24"，单击"确定"按钮，如图 14-18 所示。

(12) 返回到文档，接着在"样式"列表框中选中"标题 2"样式并右击，在弹出的下拉列表中选择"修改"选项，如图 14-19 所示。

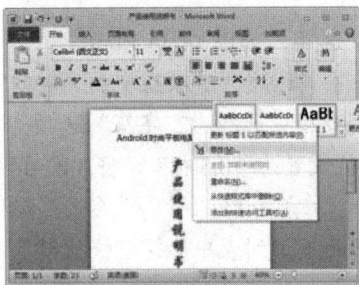

图 14-17　修改"标题 1"样式　　　图 14-18　设置中文字体　　　图 14-19　修改"标题 2"样式

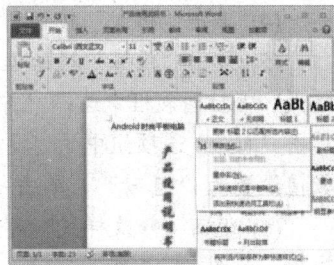

(13) 弹出"修改样式"对话框，在"格式"选项组中设置中文字体为"楷体"、字号为"18"，

单击"确定"按钮，如图 14-20 所示。使用同样的方法将"标题 3"样式的中文字体设置为"楷体"、字号设置为"14"。

(14) 返回到文档，在第 2 页的首行输入"目录"文本，选中输入的文本，切换到"开始"选项卡，在"样式"列表中单击"标题 1"样式。此时，在"导航"窗格中可以看到将"目录"文本设置为一级标题，如图 14-21 所示。

(15) 按 Enter 键换行至第 3 页的页首，依次输入说明书的全部内容，并在相应的地方插入图片，如图 14-22 所示。

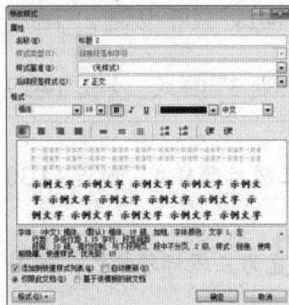

图 14-20 设置中文字体　　　　图 14-21 应用"标题 1"样式　　　　图 14-22 输入说明书的内容

(16) 选中第 3 页首行的"1. 前言"文本，切换到"开始"选项卡，在"样式"列表框中单击"标题 1"样式，如图 14-23 所示。

(17) 此时，在"导航"窗格中可以看到已经将"1. 前言"文本设置为了一级标题，如图 14-24 所示。

(18) 使用同样的方法，为文档中的"2. 注意事项"、"3. 快速指南"、"4. 疑难解答"文本设置为一级标题，如图 14-25 所示。

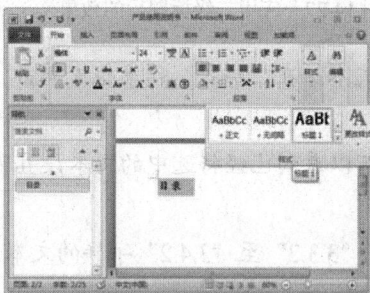

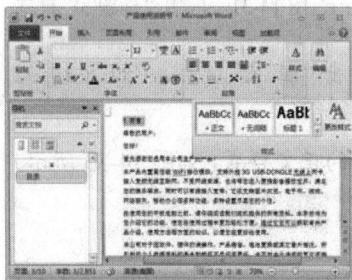

图 14-23 应用"标题 1"样式　　　　图 14-24 应用一级标题后的效果　　　　图 14-25 应用"标题 1"样式

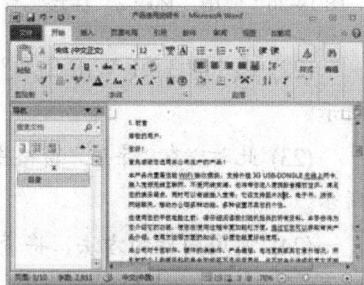

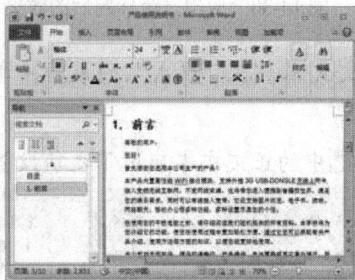

(19) 选中"3.1 开/关机"文本，在"样式"列表框中单击"标题 2"样式，如图 14-26 所示。

(20) 此时，可以看到已经将选中的文本设置为二级标题样式，如图 14-27 所示。

(21) 使用同样的方法，将带有"3.2"至"4.4"字样的文本设置为二级标题样式，如图 14-28 所示。

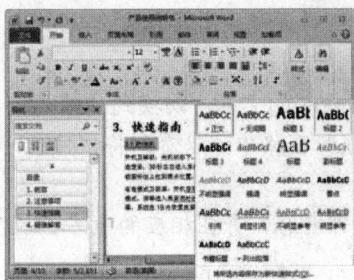
图 14-26 应用"标题2"样式

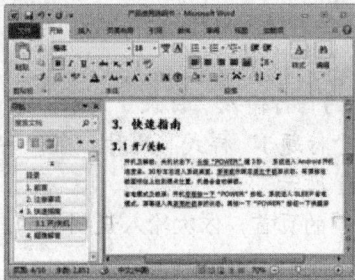
图 14-27 应用二级标题后的效果

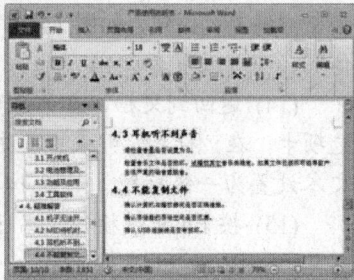
图 14-28 应用"标题2"样式

(22) 选中"3.3.1 Wifi 上网"文本，在"样式"列表框中单击"标题 3"样式，如图 14-29 所示。

(23) 此时，在"导航"窗格中可以看到已经将选中的文本设置为三级标题样式，如图 14-30 所示。

(24) 使用同样的方法，将带有"3.3.2"至"3.4.2"字样的文本设置为三级标题样式，如图 14-31 所示。

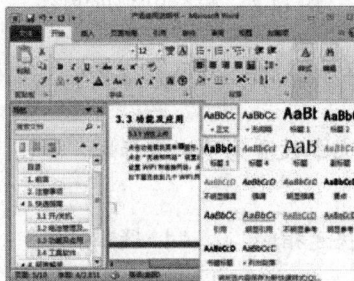
图 14-29 应用"标题3"样式

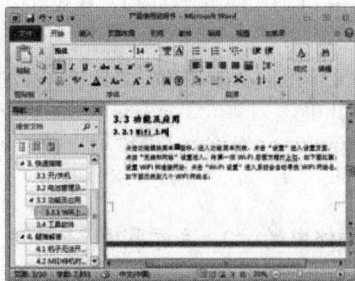
图 14-30 应用三级标题后的效果

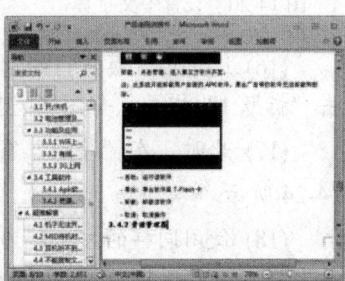
图 14-31 应用"标题3"样式

(25) 接着选中前言下的正文文本，在"样式"列表框中单击"正文"样式，如图 14-32 所示。

(26) 此时，可以看到已经为选中的正文文本应用了之前设置的正文样式，如图 14-33 所示。

图 14-32 应用"正文"样式

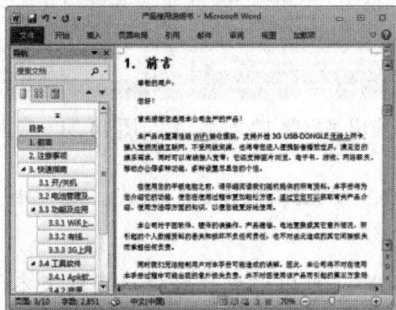
图 14-33 应用正文样式后的效果

(27) 分别选中其他的正文文本，按下 Alt+1 组合键即可为其设置"正文"样式，如图 14-34 所示。

(28) 分别选中说明书中的图片，切换到"开始"选项卡，在"段落"组中单击"居中"按钮，将所有图片都设置为居中对齐，如图 14-35 所示。

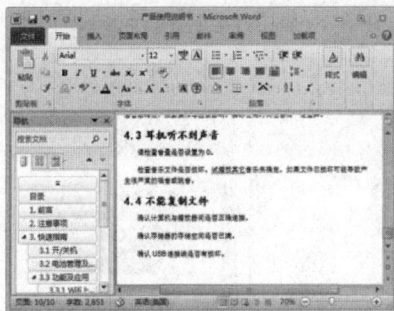
图 14-34 应用"正文"样式

图 14-35 设置图片对齐方式

14.1.3 制作产品展示页面

在制作完成说明书的相关内容之后，还可以在文档末尾附加一页产品展示的相关内容。下面将制作产品展示页，介绍如何设置精美的页面效果，具体的操作步骤如下。

(1) 在文档末尾插入一页空白页并将插入点置于其中，打开"页面布局"选项卡，在"页面设置"工具组中单击"分栏"按钮，在弹出的下拉列表中选择"更多分栏"选项，如图 14-36 所示。

(2) 弹出"分栏"对话框，在"预设"选项组中选择"两栏"选项，在"应用于"下拉列表中选择"插入点之后"选项，选中"分隔线"复选框，单击"确定"按钮完成设置，如图 14-37 所示。

(3) 在页首输入"5. 产品展示"文本，在"样式"列表框中单击"标题 1"样式，如图 14-38 所示。

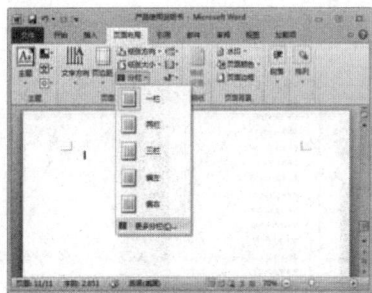
图 14-36 选择"更多分栏"选项

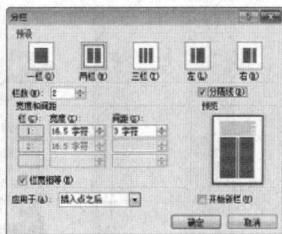
图 14-37 设置分栏

图 14-38 应用"标题 1"样式

(4) 将光标定位到标题文本下方，打开"插入"选项卡，在"插图"工具组中单击"图片"按钮，如图 14-39 所示。

(5) 弹出"插入图片"对话框，同时选中图片"平板电脑"和"界面图"，单击"插入"按钮，如图 14-40 所示。

计算机 基础与实训教材系列

(6) 此时，可以看到两张图片插入到了标题文本下方，分别选中两张图片并右击，在弹出的快捷菜单中选择"自动换行"|"浮于文字上方"命令，如图 14-41 所示。

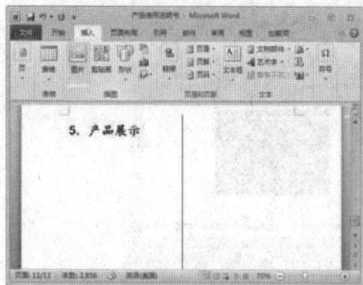

图 14-39　单击"图片"按钮　　图 14-40　选择要插入的图片　　图 14-41　设置图片环绕方式

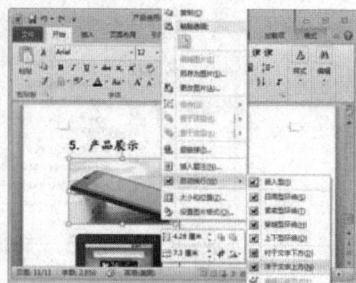

(7) 此时图片可以随意拖动，重新调整两张图片在文档中的位置，如图 14-42 所示。

(8) 同时选中两张图片，打开"图片工具"|"格式"选项卡，在"图片样式"工具组中单击"快速样式"下拉按钮，在弹出的下拉列表中选择"映像圆角矩形"选项，如图 14-43 所示。

图 14-42　调整图片的位置　　　　　图 14-43　设置图片样式

(9) 此时，可以看到为两张图片设置图片样式后的效果，如图 14-44 所示。

(10) 接着在页面右栏中输入产品的详细参数，如图 14-45 所示。

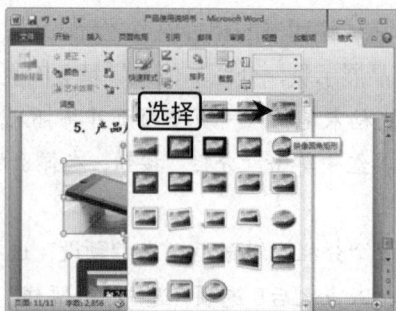

图 14-44　设置图片样式后的效果　　　图 14-45　输入产品参数

🌀 **提示**

　　在"分栏"对话框中，用户不仅可以在"预设"选项区域中选择现有的栏数样式，也可以在"列数"文本框中直接输入需要的栏数。如果需要设置分栏的宽度和各栏之间的间距，则在"宽度和间距"选项区域中进行设置，在"宽度"文本框中输入栏宽的大小，在"间距"文本框中输入各栏之间的间距。

14.1.4 设置页眉和页脚

在制作使用说明书时，需要添加页眉和页脚内容，以显示文档的页数和一些相关的信息，方便用户查找与阅读。下面将在产品使用说明书中插入页眉和页脚，并设置奇偶页不同的页眉内容，具体的操作步骤如下。

(1) 打开"插入"选项卡，在"页眉和页脚"工具组中单击"页眉"下拉按钮，在弹出的下拉列表中选择"空白"选项，如图 14-46 所示。

(2) 在第 2 页页眉区域中输入"平板电脑使用说明书"文本，将其字体设置为"微软雅黑"，字号设置为"16"，如图 14-47 所示。

(3) 打开"页眉和页脚工具"|"设计"选项卡，在"选项"工具组中选中"首页不同"复选框，如图 14-48 所示。

图 14-46 插入页眉   图 14-47 在页眉中输入文本   图 14-48 设置首页不同

(4) 经过步骤(3)的操作步骤后，可以看到在第 1 页文档中没有显示页眉，如图 14-49 所示。

(5) 切换至第 2 页的页脚区域，打开"插入"选项卡，在"页眉和页脚"工具组中单击"页码"下拉按钮，在弹出的下拉列表中选择"页面底端"|"圆角矩形 2"选项，如图 14-50 所示。

(6) 这时可以看到在页面的底端已经插入了圆角矩形的页码样式。接着再次单击"页码"下拉按钮，在弹出的下拉列表中选择"设置页码格式"选项，如图 14-51 所示。

图 14-49 第 1 页中没有显示页眉   图 14-50 插入页码   图 14-51 选择"设置页码格式"选项

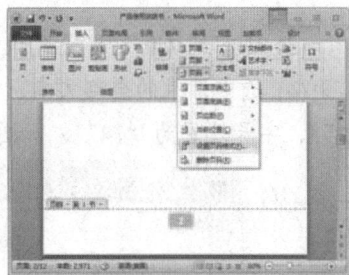

(7) 弹出"页码格式"对话框，在"起始页码"文本框中输入"0"，单击"确定"按钮，如图 14-52 所示。

(8) 经过前面的操作后，可以看到封面没有显示页码，在第 2 页的目录页中显示第 1 页，如图 14-53 所示。

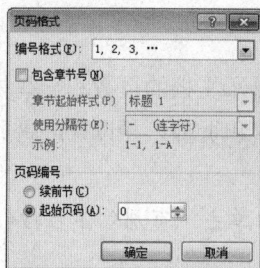

图 14-52　设置起始页码

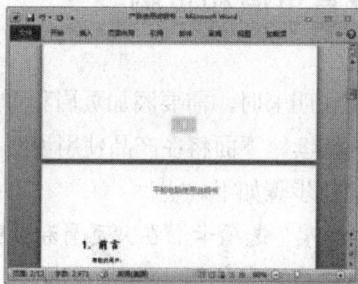

图 14-53　从第 2 页开始显示页码

14.1.5　自动生成目录页

对于应用了标题级别样式的文档，用户可以直接生成相应的目录内容。下面讲解如何为产品使用说明书生成目录，具体的操作步骤如下。

(1) 将光标定位到第 2 页的"目录"标题下方，打开"引用"选项卡，在"目录"工具组中单击"目录"下拉按钮，在弹出的下拉列表中选择"插入目录"选项，如图 14-54 所示。

(2) 弹出"目录"对话框，在"目录"选项卡中选中"显示页码"和"页码右对齐"复选框，在显示级别输入框中输入数字"3"，单击"确定"按钮完成设置，如图 14-55 所示。

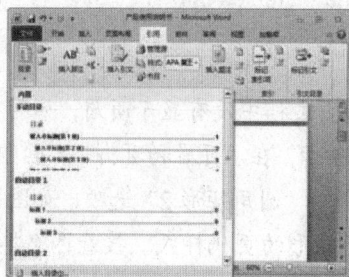

图 14-54　选择"插入目录"选项

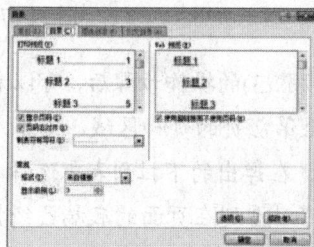

图 14-55　设置目录显示级别

(3) 返回到文档即可看到设置目录后的效果，如图 14-56 所示。

(4) 选中目录的全部文本，切换到"开始"选项卡，在"字体"组中将其字体设置为"楷体"、字号设置为"14"，如图 14-57 所示。

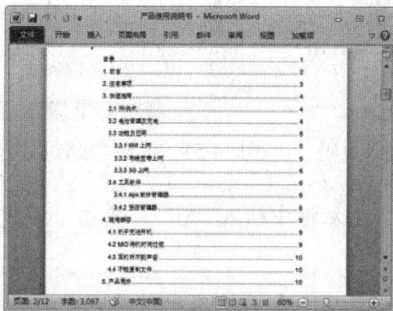

图 14-56　插入目录后的效果

图 14-57　为目录设置文字格式

⑭.1.6 为文档添加图片水印

Word 提供了图片水印和文字水印等水印设置功能，用户可以根据需要为文档设置合适的水印样式。下面将为产品使用说明书添加装饰图片水印，具体的操作步骤如下。

(1) 打开"页面布局"选项卡，在"页面背景"工具组中单击"水印"按钮，在弹出的下拉列表中选择"自定义水印"选项，如图 14-58 所示。

(2) 弹出"水印"对话框，单击"图片水印"单选按钮，单击"选择图片"按钮，如图 14-59 所示。

(3) 弹出"插入图片"对话框，选择"装饰图片"图片，单击"插入"按钮，如图 14-60 所示。

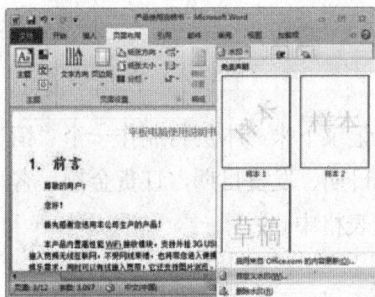

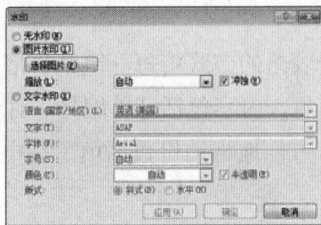

图 14-58 选择"自定义水印"选项　　图 14-59 单击"选择图片"按钮　　图 14-60 选择要插入的图片

(4) 返回到"水印"对话框，取消"冲蚀"复选框的选中状态，单击"确定"按钮，如图 14-61 所示。

(5) 进入"页眉和页脚"编辑状态，选中水印图片，重新调整其大小，使其充满整个文档。由于之前设置了首页不同的选项，所以在第 1 页调整的水印效果不会应用到其他页，所以需要重新调整第 2 页中水印的位置，如图 14-62 所示。

(6) 接着选中第 2 页中的水印图片，打开"图片工具"|"格式"选项卡，在"调整"工具组中单击"对比度"下拉按钮，在弹出的下拉列表中选择"+20%"选项，如图 14-63 所示。

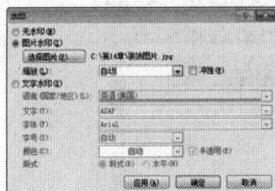

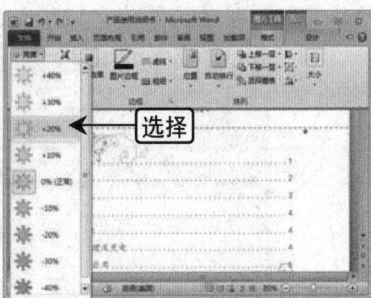

图 14-61 "水印"对话框　　　　图 14-62 调整水印图片　　　　图 14-63 为水印图片设置对比度

(7) 退出页眉和页脚的编辑状态后，即可看到设置装饰图片水印后的效果，如图 14-64 所示。

(8) 本例至此就全部制作完成了，按下 Ctrl+S 组合键即可保存文档。最终效果如图 14-65

所示。

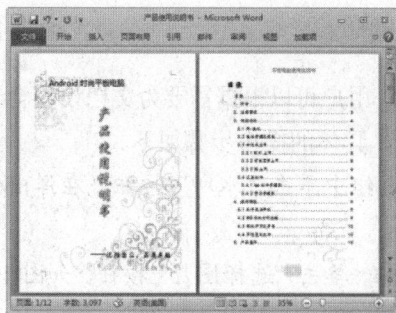

图 14-64　查看设置水印后的效果

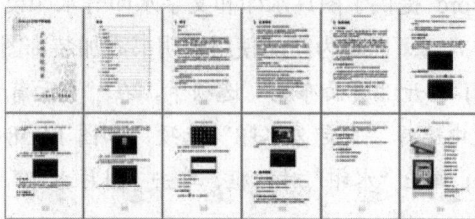

图 14-65　最终效果

14.2　制作销售记录与分析表

在企业中，往往会通过电子表格的方式将每一笔销售情况记录下来。本例将制作一个"销售记录单"，存储公司的销售信息，内容包括订单编号、订货日期、发货日期，订货金额、客户的联络信息等，使用户可非常方便地将销售数据填写在电子表格中。

14.2.1　制作销售记录表

此例中的电子表格只有列标题，它们分别是"订单编号"、"订货日期"、"发货日期"、"地区"、"城市"、"订货金额"、"联系人"和"地址"。下面将利用之前学到的知识完成"销售记录表"的制作，具体的操作步骤如下。

(1) 新建一个 Excel 工作簿，将其另存为"销售记录单"，在 A1:H1 单元格区域中依次输入文本"订单编号"、"订货日期"、"发货日期"、"地区"、"城市"、"订货金额"、"联系人"和"地址"，如图 14-66 所示。

(2) 选中 A1:H1 单元格区域，切换到"开始"选项卡，在"字体"组中将其字体设置为"微软雅黑"，字号设置为"12"，如图 14-67 所示。

图 14-66　输入列标题

图 14-67　设置文字格式

(3) 根据文本内容重新调整各列的宽度，如图 14-68 所示。

(4) 保持 A1:H1 单元格区域的选中状态，在"字体"组中单击"填充颜色"下拉按钮，在弹出的颜色列表中选择"蓝色"选项，如图 14-69 所示。

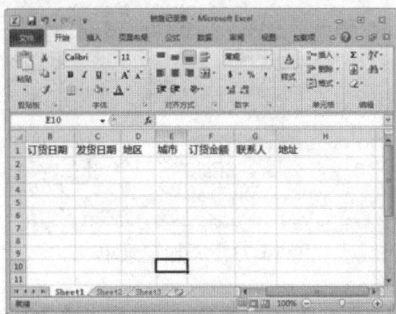

图 14-68 调整列宽

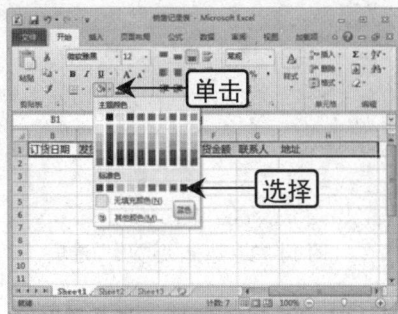

图 14-69 设置填充颜色

(5) 接着单击"字体颜色"下拉按钮，在弹出的颜色列表中选择"白色"选项，如图 14-70 所示。

(6) 为选中单元格区域设置填充颜色和字体颜色后的效果如图 14-71 所示。

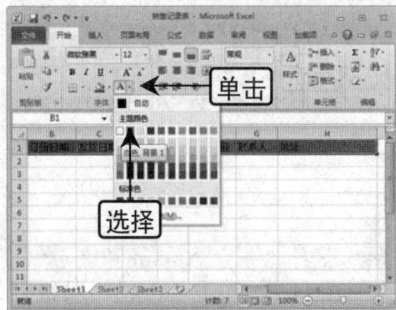

图 14-70 设置字体颜色

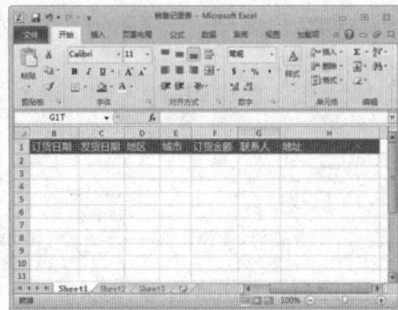

图 14-71 设置填充颜色和字体颜色后的效果

14.2.2 使用订货单填写销售信息

使用记录单功能可以轻松地对工作表中的数据进行查看、查找、新建、删除等工作，就像在数据库中的操作一样。下面利用记录单的功能向销售记录表中填写数据，并快捷地查询信息，具体的操作步骤如下。

(1) 单击"文件"按钮，在展开的列表中选择"选项"选项，如图 14-72 所示。

(2) 弹出"Excel 选项"对话框，打开"快速访问工具栏"选项卡，在"从下列位置选择命令"下拉列表中选择"不在功能区中的命令"选项，然后在下方的命令列表中选择"记录单"选项，单击"添加"按钮，如图 14-73 所示。

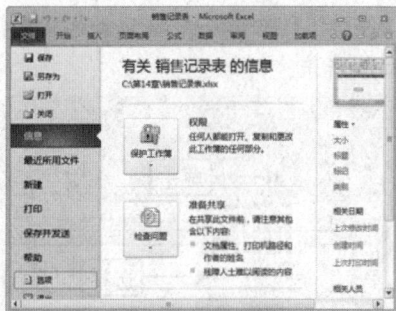

图 14-72　选择"选项"选项　　　　　　图 14-73　添加记录单

(3) 此时，可以看到已经将"记录单"命令添加进右侧的列表中，单击"确定"按钮，如图 14-74 所示。

(4) 返回到 Excel 工作表，单击"快速访问工具栏"中的"记录单"按钮，如图 14-75 所示。

图 14-74　"Excel 选项"对话框　　　　　　图 14-75　单击"记录单"按钮

(5) 弹出提示对话框，单击"确定"按钮，如图 14-76 所示。

(6) 弹出 Sheet1 对话框，这时可以看出，工作表的列标题都显示在记录单中了，如图 14-77 所示。

(7) 逐条输入每笔记录，单击"新建"按钮即可将该记录添加到工作表中，如图 14-78 所示。

图 14-76　提示对话框　　　　图 14-77　查看记录单　　　　图 14-78　添加记录

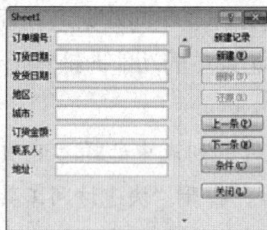

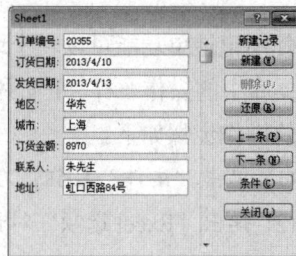

(8) 返回到工作表即可看到新记录已添加在工作表的末尾了，如图 14-79 所示。

(9) 接着在记录单中依次输入所有的记录。输完每笔后单击"新建"按钮可再输入下一条记录。输入完成的效果如图 14-80 所示。全部输入完成后，返回到工作表即可看到输入完成后的效果。

(10) 在"记录单"对话框中单击"上一条"和"下一条"按钮,可以在上一条和下一条记录中进行切换查看,如图 14-81 所示。

图 14-79 查看添加的新记录　　图 14-80 查看输入完成后的效果　　图 14-81 在记录单中查看数据

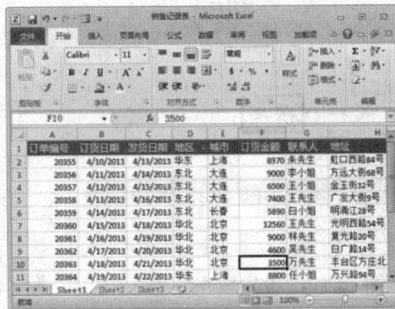

14.2.3 快速美化单元格

当在销售记录表中输入了大量数据后,为了能够使记录的显示更加容易区分,经常采用隔行显示的格式,其实就是为单元格隔行添加不同的底纹颜色,如果人工来完成此项工作,工作量一定会非常大,所以要让"条件格式"来帮忙。条件格式能够根据单元格的内容有选择和自动地应用单元格格式,避免了人工处理时繁琐、重复的操作。具体的操作步骤如下。

(1) 选中 A1:H15 单元格区域,切换到"开始"选项卡,在"样式"组中单击"条件格式"下拉按钮,在弹出的下拉列表中选择"新建规则"选项,如图 14-82 所示。

(2) 弹出"新建格式规则"对话框,在"选择规则类型"列表框中单击"使用公式确定要设置格式的单元格"选项,接着在"为符合此公式的值设置格式"数值框中输入公式"=mod(row(),2)=0",然后单击"格式"按钮,如图 14-83 所示。

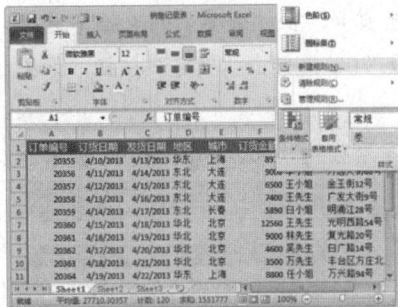

图 14-82 选择"新建规则"选项　　图 14-83 输入公式

提示

公式"=mod(row(),2)=0"的含义是:如果行号除以 2 没有余数,则此行为偶数行,否则为奇数行。

(3) 弹出"设置单元格格式"对话框,打开"填充"选项卡,单击选择"浅蓝"色,单击"确定"按钮,如图 14-84 所示。

(4) 返回到"新建格式规则"对话框，这时在预览区中可以看到颜色块已经变成了浅蓝色，单击"确定"按钮完成设置，如图 14-85 所示。

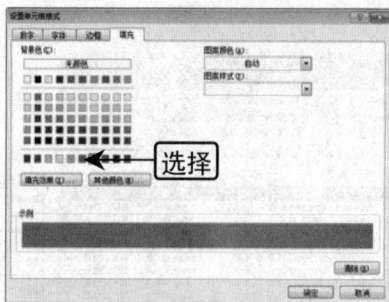

图 14-84　设置填充颜色　　　　图 14-85　"新建格式规则"对话框

(5) 此时，可以发现 Excel 自动为偶数行添加了带有颜色的底纹效果，而奇数行的底纹颜色保持不变，如图 14-86 所示。

(6) 选中整个工作表，切换到"开始"选项卡，在"对齐方式"组中单击"居中"按钮，如图 14-87 所示。

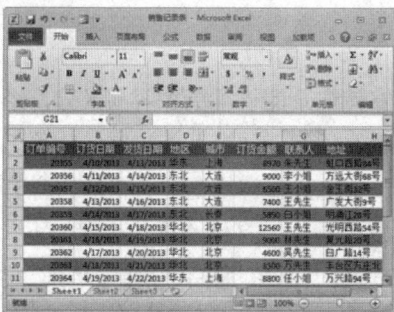

图 14-86　为偶数行设置底纹后的效果　　　　图 14-87　设置对齐方式

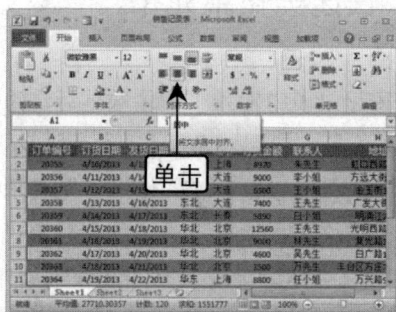

(7) 选中 F2:F15 单元格区域并右击，在弹出的快捷菜单中选择"设置单元格格式"命令，如图 14-88 所示。

(8) 弹出"设置单元格格式"对话框，切换到"数字"选项卡，在"分类"列表框中选择"货币"选项，在右侧选择中国的货币符号，并输入小数位数"0"，单击"确定"按钮，如图 14-89 所示。

(9) 返回到工作表即可看到为选中单元格区域设置货币符号后的效果，如图 14-90 所示。

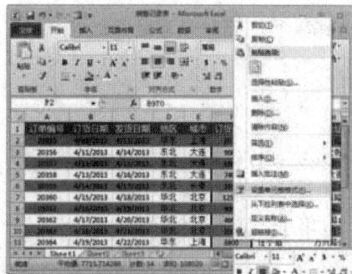

图 14-88　选择"设置单元格格式"命令　图 14-89　设置货币符号　　图 14-90　设置货币符号后的效果

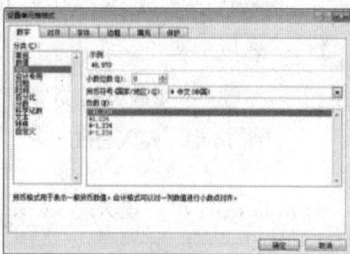

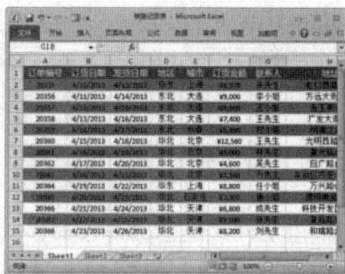

⑭.2.4 使用排序功能分析数据

在本例的销售记录表中，需要能够按照"地区"字段进行排序，即把同一地区的订单集中显示。具体的操作步骤如下。

(1) 在"销售记录表"工作表中选中任意单元格，打开"数据"选项卡，在"排序和筛选"组中单击"排序"按钮，如图 14-91 所示。

(2) 弹出"排序"对话框，选择主要关键字"地区"，次序为"升序"，如图 14-92 所示。

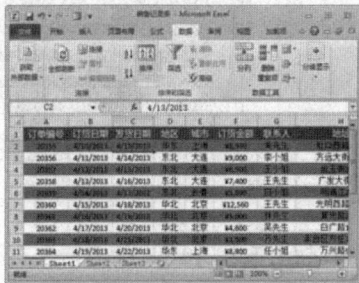

图 14-91 单击"排序"按钮

图 14-92 设置排序条件

(3) 单击"添加条件"按钮，添加一项条件，次要关键字选择"城市"，次序为"升序"，单击"确定"按钮，如图 14-93 所示。

(4) 返回工作表中，此时工作表将首先按照地区进行升序的排序，如果地区名称相同则按照城市进行升序排序，如图 14-94 所示。

图 14-93 设置排序条件

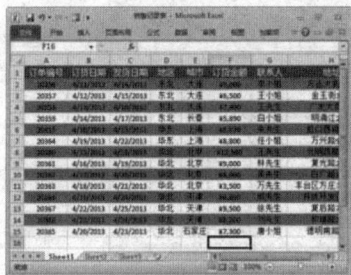

图 14-94 查看排序的效果

⑭.2.5 使用汇总功能分析数据

下面将按照"地区"字段和"城市"字段对销售记录表中的数据进行分类汇总，以获得不同地区和城市的订货金额汇总情况。具体的操作步骤如下。

(1) 选中工作表中任意单元格，打开"数据"选项卡，在"分级显示"组中单击"分类汇总"按钮，如图 14-95 所示。

(2) 弹出"分类汇总"对话框，在"分类字段"下拉列表中选择"地区"，在"汇总方式"下拉列表中选择"求和"，在"选定汇总选项"中选中"订货金额"复选框，单击"确定"按

计算机基础与实训教材系列

钮，如图 14-96 所示。

(3) 此时，Excel 已自动进行了汇总计算，在工作表的左侧会出现符号 1 2 3，单击它打开或收缩分类数据，收缩到 2 级，就可以看到各"地区"的"订货金额"汇总了，单击左侧目录栏中的加号或减号可以打开或者折叠某个汇总项目的具体内容，如图 14-97 所示。

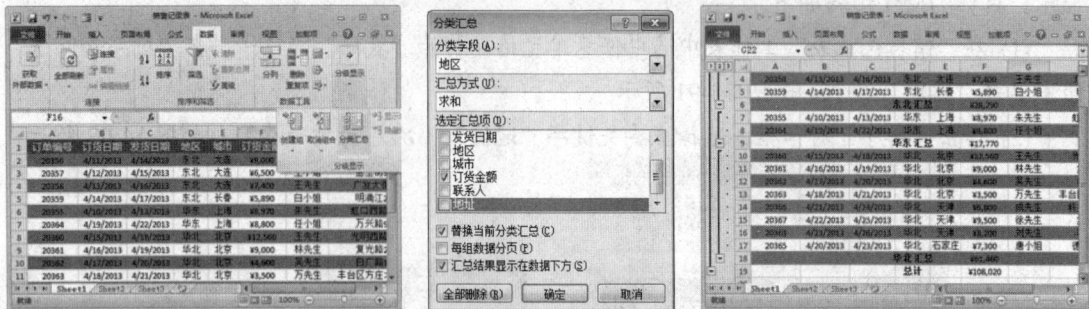

图 14-95 单击"分类汇总"按钮　图 14-96 "分类汇总"对话框　图 14-97 查看分类汇总后的效果

(4) 在"分类显示"组中再次单击"分类汇总"按钮，如图 14-98 所示。

(5) 再次打开"分类汇总"对话框，在"分类字段"下拉列表中选择"城市"，在"汇总方式"下拉列表中选择"求和"，在"选定汇总项"列表框中选中"订货金额"复选框，取消"替换当前分类汇总"复选框的选中状态，单击"确定"按钮，如图 14-99 所示。

(6) 返回到工作表后，将会看到二重嵌套分类汇总，在该工作表中将首先按照地区对订货金额进行汇总，再按照城市进行嵌套汇总，如图 14-100 所示。

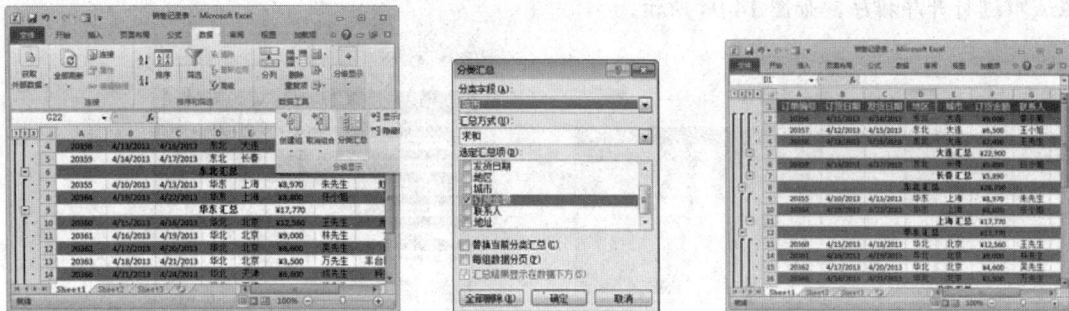

图 14-98 单击"分类汇总"按钮　图 14-99 "分类汇总"对话框　图 14-100 查看分类汇总后的效果

14.2.6 使用自动筛选分析数据

自动筛选可以帮助收集有用的信息，操作者只要给出条件，Excel 就会按要求返回相关记录。例如，需要在工作表中查找"华北地区"、"天津市"、"刘先生"的所有销售记录，具体的操作步骤如下。

(1) 选中任意数据单元格，打开"数据"选项卡，在"排序和筛选"组中单击"筛选"按钮，如图 14-101 所示。

(2) Excel 会自动给列标题添加自动筛选的下拉箭头，单击列标题"地区"右侧的下拉按钮，在弹出的下拉列表中选中"华北"复选框，单击"确定"按钮，如图 14-102 所示。

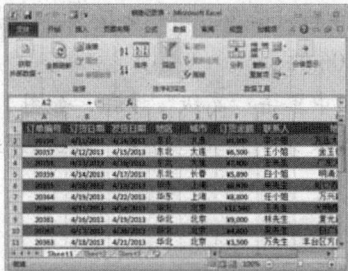

图 14-101　单击"筛选"按钮

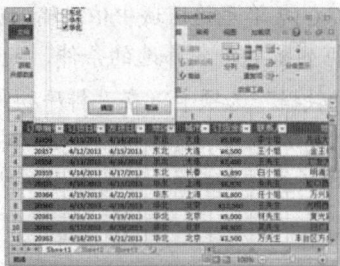

图 14-102　设置筛选条件 1

(3) 这时可以看到工作表中将只显示"华北"地区的销售记录。单击列标题"城市"右侧的下拉按钮，在弹出的下拉列表中选中"天津"复选框，单击"确定"按钮，如图 14-103 所示。

(4) 此时，工作表中只显示华北地区、天津市的销售记录了。单击列标题"联系人"右侧的下拉按钮，在弹出的下拉列表中选中"刘先生"复选框，单击"确定"按钮，如图 14-104 所示。

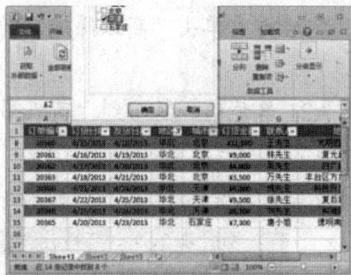

图 14-103　设置筛选条件 2

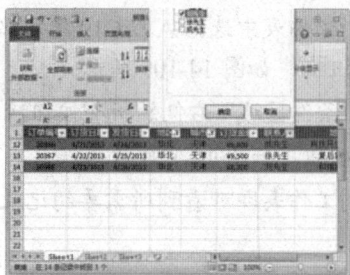

图 14-104　设置筛选条件 3

(5) 此时，可以看到工作表中只显示华北地区天津市刘先生的销售记录，如图 14-105 所示。

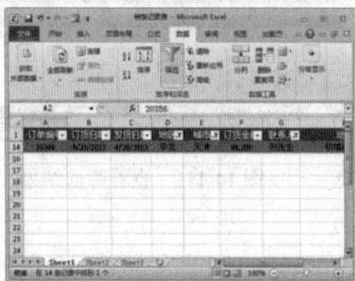

图 14-105　查看筛选记录

提示

在 Excel 中使用函数时，如果无法确定使用的函数，可以在"搜索函数"列表框中输入信息，再单击"转到"按钮。

14.2.7　使用高级筛选分析数据

Excel 中的高级筛选功能可以帮助用户更灵活地收集信息，它打破了单一条件的限制，可以任意的组合查询条件，弥补了"自动筛选"的不足。例如，现在需要查找华北地区、天津市、刘先生和万先生的所有销售记录，使用"自动筛选"就无法做到了，而"高级筛选"可以很好地解决这个问题，具体的操作步骤如下。

(1) 在 A17:C17 单元格区域中依次输入筛选条件的列标题，即"地区"、"城市"和"联系人"，并根据列标题输入筛选的条件，如图 14-106 所示。

(2) 打开"数据"选项卡，在"排序和筛选"组中单击"高级"按钮，如图 14-107 所示。

(3) 弹出"高级筛选"对话框，单击"将筛选结果复制到其他位置"单选按钮，单击"列表区域"右侧的折叠按钮，如图 14-108 所示。

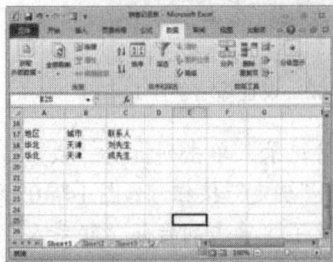

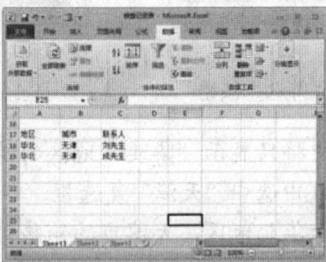

图 14-106　输入筛选条件　　图 14-107　单击"高级"按钮　　图 14-108　"高级筛选"对话框

(4) 返回到工作表中选择 A17:C19 单元格区域，然后再次单击"高级筛选-条件区域"对话框中的折叠按钮，如图 14-109 所示。

(5) 单击"条件区域"右侧的折叠按钮，单击 A21 单元格，返回到"高级筛选"对话框，单击"确定"按钮，如图 14-110 所示。

(6) 返回到工作表即可看到所需要的记录已经被复制到指定的位置了，如图 14-111 所示。

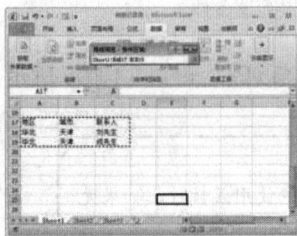

图 14-109　选择单元格区域　　图 14-110　"高级筛选"对话框　　图 14-111　查看筛选结果

14.3　制作数码产品展示演示文稿

随着时代的不断发展，越来越多的商家开始采用多媒体方法来推介一款新产品，在多媒体中配合图片、音效以及动态效果的呈现，可以让人们深入地了解产品的外观、特点以及功能等。本章将介绍一个新产品发布演示文稿的制作，利用多个幻灯片之间的变幻，可互动控制，取得多姿多彩的动画效果，使用户在欣赏产品的同时，也得到了美的享受。

⑭.3.1　设置幻灯片背景

一个精美的演示文稿首先在外观上要精美，这就需要有合适的主题背景做衬托，设置幻灯片背景的具体操作步骤如下。

(1) 新建一个 PowerPoint 2010 演示文稿，将其另存为"数码产品展示"，如图 14-112 所示。

(2) 接着新建 8 张空白幻灯片，如图 14-113 所示。

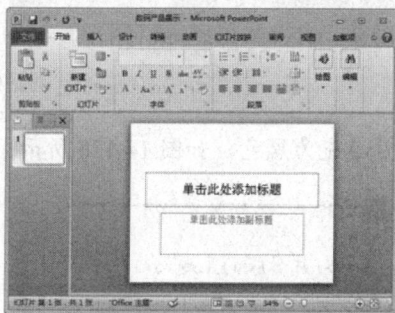

图 14-112　新建演示文稿　　　　图 14-113　新建空白幻灯片

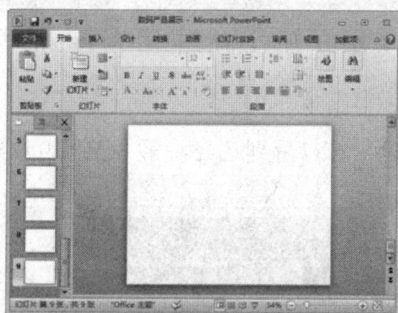

(3) 选中第 1 张幻灯片，在幻灯片窗格的任意空白处右击，在弹出的快捷菜单中选择"设置背景格式"命令，如图 14-114 所示。

(4) 弹出"设置背景格式"对话框，切换到"填充"选项卡，单击"图片或纹理填充"单选按钮，单击"文件"按钮，如图 14-115 所示。

(5) 弹出"插入图片"对话框，选中"诺基亚总部大楼"图片，单击"插入"按钮，如图 14-116 所示。

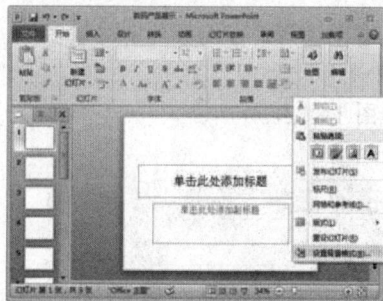

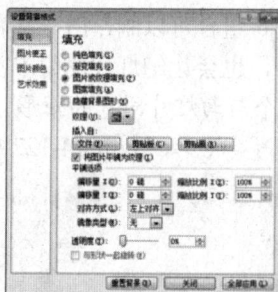

图 14-114　选择"设置背景格式"命令　　图 14-115　"设置背景格式"对话框　　图 14-116　选择要插入的图片

(6) 此时，即可看到为第 1 张幻灯片设置图片背景后的效果，如图 14-117 所示。

(7) 同时选中第 7 至第 9 张幻灯片并右击，在弹出的快捷菜单中选择"设置背景格式"命令，如图 14-118 所示。

(8) 弹出"设置背景格式"对话框，切换到"填充"选项卡，单击"纯色填充"单选按钮，在"颜色"下拉列表中选择"黑色"，单击"关闭"按钮，如图 14-119 所示。

图 14-117　设置图片背景后的效果　　图 14-118　选择"设置背景格式"命令　　图 14-119　"设置背景格式"对话框

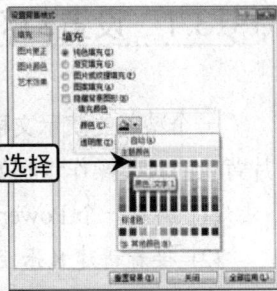

(9) 此时，可以看到已经将第 7 至第 9 张幻灯片填充为黑色，如图 14-120 所示。

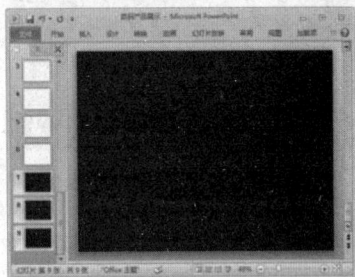

图 14-120　设置幻灯片背景后的效果

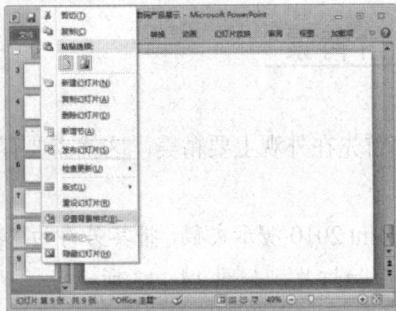

> **提示**
>
> 　　在幻灯片母版的主题幻灯片中设置效果之后，其效果将应用于所有版式的幻灯片中，即无论插入何种版式的幻灯片，都将应用相同的效果设置。

14.3.2　使用形状和图片装饰幻灯片

在幻灯片中绘制各种形状并进行组合可以制作出非常有创意的图形。在幻灯片中尽量多地使用图片，可以吸引观众的注意力，也会让幻灯片变得丰富多彩。

(1) 在第 1 张幻灯片中绘制一个与幻灯片同宽的矩形，如图 14-121 所示。

(2) 将矩形填充为白色，并取消其轮廓，如图 14-122 所示。

图 14-121　绘制矩形

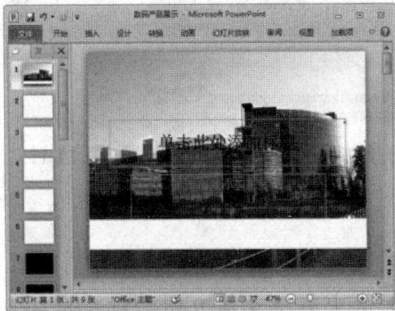

图 14-122　设置填充颜色

(3) 在标题占位符中输入演示文稿的名称，并将其字体颜色设置为"白色"。在副标题占位符中输入手机的型号，字体都设置为"微软雅黑"，如图 14-123 所示。

(4) 接着在第 1 张幻灯片中插入"诺基亚 Logo"图片,缩小图片,并将其摆放在白色矩形的左侧,如图 14-124 所示。

图 14-123 输入文本

图 14-124 插入图片

(5) 在第 2 张幻灯片中绘制一个矩形,将其填充为"蓝色",并取消其轮廓,如图 14-125 所示。

(6) 在矩形下方绘制一个三角形,也将其填充为"蓝色",并取消其轮廓,如图 14-126 所示。

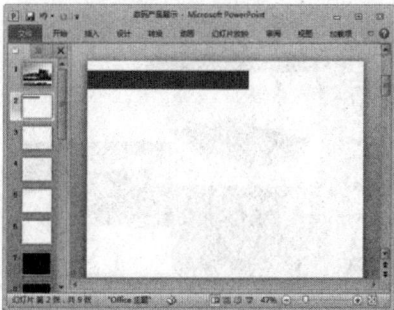

图 14-125 绘制矩形

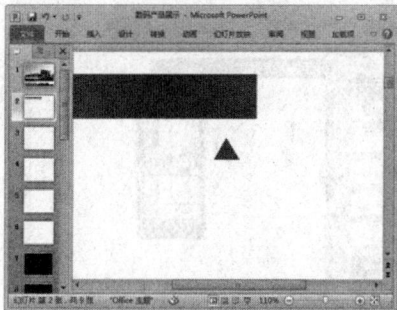

图 14-126 设置填充颜色

(7) 将三角形垂直翻转,并将其摆放在矩形的右下方,如图 14-127 所示。

(8) 选中矩形并右击,在弹出的快捷菜单中选择"编辑文字"命令,如图 14-128 所示。

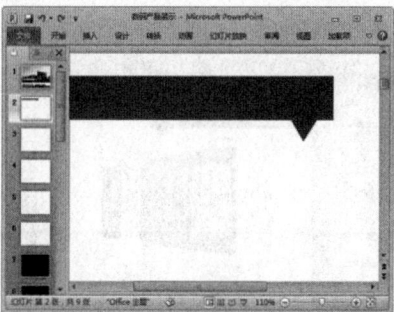

图 14-127 垂直翻转三角形

图 14-128 选择"编辑文字"命令

(9) 这时矩形内显示闪烁的光标,在光标处插入一个五角星,然后输入标题文字,并将其字体设置为"微软雅黑"、字号设置为"28"、字体颜色设置为"白色",如图 14-129 所示。

(10) 将矩形和三角形同时选中,将其复制到第 3 至第 9 张幻灯片中,并修改各张幻灯片矩形内的标题文字，如图 14-130 所示。

图 14-129　输入文本

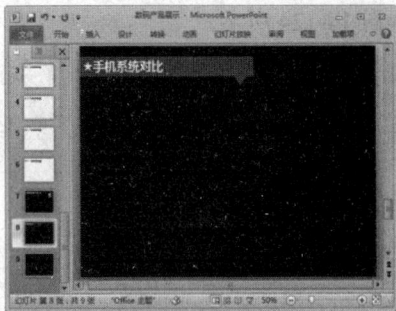

图 14-130　复制形状

(11) 在第 2 张幻灯片中插入"展示图"图片，并将其摆放在幻灯片居中位置，如图 14-131 所示。

(12) 在第 3 张幻灯片中插入"无线充电"、"磁贴布局"、"高灵敏度操作" 3 张图片，重新摆放 3 张图片，如图 14-132 所示。

图 14-131　插入图片 1

图 14-132　插入图片 2

(13) 在 3 张图片旁边各绘制一个文本框，输入图片的名称，如图 14-133 所示。

(14) 在第 4 张幻灯片中插入"外壳颜色"图片，并将其摆放在幻灯片的居中位置，如图 14-134 所示。

图 14-133　绘制文本框

图 14-134　插入图片

(15) 在第 4 张幻灯片的左下角绘制一个文本框，输入文本"可选颜色："，然后在文本框下方绘制一个正方形，将其填充为"黑色"、轮廓设置为"灰色"，如图 14-135 所示。

(16) 将正方形复制 5 个，分别依次摆放，并将其填充为不同的颜色，如图 14-136 所示。

图 14-135　绘制文本和正方形

图 14-136　复制正文形

(17) 在第 5 张幻灯片中插入"配件"图片，并将摆放在幻灯片的居中位置，如图 14-137 所示。

(18) 在"配件"图片下方绘制 5 个文本框，分别输入不同的配件名称，如图 14-138 所示。

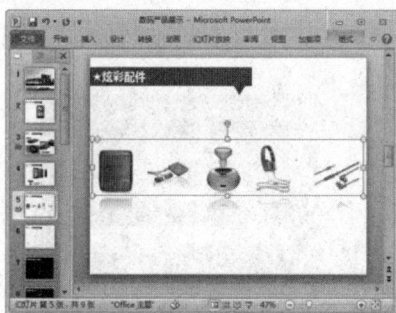

图 14-137　插入图片

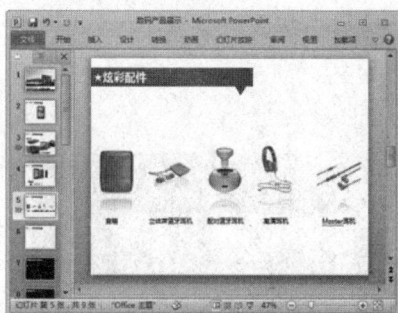

图 14-138　绘制文本框

(19) 在第 6 张幻灯片中插入"视频装饰"图片，并将其摆放在幻灯片的居中位置，如图 14-139 所示。

(20) 选中第 7 张幻灯片，在幻灯片中绘制一个正方形，将其填充为"深红色"、取消其轮廓，接着在正方形内输入文本"全"，如图 14-140 所示。

图 14-139　插入图片

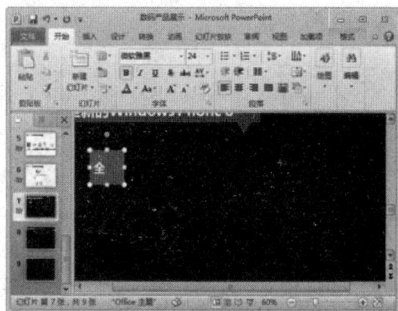

图 14-140　绘制正方形

(21) 接着绘制一个文本框，输入文本"新"，并将其摆放在正方形的右下角，如图 14-141 所示。

(22) 将深红色的正方形复制一个，拖动右侧的控制点，将正方形调整为矩形，并将其摆放在正方形的右侧，并输入如图 14-142 所示的文本。

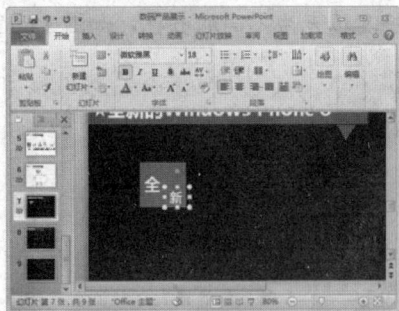

图 14-141　绘制文本框

图 14-142　复制正方形 1

(23) 将正方形再复制一个，调整为矩形，并将其摆放在长矩形的右侧，然后输入如图 14-143 所示的文本。

(24) 将 3 个图形同时选中并复制 2 个，在幻灯片中从上至下依次摆放，并将摆在中间的 3 个图形填充为"绿色"，将摆在下方的 3 个图形填充为"橙色"。接着修改各复制图形内的文本，如图 14-144 所示。

图 14-143　复制正方形 2

图 14-144　复制形状 1

(25) 接着将第 7 张幻灯片中的正方形复制两个，都填充为"蓝色"，将其中一个正方形拉长成矩形，然后将其摆放在幻灯片的底端，如图 14-145 所示。

(26) 选中第 8 张幻灯片，在幻灯片中绘制一个矩形，将其填充为"灰白色"，并取消其轮廓，如图 14-146 所示。

图 14-145　复制形状 2

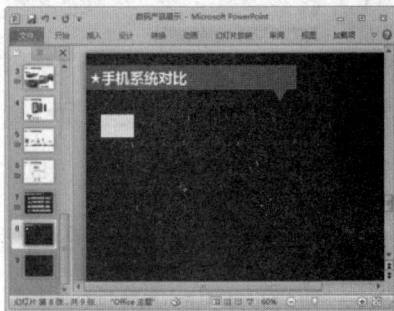

图 14-146　绘制矩形 1

(27) 在白色矩形右侧绘制 3 个长度相等的矩形，将其填充为"深蓝色"和"深红色"，并取消其轮廓，如图 14-147 所示。

(28) 接着在第 8 张幻灯片的各矩形下方绘制一个与其宽度相同的矩形, 并将其填充为 "深蓝色" 和 "灰白色", 取消其轮廓, 如图 14-148 所示。

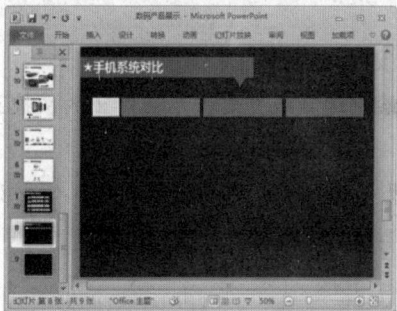

图 14-147 绘制矩形 2

图 14-148 绘制矩形 3

(29) 在各矩形内分别输入如图 14-149 所示的文本, 将其字体都设置为 "微软雅黑"。

(30) 在第 2 排的 3 个灰白色矩形内插入 "WP8"、"Android"、"iPhone" 3 张图片, 并重新调整图片的大小, 如图 14-150 所示。

图 14-149 输入文本

图 14-150 插入图片 1

(31) 选中最后一张幻灯片, 插入 "瓷贴图" 和 "装饰" 两张图片, 并按如图 14-151 所示的位置进行摆放。

(32) 在最后一张幻灯片中绘制一个文本框, 输入如图 14-152 所示的文本, 并将其字体设置为 "微软雅黑"、文字颜色设置为 "白色"。

图 14-151 插入图片 2

图 14-152 绘制文本框

⑭.3.3 添加注释线条

接下来在第 2 张幻灯片中添加注释线条和注释文字，具体的操作步骤如下。

(1) 选中第 2 张幻灯片，绘制一条直线，选中绘制的直线并右击，在弹出的快捷菜单中选择"设置形状格式"命令，如图 14-153 所示。

(2) 弹出"设置形状格式"对话框，打开"线型"选项卡，在"前端类型"下拉列表中选择"圆型箭头"选项，单击"关闭"按钮，如图 14-154 所示。

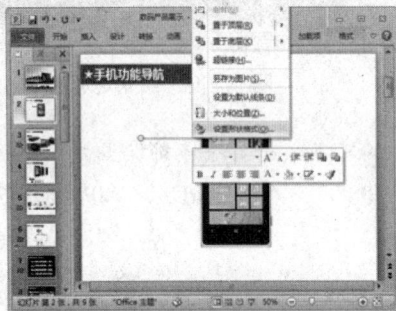

图 14-153　绘制直线　　　　图 14-154　设置前端类型

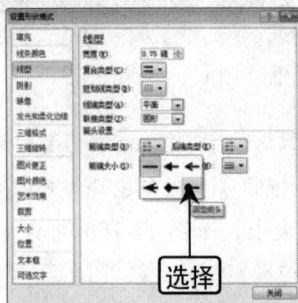

(3) 选中绘制的直线，打开"绘图工具"|"格式"选项卡，在"形状样式"组中单击"形状轮廓"下拉按钮，在弹出的下拉列表中选择"粗细"|"1.5 磅"选项，如图 14-155 所示。

(4) 在直线左侧绘制一个文本框，输入手机功能文本，将字体设置为"微软雅黑"、字号设置为"14"，如图 14-156 所示。

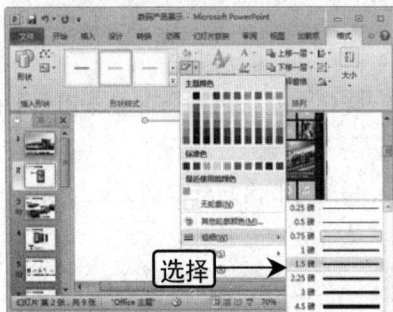

图 14-155　设置线条粗细　　　　图 14-156　绘制文本框

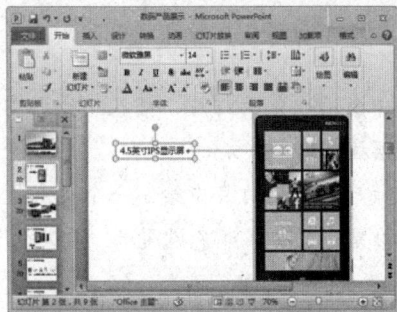

(5) 将直线复制一条摆放在图片的右侧，选中复制的直线，选择"绘图工具"|"格式"选项，在"排列"中单击"旋转"下拉按钮，在弹出的下拉列表中选择"水平翻转"选项，如图 14-157 所示。

(6) 此时，可以看到已经将复制直线的圆角箭头水平翻转到右端了，将直线左侧的文本框复制一个摆放在复制直线的右侧，并修改文本框内的文字，如图 14-158 所示。

图 14-157 复制直线

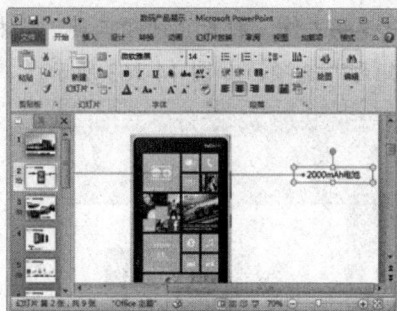

图 14-158 水平翻转直线

(7) 将两条直线和两个文本框同时选中并复制 4 个，在图片上从上至下依次摆放，并修改文本框内的文本，如图 14-159 所示。

图 14-159 复制直线和文本框

提示

在幻灯片中插入视频文件后，如果需要将其删除，则在幻灯片中选中需要删除的影片图标，按下 Delete 键即可。

14.3.4 添加视频文件

接下来为演示文稿的第 6 张幻灯片添加一个宣传视频文件，具体的操作步骤如下。

(1) 选中第 6 张幻灯片，打开"插入"选项卡，在"媒体"组中单击"视频"下拉按钮，在弹出的下拉列表中选择"文件中的视频"选项，如图 14-160 所示。

(2) 弹出"插入视频文件"对话框，选中"宣传视频"文件，单击"插入"按钮，如图 14-161 所示。

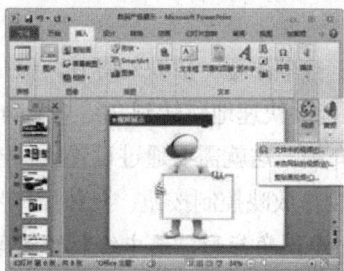

图 14-160 选择"文件中的视频"选项

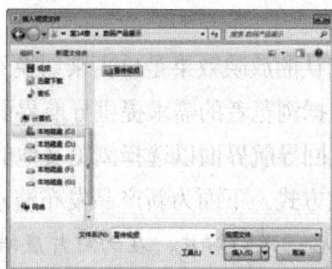

图 14-161 选择要插入的视频

(3) 视频插入到幻灯片中之后，拖动视频四周的控制点重新调整视频的大小，并将其摆放在"视频装饰"图片之中，如图 14-162 所示。

(4) 选中视频文件，打开"视频工具"|"格式"选项卡，在"视频样式"下拉列表中选择"柔化边缘矩形"选项，如图 14-163 所示。

图 14-162　调整视频的大小

图 14-163　设置视频样式

(5) 保持视频文件的选中状态，打开"视频工具"|"播放"选项卡，在"编辑"组中设置"淡入"和"淡出"的时间都为"01:00"，如图 14-164 所示。

(6) 接着在"视频选项"组中的"开始"下拉列表中选择"自动"选项，选中"循环播放，直到停止"选项，如图 14-165 所示。

图 14-164　设置淡入和淡出时间

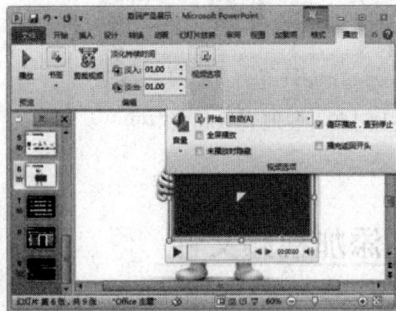

图 14-165　设置视频选项

14.3.5　制作放映按钮

演示文稿默认的放映效果是单击来切换幻灯片，按顺序逐一放映幻灯片。但是在演示产品的过程中需要根据浏览者的需求提供导航界面，从而能够快速地跳转到介绍某个功能的幻灯片，并能够快速地返回导航界面以选择浏览其他的功能介绍，这就需要通过设置放映控制按钮来控制幻灯片的播放方式。下面为新产品发布演示文稿制作放映控制按钮，具体操作步骤如下。

(1) 选中最后一张幻灯片，在幻灯片底端绘制一个圆角矩形，选中绘制的圆角矩形，单击"绘图工具"|"格式"选项，在"形状样式"列表框中单击选择"中等效果-蓝色，强调颜色 1"选项，如图 14-166 所示。

(2) 将圆角矩形复制两个，分别设置为红色和绿色的形状样式，并在幻灯片底端依次摆放，如图 14-167 所示。

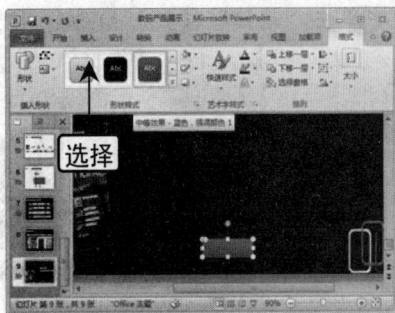

图 14-166　绘制圆角矩形

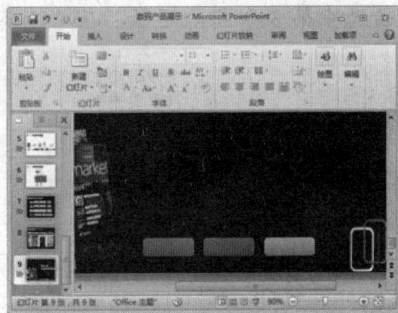

图 14-167　复制圆角矩形

(3) 在 3 个圆角矩形中分别输入如图 14-168 所示的文本，并将其字体设置为"微软雅黑"、字体颜色设置为"白色"。

(4) 选中第 1 个圆角矩形，打开"插入"选项卡，在"链接"组中单击"动作"按钮，如图 14-169 所示。

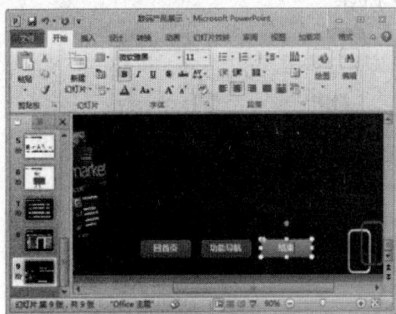

图 14-168　输入文本

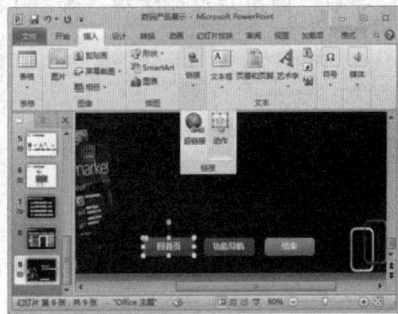

图 14-169　单击"动作"按钮

(5) 弹出"动作设置"对话框，切换到"单击鼠标"选项卡，在"超链接到"下拉列表中选择"第一张幻灯片"选项，单击"确定"按钮，如图 14-170 所示。

(6) 选中第 2 个圆角矩形，接着在"链接"组中单击"动作"按钮，如图 14-171 所示。

(7) 弹出"动作设置"对话框，切换到"单击鼠标"选项卡，在"超链接到"下拉列表中选择"幻灯片"选项，如图 14-172 所示。

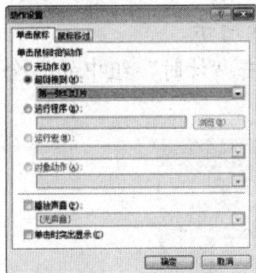

图 14-170　设置动作

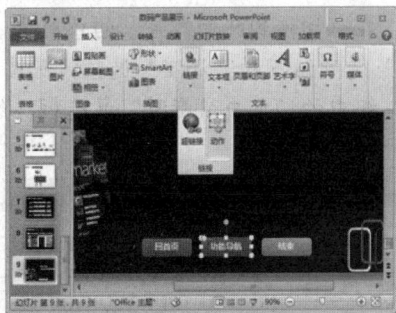

图 14-171　单击"动作"按钮

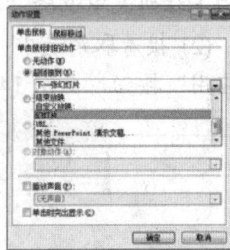

图 14-172　设置动作

(8) 弹出"超链接到幻灯片"对话框，在"幻灯片标题"列表框中选择"2. 幻灯片 2"选项，单击"确定"按钮，如图 14-173 所示。

(9) 返回到"动作设置"对话框，单击"确定"按钮，如图 14-174 所示。

(10) 接着选中第 3 个圆角矩形，在"链接"组中单击"动作"按钮，如图 14-175 所示。

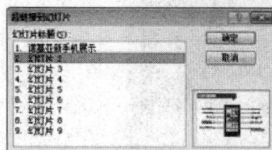

图 14-173　选择幻灯片　　　图 14-174　"动作设置"对话框　　　图 14-175　单击"动作"按钮

(11) 弹出"动作设置"对话框，切换到"单击鼠标"选项卡，在"超链接到"下拉列表中选择"结束放映"选项，单击"确定"按钮，如图 14-176 所示。

(12) 将 3 个圆角矩形同时选中，然后将其复制到第 2 至第 8 张幻灯片中，并将第 2 张幻灯片中的"功能导航"圆角矩形删除掉，如图 14-177 所示。

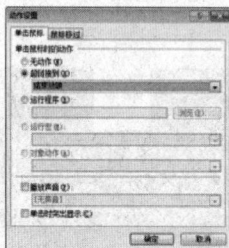

图 14-176　设置动作　　　　　　　图 14-177　复制圆角矩形

⑭.3.6　添加动画效果

接下来为幻灯片设置转换效果，并为某些对象添加动画效果。PowerPoint 的动画效果包括"进入"、"强调"、"退出"以及"路径动画"。添加动画效果的具体操作步骤如下。

(1) 打开"转换"选项卡，在"切换到此幻灯片"组中单击"切换方案"下拉按钮，在弹出的下拉列表中选择"华丽型"选项组下的"涡流"选项，如图 14-178 所示。

(2) 接着取消选中"计时"组中的"单击鼠标时"复选框，然后单击"计时"组中的"全部应用"按钮，如图 14-179 所示。

图 14-178　设置切换方案　　　　　　图 14-179　设置换片方式

（3）选中第 1 张幻灯片中的标题占位符，打开"动画"选项卡，在"高级动画"组中单击"添加动画"下拉按钮，在弹出的下拉列表中选择"进入"选项组下的"缩放"选项，如图 14-180 所示。

（4）接着选中"诺基亚 Logo"图片，单击"添加动画"下拉按钮，在弹出的下拉列表中选择"进入"选项组下的"飞入"选项，如图 14-181 所示。

图 14-180　添加进入效果 1　　　　图 14-181　添加进入效果 2

（5）接着在"动画"组中单击"效果选项"下拉按钮，在弹出的下拉列表中选择"自左侧"选项，如图 14-182 所示。

（6）在"计时"组中的"开始"下拉列表中选择"上一动画之后"选项，在"持续时间"数值框中输入"01:00"，如图 14-183 所示。

图 14-182　设置效果选项　　　　图 14-183　设置计时选项

（7）选中第 1 张幻灯片中的副标题占位符，单击"添加动画"下拉按钮，在弹出的下拉列表中选择"进入"选项组下的"弹跳"选项，如图 14-184 所示。

（8）接着在"计时"组中的"开始"下拉列表中选择"上一动画之后"选项，在"持续时间"数值框中输入"02:00"，如图 14-185 所示。

图 14-184　添加进入效果　　　　图 14-185　设置计时选项

(9) 保持副标题占位符的选中状态，打开"添加动画"下拉按钮，在弹出的下拉列表中选择"强调"选项组下的"跷跷板"选项，如图 14-186 所示。

(10) 接着在"计时"组中的"开始"下拉列表中选择"上一动画之后"选项，如图 14-187 所示。

图 14-186　添加强调效果

图 14-187　设置计时选项

(11) 选中第 2 张幻灯片中的图片，打开"动画"选项卡，在"高级动画"组中单击"添加动画"下拉按钮，在弹出的下拉列表中选择"进入"选项组下的"翻转式由远及近"选项，如图 14-188 所示。

(12) 接着选中第 2 张幻灯片中全部的直线和文本框，单击"添加动画"下拉按钮，在弹出的下拉列表中选择"进入"选项组下的"随机线条"选项，如图 14-189 所示。

图 14-188　添加进入效果

图 14-189　添加进入效果

(13) 接着在"动画窗格"中选中为直线和文本框设置的全部动画，然后在"计时"组中的"开始"下拉列表中选择"上一动画之后"选项，如图 14-190 所示。

(14) 选中第 9 张张幻灯片左下角的图片，打开"动画"选项卡，在"高级动画"组中单击"添加动画"下拉按钮，在弹出的下拉列表中选择"动作路径"选项组下的"直线"选项，如图 14-191 所示。

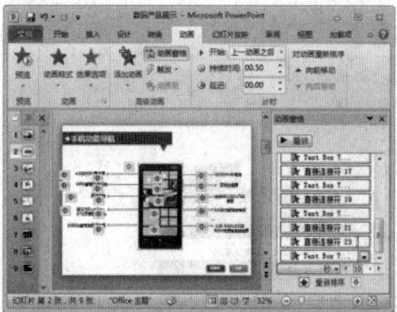

图 14-190　设置开始方式

图 14-191　添加动画路径

(15) 重新调整动作路径的方向，将其设置为从右上角至左下角，如图 14-192 所示。

(16) 保持图片的选中状态，单击"添加动画"下拉按钮，在弹出的下拉列表中选择"退出"选项组下的"飞出"选项，如图 14-193 所示。

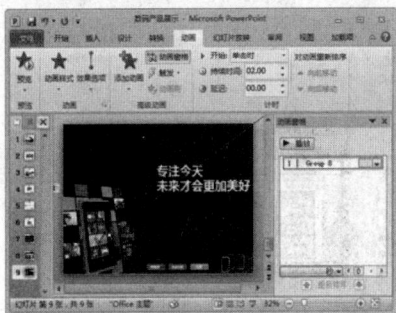

图 14-192　调整动作路径　　　　图 14-193　添加退出效果

(17) 在"动画"组中单击"效果选项"下拉按钮，在弹出的下拉列表中选择"至左下部"选项，如图 14-194 所示。

(18) 选中第 9 张幻灯片中的文本框，单击"添加动画"下拉按钮，在弹出的下拉列表中选择"进入"选项组下的"飞入"选项，如图 14-195 所示。

图 14-194　设置效果选项　　　　图 14-195　添加进入效果

(19) 在"动画"组中单击"效果选项"下拉按钮，在弹出的下拉列表中选择"自左下部"选项，如图 14-196 所示。

(20) 保持文本的选中状态，单击"添加动画"下拉按钮，在弹出的下拉列表中选择"强调"选项组下的"波浪形"选项，如图 14-197 所示。

图 14-196　设置效果选项　　　　图 14-197　添加强调效果

(21) 在"动画窗格"的列表框中分别选中各动画，将其开始方式都设置为"上一动画之后"，如图 14-198 所示。

(22) 使用同样的方法，为其他幻灯片中的元素添加动画效果，如图 14-199 所示。

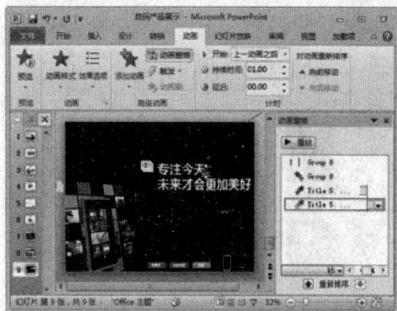

图 14-198　设置开始方式　　　　　图 14-199　添加动画效果

(23) 至此，本例就全部制作完成了，按下 Ctrl+S 键保存演示文稿，最终效果如图 14-200 所示。

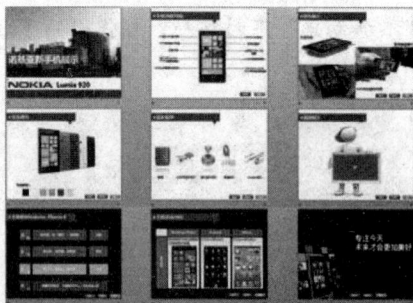

图 14-200　最终效果

> **提示**
>
> 如果需要使用剪贴画作为幻灯片背景，则在幻灯片空白处右击，在弹出的"设置背景格式"对话框中单击"剪贴画"按钮，在弹出的"选择图片"对话框中选择需要的剪贴画。

14.4　习题

14.4.1　填空题

1. _____是文档中每个页面页边距的顶部和底部区域。

2. 在打印文档之前可以通过_____来查看打印效果，这样有利于在打印前发现不足之处，并做及时的修改。

3. 在 Excel 中，工作表是用于存储和处理数据的主要文档，它由排列成行或列的_____组成。

4. 在 Excel 中，如果准备在同一行或同一列中输入一组有规律的数据，可以使用_____功能，可以方便、快捷地输入等差、等比或预定义的数据。

5. 在 PowerPoint 中为用户提供了一个_____，用于编辑剪贴画及图片。

6. 在 PowerPoint 中，文字区的插入条光标存在，证明此时是_____状态。

(14).4.2 操作题

1. 使用本书学习过的 Word 知识，练习制作一份如图 14-201 所示的房屋租赁合同文档。

2. 使用本书学习过的 Excel 知识，练习制作一份如图 14-202 所示的装饰工程预算表。

图 14-201　房屋租赁合同

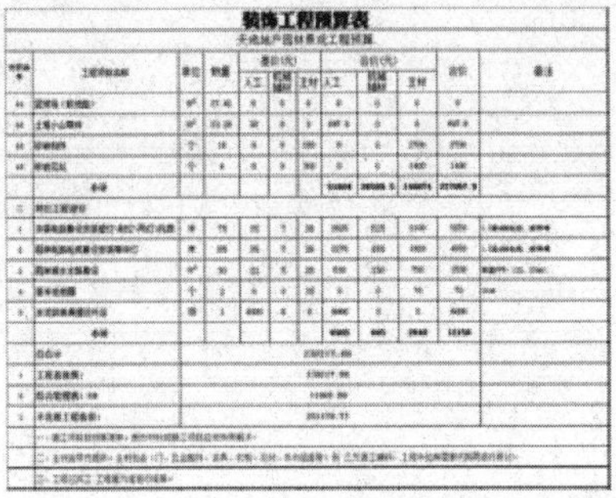

图 14-202　装饰工程预算表

3. 使用本书学习过的 PowerPoint 知识，练习制作一份如图 14-203 所示的企业宣传册。

图 14-203　企业宣传册